FUNDAMENTOS DE
ELETRÔNICA DIGITAL

O autor

Durante décadas, Roger L. Tokheim publicou muitos livros-texto, manuais de laboratório e a série de livros Schaum nas áreas de eletrônica digital e microprocessadores. Seus livros foram traduzidos em nove idiomas. O autor ensinou tópicos variados relacionados à eletrônica por mais de 35 anos em instituições públicas.

T646f   Tokheim, Roger.
         Fundamentos de eletrônica digital : sistemas combinacionais / Roger Tokheim ; tradução: Fernando Lessa Tofoli ; revisão técnica: Antonio Pertence Júnior. – 7. ed. – Porto Alegre : AMGH, 2013.
         xx, 306 p. : il. color. ; 25 cm. – (v. 1)

         ISBN 978-85-8055-192-1

         1. Engenharia – Eletrônica. 2. Sistemas combinacionais. I. Título.

         CDU 621

Catalogação na publicação: Ana Paula M. Magnus – CRB10/2052

ROGER TOKHEIM

FUNDAMENTOS DE
ELETRÔNICA DIGITAL
>> 7ª EDIÇÃO

>> VOLUME 1 *SISTEMAS COMBINACIONAIS*

Tradução:

Fernando Lessa Tofoli
Engenheiro Eletricista
Doutor em Engenharia Elétrica pela
Universidade Federal de Uberlândia (UFU)
Professor do Departamento de Engenharia Elétrica (DEPEL) da
Universidade Federal de São João del-Rei (UFSJ)

Consultoria, supervisão e revisão técnica desta edição:

Antonio Pertence Júnior, MSc
Mestre em Engenharia pela Universidade Federal de Minas Gerais
Engenheiro Eletrônico e de Telecomunicações pela Pontifícia Universidade Católica de Minas Gerais
Pós-graduado em Processamento de Sinais pela Ryerson University, Canadá
Professor da Universidade FUMEC
Membro da Sociedade Brasileira de Eletromagnetismo

AMGH Editora Ltda.

2013

Obra originalmente publicada sob o título
Digital Electronics: Principles and Applications, 7th Edition
ISBN 0073222755 / 9780073222752

Original edition copyright © 2008, The McGraw-Hill Companies, Inc., New York, New York 10020. All rights reserved.

Portuguese language translation copyright © 2013, AMGH Editora Ltda.
All rights reserved.

Gerente editorial – CESA: *Arysinha Jacques Affonso*

Colaboraram nesta edição:

Editora: *Verônica de Abreu Amaral*

Capa e projeto gráfico: *Paola Manica*

Imagem da capa: *Shutterstock/hobbit*

Leitura final: *Bianca Basile Parracho*

Editoração eletrônica: *Techbooks*

Reservados todos os direitos de publicação, em língua portuguesa, à
AMGH Editora Ltda, uma empresa do Grupo A Educação S. A.
A série Tekne engloba publicações voltadas à educação profissional, técnica e tecnológica.
Av. Jerônimo de Ornelas, 670 – Santana
90040-340 – Porto Alegre – RS
Fone: (51) 3027-7000   Fax: (51) 3027-7070

É proibida a duplicação ou reprodução deste volume, no todo ou em parte, sob quaisquer formas ou por quaisquer meios (eletrônico, mecânico, gravação, fotocópia, distribuição na Web e outros), sem permissão expressa da Editora.

Unidade São Paulo
Av. Embaixador Macedo Soares, 10.735 – Pavilhão 5 – Cond. Espace Center
Vila Anastácio – 05095-035 – São Paulo – SP
Fone: (11) 3665-1100   Fax: (11) 3667-1333

SAC 0800 703-3444 – www.grupoa.com.br

IMPRESSO NO BRASIL
PRINTED IN BRAZIL
Impresso sob demanda na Meta Brasil a pedido de Grupo A Educação.

Agradecimentos

Agradeço os diversos instrutores, estudantes e representantes da indústria que contribuíram com este livro. Agradecimentos especiais vão para Darrell Klotzbach, engenheiro de *software* da empresa Adobe Systems, Inc, por sua ajuda em diversas seções cobrindo tópicos como DSP e aplicações de câmeras digitais, JTAG e transmissão de dados. Agradeço também os membros da família Marshall, Rachael, Dan e Carrie pelo auxílio neste projeto.

O autor e a editora também gostariam de agradecer os revisores que ajudaram a avaliar este livro; sua dedicação e experiência foram fundamentais para a conclusão desta obra.

Jon Brutlag
Chippewa Valley Technical College (WI)

Ronald G. Dreucci
California University of Pennsylvania (PA)

Larry E. Dukes
Wichita Technical Institute (KS)

Robbie Edens
ECPI College of Technology (SC)

Harmit Kaur
Sinclair Community College (OH)

Randy Owens
Henderson Community College (KY)

Andrew F. Volper
San Diego JATC (CA)

Apresentação

A série *Habilidades Básicas em Eletricidade, Eletrônica e Telecomunicações* foi proposta no sentido de promover competências básicas relacionadas a várias disciplinas da eletricidade e eletrônica. A série consiste em materiais instrucionais coordenados e especialmente preparados para estudantes que planejam seguir tais carreiras. Um livro, um manual de experimentos e um manual do instrutor fornecem o suporte necessário para cada grande área abordada nesta série. Todas essas ferramentas são focadas na teoria, prática, aplicações e experiências necessárias para preparar o ingresso dos estudantes na carreira técnica.

Há dois pontos fundamentais a serem considerados na elaboração de uma série como esta: as necessidades do estudante e as necessidades do empregador. Esta série vai ao encontro desses requisitos de forma eficiente. Os autores e os editores utilizam sua ampla experiência de ensino aliada às experiências técnicas para interpretar as necessidades e corresponder às expectativas do estudante adequadamente. As necessidades do mercado e da indústria foram identificadas por meio de entrevistas pessoais, publicações da indústria, divulgações de tendências ocupacionais por parte do governo e relatos de associações industriais.

Os processos de produção e refinamento desta série são contínuos. Os avanços tecnológicos são rápidos e o conteúdo foi revisado de modo a abordar tendências atuais. Aspectos pedagógicos foram reformulados e implementados com base em experiências de sala de aula e relatos de professores e alunos que utilizaram esta série. Todos os esforços foram realizados no sentido de criar o melhor material didático possível. Isso inclui apresentações em *PowerPoint*, arquivos de circuitos para simulação, um gerador de testes com bancos de questões relacionadas aos temas, endereços eletrônicos dedicados tanto aos instrutores quanto aos alunos e diversos outros itens. Todo esse material foi preparado e organizado pelos autores.

A grande aceitação da série *Habilidades Básicas em Eletricidade, Eletrônica e Telecomunicações* e as respostas positivas dos leitores confirmam a coerência básica do conteúdo e projeto de todos os componentes, assim como sua eficiência enquanto ferramentas de ensino e aprendizagem. Os instrutores encontrarão os textos e manuais acerca de cada assunto estruturados de forma lógica e coerente, segundo um ritmo adequado na apresentação de conteúdos, por sua vez desenvolvidos sob a ótica de objetivos modernos. Os estudantes encontrarão um material de fácil leitura, adequadamente ilustrado de forma interessante. Também encontrarão uma quantidade considerável de itens de estudo e revisão, bem como exemplos que permitem uma autoavaliação do aprendizado.

Charles A. Schuler, editor da série

Habilidades básicas em eletricidade, eletrônica e telecomunicações

Livros da série:
Fundamentos de Eletrônica Digital: Sistemas Combinacionais. Vol. 1, 7.ed., Roger L. Tokheim
Fundamentos de Eletrônica Digital: Sistemas Sequenciais. Vol. 2, 7.ed., Roger L. Tokheim
Fundamentos de Eletricidade: Corrente Contínua e Magnetismo. Vol. 1, 7.ed., Richard Fowler
Fundamentos de Eletricidade: Corrente Alternada e Instrumentos de Medição. Vol. 2, 7.ed., Richard Fowler
Fundamentos de Eletrônica Básica: Eletrônica Básica. Vol. 1, 7.ed., Charles A. Schuler
Fundamentos de Eletrônica Básica: Eletrônica Avançada. Vol. 2, 7.ed., Charles A. Schuler
Fundamentos de Comunicação Eletrônica: Modulação, Demodulação e Recepção, 3.ed., Louis E. Frenzel Jr.
Fundamentos de Comunicação Eletrônica: Linhas, Micro-ondas e Antenas, 3.ed., Louis E. Frenzel Jr.

Prefácio

O livro *Eletrônica Digital: Princípios e Aplicações*, sétima edição, representa um texto introdutório para estudantes novatos da eletrônica. O objetivo deste livro e dos materiais auxiliares é fornecer conhecimentos fundamentais e desenvolver habilidades básicas necessárias em uma vasta gama de profissões. Pré-requisitos para o estudo consistem em conhecimentos gerais sobre matemática e eletricidade/eletrônica básica. A matemática binária, a lógica booleana, conceitos simples sobre programação e códigos variados são progressivamente introduzidos e explicados ao longo do livro. Os conceitos são relacionados a aplicações práticas e uma abordagem de sistemas é adotada, seguindo tendências práticas da indústria. As edições anteriores do livro em inglês foram satisfatoriamente empregadas em uma ampla série de cursos, a exemplo de: Tecnologia Eletrônica, Treinamento & Aprendizado de Eletricidade Geral, Manutenção de Computadores, Eletrônica de Comunicações e Ciência da Computação. Este livro conciso e prático pode ser utilizado em qualquer curso onde se deseje realizar uma abordagem rápida e didática dos princípios digitais.

Destaques

Alguns destaques deste livro incluem:

- Introdução precoce e simplificada a instrumentos de laboratório e teste
- Abordagem atualizada sobre memórias e tecnologia de armazenamento
- Abordagem expandida sobre sistemas de computadores/digitais
- Aplicações de DSPs em câmeras digitais
- Abordagem expandida sobre transmissão de dados
- Programação expandida de microcontroladores (Módulos BASIC Stamp 2)
- Arquivos mais completos contendo circuitos de simulação no MultiSIM

Características de aprendizagem

Este livro inclui um sistema de aprendizado integrado que é utilizado nos demais títulos da série Habilidades Básicas em Eletricidade, Eletrônica e Telecomunicações. O objetivo consiste em apresentar informações básicas da forma mais compreensível possível por meio de exemplos, ilustrações e testes, tornando o processo de aprendizagem mais simples e permitindo a absorção da maior quantidade de conceitos possível. Estas estratégias compreendem:

- Objetivos simples
- Tópicos divididos em seções curtas
- Testes para as seções dos capítulos
- Questões de revisão dos capítulos
- Questões de pensamento crítico
- Respostas das questões de teste

❯❯ Recursos para o estudante

No ambiente virtual de aprendizagem estão disponíveis vários recursos para potencializar a absorção de conteúdos. Visite o site WWW.GRUPOA.COM.BR/TEKNE para ter acesso a jogos, diversos arquivos do MultiSIM relacionados aos circuitos descritos na sétima edição; Tutorial do MultiSIM com explicações em inglês passo a passo, telas capturadas do aplicativo e diversos exemplos da utilização de eletrônica digital no MultiSIM; apresentações em PowerPoint direcionadas ao estudante para revisão e estudo em inglês; apresentações especiais sobre matrizes de contatos, soldagem e interruptores de circuito. O programa Solucionador de Circuitos; e itens adicionais para estudo e revisão.

❯❯ Recursos para o professor

Na Área do Professor (acessada pelo ambiente virtual de aprendizagem ou pelo portal do Grupo A) é disponibilizado um conjunto de materiais para o professor, como apresentações em PowerPoint com aulas estruturadas (em português) e o Manual do Instrutor (em inglês). Visite o site WWW.GRUPOA.COM.BR, procure o livro no nosso catálogo e acesse a exclusiva Área do Professor por meio de um cadastro.

Segurança

Circuitos elétricos e eletrônicos podem ser perigosos. Práticas de segurança são necessárias para prevenir choque elétrico, incêndios, explosões, danos mecânicos e ferimentos que podem resultar a partir da utilização inadequada de ferramentas.

Talvez a maior ameaça seja o choque elétrico. Uma corrente superior a 10 mA circulando no corpo humano pode paralisar a vítima, sendo impossível de ser interrompida em um condutor ou componente "vivo". Essa é uma parcela ínfima de corrente, que corresponde a apenas dez milésimos de um ampère. Uma lanterna comum é capaz de fornecer uma corrente superior a 100 vezes esse valor.

Lanternas, pilhas e baterias podem ser manuseadas com segurança porque a resistência da pele humana é normalmente alta o suficiente para manter a corrente em níveis muito pequenos. Por exemplo, ao tocar uma pilha ou bateria de 1,5 V há uma corrente da ordem de microampères, o que corresponde a milionésimos de ampère. Assim, a corrente é tão pequena que sequer é percebida.

Por outro lado, a alta-tensão pode gerar correntes suficientemente grandes de modo a ocasionar um choque. Se a corrente assume a ordem de 100 mA ou mais, o choque pode ser fatal. Assim, o perigo do choque aumenta com o nível de tensão. Profissionais que trabalham com altas-tensões devem ser devidamente equipados e treinados.

Quando a pele humana está úmida ou possui cortes, sua resistência elétrica pode ser drasticamente reduzida. Quando isso ocorre, mesmo tensões moderadas podem causar choques graves. Técnicos experientes estão cientes desse fato e ainda têm consciência de que equipamentos de baixa tensão podem possuir uma ou mais partes do circuito que trabalham com altas-tensões. Esses profissionais seguem procedimentos de segurança o tempo todo, considerando que os dispositivos de proteção podem não atuar adequadamente. Mesmo que o circuito não esteja energizado, eles não consideram que a chave esteja na posição "desligado", pois este componente pode apresentar falhas.

Mesmo um sistema em baixa tensão e alta corrente como um sistema elétrico automotivo pode ser perigoso. Curtos-circuitos causados por anéis ou relógios de pulso durante eventuais manutenções podem causar diversas queimaduras severas – especialmente quando esses dispositivos metálicos conectam os pontos curto-circuitados diretamente.

À medida que você adquirir conhecimento e experiência, muitos procedimentos de segurança para lidar com eletricidade e eletrônica serão aprendidos. Entretanto, cuidados básicos devem ser adotados:

1. Sempre seguir os procedimentos de segurança padrão.
2. Consultar os manuais de manutenção sempre que possível. Esses materiais contêm informações específicas sobre segurança. Leia e siga à risca as instruções sobre segurança contidas nas folhas de dados.
3. Investigar circuito antes de executar ações.
4. Se estiver em dúvida, não execute qualquer ação. Consulte seu instrutor ou supervisor.

Regras gerais de segurança para eletricidade e eletrônica

Práticas de segurança irão protegê-lo, assim como seus colegas de trabalho. Estude as seguintes regras, discuta-as com outros profissionais e tire as dúvidas com seu instrutor.

1. Não trabalhe quando estiver cansado ou tomando remédios que causem sonolência.
2. Não trabalhe em ambientes mal iluminados.
3. Não trabalhe em áreas alagadas ou com sapatos e/ou roupas molhadas ou úmidas.
4. Use ferramentas, equipamentos e dispositivos de proteção adequados.
5. Evite utilizar anéis, braceletes e outros itens metálicos similares quando trabalhar em áreas onde há circuitos elétricos expostos.
6. Nunca considere que um circuito esteja desligado. Verifique com um instrumento próprio para identificar se o equipamento encontra-se operacional.
7. Em alguns casos, deve-se contar com a ajuda de colegas de modo a impedir que o circuito não seja energizado enquanto o técnico estiver realizando a manutenção.
8. Nunca modifique ou tente impedir a ação de dispositivos de segurança como intertravas (chaves que automaticamente desconectam a alimentação quando uma porta é aberta ou um painel é removido).
9. Mantenha ferramentas e equipamentos de testes limpos e em boas condições. Substitua pontas de prova isoladas e terminais ao primeiro sinal de deterioração.
10. Alguns dispositivos como capacitores podem armazenar carga elétrica por longos períodos de tempo, o que pode ser letal. Deve-se ter certeza de que esses componentes estejam descarregados antes de manuseá-los.
11. Não remova conexões de aterramento e não utilize fontes que danifiquem o terminal terra do equipamento.
12. Utilize apenas extintores de incêndio devidamente inspecionados para apagar incêndios em equipamentos elétricos e eletrônicos. A água pode ser condutora de eletricidade e causar sérios danos aos equipamentos. Extintores à base de CO_2 (dióxido de carbono ou gás carbônico) ou halogenados são normalmente recomendados. Extintores com pó químico seco também são utilizados em alguns casos. Extintores de incêndio comerciais são classificados de acordo com o tipo de material incendiado a que se destinam. Utilize apenas os tipos adequados para suas condições de trabalho.
13. Siga estritamente as instruções quando lidar com solventes e outros compostos químicos, que podem ser tóxicos, inflamáveis ou causar danos a certos materiais como plásticos. Sempre leia e siga rigorosamente as instruções de segurança contidas nas folhas de dados.
14. Alguns materiais utilizados em equipamentos eletrônicos são tóxicos. Como exemplo, pode-se citar os capacitores de tântalo e encapsulamentos de transistores formados por óxido de berílio. Esses dispositivos não devem ser amassados ou friccionados, devendo-se lavar adequadamente as mãos após seu manuseio. Outros materiais (como tubos termo-retráteis) podem produzir gases que causam irritação quando são sobreaquecidos. Sempre leia e siga rigorosamente as instruções de segurança contidas nas folhas de dados.
15. Determinados componentes do circuito afetam o desempenho de equipamentos e sistemas no que tange à segurança. Utilize apenas peças de reposição idênticas ou perfeitamente compatíveis.
16. Utilize roupas de proteção e óculos de segurança quando lidar com dispositivos com tubos a vácuo como tubos de imagem e tubos de raios catódicos.
17. Não efetue a manutenção em equipamentos antes de conhecer os procedimentos de segurança adequados e potenciais riscos existentes no ambiente de trabalho.
18. Muitos acidentes são causados por pessoas apressadas que "pegam atalhos". Leve o tem-

po necessário para proteger a si mesmo e outras pessoas. Correrias e brincadeiras são estritamente proibidas em ambientes profissionais e laboratórios.

19. Nunca olha diretamente para os feixes de diodos emissores de luz ou cabos de fibra ótica. Algumas fontes luminosas, embora invisíveis, podem causar dano ocular permanente.

Circuitos e equipamentos devem ser tratados com respeito. Aprenda o funcionamento desses dispositivos e também os procedimentos de manutenção adequados. Sempre pratique a segurança, pois sua saúde e sua vida dependem disso.

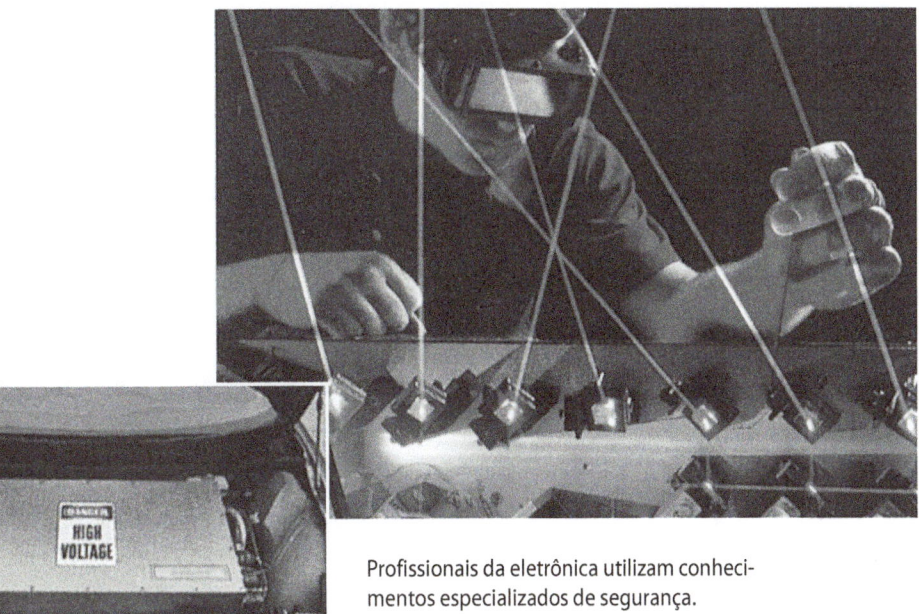

Profissionais da eletrônica utilizam conhecimentos especializados de segurança.

Sumários resumidos

Fundamentos de Eletrônica Digital: Sistemas Combinacionais é o primeiro livro de Tokheim. Além deste, está disponível o título *Fundamentos de Eletrônica Digital: Sistemas Sequenciais*. Para conhecer os assuntos abordados em cada um deles, apresentamos os sumários resumidos a seguir.

Sistemas Combinacionais

capítulo 1	ELETRÔNICA DIGITAL
capítulo 2	NÚMEROS UTILIZADOS EM ELETRÔNICA DIGITAL
capítulo 3	PORTAS LÓGICAS
capítulo 4	COMBINAÇÃO DE PORTAS LÓGICAS
capítulo 5	ESPECIFICAÇÕES DE CIs E INTERFACEAMENTO SIMPLES
capítulo 6	CODIFICADORES, DECODIFICADORES E DISPLAYS DE SETE SEGMENTOS
capítulo 7	FLIP-FLOPS
capítulo 8	CONTADORES

Sistemas Sequenciais

capítulo 9 REGISTRADORES DE DESLOCAMENTO

capítulo 10 CIRCUITOS ARITMÉTICOS

capítulo 11 MEMÓRIAS

capítulo 12 SISTEMAS DIGITAIS

capítulo 13 SISTEMAS DE COMPUTADORES

capítulo 14 CONEXÃO COM DISPOSITIVOS ANALÓGICOS

Sumário

capítulo 1   ELETRÔNICA DIGITAL   1

O que é um sinal digital?   2
Por que utilizar circuitos digitais?   5
Como é possível gerar um sinal digital?   7
Como testar um sinal digital?   13
Instrumentos simples   17

capítulo 2   NÚMEROS UTILIZADOS EM ELETRÔNICA DIGITAL   23

Contagem nos sistemas decimal e binário   24
Valor posicional   24
Conversão de binário para decimal   26
Conversão de decimal para binário   26
Tradutores eletrônicos   27
Números hexadecimais   29
Números octais   30
Bits, *bytes*, *nibbles* e tamanho da palavra   32

capítulo 3   PORTAS LÓGICAS   37

A porta AND   38
A porta OR   40
Porta inversora e *buffer*   41
A porta NAND   44
A porta NOR   45
A porta OR exclusiva   46
A porta NOR exclusiva   47
A porta lógica NAND enquanto porta lógica universal   48
Portas com mais de duas entradas   49
Utilizando portas inversoras para converter portas lógicas   51
Circuitos lógicos TTL práticos   54
Portas lógicas CMOS práticas   58
Encontrando problemas em portas lógicas simples   60
Símbolos lógicos utilizados pelo IEEE   63
Aplicações simples de portas lógicas   64
Funções lógicas utilizando software (módulo BASIC Stamp)   68

capítulo 4 — COMBINAÇÃO DE PORTAS LÓGICAS   79

Construindo circuitos a partir de expressões booleanas   80
Desenhando um circuito a partir de uma expressão booleana em termos máximos   81
Tabelas verdades e expressões booleanas   82
Problema exemplo   86
Simplificação de expressões booleanas   88
Mapas de Karnaugh   89
Mapas de Karnaugh com três variáveis   90
Mapas de Karnaugh com quatro variáveis   90
Mais mapas de Karnaugh   92
Mapa de Karnaugh com cinco variáveis   94
Utilizando a lógica NAND   95
Simulações computacionais – conversor lógico   96
Resolvendo problemas lógicos – seletores de dados   100
Mais problemas envolvendo seletores de dados   103
Dispositivos lógicos programáveis – PLDs   105
Utilizando os teoremas de De Morgan   115
Resolvendo um problema lógico (Módulo BASIC Stamp)   118

capítulo 5 — ESPECIFICAÇÕES DE CIs E INTERFACEAMENTO SIMPLES   123

Níveis lógicos e margem de ruído   124
Outras especificações de CIs digitais   128
CIs MOS e CMOS   132
Interfaceamento de CMOS e TTL com chaves   134
Interfaceamento de CMOS e TTL com LEDs   137
Interfaceamento entre CIs TTL e CMOS   141
Interfaceamento com campainhas, relés, motores e solenoides   147
Optoisoladores   148
Interfaceamento com servomotores e motores de passo   152
Utilizando sensores de efeito Hall   160
Encontrando problemas em circuitos digitais simples   167
Interfaceamento com servomotores (módulo BASIC Stamp)   168

capítulo 6 — CODIFICADORES, DECODIFICADORES E DISPLAYS DE SETE SEGMENTOS   175

Código BCD 8421   176
Código excesso 3   177
Código Gray   178
Código ASCII   179
Codificadores   181
Display de sete segmentos a LEDs   182
Decodificadores   185
Decodificadores/Driver BCD para sete segmentos   187
Displays de cristal líquido   190
Utilização de dispositivos CMOS para acionar displays LCD   195
Displays fluorescentes a vácuo   198
Acionamento de um *display* VF   200
Encontrando problemas em um circuito decodificador   201

capítulo 7 — FLIP-FLOPS 209

O *flip-flop* R-S 210
Flip-flop R-S controlado por *clock* 212
O *flip-flop* D 214
O *flip-flop* J-K 216
CIs *Latches* 219
Disparo de *flip-flops* 222
Schmitt *trigger* 224
Símbolos lógicos IEEE 226

capítulo 8 — CONTADORES 231

Contadores assíncronos 232
Contadores assíncronos mod-10 233
Contadores síncronos 234
Contadores decrescentes 236
Contadores com parada automática 237
Contadores operando como divisores de frequência 238
CIs contadores TTL 240
CIs contadores CMOS 242
Contador BCD de três dígitos 248
Contagem em eventos do mundo real 252
Utilização de um contador CMOS em um circuito eletrônico 255
Utilização de contadores em um tacômetro experimental 257
Encontrando problemas em um contador 261

APÊNDICES A1
GLOSSÁRIO G1
CRÉDITOS C1
ÍNDICE I1

capítulo 1

Eletrônica digital

Engenheiros normalmente classificam circuitos eletrônicos de acordo com sua natureza: analógica ou digital. Historicamente, muitos produtos eletrônicos empregavam circuitos analógicos. A maioria dos dispositivos eletrônicos atuais possui circuitos digitais. Assim, este capítulo irá apresentá-lo ao mundo da eletrônica digital.

Objetivos deste capítulo

» Identificar diversas características de circuitos digitais em contraposição a circuitos lineares (analógicos).
» Classificar dispositivos quanto ao uso de tecnologias analógicas, digitais ou uma combinação de ambas.
» Diferenciar sinais digitais e analógicos e identificar os níveis lógicos ALTO e BAIXO* de uma determinada forma de onda digital.
» Citar três tipos de circuitos multivibradores e descrever a finalidade de cada um deles.
» Analisar circuitos indicadores de nível lógico simples.
» Citar diversos motivos pelos quais circuitos digitais são utilizados.
» Enumerar diversas limitações de circuitos digitais.
» Demonstrar o uso de diversos instrumentos de laboratório.

_____

*N. de T.: Ao longo deste livro, as letras H (do inglês, *high*) e L (do inglês, *low*) também poderão ser empregadas para representar de maneira simplificada os níveis lógicos ALTO e BAIXO, respectivamente.

Quais são os indícios de que um determinado produto contém *circuitos digitais*? Características indicando que um dispositivo emprega circuitos digitais estão relacionadas aos seguintes questionamentos:

1. Ele possui um *display* alfanumérico (contendo letras e números)?
2. Ele possui memória ou pode armazenar informações?
3. O dispositivo pode ser programado?

Se a resposta para qualquer uma das três perguntas acima for "sim", então o produto provavelmente utiliza circuitos digitais.

Os circuitos digitais tornaram-se populares devido a suas *vantagens* sobre suas contrapartes analógicas, isto é:

1. Geralmente, circuitos digitais são mais fáceis de serem projetados empregando circuitos integrados (CIs) modernos.
2. O armazenamento de informações pode ser facilmente agregado ao projeto com circuitos digitais.
3. Dispositivos digitais podem ser programados.
4. Obtém-se maior precisão e exatidão.
5. Circuitos digitais são menos susceptíveis à interferência eletromagnética indesejável, normalmente chamada de ruído.

Todos os profissionais que trabalham com eletrônica devem possuir conhecimentos relacionados a circuitos eletrônicos digitais. Ao longo deste livro, você utilizará circuitos integrados e *displays* para demonstrar os princípios da eletrônica digital.

O que é um sinal digital?

Ao longo da sua experiência com eletricidade e eletrônica, você provavelmente empregou CIRCUITOS ANALÓGICOS. O circuito da Figura 1-1(a) apresenta um *sinal* ou uma *tensão analógica*. À medida que o contato deslizante se move para cima, a tensão

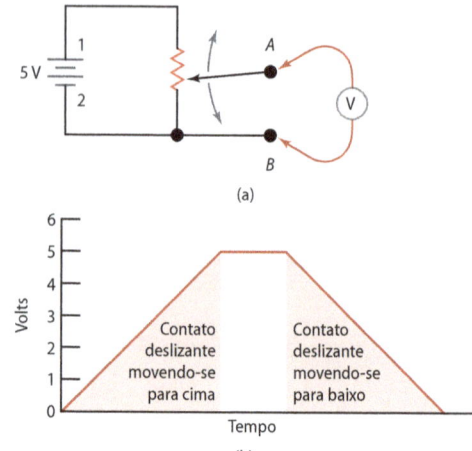

Figura 1-1 (a) Saída analógica de um potenciômetro. (b) Forma de onda de um sinal analógico.

entre os pontos A e B* aumenta gradualmente. Quando o contato deslizante se move para baixo, a tensão progressivamente é reduzida de 5 até 0 volts (V). A forma de onda da Figura 1-1(b) representa o sinal de saída analógico. Do lado esquerdo do sinal, a tensão entre A e B gradualmente aumenta até 5 V, enquanto no lado direito essa tensão gradualmente diminui até 0 V. Se o contato deslizante estiver posicionado em qualquer ponto intermediário, obtemos uma tensão de saída cujo valor estará compreendido entre 0 e 5 V. Então, um dispositivo analógico é aquele cujo sinal de saída varia continuamente em degrau com a entrada.

Um dispositivo digital opera com um SINAL digital. A Figura 1-2(a) ilustra um gerador de onda quadrada, sendo que essa forma de onda é mostrada no osciloscópio. O sinal digital permanece apenas em +5 V *ou* 0 V, como mostra a Figura 1-2(b). A tensão no ponto A varia de 0 V a 5 V instantaneamente. Então, ela permanece em +5 V por algum tempo. No ponto B, a tensão é reduzida imediatamente de +5 V para 0 V. A tensão então permanece igual a 0 V por algum tempo. Apenas dois níveis de tensão estão presentes em um circuito eletrônico digital.

---

* N. de T.: É possível também se referir a esta tensão como sendo a diferença de potencial entre os pontos A e B.

> **Sobre a eletrônica**
>
> **Um campo de estudos em constante transformação**
> A eletrônica é umas das áreas técnicas de estudo mais empolgantes. Novos avanços são divulgados toda semana. Surpreendentemente, a maioria dos desenvolvimentos baseia-se em fundamentos elementares abordados nas primeiras aulas de disciplinas voltadas ao estudo da eletricidade, circuitos analógicos e digitais, tecnologia de computadores e robótica, bem como telecomunicações.

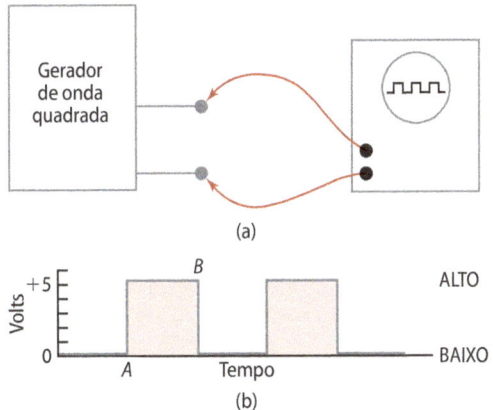

Figura 1-2 (a) Saída analógica de um potenciômetro. (b) Forma de onda de um sinal analógico.

Na forma de onda da Figura 1-2(b), esses valores são denominados **ALTO** e **BAIXO**. O valor ALTO é igual a +5 V, enquanto o valor BAIXO corresponde a 0 V. Posteriormente, chamaremos o valor ALTO de nível lógico "1" e o valor baixo de nível lógico "0". Circuitos que operam apenas com sinais do tipo ALTO e BAIXO são denominados CIRCUITOS DIGITAIS.

O circuito digital da Figura 1-2(b) também poderia ser gerado utilizando-se uma chave* simples do tipo liga-desliga. Um sinal digital poderia ser gerado por um transistor operando em modo de saturação e corte. Normalmente, sinais eletrônicos digitais são gerados e processados por circuitos integrados (CIs).

Os sinais analógico e digital são ambos representados graficamente nas Figuras 1-1 e 1-2. Um sinal pode representar uma informação útil no interior de um circuito eletrônico. De outro modo, o sinal pode também ser enviado a um circuito eletrônico, ou ser ainda proveniente deste. Sinais são normalmente representados como tensões variantes no tempo, de acordo com as Figuras 1-1 e 1-2. Entretanto, um sinal pode ser uma corrente elétrica que varia continuamente (sinal analógico) ou possui a característica liga-desliga (ALTO-BAIXO) (digital).

Na maioria dos circuitos digitais, normalmente representa-se sinais na forma da tensão em função do tempo. Quando sinais digitais são aplicados a dispositivos não digitais como lâmpadas e motores, então normalmente a representação da corrente em função do tempo é utilizada.

O MILIVOLT-OHMÍMETRO (MVO) mostrado na Figura 1-3(a) é um exemplo de instrumento analógico de medição. À medida que a tensão, resistência ou corrente medida pelo MVO aumenta, o ponteiro se move gradual e continuamente para a direita da escala. Um MULTÍMETRO DIGITAL (MD) é representado na Figura 1-3(b), sendo este um exemplo de instrumento de medição digital. À medida que a tensão, resistência ou corrente medida pelo MD aumenta, o valor mostrado no *display* aumenta em pequenos degraus. O MD é um exemplo de circuito digital que desempenha tarefas anteriormente atribuídas a dispositivos analógicos. A TENDÊNCIA EM SE UTILIZAR CIRCUITOS DIGITAIS tem aumentado continuamente, embora hoje as bancadas de medição de técnicos profissionais provavelmente sejam equipadas tanto com um MVO quanto um MD.

 Teste seus conhecimentos (Figura 1-4)

Acesse o site **www.grupoa.com.br/tekne** para fazer os testes sempre que passar por este ícone.

---
* N. de T.: O termo técnico "interruptor" também pode ser utilizado.

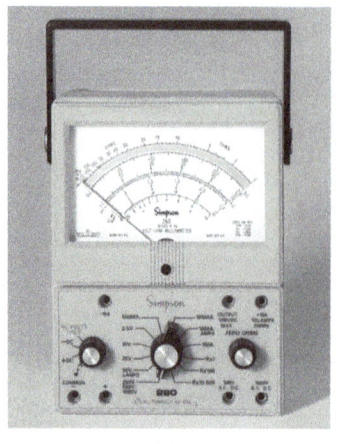 

(a) (b)

Figura 1-3 (a) Medidor analógico. (b) Multímetro digital (MD). Cortesia: Fluke Corporation. Figura reproduzida com autorização da empresa.

História da eletrônica

A história do computador ilustrada. Um dos primeiros computadores foi o Eniac (acima à esquerda), desenvolvido na década de 1940. A década de 1970 marcou o uso do computador aplicado aos negócios. O computador *mainframe* (acima à direita) era a ferramenta do momento. Na década de 1980, computadores pessoais como o Apple IIe (abaixo à esquerda) trouxeram a informática para nossos lares e escolas. Hoje, computadores pessoais podem ser levados para qualquer lugar, à medida que computadores do tipo *laptop* tornam-se cada vez mais populares.

» Por que utilizar circuitos digitais?

Projetistas e técnicos em eletrônica devem possuir um conhecimento funcional tanto de circuitos analógicos quanto digitais. O projetista deve decidir se o sistema utilizará técnicas analógicas, digitais ou uma combinação de ambas. Por sua vez, técnicos devem construir um protótipo ou ainda encontrar erros e efetuar reparos em sistemas analógicos, digitais ou mistos.

SISTEMAS ELETRÔNICOS ANALÓGICOS foram bastante populares no passado. Informações provenientes do "mundo real" relacionadas com tempo, velocidade, peso, pressão, intensidade luminosa e medições de posicionamento são de natureza essencialmente *analógica*.

Um sistema eletrônico analógico simples para medir a quantidade de líquido em um reservatório é mostrado na Figura 1-5. A entrada do sistema é uma resistência variável. O processamento da informação utiliza a fórmula da Lei de Ohm, isto é, $I = V/R$. O indicador de saída é um amperímetro, que é calibrado como se fosse o limnímetro* do tanque de água. À medida que o nível da água sobe na Figura 1-5, a resistência de entrada é reduzida, o que causa um aumento na corrente (I). Por sua vez, o aumento da corrente se reflete no aumento do valor medido pelo amperímetro (limnímetro).

O sistema analógico da Figura 1-5 é simples e eficiente. O limnímetro na Figura 1-5 fornece uma indicação do nível de água no reservatório. Se informações adicionais referentes ao nível de água forem necessárias, então um sistema digital semelhante ao da Figura 1-6 deve ser empregado.

Sistemas digitais são necessários quando há a necessidade de armazenar dados, que por sua vez serão empregados em cálculos ou apresentados na forma de números e/ou letras. Um arranjo um pouco mais complexo para medir a quantidade de água no reservatório é apresentado na Figura 1-6. A entrada ainda é uma resistência variável de forma semelhante ao sistema analógico. A resistência é convertida em números pelo CONVERSOR ANALÓGICO-DIGITAL (A/D). A UNIDADE DE PROCESSAMENTO CENTRAL (CPU – *central processing unit*) de um computador é capaz de manipular os dados de entrada, disponibilizar os resultados na saída, armazenar a informação, calcular parâmetros como fluxo de entrada ou saída de água, calcular o tempo necessário para encher (ou esvaziar) o reservatório com base no fluxo de água e assim por diante. Sistemas digitais são especialmente úteis quando cálculos, manipulações de dados, armazenamento de dados e saídas alfanuméricas são necessários.

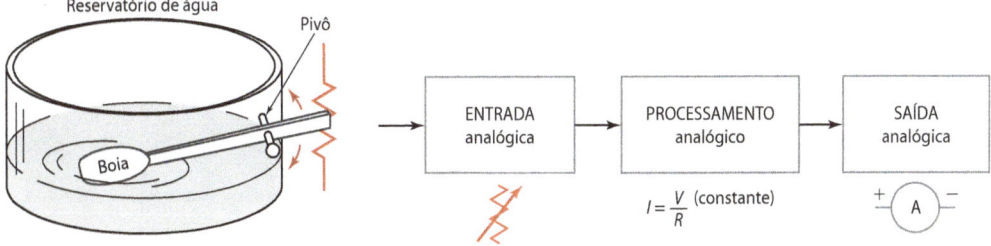

Figura 1-5 Sistema analógico para medição do nível de água em um reservatório.

---

* N. de T.: Limnímetro é um flutuador que segue as variações do nível da superfície da água e cujo movimento é transmitido a um dispositivo de leitura ou de registro denominado limnígrafo. É normalmente utilizado em lagos ou reservatórios no âmbito da hidrologia.

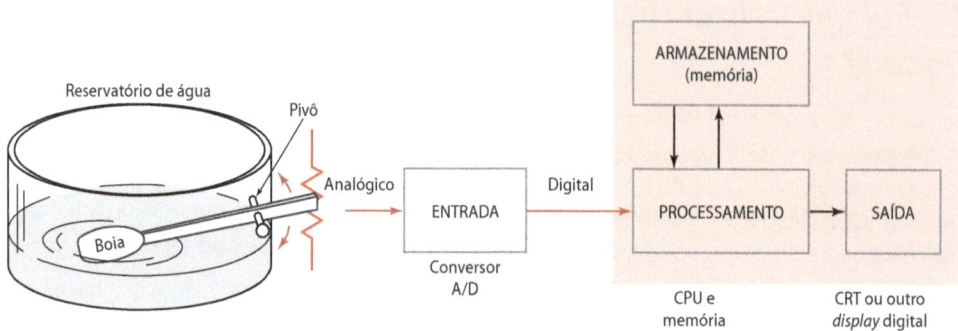

Figura 1-6 Sistema digital utilizado na interpretação da variação do nível de água em um reservatório.

Algumas das razões pelas quais se deve utilizar circuitos digitais em vez de analógicos:

1. CIs com menor custo podem ser utilizados, associados a um número reduzido de componentes externos.
2. A informação pode ser armazenada por curtos períodos ou indefinidamente.
3. Os dados podem ser utilizados para realização de cálculos precisos.
4. Os sistemas podem ser projetados mais facilmente utilizando-se famílias de circuitos lógicos digitais compatíveis.
5. Os sistemas podem ser programados e demonstrar algum tipo de "inteligência".
6. A informação alfanumérica pode ser visualizada por meio de vários tipos de *displays* eletrônicos.
7. Circuitos digitais são menos susceptíveis à interferência eletromagnética indesejável, normalmente denominada ruído.

As **LIMITAÇÕES DE CIRCUITOS DIGITAIS** são:

1. A maioria dos eventos do "mundo real" é de natureza analógica.
2. O processamento analógico é normalmente mais simples e mais rápido.

De modo geral, a utilização de circuitos digitais em equipamentos tem se tornado cada vez mais frequente basicamente devido ao baixo custo e existência de CIs digitais confiáveis. Outros fatores que explicam sua crescente popularização são exatidão, estabilidade, compatibilidade com o uso de computadores, memória, facilidade de utilização, simplicidade de projeto e compatibilidade com *displays* alfanuméricos.

História da eletrônica

William (Bill) H. Gates III

Presidente e chefe de arquitetura de *software* da Microsoft Corporation, Gates começou a programar computadores aos 13 anos de idade. Em 1974, quando ainda era universitário, Gates desenvolveu uma versão da linguagem de programação BASIC, que foi utilizada no primeiro microcomputador. Acreditando que os computadores pessoais se tornariam populares a ponto de serem encontrados em qualquer escritório ou residência, Gates e Paul Allen fundaram a Microsoft em 1975. Desde então, a Microsoft tem se destacado como empresa líder no desenvolvimento de *software* para computadores.

Teste seus conhecimentos

≫ Como é possível gerar um sinal digital?

Sinais digitais são compostos por dois níveis de tensão bem definidos. A maior parte dos níveis de tensão utilizados ao longo desta explicação será de +3 V a +5 V para ALTO e aproximadamente 0 V para BAIXO. Estes são normalmente denominados NÍVEIS DE TENSÃO TTL (*Transistor-Transistor Logic*) porque são utilizados na família de CIs baseada na LÓGICA TRANSISTOR-TRANSISTOR.

≫ Gerando um sinal digital

Um sinal digital TTL pode ser criado manualmente utilizando uma chave mecânica. Considere o circuito simples da Figura 1-7(a). À medida que a lâmina da chave de polo simples e contato duplo é movimentada para cima e para baixo, o SINAL DIGITAL mostrado à direita do circuito é sintetizado. No intervalo de tempo t_1, o nível da tensão é 0 V ou BAIXO. No intervalo de tempo t_2, o nível da tensão é +5 V ou ALTO. O nível da tensão se iguala novamente a 0 V (BAIXO) em t_3. Em t_4, o nível torna-se igual a +5 V (ALTO).

A ação da chave ao produzir os níveis subsequentes BAIXO-ALTO-BAIXO-ALTO é denominada mudança de estado (*toggling*). Por definição, o verbo *toggle* em inglês significa mudar para um estado oposto, o que ocorre na forma de onda da Figura 1-7(a), onde há alternância entre os níveis lógicos ALTO e BAIXO.

Um problema relacionado ao uso de chaves mecânicas é o fenômeno denominado *trepidação de contato*. Se pudéssemos analisar cuidadosamente uma chave real mudando do estado BAIXO para ALTO, a forma de onda resultante seria semelhante àquela da Figura 1-7(b).

Inicialmente, a forma de onda varia de BAIXO para ALTO (representação em *A*), mas então, devido à trepidação de contatos, assume o valor BAIXO novamente (representação em *B*), para só então retornar ao valor ALTO. Embora isso ocorra em um curto intervalo de tempo, circuitos digitais são rápidos o bastante para perceber essa forma de onda como um sinal BAIXO-ALTO-BAIXO-ALTO. A região indefinida entre ALTO e BAIXO pode ocasionar problemas em circuitos digitais e deve ser evitada.

Para eliminar o problema existente na Figura 1-7(b), algumas vezes são empregadas CHAVES LÓGICAS SEM TREPIDAÇÃO, como mostra a Figura 1-7(c). Observe o uso de um CIRCUITO ANTITREPIDAÇÃO ou *latch*. Muitas das chaves lógicas mecânicas que você utilizará em equipamentos de laboratório utilizam circuitos dessa natureza. Note na Figura 1-7(c) que a saída do circuito durante o intervalo de tempo t_1 é BAIXA e aproximadamente igual a 0 V. Durante t_2, a saída é ALTA, mas assume um valor inferior a +5 V. Da mesma forma, a saída assume os valores BAIXO e ALTO durante t_3 e t_4, respectivamente.

Outra solução que poderia ser considerada na geração de um sinal digital seria a utilização de um interruptor do tipo botão de pressão. Se o botão for pressionado, um sinal ALTO é gerado. Do contrário, quando o botão é liberado, um sinal BAIXO deverá surgir. Considere o circuito simples da Figura 1-8(a). Quando o botão é pressionado, um nível de tensão ALTO de aproximadamente +5 V é gerado na saída.

Entretanto, quando o botão é liberado, a tensão na saída é indefinida. Existe um circuito aberto entre a fonte de alimentação e a saída, de modo que esse arranjo não funciona adequadamente como uma chave lógica.

Uma botão de pressão normalmente aberto pode ser empregado em conjunto com um circuito especial para criar um pulso digital. A Figura 1-8(a) mostra o botão conectado a um circuito MULTIVIBRADOR COM DISPARO ÚNICO. Agora, a cada vez que o botão

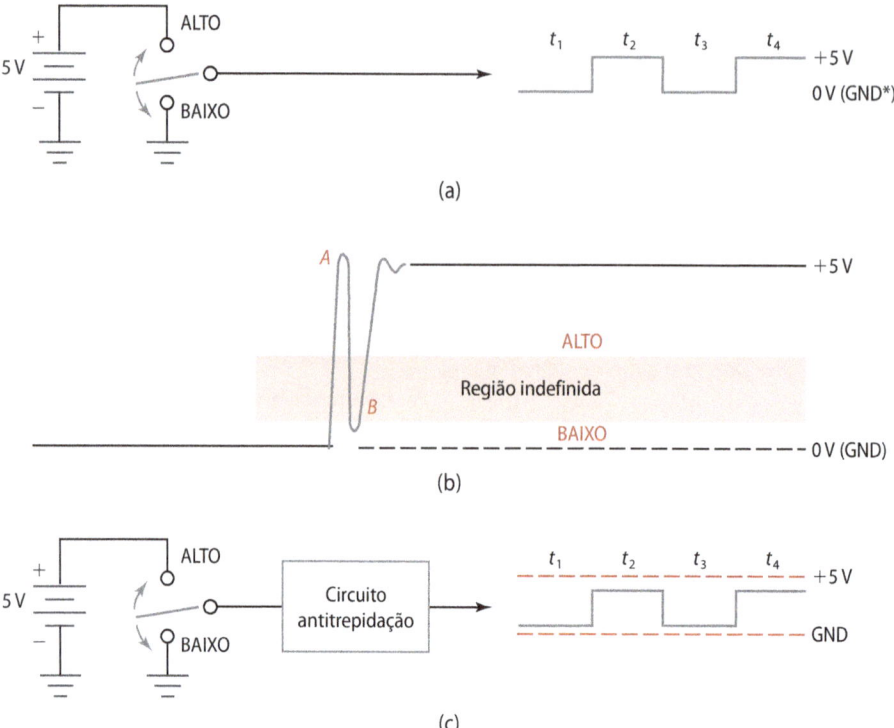

Figura 1-7 (a) Geração de um sinal digital utilizando uma chave mecânica. (b) Forma de onda da trepidação de contatos causada pela chave mecânica. (c) Inclusão de um circuito antitrepidação em uma chave simples para condicionar o sinal digital.

é pressionado, um *único pulso positivo de curta duração* é gerado pelo circuito. A largura do pulso de saída é determinada de acordo com o projeto do multivibrador e independe do tempo em que o botão for mantido pressionado.

» Circuitos multivibradores

Tanto o circuito *latch* como o circuito de disparo único foram empregados anteriormente, sendo ambos classificados como MULTIVIBRADORES. Por sua

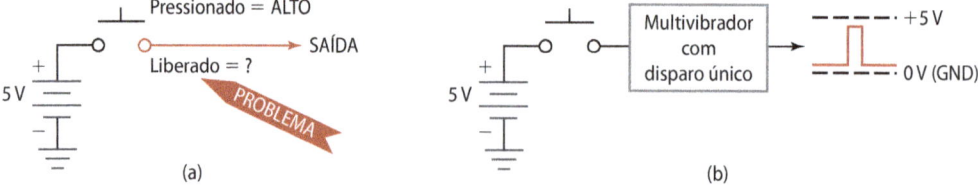

Figura 1-8 (a) Um interruptor do tipo botão de pressão não é capaz de gerar um sinal digital. (b) Botão de pressão utilizado para acionar um circuito multivibrador com disparo único para um sinal digital com pulso único.

---

* N. de T.: GND ou terra é uma representação normalmente empregada em eletrônica e corresponde a um ponto ou terminal onde o potencial elétrico é nulo (0 V).

vez, o *latch* é denominado *flip-flop* ou MULTIVIBRADOR BIESTÁVEL, enquanto o circuito com disparo único é classificado como um MULTIVIBRADOR MONOESTÁVEL. Um terceiro tipo de multivibrador é chamado de ASTÁVEL. Em muitos circuitos digitais, é simplesmente conhecido por CLOCK.

O multivibrador astável oscila sem a necessidade de um chaveamento externo ou mesmo um sinal de saída externo. O diagrama de blocos de um multivibrador astável é mostrado na Figura 1-9, o qual gera uma série contínua de pulsos com níveis de tensão TTL. A saída na Figura 1-9 muda alternadamente de BAIXO para ALTO e vice-versa.

No laboratório, você deverá criar circuitos digitais. Os equipamentos que serão utilizados empregam chaves, botões de pressão e multivibradores astáveis para gerar pulsos TTL semelhantes àqueles das Figuras 1-7, 1-8 e 1-9. No laboratório, você utilizará *chaves lógicas* que empregam o circuito *latch* antitrepidação mostrado na Figura 1-7(c). Você também utilizará um *clock* com pulso único acionado por um botão, que por sua vez estará conectado a um circuito multivibrador com disparo único, como mostra a Figura 1-8(b). Finalmente, seu equipamento possuirá um *clock* astável capaz de gerar uma série de pulsos contínuos, como mostra a Figura 1-9.

» Construindo um multivibrador

Multivibradores monoestáveis, biestáveis e astáveis podem ser criados a partir da utilização de componentes discretos (resistores, capacitores e transistores individuais) ou adquiridos na forma de CI. Devido ao seu melhor desempenho, facilidade de uso e baixo custo, os CIs serão utilizados neste curso. O diagrama esquemático de um multivibrador astável é apresentado na Figura 1-10(a). Esse circuito de *clock* gera um sinal de saída TTL com baixa frequência (de 1 Hz a 2 Hz). O principal componente do arranjo é o CI temporizador 555, observando-se ainda que são necessários dois resistores, um capacitor e uma fonte de alimentação para seu devido funcionamento.

A montagem desse circuito em uma matriz de contatos*, a qual não requer o uso de soldagem, é mostrada na Figura 1-10(b). Note também que a contagem crescente dos pinos 1 a 8 no CI acontece no sentido anti-horário a partir do ponto de marcação que existe em seu encapsulamento. Você poderá então implementar esse circuito facilmente em uma matriz de contatos a partir do diagrama esquemático da Figura 1-10(a).

» Construindo uma chave sem trepidação

Chaves mecânicas simples trazem problemas para circuitos digitais quando são utilizadas como dispositivos de entrada. O botão de pressão (SW_1), mostrado na Figura 1-11(a), é pressionado (contatos fechados) no ponto A (observe a forma de onda de saída). Devido à trepidação, o sinal de saída se torna ALTO, BAIXO e depois ALTO novamente. De

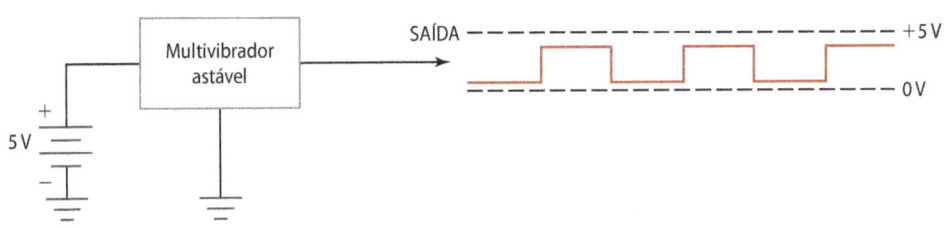

Figura 1-9 Multivibrador astável gerando uma sequência de pulsos digitais.

* N. de T.: Também conhecida como *protoboard*.

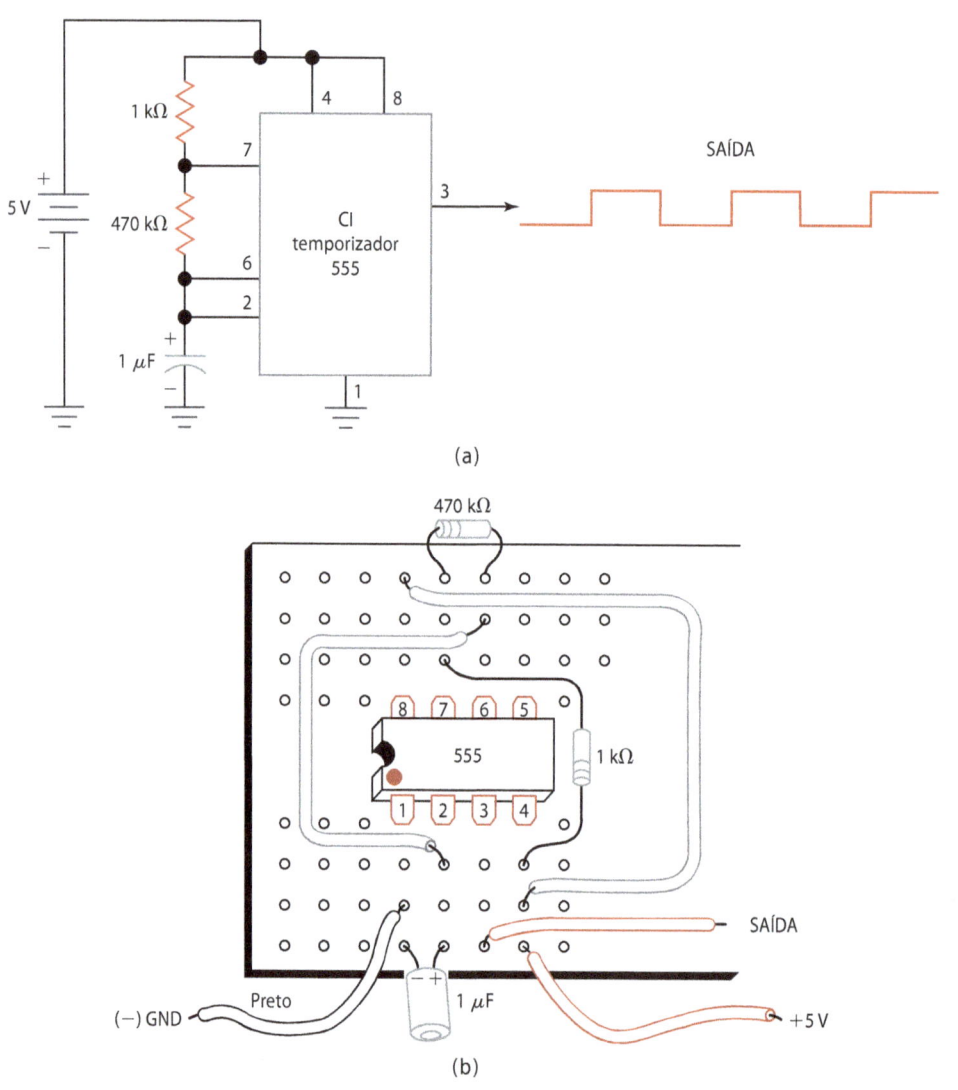

Figura 1-10 (a) Diagrama esquemático de um multivibrador astável utilizando o CI temporizador 555. (b) Implementação do multivibrador astável em uma matriz de contatos.

forma análoga, quando o botão é liberado no ponto B, isto é, o circuito é aberto, outra trepidação ocorre. Dessa forma, esse inconveniente deve ser eliminado.

Para resolver o problema, um *circuito antitrepidação* foi acrescentado na Figura 1-11(b). Agora, quando o botão é pressionado no ponto C (veja a forma de onda na saída), não há trepidação e a saída muda de BAIXO para ALTO. Da mesma forma, quando SW_1 está aberto, não há trepidação e o estado da saída é alterado de ALTO para BAIXO.

Uma chave de entrada com circuito antitrepidação incluso é mostrada na Figura 1-12. Note que o CI temporizador 555 está no centro do circuito antitrepidação. Quando o botão SW_1 é fechado (ponto E na forma de onda), a saída muda de BAIXO para ALTO. Depois, quando SW_1 é aberto (ponto F na forma de onda), a saída do CI 555 permanece em

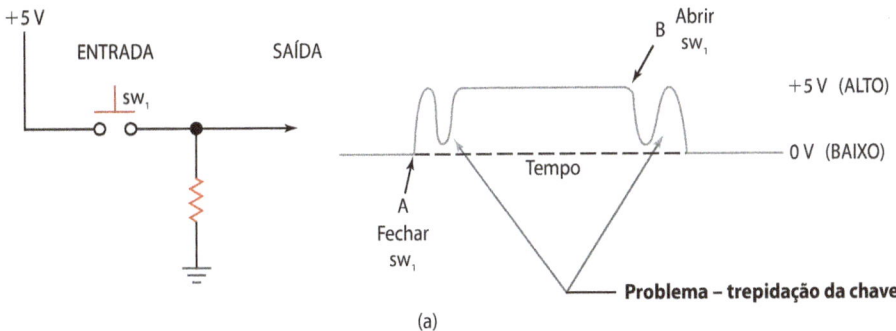

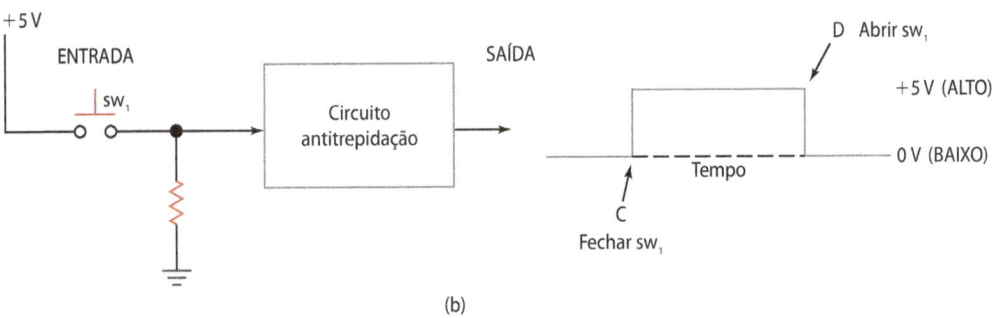

Figura 1-11 (a) Trepidação causada pela chave mecânica. (b) Circuito antitrepidação utilizado para corrigir o problema.

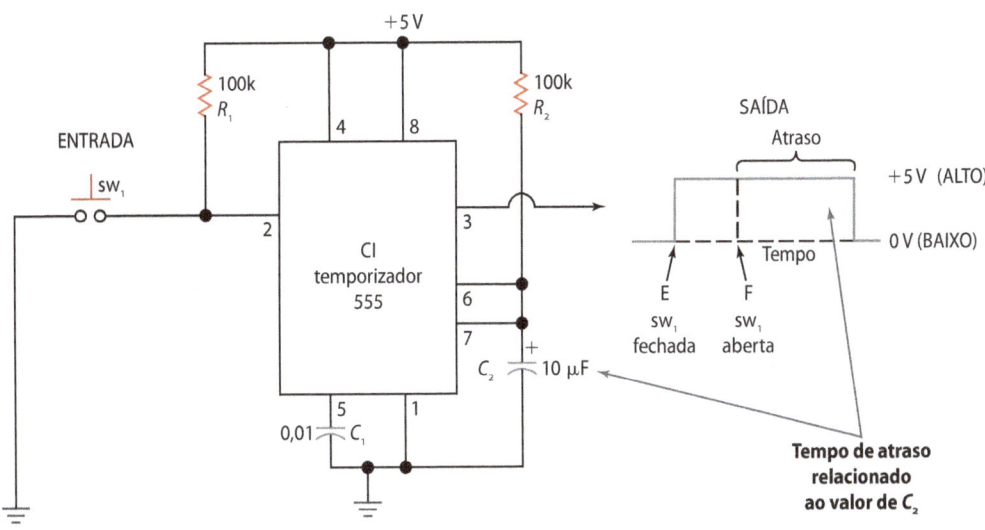

Figura 1-12 Circuito antitrepidação.

nível ALTO durante certo tempo, correspondendo a um atraso. Depois do período de atraso, que é de aproximadamente 1 s para esse circuito, a saída muda de ALTO para BAIXO. Esse tempo de atraso pode ser ajustado por meio da capacitância C_2. A redução do valor de C_2 causa a consequente redução do tempo de atraso e vice-versa.

» Construindo um multivibrador com disparo único

Um *multivibrador com disparo único* é também chamado de multivibrador monoestável. O circuito com disparo único responde a um pulso de mudança de estado, de modo que o pulso de saída possui uma determinada largura ou tempo de duração.

Um multivibrador com disparo único que pode ser facilmente implementado em laboratório é mostrado na Figura 1-13. O CI multivibrador com disparo único 74121 utiliza um botão simples para aumentar a tensão na saída B de GND (0 V) para aproximadamente +3 V, sendo esta a tensão que caracteriza a mudança de estado. Quando acionado, o multivibrador com disparo único gera um pulso curto em cada uma das duas saídas. A *saída normal Q* (pino 6) emite um pulso curto com duração aproximada entre 2 e 3 ms.

A *saída complementar* $\overline{Q}$ corresponde a um sinal oposto, ou seja, um pulso curto negativo. Em dispositivos digitais chamados de *flip-flops*, as saídas são normalmente denominadas Q e $\overline{Q}$ (pronuncia-se "Q barra" ou "não Q") e suas saídas são sempre opostas ou complementares. Em saídas complementares, se é Q é ALTA, então $\overline{Q}$ é BAIXA e vice-versa. As saídas do CI 74121 provêm diretamente de um *flip-flop* interno e são, portanto, denominadas Q e $\overline{Q}$.

A *largura do pulso* gerada por um multivibrador com disparo único depende do projeto do circuito, e não de quanto tempo o botão for mantido pressionado. A largura de pulso do circuito mostrado na Figura 1-13 pode ser aumentada através do consequente aumento do valor da capacitância C_1 ou da resistência R_3. Da mesma forma, o pulso se torna mais estreito reduzindo-se o valor de C_1 ou R_3.

De forma prática, deve-se empregar um circuito antitrepidação na Figura 1-13 ou então o CI multivibrador poderá gerar mais de um único pulso. O uso de um interruptor de ação rápida pode também evitar o problema relacionado à falsa mudança de estado no multivibrador.

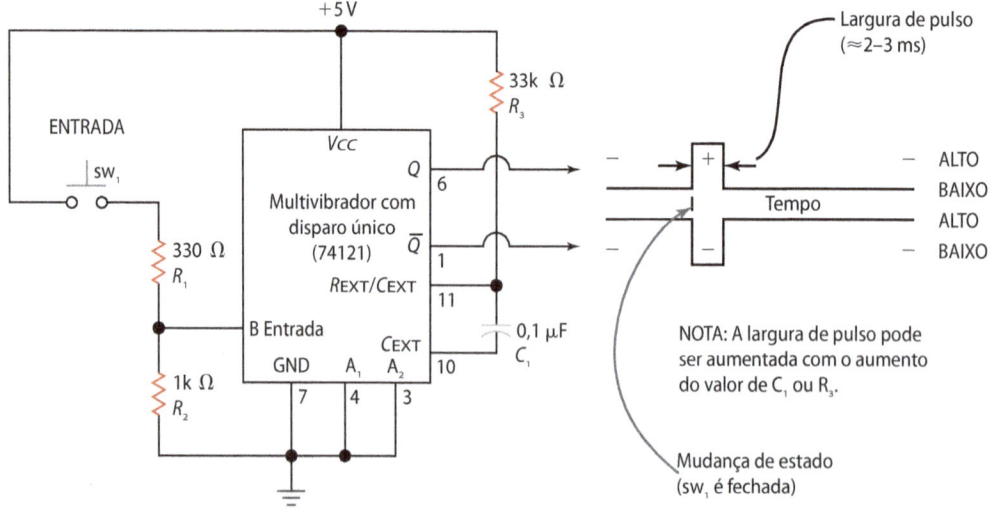

Figura 1-13 Circuito multivibrador com disparo único utilizando o CI TTL 74121.

» Módulo didático

Um módulo didático típico usado em laboratório é representado na Figura 1-14. A foto mostra um par de placas especificamente projetadas para uso com o manual de experimentos que acompanha este livro. O módulo DT-1000 fabricado pela empresa Dynalogic mostrado à esquerda na figura inclui uma matriz de contatos para montagem de circuitos. Também inclui dispositivos de entrada como 12 chaves lógicas (sendo que duas possuem circuito antitrepidação), um teclado, um multivibrador com disparo único e um *clock* com frequência variável (multivibrador astável). Existem também dispositivos de saída disponíveis no módulo, como 16 LEDs indicadores, uma campainha piezoelétrica, um relé e um pequeno motor CC. O conector de alimentação do módulo didático está localizado no canto superior esquerdo da placa. Na Figura 1-14 à direita, tem-se uma segunda placa contendo *displays* do tipo LED, LCD e VF. O módulo didático é muito útil quando se utiliza *displays* de sete segmentos como dispositivos de saída. Essas placas em conjunto com CIs individuais e outros componentes o ajudarão a adquirir experiência prática na montagem de circuitos eletrônicos digitais.

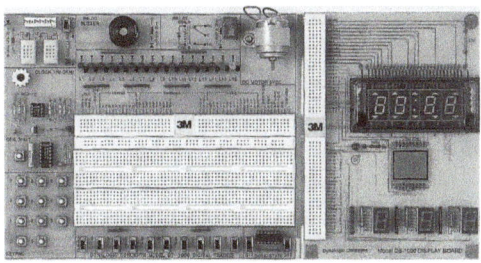

Figura 1-14 Módulo didático e placa com *displays* usados em experimentos de laboratório.

 Teste seus conhecimentos

» Como testar um sinal digital?

Na seção anterior, você gerou sinais digitais empregando diversos circuitos multivibradores, sendo que estes são os métodos empregados em laboratório para criar os sinais de entrada para os demais circuitos que serão construídos. Nesta seção, diversos métodos simples para testar as saídas de circuitos digitais serão apresentados.

Considere o circuito da Figura 1-15(a). A entrada consiste em por uma chave de polo simples e

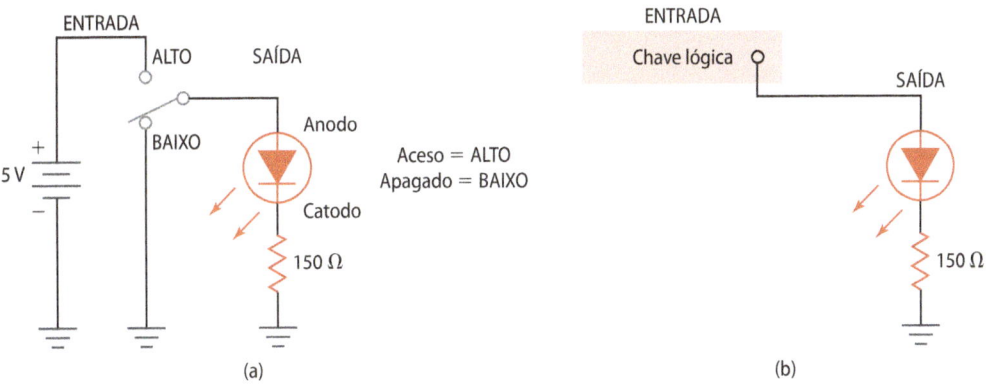

Figura 1-15 (a) Indicador de saída simples usando LED. (b) Chave lógica conectada ao indicador de saída simples usando LED.

contato duplo e uma fonte de alimentação. O **INDICADOR NA SAÍDA** é um LED (*light emitter diode* ou diodo emissor de luz). O resistor de 150 Ω limita a corrente no LED de modo a não danificá-lo. Quando a chave na Figura 1-15(a) está na posição ALTO (superior), a tensão +5 V é aplicada no anodo polarizando o LED, de modo que a corrente passa a circular acendendo o dispositivo. Quando a chave na Figura 1-15(a) está na posição BAIXO (inferior), tanto o anodo como catodo são aterrados e o LED não acende. Portanto, a presença de luz indica nível ALTO, enquanto a ausência indica nível BAIXO.

O indicador simples usando LED é mostrado novamente na Figura 1-15(b). Desta vez, um diagrama simplificado da chave lógica representa a entrada. A chave lógica atua de forma semelhante ao dispositivo da Figura 1-15(a), embora empregue um circuito antitrepidação. Novamente, o indicador de saída é o LED utilizando um resistor limitador de corrente. Quando a chave lógica gerar um sinal BAIXO, o LED não acenderá. Do contrário, se o sinal for alto, o LED permanecerá aceso.

Outro indicador de saída a LED é mostrado na Figura 1-16. O LED se comporta da mesma forma descrita anteriormente, ou seja, ele acende para um nível ALTO e permanece apagado para um nível BAIXO. No caso da Figura 1-16, o LED é acionado por um transistor em vez de ser conectado diretamente à entrada. A vantagem do circuito da Figura 1-16 comparado ao da Figura 1-15(a) reside na corrente menor que é drenada a partir da fonte ou da saída do circuito digital que estiver em teste. Indicadores de saída a LED semelhantes ao da Figura 1-16 podem ser encontrados em um laboratório de eletrônica digital típico.

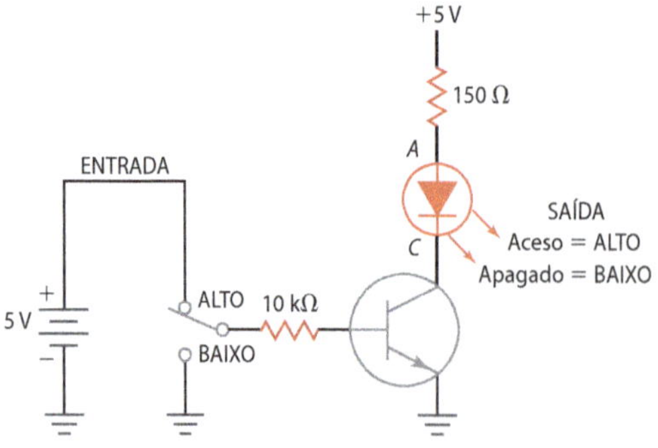

Considere o circuito indicador com dois LEDs mostrado na Figura 1-17. Quando o nível de entrada é ALTO (+5 V), o LED inferior acende, enquanto o LED da parte superior permanece apagado. Do contrário, quando a entrada possui nível baixo (GND), apenas o LED superior acende. Se o ponto Y no circuito da Figura 1-17 entrar na região indefinida entre ALTO e BAIXO ou não estiver conectado a qualquer outro ponto do circuito, ambos os LEDs acendem.

As tensões de saída em um circuito digital podem ser medidas com um voltímetro convencional. Na família de CIs TTL, tensões entre 0 V e 0,8 V são consideradas como nível lógico BAIXO. Se a tensão variar entre 2 V e 5 V, tem-se o nível ALTO. Tensões variando entre aproximadamente 0,8 V e 2 V pertencem à região indefinida e indicam a existência de problemas em circuitos TTL.

Um dispositivo portátil útil empregado na determinação de níveis lógicos de saída é a **PONTEIRA LÓGICA**. O exemplo de um esquema de baixo custo e que pode ser facilmente montado em laboratório por alunos é mostrado na Figura 1-18. Para utilizar

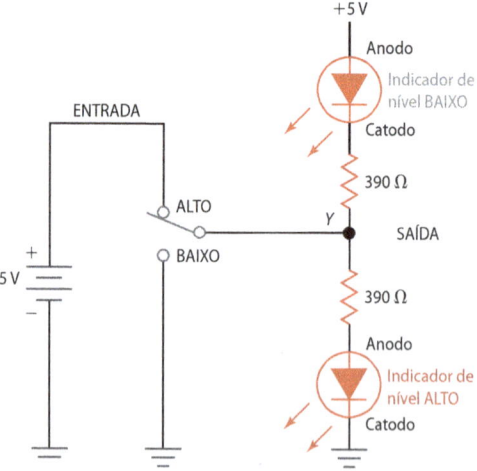

Figura 1-16 Indicador de saída usando LED acionado por transistor.

Figura 1-17 Indicadores de saída usando LEDs que sinalizam níveis lógicos do tipo ALTO, BAIXO e indefinido.

adequadamente esse dispositivo, deve-se adotar o procedimento a seguir:

1. Conecte a garra vermelha à tensão de +5 V que corresponde à alimentação do circuito sob teste.
2. Conecte a garra preta ao terminal terra (GND) do circuito sob teste.
3. Conecte a terceira garra (TTL) ao terminal terra (GND) do circuito sob teste.
4. Encoste a ponta de prova no circuito digital a ser testado.
5. Um dos LEDs indicadores mostrados na Figura 1-18(a) deverá se acender. Se ambos acenderem, isso significa que a ponta de prova não está conectada ao circuito ou que a tensão na ponteira se encontra na região indefinida entre ALTO e BAIXO.

A ponteira lógica na Figura 1-18(a) também pode ser utilizada no teste de CIs da **FAMÍLIA LÓGICA CMOS**

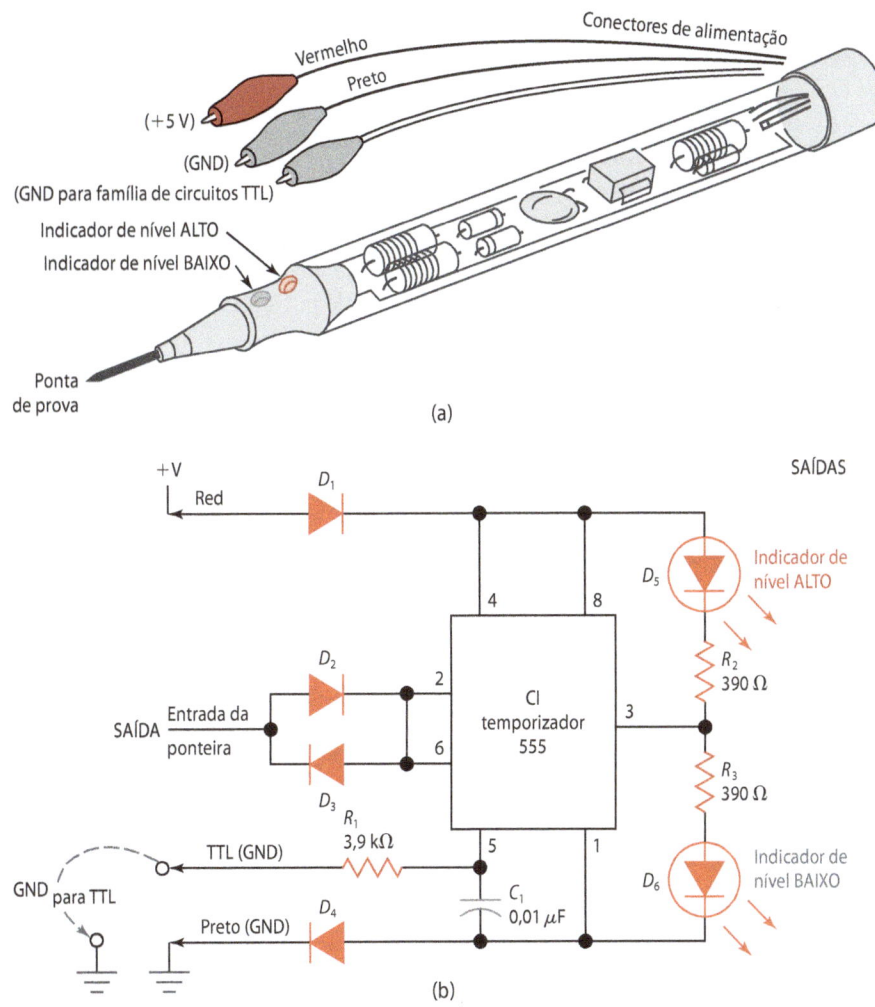

Figura 1-18 (a) Exemplo de uma ponteira lógica que pode ser implementada em laboratório. (b) Diagrama esquemático de uma ponteira lógica usando CI temporizador 555. (Cortesia de *Electronic Courseware Interactive, Inc.*)

(COMPLEMENTARY METAL OXIDE SEMICONDUCTOR – Semicondutor Óxido Metálico Complementar). Quando utilizada na medição de NÍVEIS LÓGICOS CMOS, a garra referente à família de CIs TTL deverá permanecer desconectada. Assim, a garra vermelha será conectada ao terminal positivo (+) da fonte de alimentação, enquanto a garra preta será aterrada (GND). Ao se encostar a ponta de prova no ponto do circuito digital CMOS que se deseja testar, os LEDs indicarão se o nível lógico CMOS existente é ALTO ou BAIXO.

O diagrama esquemático da ponteira lógica é mostrado na Figura 1-18(b). O CI temporizador 555 é utilizado nesse circuito, cuja tensão de alimentação varia de 5 V a 18 V. Circuitos TTL operam com tensões de 5 V, ao passo que alguns circuitos CMOS operam com tensões de até 15 V. As três conexões da fonte de alimentação são mostradas à esquerda da Figura 1-18(b). A garra vermelha é conectada ao polo positivo da fonte, enquanto a garra preta é aterrada. Se o circuito em teste for TTL, a garra TTL (GND) também deverá ser aterrada. Se um circuito CMOS for testado, a garra TTL (GND) deve permanecer desconectada. A entrada da ponteira lógica é mostrada à esquerda, conectada aos pinos 2 e 6 do CI 555. Se essa tensão for BAIXA, o LED inferior (D_6) acenderá. Se a tensão for ALTA, o LED superior (D_5) acenderá. Se a entrada da ponteira estiver desconectada, ambos os LEDs acenderão. Note que o pino 3 (saída) do CI 555 sempre assume o nível lógico oposto da entrada. Portanto, se a entrada (pinos 2 e 6) for ALTA, a saída do CI 555 se torna BAIXA. Por sua vez, isso polarizará o LED superior (indicador ALTO), o qual permanecerá aceso.

Os quatro diodos de silício (D_1 a D_4) na Figura 1-18(b) protegem o CI em caso de eventual inversão da polaridade da tensão. O capacitor C_1 evita que tensões transitórias afetem a PONTEIRA LÓGICA quando a garra TTL (GND) não estiver conectada. O pino 5 do CI 555 é aterrado através do resistor R_1, o qual deve ser utilizado apenas em modo TTL.

A ponteira lógica da Figura 1-18 responde de modo distinto a níveis de tensão TTL e CMOS. A Figura 1-19 mostra os níveis lógicos de tensão TTL e CMOS em termos da porcentagem da tensão de alimentação total. Como o modo TTL emprega uma tensão de alimentação de +5 V, o nível ALTO corresponderá a tensões maiores ou iguais a 2 V. O nível BAIXO, por sua vez, equivale a tensões menores ou iguais a 0,8 V.

No laboratório, você poderá tanto construir uma ponteira lógica semelhante àquela da Figura 1-18 quanto utilizar uma ponteira comercialmente disponível para verificar circuitos digitais. Como as instruções de utilização para cada tipo de ponteira lógica são diferentes, deve-se ler atentamente o manual de instruções do equipamento que será utilizado.

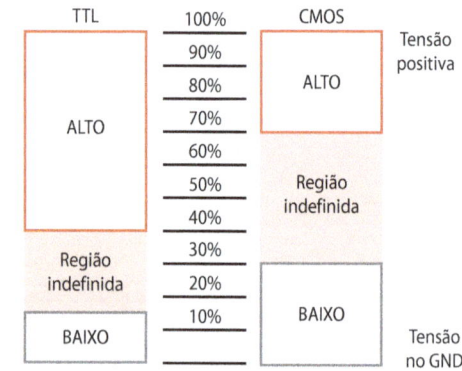

Figura 1-19 Definição de níveis lógicos para as famílias de CIs digitais TTL e CMOS.

 Teste seus conhecimentos

≫ Instrumentos simples

Diversos instrumentos simples utilizados juntamente com circuitos digitais são apresentados nesta seção. Versões dos equipamentos com funções básicas serão mostradas, visto que instrumentos comercialmente disponíveis como geradores de funções, ponteiras lógicas e osciloscópios normalmente possuirão funções avançadas adicionais.

≫ Gerador de funções

Um dos *dispositivos de saída* mais úteis empregados em instituições de ensino e laboratórios industriais é o *gerador de funções*, sendo que um equipamento simples desse tipo é mostrado na Figura 1-20. Ao operar um módulo didático no laboratório (a exemplo do modelo DT-1000 mostrado na Figura 1-14), você pode verificar a existência de algumas dessas saídas semelhantes àquelas do gerador de funções.

Para utilizar o gerador de funções, inicialmente deve-se selecionar a *forma* da onda a ser gerada. Uma onda quadrada pode ser utilizada quando se trabalha com a maioria dos circuitos digitais. Depois, a *frequência* (em hertz ou Hz) pode ser selecionada utilizando os botões seletores de faixa e o dígito multiplicador. Por fim, o valor da tensão de saída é ajustado. Esse gerador de funções apresenta duas saídas de tensão separadas (5 V TTL e ajustável). A saída 5 V TTL é útil para acionar a maioria dos circuitos TTL. Se você utilizar a saída de tensão variável, deve-se selecionar propriamente o valor desejado.

Qual é a forma e frequência da onda gerada pelo gerador de funções da Figura 1-20? O botão seletor encontra-se na forma quadrada. A faixa de frequência aponta para 10 Hz, enquanto o dígito multiplicador é igual a 1. Portanto, a frequência de saída é 10 Hz (faixa × multiplicador = frequência ou 10×1=10 Hz). Na Figura 1-20, o valor da tensão é obtido diretamente a partir da saída 5 V TTL, a qual acionará diretamente o circuito lógico TTL.

≫ Ponteira lógica

O instrumento mais elementar usado no teste de níveis lógicos é a *ponteira lógica*, sendo que uma ponteira simples é mostrada na Figura 1-21. A chave seletora é utilizada para escolher o tipo de circuito sob teste, isto é, TTL ou CMOS. Nesse caso, a ponteira é empregada no teste de um circuito TTL.

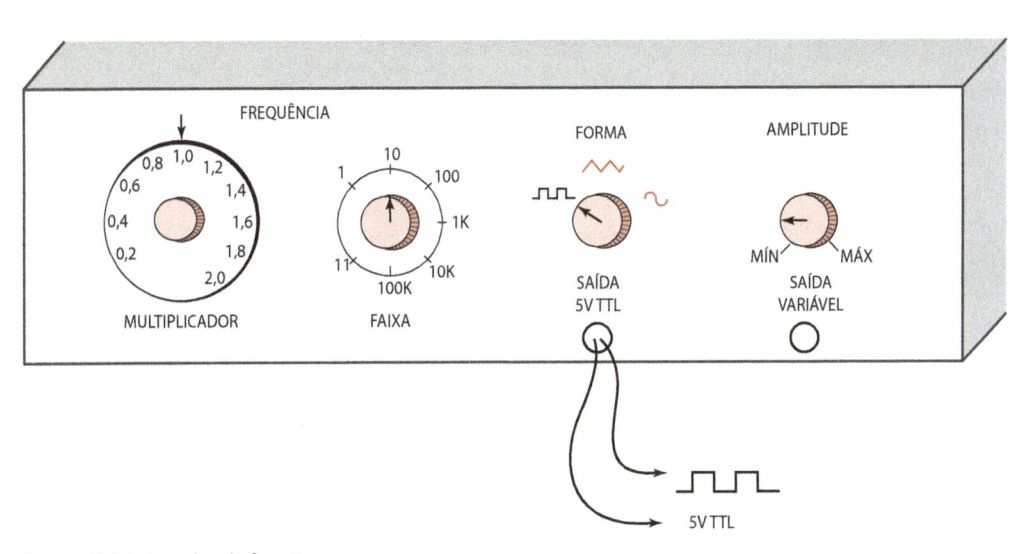

Figura 1-20 Gerador de funções.

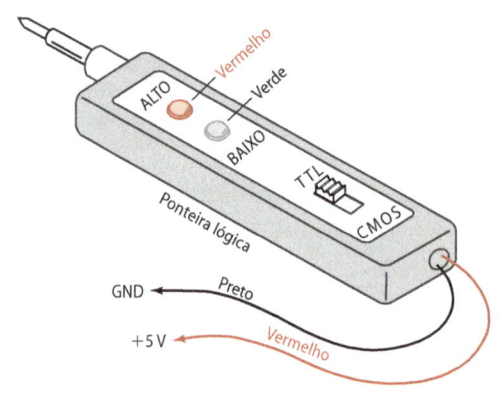

Figura 1-21 Ponteira lógica.

Normalmente, dois terminais alimentam a ponteira lógica. O terminal vermelho é conectado ao polo positivo (+) da fonte de alimentação, enquanto o terminal preto é conectado ao polo negativo (−) ou aterrado (GND). Quando estiver propriamente conectada à fonte de alimentação, a ponta na forma de agulha será utilizada para tocar o ponto do circuito que se deseja testar, de modo que ou o indicador ALTO (LED vermelho) ou o indicador BAIXO (LED verde) irá acender. Se nenhum deles permanecer aceso, isso quer dizer que a tensão encontra-se na região indefinida entre ALTO e BAIXO. Deve-se ressaltar que as definições de níveis de tensão ALTO, BAIXO e região indefinida são apresentados na Figura 1-19.

A ponteira lógica é uma ferramenta útil para implementar e testar circuitos digitais em laboratórios didáticos. Leia atentamente o manual de instruções do modelo de ponteira lógica que será utilizado.

» Osciloscópio

O osciloscópio é um tipo de equipamento de medição extremamente versátil. Um modelo simplificado e genérico de osciloscópio é representado na Figura 1-22. A função básica do osciloscópio é plotar graficamente a tensão em função do tempo. O tempo é a distância horizontal na tela e a tensão corresponde à deflexão vertical. Deve-se ressaltar que osciloscópios são mais eficientes para medir sinais que se repetem indefinidamente.

Considere o sinal com amplitude de 4 V de pico a pico e Hz medido a partir da entrada do equipamento na Figura 1-22. O *indicador da escala* de tempo aponta para 2 ms (2 milissegundos = 0,002 segundos). Isso fará um ponto luminoso se mover ao longo da tela da esquerda para a direita a uma taxa de 2 ms por divisão (um total de 20 ms se considerarmos toda a tela). O ponto luminoso retornará ao extremo esquerdo da tela para iniciar esse processo novamente. O *seletor da escala de tensão* aponta para 1 V por divisão para medir um sinal que varia de 0 V a +4 V. Ou seja, a partir da extremidade esquerda da tela, o ponto se move ao longo de quatro divisões para cima (1 V por divisão) para os primeiros 5 ms.

Depois, a tensão se reduz a 0 V e o ponto luminoso traça a linha inferior da forma de onda ao longo de 5 ms. Então, a tensão de entrada aumenta para +4 V e o segundo traço superior é plotado. Após essa ocorrência, a tensão se igualará a zero onde o segundo traço inferior é representado. Finalmente, o ponto luminoso retornará à esquerda da tela, de modo que o processo será repetido. Os níveis lógicos TTL são representados na Figura 1-22 como ALTO (+4 V) e BAIXO (0 V).

Considere a forma de onda mostrada na tela do osciloscópio da Figura 1-22, em que o formato é quadrado. Ondas quadradas são especialmente úteis em eletrônica digital. Uma análise detalhada mostra que duas formas de onda existem na tela, isto é, dizemos nesse caso que há a representação de dois ciclos.

Observe novamente a forma de onda da Figura 1-22. Qual é o intervalo de duração de um ciclo? Para determiná-lo, você deve contar cinco divisões, ou seja, esse intervalo é igual a 10 ms (5 divisões × 2 ms/divisão = 10 ms). A partir do intervalo de duração ou período da forma de onda (10 ms = 0,010 s), pode-se calcular a frequência da tensão de entrada usando a fórmula $f = 1/t$, onde f é a frequên-

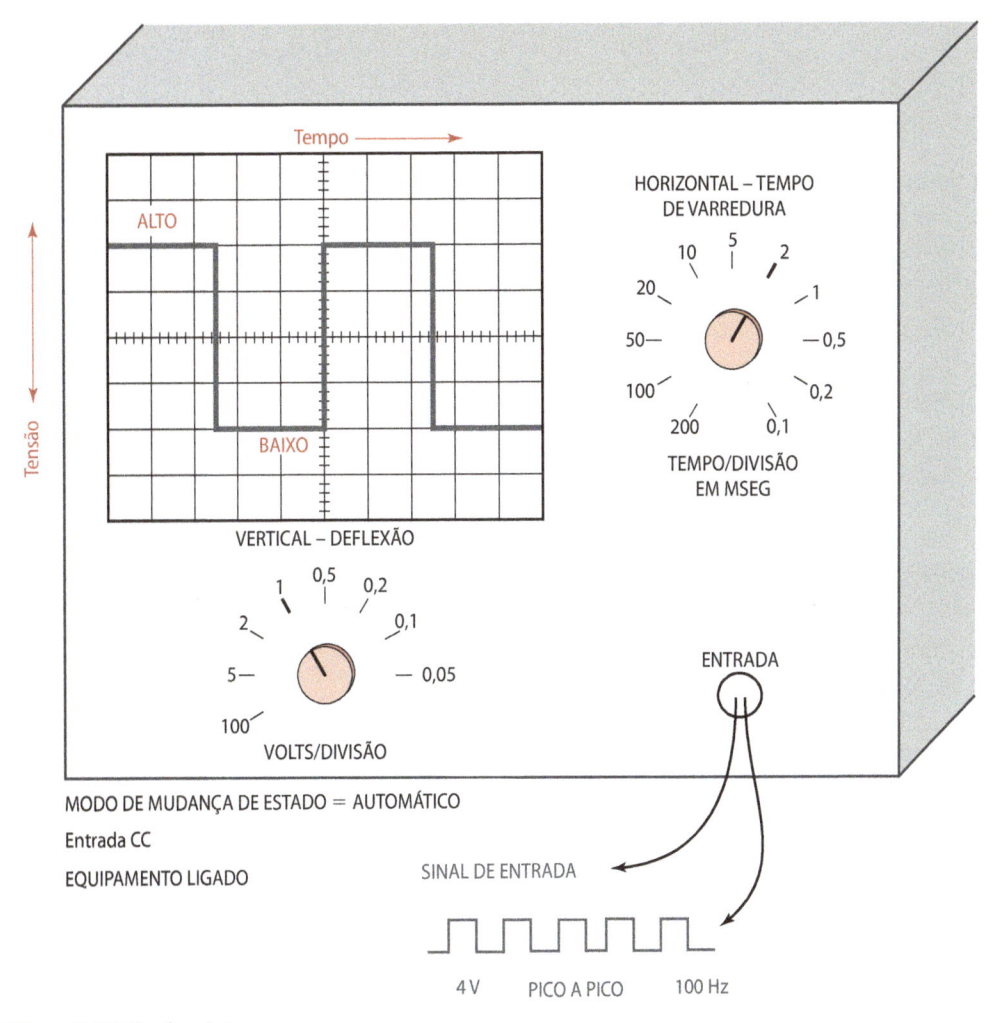

Figura 1-22 Osciloscópio.

cia em Hz (ciclos por segundo) e *t* é o período ou tempo em segundos. Ao se calcular a frequência do sinal mostrado na Figura 1-22, obtém-se o valor de 100 Hz ($f = 1/0,01$ s). Observe que o osciloscópio nos ajuda a determinar tanto a forma quanto a frequência da onda de entrada.

Os osciloscópios que você utilizará em laboratório provavelmente apresentarão funções mais complexas que aquelas existentes na Figura 1-22. Porém, as funções básicas do equipamento foram demonstradas.

Teste seus conhecimentos (Figura 1-23)

RESUMO E REVISÃO DO CAPÍTULO

Resumo

1. Sinais analógicos variam gradual e continuamente, ao passo que sinais digitais produzem níveis de tensão discretos normalmente denominados ALTO e BAIXO.

2. A maioria dos dispositivos eletrônicos modernos emprega tanto circuitos analógicos quanto digitais.

3. Os níveis lógicos são diferentes para as diversas famílias de circuitos digitais, como TTL e CMOS. Esses níveis são normalmente denominados ALTO, BAIXO e indefinido. A Figura 1-19 apresenta os níveis lógicos TTL e CMOS detalhadamente.

4. Circuitos digitais tornaram-se muito populares devido à ampla disponibilidade de CIs de baixo custo. Outras vantagens atribuídas a tais circuitos são a compatibilidade de uso com computadores, memória, facilidade de uso, simplicidade de projeto, exatidão e estabilidade.

5. Multivibradores biestáveis (ou latches), monoestáveis (ou circuitos com disparo único) e astáveis são utilizados na geração de sinais digitais.

6. Indicadores de nível lógico podem assumir a forma de circuitos simples utilizandos LEDs e resistores, voltímetros ou ponteiras lógicas. Indicadores de nível lógico à base de diodos emissores de luz provavelmente serão encontrados em seu laboratório didático.

7. Um gerador de função é um instrumento de laboratório utilizado na geração de sinais eletrônicos. O operador pode variar parâmetros do sinal de saída como tensão, frequência e forma de onda.

8. Um osciloscópio é um instrumento muito utilizado no teste e reparo de equipamentos danificados, sendo capaz de plotar sinais. Osciloscópios são úteis para se determinar a forma, período e frequência de sinais periódicos.

Questões de revisão do capítulo

Questões de pensamento crítico

1.1 Cite diversas vantagens de circuitos digitais em relação a circuitos analógicos.

1.2 Quando se observa um equipamento, quais são os indícios de que ele contenha circuitos digitais?

1.3 Observe a Figura 1-7(a). Qual a principal desvantagem desse circuito utilizado na geração de um sinal digital?

1.4 Observe a Figura 1-8(a). Qual a principal dificuldade encontrada ao se utilizar o circuito na geração de um sinal digital?

1.5 Observe a Figura 1-24. A partir dos parâmetros ajustados no osciloscópio e das informações na tela, determine as seguintes características do sinal:
 a. Tensão de pico a pico
 b. Forma de onda
 c. Tempo de duração de um ciclo
 d. Frequência ($f = 1/t$)

1.6 A critério de seu instrutor, utilize um aplicativo computacional próprio para a simulação de circuitos elétricos e eletrônicos e (1) desenhe o circuito de *clock* semelhante ao da Figura 1-25 usando o CI temporizador 555, (2) teste a operação do circuito e (3) determine a frequência aproximada do sinal de *clock* utilizando a

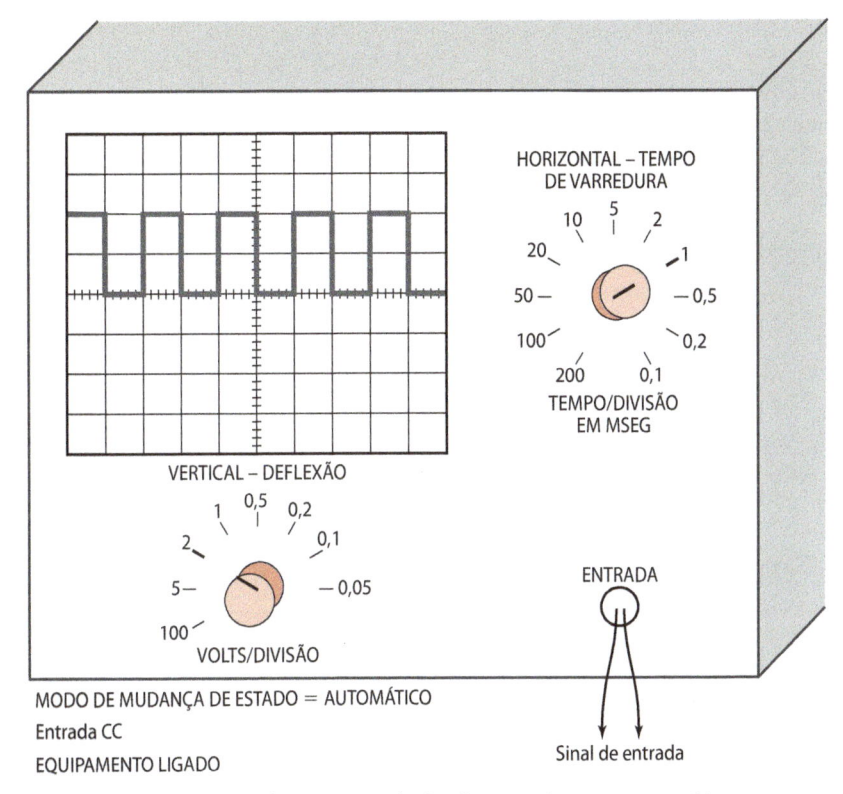

Figura 1-24 Osciloscópio mencionado no enunciado das *Questões de pensamento crítico*.

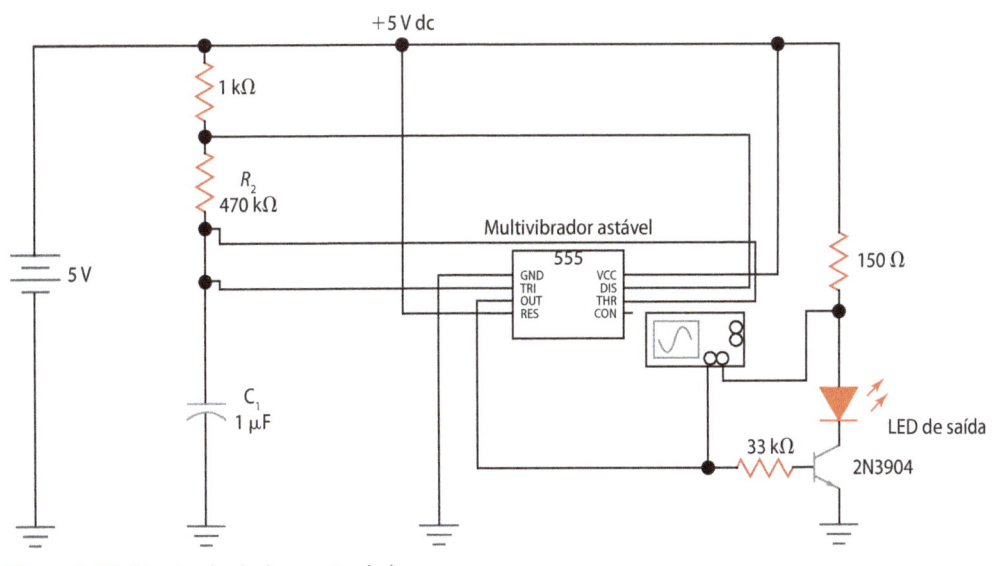

Figura 1-25 Circuito de *clock* a ser simulado.

medição da escala de tempo e a expressão $f = 1/t$.

1.7 A critério de seu instrutor, utilize um aplicativo computacional próprio para a simulação de circuitos elétricos e eletrônicos e (1) desenhe o circuito de *clock* mostrado na Figura 1-25 da mesma forma que na questão 1.6, (2) modifique o valor da resistência R_2 para 100 kΩ, (3) teste a operação do circuito e (4) determine a frequência aproximada do sinal de *clock* utilizando a medição da escala de tempo e a expressão $f = 1/t$.

Respostas dos testes

capítulo 2

Números utilizados em eletrônica digital

A maioria das pessoas nos compreende perfeitamente quando dizemos que possuímos nove centavos, pois o número 9 é parte do nosso sistema de numeração decimal utilizado no dia a dia. Entretanto, dispositivos eletrônicos digitais empregam um sistema de numeração "incomum" denominado binário. Computadores digitais e muito outros sistemas dessa natureza utilizam ainda outros sistemas de numeração, como hexadecimal e octal. Assim, profissionais que trabalham com eletrônica devem ser capazes de converter números do sistema decimal corriqueiro para os sistemas binário, hexadecimal e octal.

Além das bases decimal, binária, hexadecimal e octal, existem muitos outros códigos em eletrônica digital, como BCD (*Binary Coded Decimal* – Número Decimal Codificado em Binário), o código Gray e o código ASCII. Circuitos aritméticos representam números binários positivos e negativos usando o complemento de 2. Muitos desses códigos específicos serão estudados em capítulos posteriores.

Objetivos deste capítulo

>> Demonstrar a compreensão do conceito de valor posicional nos sistemas de numeração decimal, binário, octal e hexadecimal.
>> Converter números binários em decimais e vice-versa.
>> Converter números hexadecimais em binários, binários em hexadecimais, hexadecimais em decimais e decimais em hexadecimais.
>> Converter números octais em binários, binários em octais, octais em decimais e decimais em octais.
>> Utilizar termos como *bit*, *nibble*, *byte* e palavra aplicados à descrição de grupos de dados.

❱❱ Contagem nos sistemas decimal e binário

Um sistema numérico é um código que utiliza símbolos para representar uma determinada quantidade de itens. O sistema decimal utiliza os símbolos 0, 1, 2, 3, 4, 5, 6, 7, 8 e 9, possuindo, portanto, 10 símbolos e é chamado também de sistema base 10. O sistema binário utiliza apenas os símbolos 0 e 1, sendo chamado também de sistema base 2.

A Figura 2-1 compara o número de moedas com os símbolos que utilizamos para contar. Os símbolos decimais normalmente empregados de 0 a 9 são mostrados na coluna à esquerda. Na coluna à direita, tem-se os símbolos que utilizamos para contar nove moedas no sistema binário. Note que 0 e 1 em binário possuem a mesma representação no sistema decimal. Para representar duas moedas, o número binário 10 (pronuncia-se "um, zero") é utilizado. Para representar três moedas, tem-se o número binário 11 (pronuncia-se "um, um"). Para representar nove moedas, o número binário 1001 (pronuncia-se "um, zero, zero, um") é usado.

MOEDAS	SISTEMA DECIMAL	SISTEMA BINÁRIO
Quantidade nula de moedas	0	0
●	1	1
●●	2	10
●●●	3	11
●●●●	4	100
●●●●●	5	101
●●●●●●	6	110
●●●●●●●	7	111
●●●●●●●●	8	1000
●●●●●●●●●	9	1001

Figura 2-1 Símbolos utilizados na contagem.

Para trabalhar com eletrônica digital, você deve memorizar os símbolos binários que o permitam contar pelo menos até 15.

Teste seus conhecimentos

Acesse o site www.grupoa.com.br/tekne para fazer os testes sempre que passar por este ícone.

❱❱ Valor posicional

O atendente de uma loja calcula o valor da sua compra em $2,43. Sabemos que essa quantia corresponde a 243 centavos. Entretanto, por questões de praticidade, provavelmente a conta será paga da forma mostrada na Figura 2-2, isto é, utilizando duas notas de $1, quatro moedas de 10 centavos

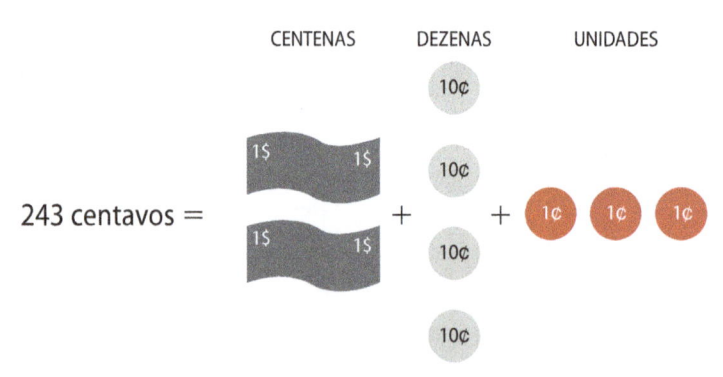

Figura 2-2 Exemplo de valor posicional.

e três moedas de 1 centavo. Esse exemplo ilustra perfeitamente o conceito de VALOR POSICIONAL.

Considere o número decimal 648 na Figura 2-3. O dígito 6 representa 600 (ou seis centenas) porque sua posição se encontra três posições à esquerda da vírgula. O dígito 4 representa 40 (ou quatro dezenas) porque sua posição se encontra duas posições à esquerda da vírgula. Por fim, o número 8 representa oito unidades porque se encontra apenas uma posição à esquerda da vírgula. O número 648 então representa seiscentas e quarenta e oito unidades, sendo este um exemplo de valor posicional no sistema decimal.

O sistema binário também emprega o conceito de valor posicional. O que o número 1101 (pronuncia-se "um, um, zero, um") significa? A Figura 2-4 mostra que o dígito 1 mais próximo da vírgula decimal corresponde à casa das unidades, ou um item em outras palavras. O dígito 0 na posição 2s mostra que esta casa está vazia. O dígito 1 na posição 4s mostra a necessidade de se adicionar quatro itens. Por fim, o dígito 1 na posição 8s corresponde a mais oito itens. Efetuando-se a devida contagem, conclui-se que o número binário representa 13 itens.

E quanto ao número 1100 (pronuncia-se "um, um, zero, zero")? Utilizando-se a mesma metodologia da Figura 2-4, tem-se:

8s	4s	2s	1s	Valor posicional
Sim	Sim	Não	Não	Binário
(1)	(1)	(0)	(0)	Número
••	••			Número de itens
••	••			
••	••			
••	••			

Portanto, o número binário representa 12 itens.

CENTENAS   DEZENAS   UNIDADES
648 = 600 + 40 + 8

Figura 2-3 Valor posicional no sistema decimal.

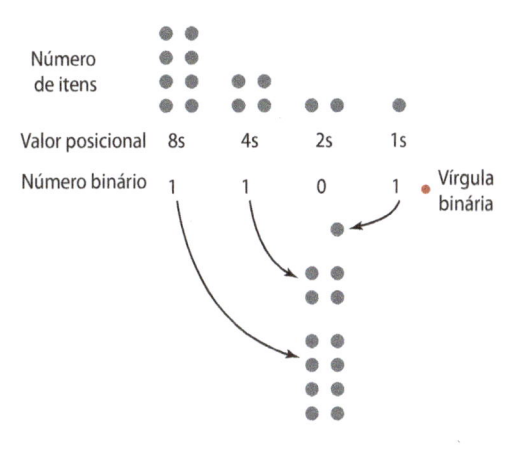

Figura 2-4 Valor posicional no sistema binário.

A Figura 2-5 mostra o valor de cada posição no sistema binário. Note que cada valor posicional é determinado multiplicando-se o valor à direita por 2. Portanto, o termo "base 2" surge a partir desse conceito.

Muitas vezes, os pesos ou valores das posições no sistema binário são também chamados de POTÊNCIAS DE 2. Na Figura 2-5, os valores posicionais de um número binário são mostrados no sistema decimal e também em potências de 2. Por exemplo, a posição 8s é a mesma que 2^3, a posição 32s corresponde a 2^5 e assim por diante.

Lembre-se que $2^4 = 2 \times 2 \times 2 \times 2 = 16$. A partir da Figura 2-5, conclui-se que a quinta posição à esquerda da vírgula binária é 2^4 ou 16s.

2^9	2^8	2^7	2^6	2^5	2^4	2^3	2^2	2^1	2^0
512s	256s	128s	64s	32s	16s	8s	4s	2s	1s

Vírgula binária

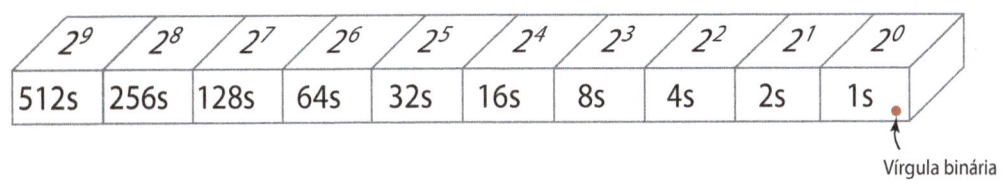

Figura 2-5 Valor das posições à esquerda do ponto binário.

Teste seus conhecimentos

›› Conversão de binário para decimal

Quando se trabalha com equipamentos digitais, normalmente é necessário CONVERTER O CÓDIGO BINÁRIO EM NÚMEROS DECIMAIS. Dado o número binário 110011, qual seria o decimal equivalente? Primeiro, escreva o número binário desta forma:

Binário | 1 | 1 | 0 | 0 | 1 | 1 | Vírgula binária
Decimal | 32 + 16 | | | 2 + 1 | = 51

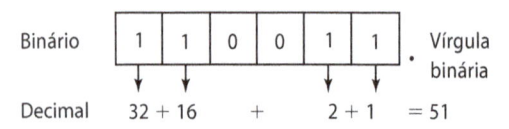

Comece a partir da VÍRGULA BINÁRIA, isto é, da direita para a esquerda. Para cada dígito binário 1, escreva o valor decimal para cada posição correspondente (observe a Figura 2-5) logo abaixo do número. Some os quatro números resultantes para encontrar o decimal equivalente. Assim, tem-se que 110011 em binário corresponde ao número decimal 51.

Como outro exemplo, converta o número binário 101010 em decimal. Novamente, escreva o número binário desta forma.

Binário | 1 | 0 | 1 | 0 | 1 | 0
Decimal | 32 + 8 + 2 = 42

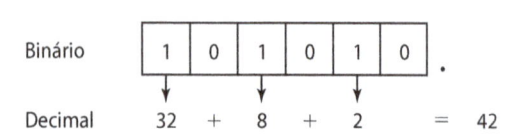

Iniciando a partir da vírgula binária, escreva o valor posicional (Figura 2-5) para cada dígito binário 1 abaixo do quadrado em decimal. Some os três números decimais para encontrar o valor total. Logo, o número binário 101010 equivale ao decimal 42.

Agora, tente converter um número binário mais longo e difícil em decimal: 1111101000. Escreva o número binário na forma:

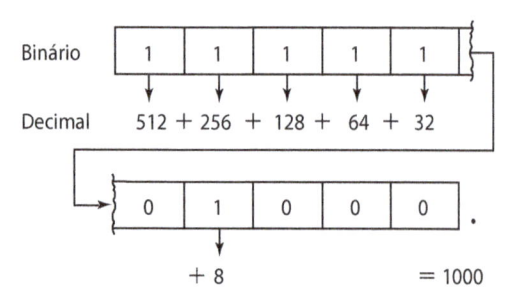

Binário | 1 | 1 | 1 | 1 | 1
Decimal | 512 + 256 + 128 + 64 + 32

| 0 | 1 | 0 | 0 | 0 |
+ 8 = 1000

A partir da Figura 2-5, converta cada binário 1 em seu valor decimal correto. Some todos os valores parciais para encontrar o valor total. Assim, tem-se que o número 1111101000 corresponde ao decimal 1000.

Teste seus conhecimentos

›› Conversão de decimal para binário

Quando se trabalha com equipamentos digitais, normalmente também é necessário CONVERTER NÚMEROS DECIMAIS EM BINÁRIOS. O método apresentado a seguir ensinará você a realizar essa conversão.

Suponha que se deseja converter o número decimal 13 em um número binário. O procedimento denominado DIVISÕES SUCESSIVAS POR 2 é demonstrado a seguir:

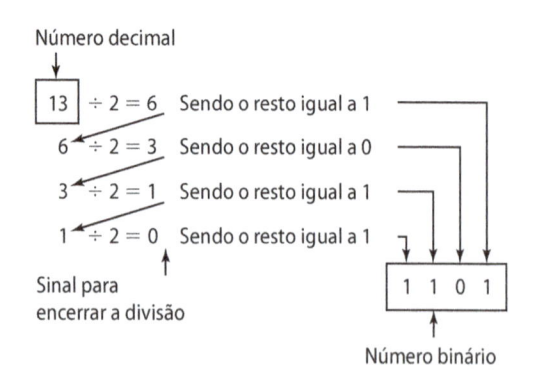

Número decimal

13 ÷ 2 = 6   Sendo o resto igual a 1
6 ÷ 2 = 3   Sendo o resto igual a 0
3 ÷ 2 = 1   Sendo o resto igual a 1
1 ÷ 2 = 0   Sendo o resto igual a 1

Sinal para encerrar a divisão

1 1 0 1

Número binário

Note que primeiramente 13 é dividido por 2, sendo o quociente igual a 6 e o resto igual a 1. Este resto se torna a posição 1s do número binário. O valor 6 é então dividido por 2, resultando no quociente igual a 3 e resto igual a 0. O resto se torna a posição 2s do número binário. O valor 3 é então dividido por 2, resultando no quociente igual a 1 e resto igual a 1. Este resto se torna a posição 4s do número binário. O valor 1 é então dividido por 2, resultando no quociente igual a 0 e resto igual a 1. Este resto se torna a posição 8s do número binário. Quando o quociente se anula, deve-se interromper o processo das divisões sucessivas por 2. Assim, o número decimal 13 foi convertido no número binário 1101.

Pratique essa técnica convertendo o número decimal 37 em um número binário. Siga o mesmo procedimento adotado anteriormente:

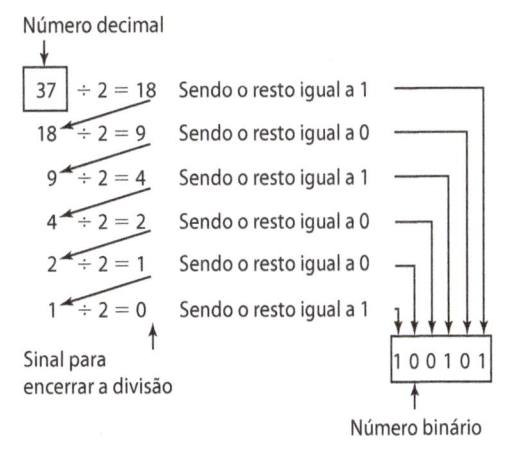

Número decimal

$37 \div 2 = 18$ — Sendo o resto igual a 1
$18 \div 2 = 9$ — Sendo o resto igual a 0
$9 \div 2 = 4$ — Sendo o resto igual a 1
$4 \div 2 = 2$ — Sendo o resto igual a 0
$2 \div 2 = 1$ — Sendo o resto igual a 0
$1 \div 2 = 0$ — Sendo o resto igual a 1

Sinal para encerrar a divisão

1 0 0 1 0 1

Número binário

Note que a divisão é interrompida quando o quociente nulo é obtido. Por fim, tem-se que 37 no sistema decimal corresponde ao número binário 100101.

Teste seus conhecimentos

» *Tradutores eletrônicos*

Se você tentasse se comunicar com uma pessoa que fala francês, mas não possuísse qualquer conhecimento sobre este idioma, você precisaria de alguém que pudesse traduzir português em francês e então francês em português. Um problema semelhante ocorre em eletrônica digital. Praticamente todos os circuitos digitais (calculadoras, computadores) compreendem números binários, mas os seres humanos compreendem apenas números decimais. Assim, dispositivos eletrônicos devem traduzir números decimais em binários e vice-versa.

A Figura 2-6 representa um sistema típico que pode ser utilizado na conversão de números decimais em binários, os quais, por sua vez, são novamente convertidos na forma decimal. O dispositivo que converte os números decimais provenientes do teclado na forma binária é denominado codi-

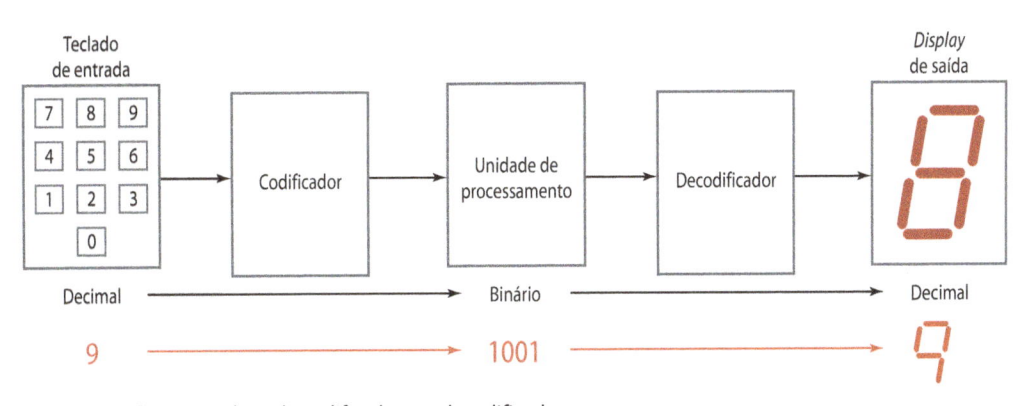

Figura 2-6 Sistema utilizando codificadores e decodificadores.

ficador; o dispositivo denominado decodificador converte números binários em decimais.

A parte inferior da Figura 2-6 mostra uma conversão típica. Se o número decimal 9 for digitado no teclado, o CODIFICADOR deverá convertê-lo no número binário 1001. O DECODIFICADOR então irá converter 1001 no número decimal 9 para que este seja exibido no *display* de saída.

Codificadores e decodificadores são circuitos eletrônicos bastante comuns em todos os dispositivos digitais. Por exemplo, uma calculadora de bolso deve possuir tais codificadores e decodificadores para traduzir eletronicamente números decimais em binários e, posteriormente, apresentar o resultado na saída na forma decimal. Assim, quando se pressiona a tecla 9, este é o número que será mostrado.

Em sistemas eletrônicos modernos, a codificação e a decodificação podem ser realizadas utilizando *hardware**, como mostra a Figura 2-6, ou ainda por meio de aplicativos computacionais (*software*)**. Na linguagem computacional corriqueira, criptografar significa codificar.

De forma análoga, decodificar significa converter códigos irreconhecíveis ou criptografados em números ou textos legíveis. Em equipamentos eletrônicos, decodificar significa traduzir de um código para outro. Normalmente, um decodificador eletrônico converte códigos criptografados em um tipo de informação que possa ser mais facilmente compreendida.

Você pode adquirir codificadores e decodificadores comerciais capazes de converter qualquer tipo de código convencionalmente utilizado em eletrônica digital na forma de CIs encapsulados.

❯❯ Definições gerais

Decodificar: traduzir um código criptografado para uma forma que possa ser mais compreensível, a exemplo da conversão do sistema binário para decimal.

Decodificador: dispositivo lógico capaz de traduzir o código binário para a forma decimal. Normalmente, realiza a conversão de dados processados no sistema digital para uma forma mais compreensível, como alfanumérica.

Codificar: traduzir ou criptografar como, por exemplo, converter uma entrada decimal em dados binários.

Codificador: dispositivo lógico capaz de traduzir dados decimais para outro código qualquer, como o binário. Geralmente, converte dados de entrada na forma de um código que possa ser empregado por circuitos digitais.

Teste seus conhecimentos

---

* N. de T.: Em informática, o termo *hardware* normalmente é empregado para representar a parte física do computador, como CPU, monitor, periféricos e outros dispositivos em geral. De forma mais ampla, pode representar um equipamento ou sistema que desempenha uma determinada função, a exemplo da Figura 2-6.

** N. de T.: Em informática, o termo *software* refere-se ao conjunto de programas e aplicativos que permitem o funcionamento adequado do computador.

≫ Números hexadecimais

O SISTEMA DE NUMERAÇÃO HEXADECIMAL utiliza 16 símbolos, isto é, 0, 1, 2, 3, 4, 5, 6, 7, 8 9, A, B, C, D, E e F, sendo também denominado SISTEMA DE BASE 16. A Figura 2-7 mostra a representação de números binários e hexadecimais em termos dos valores decimais correspondentes de 0 até 17. A letra A representa o número decimal 10, a letra B corresponde a 11 e assim por diante. A vantagem do sistema hexadecimal é a facilidade de conversão a partir de números binários de quatro *bits*. Por exemplo, o número hexadecimal F corresponde ao número binário de 4 *bits* 1111.

A NOTAÇÃO HEXADECIMAL é normalmente utilizada para representar um número binário. Por exemplo, o número hexadecimal A6 corresponde ao número binário 10100110, que por sua vez possui oito *bits*. A notação hexadecimal é muito utilizada em SISTEMAS MICROPROCESSADOS para representar números binários de dois, quatro, oito, 16, 32 ou 64 *bits*.

Qual o significado do número 10? Verifica-se na tabela da Figura 2-7 que o número 10 pode corresponder a dez, duas ou dezesseis unidades, dependendo da base considerada. SUBÍNDICES em geral são incluídos juntamente com o número para indicar a qual base ele pertence. Representando-se o número na forma 10_{10}, isso quer dizer que ele corresponde a 10 unidades no sistema decimal ou BASE 10. Representando-se o número na forma 10_2, ele passa a corresponder a duas unidades no sistema binário ou BASE 2. Por fim, representando-se o número na forma 10_{16}, tem-se dezesseis unidades no sistema hexadecimal ou BASE 16.

Converter NÚMEROS HEXADECIMAIS EM BINÁRIOS e vice-versa é uma tarefa comum desempenhada por microcontroladores e microprocessadores. Considere o exemplo em que se deseja converter $C3_{16}$ em um número binário. Verifica-se na Figura 2-8(a) que cada dígito hexadecimal é convertido no respectivo número binário de quatro *bits* (observe a Figura 2-7). O dígito hexadecimal C corresponde a 1100, enquanto 3_{16} é igual a 0011. Logo, tem-se que $C3_{16} = 11000011_2$.

Agora, inverta o processo e converta 11101010_2 em um número hexadecimal. Esse processo é detalhado na Figura 2-8(b). O número binário é dividido em dois grupos de quatro *bits* a partir da vírgula binária. Depois, cada um desses grupos é converti-

Decimal	Binário	Hexadecimal
0	0000	0
1	0001	1
2	0010	2
3	0011	3
4	0100	4
5	0101	5
6	0110	6
7	0111	7
8	1000	8
9	1001	9
10	1010	A
11	1011	B
12	1100	C
13	1101	D
14	1110	E
15	1111	F
16	10000	10
17	10001	11

Figura 2-7 Representação de números binários e hexadecimais no sistema decimal.

Hexadecimal: C 3_{16}
Binário: 1100 0011_2
(a)

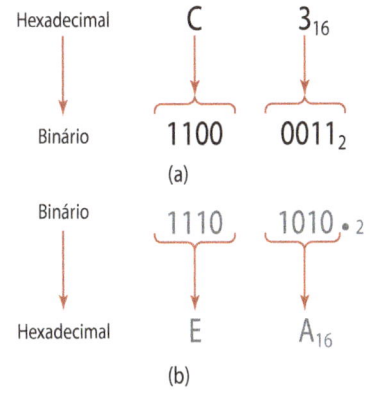

Binário: 1110 $1010_{\cdot 2}$
Hexadecimal: E A_{16}
(b)

Figura 2-8 (a) Conversão de um número hexadecimal em binário. (b) Conversão de um número binário em hexadecimal.

> **Sobre a eletrônica**
>
> **Ascensão dos microcontroladores**
> A Motorola anunciou recentemente a fabricação do seu quinto bilhonésimo microcontrolador 68HC05, sendo este um entre provavelmente centenas de outros modelos que existem no mercado. Uma listagem recente de microcontroladores apresentada no livro "IC Master" consta de mais de 60 páginas. Espera-se que o uso de microcontroladores em diversos "dispositivos inteligentes" continue a aumentar intensamente.

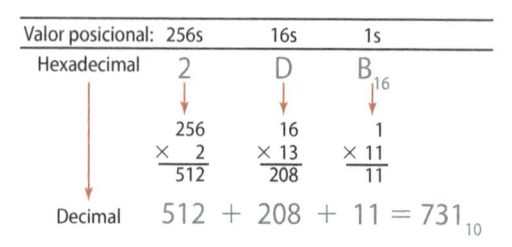

Valor posicional:	256s	16s	1s
Hexadecimal	2	D	B_{16}
	256 × 2 512	16 × 13 208	1 × 11 11
Decimal	$512 + 208 + 11 = 731_{10}$		

Figura 2-9 Conversão de um número hexadecimal em decimal.

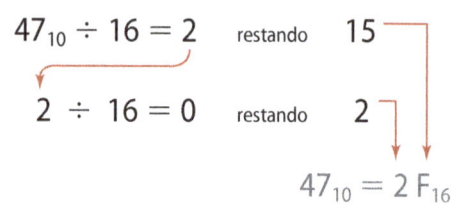

$$47_{10} \div 16 = 2 \quad \text{restando} \quad 15$$
$$2 \div 16 = 0 \quad \text{restando} \quad 2$$
$$47_{10} = 2F_{16}$$

Figura 2-10 Conversão de um número decimal em hexadecimal utilizando o processo de divisões sucessivas por 16.

do em seu algarismo hexadecimal correspondente com o auxílio da tabela da Figura 2-7. O exemplo da Figura 2-8(b) mostra que $11101010_2 = EA_{16}$.

Converta o número $2DB_{16}$ no valor decimal correspondente. Os valores posicionais para as três primeiras posições do número hexadecimal são mostrados na parte superior da Figura 2-9 como sendo 256s, 16s e 1s. Note ainda que existem onze algarismos na posição 1s. Há também 13 algarismos na posição 16s, o que equivale a 208. Existem dois algarismos em 256s, tem-se 512. Somando $11+208+512$, chega-se a 731_{10}. Logo, o exemplo da Figura 2-9 mostra que $2DB_{16} = 731_{10}$.

Agora, inverta o processo e converta o número 47_{10} no valor hexadecimal correspondente. A Figura 2-10 mostra o PROCESSO DE DIVISÕES SUCESSIVAS POR 16 detalhadamente. Primeiro, divide-se 47 por 16, resultando em um quociente igual a 2 e resto igual a 15. Este último valor (F em hexadecimal) torna-se o algarismo menos significativo do número hexadecimal.

O quociente 2 é transferido para a posição do dividendo e então dividido por 16. Logo, o novo quociente é 0, restando 2, valor este que se torna o algarismo ou dígito menos significativo do número decimal resultante. O processo se encerra porque a parte inteira do quociente se anula. Logo, por meio do processo da Figura 2-10, tem-se que $47_{10} = 2F_{16}$.

Teste seus conhecimentos

» *Números octais*

Alguns computadores mais antigos utilizavam o sistema octal para representar informações binárias. O SISTEMA OCTAL utiliza os símbolos 0, 1, 2, 3, 4, 5, 6 e 7, possuindo portanto oito símbolos e sendo chamado também de SISTEMA BASE 8. A tabela mostrada na Figura 2-11 mostra as representações binárias e octais equivalentes aos números 0 a 17 no sistema decimal. A vantagem do sistema octal consiste na facilidade de conversão a partir de número de três *bits*, sendo que a notação octal é normalmente empregada para representar números binários.

A conversão de NÚMEROS OCTAIS EM BINÁRIOS é comum em alguns sistemas computacionais. Converta o número octal 67_8 (pronuncia-se "seis, sete na

Decimal	Binário	Octal
0	000	0
1	001	1
2	010	2
3	011	3
4	100	4
5	101	5
6	110	6
7	111	7
8	001 000	10
9	001 001	11
10	001 010	12
11	001 011	13
12	001 100	14
13	001 101	15
14	001 110	16
15	001 111	17
16	010 000	20
17	010 001	21

Figura 2-11 Números binários e octais equivalentes a números decimais.

base oito") no binário correspondente. Na Figura 2-12(a), cada dígito octal é convertido no respectivo número binário de três dígitos equivalente. O dígito octal 6 corresponde a 110, enquanto o número 7 é representado por 111. Portanto, conclui-se que $67_8 = 110111_2$.

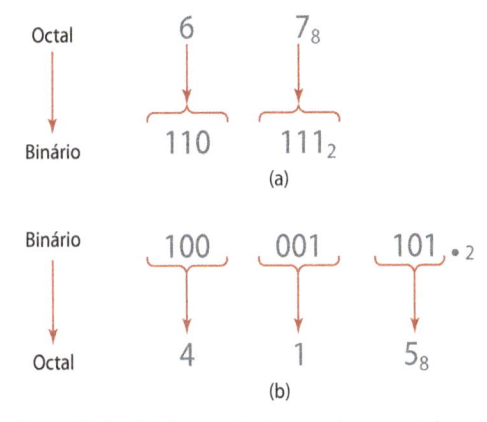

Figura 2-12 (a) Conversão de um número octal em binário. (b) Conversão de um número binário em octal.

Agora, inverta o processo e converta 100001101_2 no octal equivalente observando o processo da Figura 2-12(b). O número binário é dividido em três grupos de três *bits* (100 001 101) a partir da vírgula binária. Então, cada um desses grupos é convertido no número octal correspondente. Portanto, tem-se $100\ 001\ 101_2 = 415_8$.

Converta o número 415_8 (pronuncia-se "quatro, um, cinco na base oito) em seu decimal correspondente. Os valores posicionais para as três primeiras posições do número octal são mostradas na Figura 2-13 como sendo 64s, 8s e 1s. Existem cinco 1s, um 8s e quatro 64s, o que resulta em $5+8+256=269_{10}$. Portanto, tem-se $415_8 = 269_{10}$.

Agora, inverta o processo e converta 498_{10} no número octal equivalente. A Figura 2-14 mostra o **PROCESSO DE DIVISÕES SUCESSIVAS POR 8**.

O número decimal 498 é inicialmente dividido por 8, sendo o quociente igual a 62 e o resto 2. Este resto torna-se o dígito menos significativo do número octal resultante. Então, o quociente

Figura 2-13 Conversão de um número octal em decimal.

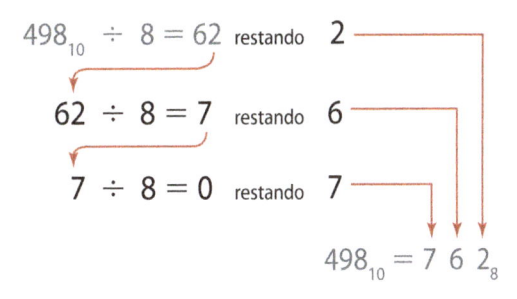

Figura 2-14 Conversão de um número decimal em octal utilizando o processo de divisões sucessivas por 8.

62 é transferido para o dividendo e dividido por 8, sendo o novo quociente 7 e o novo resto 6. O resto 6 se torna o segundo número, localizado à esquerda do algarismo menos significativo. O último quociente 7 é transferido ao dividendo e divido por 8, sendo o quociente igual a 0 e o resto 7. Este último valor é o dígito mais significativo do número octal. Logo, tem-se que $498_{10} = 762_8$. Note na Figura 2-14 que, quando o quociente se iguala a zero, há o encerramento do processo de divisões sucessivas.

Técnicos, engenheiros e programadores devem ser capazes de realizar conversões entre sistemas de numeração diversos. Muitas calculadoras realizam tanto conversões quanto operações aritméticas com números binários, octais, decimais e hexadecimais.

> **Sobre a eletrônica**
>
> **Passado e presente dos microcontroladores**
> O processador de quatro *bits* Intel 4004 foi criado em 1971 e continha aproximadamente 2.300 transistores. Um *chip* moderno como o Processador Intel Pentium 4 inclui cerca de 55 milhões de transistores e opera em frequências de ordem de 3,6 GHz (gigahertz).

A maioria dos computadores em residências e instituições de ensino apresentam aplicativos que funcionam como calculadoras. Quando se trabalha com sistemas de numeração variados em termos de conversões e operações aritméticas, deve-se empregar o modo de operação como calculadora científica.

Teste seus conhecimentos

» Bits, bytes, nibbles e tamanho da palavra

Um único número binário como 0 ou 1 é chamado de um BIT, que é a abreviação de dígito binário (***bi**nary dig**it***). O *bit* é a menor unidade de dados em um sistema digital. Fisicamente, um único *bit* em um circuito digital é representado por um nível de tensão ALTO ou BAIXO. Em mídias magnéticas de armazenamento de dados (como um disquete), um *bit* é uma pequena seção que pode ser igual 1 ou 0. Em um disco ótico (como um CD-ROM), um *bit* é uma pequena área que corresponde à presença ou ausência de um sulco em sua superfície, isto é, igual a 1 ou 0, respectivamente.

Com exceção de sistemas digitais mais simples, a maioria dos dispositivos consegue lidar com grandes quantidades de informações, o que em termos comuns da informática pode ser chamado de palavra. Para a maioria dos sistemas computacionais, a largura do barramento de dados principal corresponde ao TAMANHO DA PALAVRA. Por exemplo, um microprocessador ou microcontrolador pode operar com grupos de oito *bits* e armazená-los como uma única unidade de dados. A maioria dos processadores comuns possui tamanhos de palavras iguais a oito, 16, 32 e 64 *bits*. Uma porção de dados em 16 *bits* é normalmente chamada de palavra. Uma palavra dupla contém 32 *bits*, enquanto uma palavra quádrupla contém 64 *bits*.

Um grupo de dados com oito *bits* que representa um número, letra, vírgula, caractere de controle ou algum código operacional em um sistema digital é chamado de *byte*. Por exemplo, o número hexadecimal 4F é uma abreviação do *byte* 0100 1111. *Byte* é a abreviação de termo binário (***by**nary **te**rm*) e representa a menor quantidade de informação. Em dispositivos com memória, fala-se em *kilobytes* (2^{10} ou 1024 *bytes*), *megabytes* (2^{20} ou 1.048.576 *bytes*) ou *gigabytes* (2^{30} ou 1.073.741.824 *bytes*) de armazenamento.

Um dispositivo digital simples pode ser projetado de modo a ser capaz de lidar com grupos de dados com quatro *bits*. Um meio *byte* ou grupo de dados com quatro *bits* é chamado de NIBBLE. Por exemplo, o número hexadecimal C é a representação simplificada do *nibble* 1100.

De forma resumida, pode-se citar os seguintes termos comuns representativos de grupos de dados binários:

Bit	1 *bit* (como 0 ou 1)
Nibble	4 *bits* (como 1010)
Byte	8 *bits* (como 1110 1111)
Palavra	16 *bits* (como 1100 0011 1111 1010)
Palavra dupla	32 *bits* (como 1001 1100 1111 0001 0000 1111 1010 0001)
Palavra quádrupla	64 *bits* (como 1110 1100 1000 0000 0111 0011 1001 1000 0011 0000 1111 1110 1001 0111 0101 0001)

Teste seus conhecimentos

RESUMO E REVISÃO DO CAPÍTULO

Resumo

1. O sistema de numeração decimal contém dez símbolos: 0, 1, 2, 3, 4, 5, 6, 7, 8 e 9.
2. O sistema de numeração binário contém dois símbolos: 0 e 1.
3. Os valores posicionais à esquerda da vírgula no sistema binário são 64, 32, 16, 8, 4, 2 e 1.
4. Todos os profissionais do campo da eletrônica digital devem ser capazes de converter números binários em decimais e vice-versa.
5. Codificadores são circuitos eletrônicos que convertem números decimais em binários.
6. Decodificadores são circuitos eletrônicos que convertem números binários em decimais.
7. Como definição geral, codificar significa converter um código legível (como o sistema decimal) em um código criptografado (como o sistema binário).
8. Como definição geral, decodificar significa converter um código de máquina (como o sistema binário) em um código mais acessível (como o sistema decimal).
9. O sistema de numeração hexadecimal contém 16 símbolos: 0, 1, 2, 3, 4, 5, 6, 7, 8, 9, A, B, C, D, E e F.
10. Dígitos hexadecimais são muito utilizados para representar números binários em informática.
11. O sistema de numeração octal contém oito símbolos: 0, 1, 2, 3, 4, 5, 6 e 7. Números octais são usados para representar informações binárias em alguns sistemas computacionais.
12. Agrupamentos de dados possuem nomes comuns como *bit*, *nibble* (quatro *bits*), *byte* (oito *bits*), palavra (16 *bits*), palavra dupla (32 *bits*) e palavra quádupla (64 *bits*).

Questões de revisão do capítulo

Questões de pensamento crítico

2.1 Se circuitos digitais em computadores apenas funcionam com números binários, por que números octais e hexadecimais são muito utilizados por profissionais da informática?

2.2 Em um sistema digital como um microcomputador, um grupo de dados de oito *bits* (denominado *byte*) normalmente possui um significado. Cite alguns dos significados possíveis de um *byte* (como 11011011_2) em um computador.

2.3 A critério de seu instrutor, utilize um aplicativo computacional próprio para a simulação de circuitos elétricos e eletrônicos e (a) desenhe o circuito lógico de um codificador decimal-binário segundo a representação da Figura 2-15, (b) teste o circuito e (c) mostre o funcionamento da simulação para seu instrutor.

2.4 A critério de seu instrutor, utilize um aplicativo computacional próprio para a simulação de circuitos elétricos e eletrônicos e (a) desenhe o circuito lógico de um decodificador binário-decimal segundo a representação da Figura 2-16, (b) teste o circuito e (c) mostre o funcionamento da simulação para o instrutor.

2.5 Seguindo as recomendações de seu instrutor, utilize uma calculadora científica para converter um número qualquer de um sistema para outro. Apresente o processo de conversão e os resultados para o instrutor.

Respostas dos testes

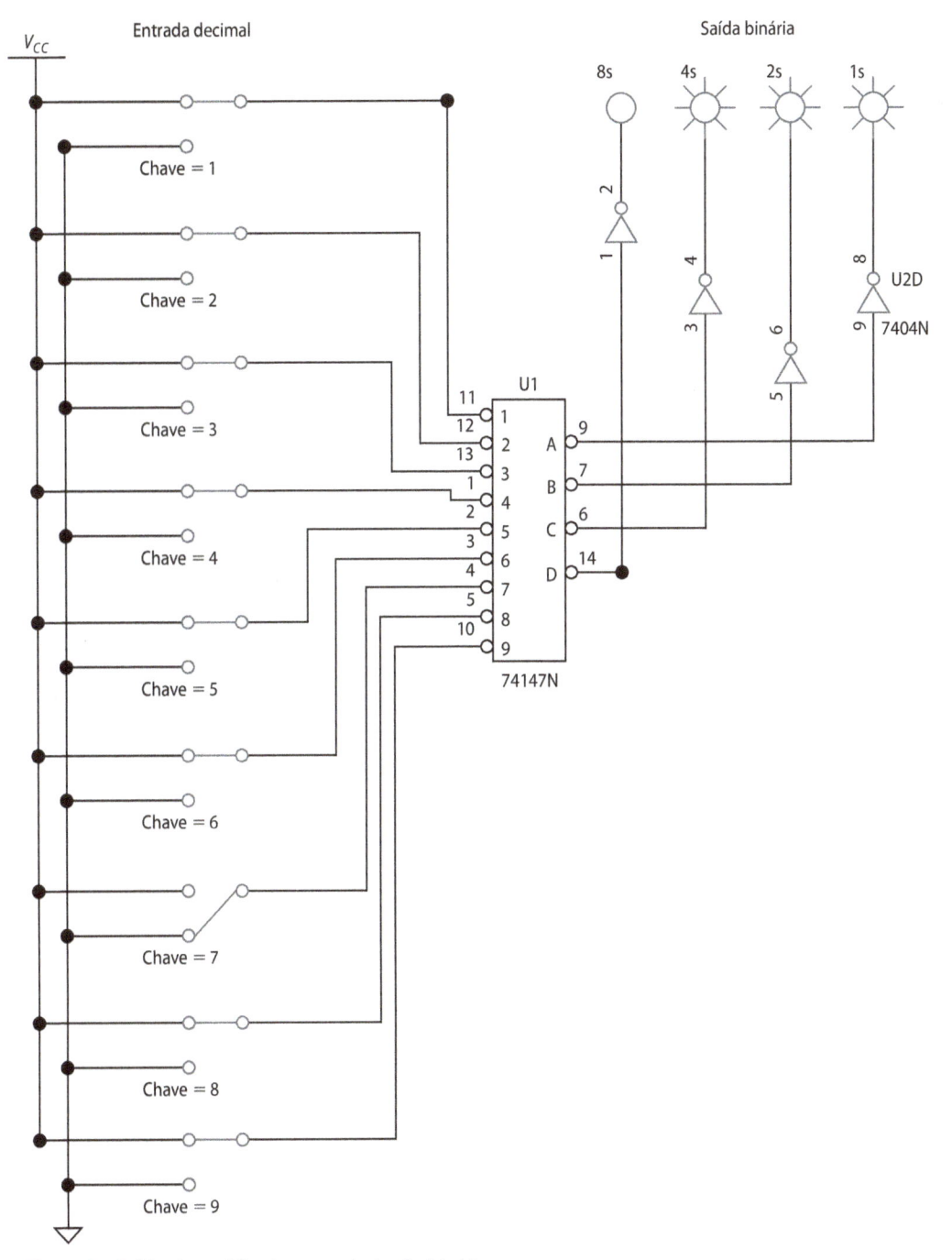

Figura 2-15 Circuito codificador entre decimal e binário.

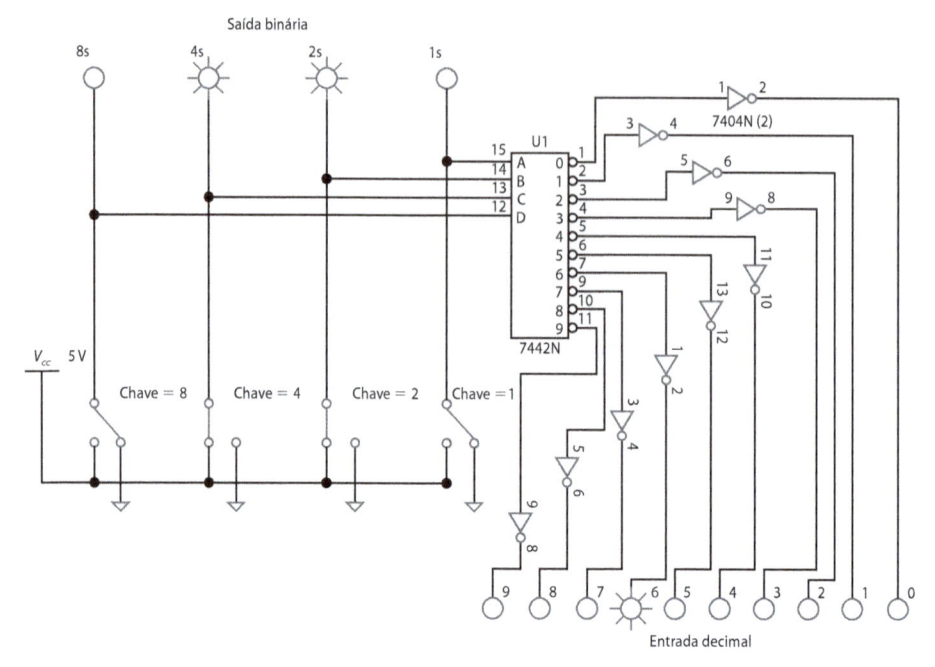

Figura 2-16 Circuito decodificador entre binário e decimal.

capítulo 3

Portas lógicas

Computadores, calculadoras e outros dispositivos digitais são normalmente enxergados pelo público leigo como se fossem mágicos. Na verdade, dispositivos eletrônicos digitais possuem uma operação extremamente lógica. O bloco de construção básico de um circuito digital é a porta lógica. Profissionais da eletrônica digital compreendem perfeitamente a representação de portas lógicas, utilizando-as frequentemente. Lembre-se que portas lógicas existem mesmo nos computadores mais complexos, podendo ser construídas a partir de chaves, relés, tubos a vácuo, transistores, diodos ou CIs. Devido a sua ampla disponibilidade, fácil utilização e baixo custo, CIs serão utilizados na construção de circuitos lógicos. Existe uma grande variedade de **PORTAS LÓGICAS** disponíveis na forma de CIs tanto para a família TTL quanto CMOS.

Objetivos deste capítulo

» Memorizar o nome, símbolo, tabela verdade, função e expressão booleana de cada uma das oito portas lógicas básicas.
» Desenhar o diagrama lógico representativo de qualquer uma das oito funções lógicas básicas usando apenas portas NAND.
» Converter um tipo de porta lógica básica em outra usando apenas portas inversoras.
» Desenhar diagramas lógicos que mostrem como é possível obter portas lógicas com qualquer número de entradas a partir de portas com duas entradas.
» Memorizar as formas de portas NAND e NOR com entradas invertidas.
» Identificar a numeração dos pinos e marcações existentes em CIs TTL e CMOS comercialmente disponíveis.
» Encontrar erros em circuitos lógicos simples.
» Reconhecer novos símbolos de portas lógicas, utilizados de acordo com a notação da norma IEEE Std. 91-1984.
» Analisar a operação de diversas aplicações de portas lógicas.
» Reconhecer o uso de círculos identificando a inversão de entradas e/ou saídas em portas lógicas.
» Programar diversas funções lógicas utilizando um módulo microcontrolador BASIC Stamp.

A tarefa desempenhada por uma porta lógica é denominada FUNÇÃO LÓGICA. Essas funções podem ser implementadas por meio de *hardware* (portas lógicas) ou do uso de dispositivos programáveis como microcontroladores e computadores.

» A porta AND

A porta AND normalmente é chamada também de "PORTA TUDO OU NADA". A Figura 3-1 ilustra o conceito básico de uma porta AND utilizando chaves.

O que deve ser feito na Figura 3-1 para que a lâmpada (L_1) na saída acenda? Deve-se fechar ambas as chaves para que isso ocorra. Pode-se dizer que as chaves A e B devem permanecer fechadas para que a lâmpada permaneça acesa. As portas AND que normalmente você utilizará são implementadas a partir de diodos e transistores encapsulados na forma de um CI. Para representar a porta AND, utiliza-se o símbolo da Figura 3-2. Esse símbolo lógico AND padrão é empregado quando se trabalha com relés, chaves, circuitos pneumáticos, diodos, transistores ou CIs. Esse é o símbolo que você deverá memorizar e utilizar a partir de agora para representar uma porta AND.

O termo "lógica" é normalmente utilizado referindo-se a um processo de tomada de decisões. Assim, uma porta lógica é um dispositivo capaz de decidir responder "sim" ou "não" com base na informação contida nas entradas. Vimos anteriormente que o circuito da porta lógica AND diz "sim" (lâmpada acesa) na saída apenas quando se diz "sim" em ambas as entradas (chaves fechadas).

Agora, considere um circuito real montado em laboratório. A porta AND na Figura 3-3 é conectada às chaves de entrada A e B. O indicador de saída é um LED. Se uma tensão BAIXA for aplicada em ambas as entradas A e B, o LED de saída não acende. Essa situação é representada na primeira linha da tabela verdade da Figura 3-4. Note ainda que ambas as entradas e saída são representadas como *dígitos binários*. A primeira linha indica que, se as entradas correspondem aos dígitos 0 e 0, então a saída será 0. Analise cuidadosamente as quatro combinações possíveis para os estados das entradas A e B na Figura 3-4. Note na última linha da tabela que a saída será 1 apenas quando ambas as entradas forem iguais a 1.

Uma tensão +5 V em relação ao terminal terra (GND) existente em A, B ou Y é chamada de nível 1 ou ALTO. Um nível de tensão BAIXO ou 0 existente em A, B ou Y corresponde a uma tensão GND (ou aproximadamente nula em relação a GND). Nesse caso, utilizamos LÓGICA POSITIVA porque +5 V são necessários para criar um dígito binário 1. Normal-

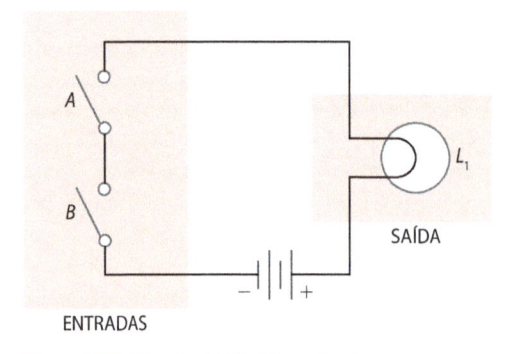

Figura 3-1 Circuito AND utilizando chaves.

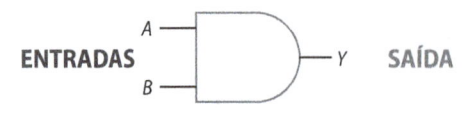

Figura 3-2 Símbolo da porta lógica AND.

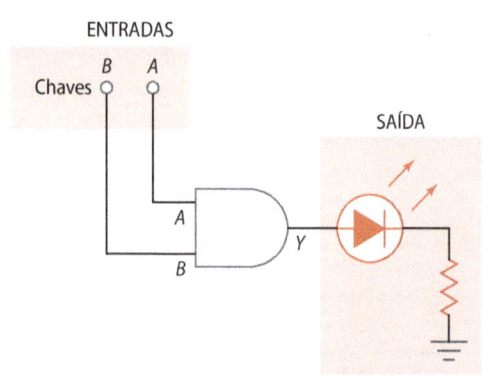

Figura 3-3 Circuito prático representando a porta AND.

ENTRADAS				SAÍDA	
B		A		Y	
Tensão na chave	Representação binária	Tensão na chave	Representação binária	Lâmpada acesa	Representação binária
BAIXO	0	BAIXO	0	Não	0
BAIXO	0	ALTO	1	Não	0
ALTO	1	BAIXO	0	Não	0
ALTO	1	ALTO	1	Sim	1

Figura 3-4 Tabela verdade da porta AND.

mente, a lógica positiva é empregada na grande maioria dos circuitos digitais.

A tabela da Figura 3-4 é denominada TABELA VERDADE, fornecendo todas as combinações possíveis das entradas A e B e as respectivas saídas para a porta AND. A tabela da Figura 3-4 descreve a função AND e deve ser prontamente memorizada. A saída de uma porta AND é ALTA quando todas as entradas são ALTAS. A coluna que representa a saída na Figura 3-4 mostra que apenas na última linha na tabela verdade da PORTA AND existe o nível 1, enquanto as demais saídas são 0.

Agora que você memorizou o símbolo lógico e a tabela verdade de uma porta AND, aprenderá um método prático para representar a frase "a entrada A é multiplicada pela entrada B para se obter a saída Y". Esse método é denominado EXPRESSÃO BOOLENA (o termo provém da ÁLGEBRA "BOOLEANA" ou lógica), sendo a linguagem universal utilizada por engenheiros e técnicos que trabalham com eletrônica digital.

A Figura 3-5 mostra quatro formas de representar a multiplicação entre as entradas A e B gerando a saída Y. A expressão na parte superior do quadro mostra como se lê uma expressão lógica que utiliza uma porta AND com duas entradas. Abaixo, tem-se a expressão lógica representando a operação AND, sendo que o ponto de multiplicação (·) é utilizado para tal. Em termos práticos, a expressão $Y = A \cdot B$ pode ser representada simplesmente como $Y = AB$, de modo que ambas as formas correspondem a uma função AND com duas entradas.

Verifique a coluna da saída da porta AND na tabela verdade da Figura 3-5. Observa-se que o único estado diferente ocorre na última linha da tabela, isto é, a saída é ALTA quando todas as entradas são ALTAS.

» Resumo

As quatro formas convencionais para representar o uso da função AND envolvendo duas entradas são mostradas na Figura 3-5. Todos os métodos são muito empregados e devem ser dominados por profissionais que trabalham com eletrônica digital.

O termo "função lógica" descreve a relação lógica entre entradas e saída, enquanto a porta lógica

Em português	A entrada A é multiplicada pela entrada B, resultando na saída Y.
Expressão booleana	$A \cdot B = Y$ ↖ Símbolo AND
Símbolo lógico	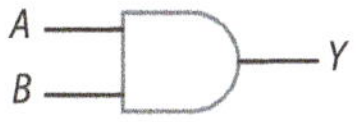 A ─┐ ├D─ Y B ─┘
Tabela verdade	A B Y 0 0 0 0 1 0 1 0 0 1 1 1

Figura 3-5 Quatro formas para se expressar a lógica AND envolvendo A e B.

corresponde a sua implementação física. Pode-se afirmar que a porta lógica AND realiza a operação AND.

A condição especial verificada na porta AND é a ocorrência de saída ALTA apenas quando todas as entradas forem ALTAS.

Teste seus conhecimentos (Figura 3-6)

Acesse o site www.grupoa.com.br/tekne para fazer os testes sempre que passar por este ícone.

» A porta OR

A PORTA OR é normalmente chamada de porta "TUDO OU QUALQUER". A Figura 3-7 demonstra a ideia básica de um circuito OR utilizando chaves. Observando esse circuito, verifica-se que a lâmpada acenderá quando uma ou todas as chaves estiverem fechadas, mas não quando ambas estiverem abertas. A tabela verdade da porta OR é mostrada na Figura 3-8, onde são representadas as condições para as chaves e a lâmpada do circuito da Figura 3-7. Portanto, essa tabela verdade descreve a função LÓGICA OR INCLUSIVA. O único estado diferente é BAIXO, obtido quando todas as entradas forem BAIXAS. A coluna de saída na Figura 3-8 mostra que apenas a primeira linha da tabela verdade possui nível 0, enquanto as demais possuem nível 1.

O símbolo lógico da porta OR é mostrado na Figura 3-9. Note no diagrama lógico que as entradas A e B são somadas de modo a produzir a saída Y. A expressão booleana para função OR também é mostrada na Figura 3-9. Note que o sinal de soma (+) é o símbolo lógico OR.

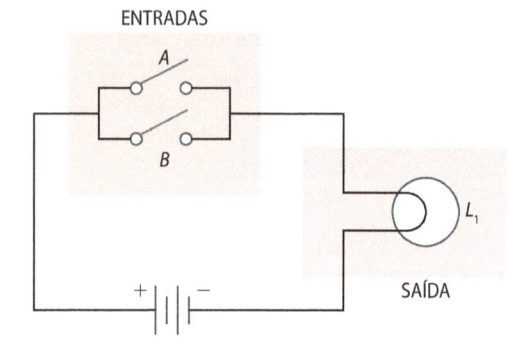

Figura 3-7 Circuito OR utilizando chaves.

$$A + B = Y$$

Símbolo OR

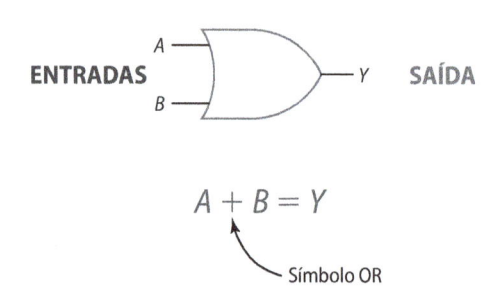

Figura 3-9 Símbolo lógico e expressão booleana da porta OR.

	ENTRADAS			SAÍDA	
A		B		Y	
Chave	Representação binária	Chave	Representação binária	Lâmpada acesa	Representação binária
Aberta	0	Aberta	0	Não	0
Aberta	0	Fechada	1	Sim	1
Fechada	1	Aberta	0	Sim	1
Fechada	1	Fechada	1	Sim	1

Figura 3-8 Tabela verdade da porta OR.

Você deve memorizar o símbolo lógico, a expressão booleana e a tabela verdade da porta OR.

Um breve resumo da função OR é apresentado na Figura 3-10, onde são mostrados quatro métodos práticos para descrever a soma de duas variáveis lógicas.

A saída da função OR é BAIXA apenas se todas as entradas forem BAIXAS. Ao se observar a coluna de saída na Figura 3-10, constata-se que apenas a primeira linha corresponde a essa condição.

Descrição da função OR

Em português	A entrada A é somada com a entrada B, resultando na saída Y.
Expressão booleana	$A + B = Y$ — Símbolo OR
Símbolo lógico	A ─┐ ⫸── Y B ─┘
Tabela verdade	A B Y 0 0 0 0 1 1 1 0 1 1 1 1

Figura 3-10 Quatro formas para se expressar a lógica OR envolvendo as entradas A e B.

Teste seus conhecimentos (Figura 3-11)

» *Porta inversora* e buffer

Todas as portas que foram estudadas até agora apresentam pelo menos duas entradas e uma saída. Entretanto, o CIRCUITO **NOT** possui apenas uma entrada e uma saída, sendo normalmente chamado de INVERSOR. O papel do circuito inversor é fornecer uma saída cujo estado não é o mesmo da entrada. O símbolo lógico da porta inversora (circuito NOT) é mostrado na Figura 3-12.

Se um nível lógico 1 for aplicado na entrada A, tem-se o oposto na saída, isto é, um nível lógico 0. Portanto, dizemos que a porta inversora COMPLEMENTA ou INVERTE a entrada. A Figura 3-12

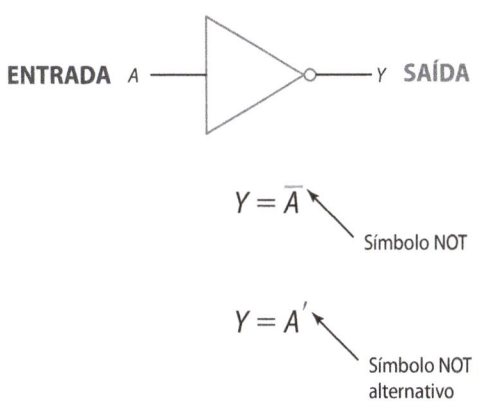

ENTRADA A ──▷o── Y SAÍDA

$Y = \overline{A}$ ← Símbolo NOT

$Y = A'$ ← Símbolo NOT alternativo

Figura 3-12 Símbolo lógico e expressão booleana de uma porta inversora.

capítulo 3 » Portas lógicas

ainda mostra como se deve escrever a expressão booleana para o circuito NOT ou inversor. Note o símbolo da barra sobre a variável, mostrando que A foi invertida ou complementada. Portanto, pronuncia-se $\overline{A}$ como "não A".

Um símbolo lógico alternativo da porta NOT também é mostrado na Figura 3-12. Note que o uso do apóstrofo mostra que a saída A foi invertida ou complementada. Portanto, pronuncia-se A' como "não A" ou "A invertida". O uso da barra é mais comum em expressões booleanas, embora o apóstrofo seja utilizado na exibição de expressões booleanas geradas por aplicativos de simulação computacional.

A tabela verdade da porta inversora é mostrada na Figura 3-13. Se a tensão na entrada for BAIXA, então a tensão na saída é ALTA e vice-versa. Como foi mencionado anteriormente, o estado da saída sempre é oposto ao estado da entrada. A tabela verdade também fornece as características da porta inversora em termos de dígitos binários 0 e 1.

Você aprendeu que, quando um sinal é aplicado a um inversor, a entrada é invertida ou complementada. De outra forma, pode-se dizer que o sinal foi "NEGADO". Portanto, os termos "negado", "complementado" e "invertido" são sinônimos.

O diagrama lógico da Figura 3-14 mostra um arranjo onde o sinal de entrada A passa por dois inversores. Inicialmente, a entrada A é invertida para gerar um sinal "não A" ($\overline{A}$) e então invertida novamente, gerando um sinal "duplo não A". Em termos de dígitos binários, descobre-se que, quando uma entrada 1 é invertida duas vezes, obtém-se novamente o estado original. Portanto, tem-se que $\overline{\overline{A}}$ corresponde a A. Assim, um sinal lógico duplamente barrado representa o próprio sinal sem barras, como mostra a Figura 3-14.

Dois símbolos normalmente utilizados para representar uma porta inversora são mostrados na Figura 3-15. O símbolo da Figura 3-15(a) é uma representação alternativa da porta inversora e desempenha a função NOT. A colocação de um "círculo inversor" à esquerda do símbolo na Figura 3-15(a) mostra que esta é uma entrada ativa-BAIXA.

O símbolo da Figura 3-15(b) corresponde a um CIRCUITO OU BUFFER NÃO INVERSOR, o qual não possui função lógica por não realizar a operação de inversão. Entretanto, possui maior capacidade de fornecimento de corrente na saída do que as portas lógicas convencionais. Como muitos CIs digitais possuem capacidade de fornecimento de corrente limitada, a utilização de circuitos não inversores é importante como uma interface entre CIs e outros dispositivos como LEDs e lâmpadas. Comercialmente, há tanto *buffers* inversores como não inversores disponíveis.

Outro dispositivo que será normalmente encontrado em dispositivos à base de eletrônica digital é representado pelo símbolo da Figura 3-16(a). Ele corresponde a um tipo comum de *buffer* empregado em sistemas de barramento de dados normalmente existentes em computadores, sendo também chamado de *buffer* de três estados. O dispositivo assemelha-se a um *buffer* convencional, exceto pela existência de uma entrada de controle adicional.

De acordo com a tabela verdade da Figura 3-16(b), quando a entrada de controle (C) torna-se ALTA, a saída assume o estado de alta impedância (Z).

ENTRADA		SAÍDA	
A		Y	
Tensões	Representação binária	Tensões	Representação binária
BAIXA	0	ALTA	1
ALTA	1	BAIXA	0

Figura 3-13 Tabela verdade da porta inversora.

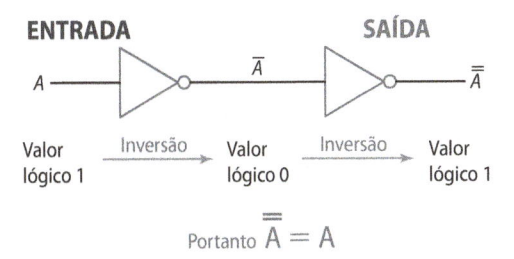

Figura 3-14 Efeito de uma inversão dupla.

Portanto $\overline{\overline{A}} = A$

(a)

(b)

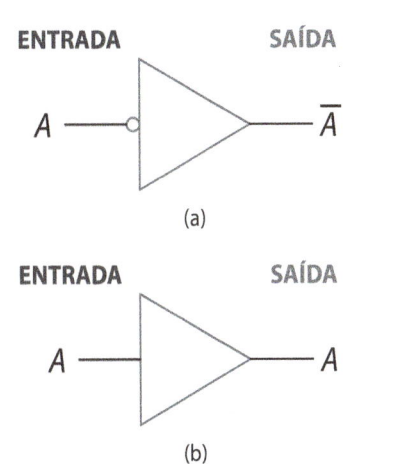

Figura 3-15 (a) Símbolo lógico alternativo da porta inversora (observe o círculo na entrada). (b) Símbolo lógico do circuito ou *buffer* não inversor.

Nessa condição, a saída se comportará como uma chave aberta entre a saída do *buffer* e o inversor. Assim, a saída do *buffer* não influencia o nível lógico do barramento ao qual ele está conectado. Isso permite que diversos dispositivos lógicos com saída de três estados sejam conectados a um mesmo barramento simultaneamente, embora apenas um desses dispositivos possa ser ativado por vez.

Quando a entrada de controle do *buffer* de três estados torna-se BAIXA (observe a Figura 3-16), o *buffer* permitirá a transferência de dados da entrada para a saída.

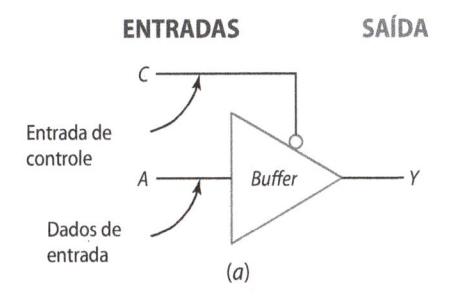

ENTRADAS		SAÍDA
C	A	Y
L	L	L
L	H	H
H	X	(Z)
Entrada de controle	Dados de entrada	

L = Nível de tensão BAIXO
H = Nível de tensão ALTO
X = Não importa (Não afeta a entrada)
(Z) = Impedância elevada

(b)

Figura 3-16 Circuito ou *buffer* não inversor (saída de três estados) (a) Símbolo lógico para o *buffer* de três estados. (b) Tabela verdade para o *buffer* de três estados*.

Assim, você agora conhece o símbolo lógico, a expressão booleana e a tabela verdade de uma porta lógica NOT ou inversora. Além disso, é capaz de reconhecer o símbolo de um circuito ou *buffer* não inversor, bem como definir sua função em sistemas de acionamento de LEDs, lâmpadas e outros dispositivos. Finalmente, é capaz de reconhecer um circuito ou *buffer* de três estados, sabendo que esse dispositivo é utilizado em conexões a barramentos de dados.

---

* N. de T.: Ao longo de todo o livro, as letras H (do inglês, *high*) e L (do inglês, *low*), serão utilizadas para representar níveis lógicos ALTOS e BAIXOS, respectivamente, pois a utilização dessa nomenclatura é universal em folhas de dados e catálogos de fabricantes.

Teste seus conhecimentos (Figura 3-17)

» A porta NAND

As portas lógicas AND, OR e NOT são os três circuitos básicos a partir dos quais é possível implementar qualquer tipo de dispositivo digital. A porta NAND corresponde a uma função NOT AND ou AND invertida. O símbolo lógico padrão da PORTA NAND é ilustrado na Figura 3-18(a). O pequeno CÍRCULO INVERSOR existente à direita do símbolo representa a inversão da saída da porta AND.

A Figura 3-18(b) mostra a associação de uma porta AND e uma porta inversora gerando a FUNÇÃO LÓGICA NAND. Note ainda que as expressões booleanas para as portas AND ($A \cdot B$) e NAND ($\overline{A \cdot B}$) são mostradas no diagrama lógico da Figura 3-18(b).

A tabela verdade da porta NAND é mostrada à direita na Figura 3-19. Note que a tabela verdade da porta NAND é gerada invertendo-se os estados da saída da porta AND, que também são devidamente representados na tabela.

Você é capaz de dizer quais são o símbolo lógico, expressão booleana e tabela verdade da porta NAND? Basta lembrar que em uma porta NAND a saída é BAIXA quando todas as entradas forem ALTAS.

Um breve resumo da função NAND é mostrado na Figura 3-20, onde são apresentados quatro métodos para se descrever o uso da função NAND envolvendo duas variáveis (A e B). Diversas formas alternativas para escrever a EXPRESSÃO BOOLEANA NAND são representadas na Figura 3-20, sendo que as

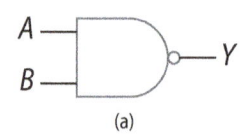

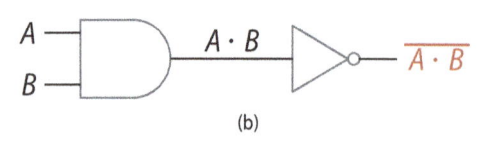

ENTRADAS		SAÍDA	
B	A	AND	NAND
0	0	0	1
0	1	0	1
1	0	0	1
1	1	1	0

Figura 3-19 Tabelas verdades para as portas AND e NAND.

Figura 3-18 (a) Símbolo lógico da porta NAND. (b) Expressão booleana para a saída da porta NAND.

Descrição da função NAND

Em português	A entradas A e B são multiplicadas e o resultado é invertido, resultando na saída Y.
Expressão booleana	$\overline{A \cdot B} = Y$ ou $\overline{AB} = Y$ ou $(AB)' = Y$
Símbolo lógico	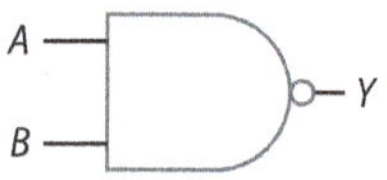 (símbolo NAND com entradas A, B e saída Y)
Tabela verdade	A B Y 0 0 1 0 1 1 1 0 1 1 1 0

Figura 3-20 Quatro formas para se expressar a lógica NAND envolvendo as entradas A e B.

duas primeiras utilizam a notação convencional com barras longas. A última forma [(AB)' = Y] é a representação normalmente utilizada por aplicativos de simulação computacional.

A única saída BAIXA na porta NAND ocorre quando todas as entradas forem ALTAS. Ao examinar a coluna da saída Y na Figura 3-20, constata-se que isso ocorre apenas na última linha da tabela.

Teste seus conhecimentos (Figura 3-21)

» A porta NOR

Na verdade, a PORTA NOR é uma porta NOT OR. Em outras palavras, a saída de uma porta OR é invertida para gerar a porta NOR, cujo SÍMBOLO LÓGICO é mostrado na Figura 3-22(a). Note que o símbolo NOR é um símbolo OR acrescido de um CÍRCULO INVERSOR no lado direito. A função NOR é desempenhada por uma porta OR e um inversor na Figura 3-22(b). A expressão booleana para a função OR $(A+B)$ é mostrada, de modo que esta se torna $\overline{A + B}$ para a porta NOR.

A tabela verdade da porta NOR é apresentada na Figura 3-23. Note que a saída da porta NOR corresponde apenas ao complemento da saída de uma porta OR, também representada na tabela.

Agora, você deve memorizar o símbolo lógico, a expressão booleana e a tabela verdade da porta NOR, pois precisará utilizá-los frequentemente em seus trabalhos envolvendo eletrônica digital. A única saída ALTA na porta NOR ocorre quando todas as entradas forem BAIXAS, verificando-se na coluna de saída da Figura 3-23 que isso ocorrerá apenas na primeira linha da tabela.

Um breve resumo da função NOR é mostrado na Figura 3-24. São apresentados quatro métodos para descrever a função NOR envolvendo duas variáveis

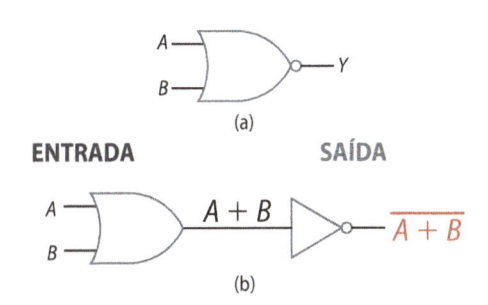

Figura 3-22 (a) Símbolo lógico da porta NOR. (b) Expressão booleana para a saída da porta NOR.

ENTRADAS		SAÍDA	
B	A	OR	NOR
0	0	0	1
0	1	1	0
1	0	1	0
1	1	1	0

Figura 3-23 Tabelas verdades para as portas OR e NOR.

Descrição da função NOR

Em português	As entradas A e B são somadas e o resultado é invertido, resultando na saída Y.
Expressão booleana	$\overline{A + B} = Y$ ou $(A + B)' = Y$ (Símbolo NOT sobre a barra, Símbolo OR)
Símbolo lógico	(símbolo da porta NOR com entradas A, B e saída Y)
Tabela verdade	A B Y 0 0 1 0 1 0 1 0 0 1 1 0

Figura 3-24 Quatro formas para se expressar a lógica NOR envolvendo as entradas A e B.

(A e B). Diversas formas alternativas para escrever a EXPRESSÃO BOOLEANA NOR são representadas na Figura 3-24, sendo que a primeira utiliza uma barra longa, enquanto a última forma (A+B)'=Y é a representação normalmente utilizada por aplicativos de simulação computacional.

A saída de uma porta NOR é ALTA quando todas as entradas forem BAIXAS.

Teste seus conhecimentos (Figura 3-25)

» A porta OR exclusiva

A PORTA OR EXCLUSIVA é também chamada de porta "ímpar, mas não par". O termo "porta OR exclusiva" é normalmente abreviado como "PORTA XOR", sendo que seu símbolo e expressão booleana são mostrados na Figura 3-26(a) e (b), respectivamente. O símbolo ⊕ indica que os termos são somados exclusivamente.

O estado da saída para uma porta XOR é mostrado à direita na Figura 3-27. Note que se qualquer uma, mas não todas as saídas forem iguais a 1, a saída possuirá nível lógico 1. A tabela verdade da porta XOR também é mostrada na Figura 3-27, de modo que se possa compará-la com a TABELA VERDADE da porta OR.

A porta XOR produz uma saída ALTA apenas quando um número ímpar de entradas for ALTA. Para demonstrar esse conceito, a Figura 3-28 mostra o símbolo de uma porta XOR de três entradas, a expressão booleana correspondente e a tabela verdade. Na Figura 3-28(b), a função XOR com três entradas é descrita na coluna de saída (Y). As entradas ALTAS são geradas apenas quando há um número ímpar de entradas ALTAS (linhas 2, 3, 5 e 8 da tabela verdade). Se há um número par de entra-

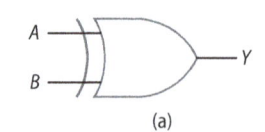

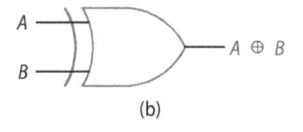

Figura 3-26 (a) Símbolo lógico da porta XOR. (b) Expressão booleana para a saída da porta XOR.

ENTRADAS		SAÍDA	
B	A	OR	XOR
0	0	0	0
0	1	1	1
1	0	1	1
1	1	1	0

Figura 3-27 Tabelas verdades para as portas OR e XOR.

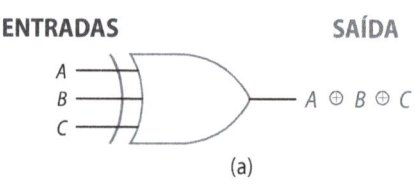

Porta XOR com três entradas

ENTRADAS			SAÍDA
C	B	A	Y
0	0	0	0
0	0	1	1
0	1	0	1
0	1	1	0
1	0	0	1
1	0	1	0
1	1	0	0
1	1	1	1

(b)

Figura 3-28 (a) Símbolo da porta XOR com três entradas e expressão booleana correspondente. (b) Tabela verdade para a porta XOR com três entradas.

das ALTAS, a saída será BAIXA (linhas 1, 4, 6 e 7 da tabela verdade). Os circuitos XOR são empregados em uma ampla variedade de circuitos aritméticos.

Um breve resumo da porta XOR (OR exclusiva) é mostrado na Figura 3-29, onde são apresentados quatro métodos para descrever a operação XOR envolvendo três variáveis (A, B e C). A saída da porta XOR será ALTA apenas quando houver um número ímpar de entradas ALTAS.

Descrição da função XOR

Em português	A entradas A, B e C são somadas de forma exclusiva, resultando na saída Y.
Expressão booleana	$A \oplus B \oplus C = Y$ — Símbolo XOR
Símbolo lógico	A, B, C → Y
Tabela verdade	A B C Y 0 0 0 0 0 0 1 1 0 1 0 1 0 1 1 0 1 0 0 1 1 0 1 0 1 1 0 0 1 1 1 1

Figura 3-29 Quatro formas para se expressar a lógica XOR envolvendo as entradas A, B e C.

Teste seus conhecimentos (Figura 3-30)

» A porta NOR exclusiva

O termo "porta NOR exclusiva" é normalmente abreviado como "porta XNOR". O símbolo lógico da porta XNOR é mostrado na Figura 3-31(a), o qual corresponde ao símbolo da porta XOR com um círculo inversor na saída. A Figura 3-31(b) mostra uma expressão booleana para a porta XNOR, a qual corresponde a $\overline{A \oplus B}$. A barra sobre a expressão A ⊕ B mostra que a saída da porta XOR é invertida. Verifique a tabela verdade da Figura 3-31(c) e note que a saída da porta XNOR é o complemento da saída da porta XOR, que também é mostrada na Figura 3-31(c).

Agora, você conhece o símbolo lógico, a expressão booleana e a tabela verdade da porta XNOR.

Um breve resumo da porta XNOR (NOR exclusiva) é mostrado na Figura 3-32, onde são apresentados

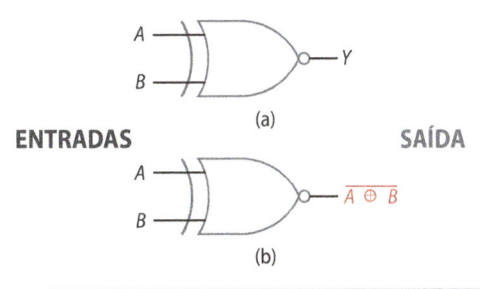

ENTRADAS → SAÍDA

(a)

(b) saída: $\overline{A \oplus B}$

ENTRADAS		SAÍDA	
A	B	XOR	XNOR
0	0	0	1
0	1	1	0
1	0	1	0
1	1	0	1

(c)

Figura 3-31 (a) Símbolo lógico da porta XNOR. (b) Expressão booleana para a saída da porta XNOR. (c) Tabelas verdades para as portas XOR e XNOR.

quatro métodos para descrever a operação XNOR envolvendo três variáveis (A, B e C). A saída da porta XNOR será BAIXA apenas quando houver um número ímpar de entradas ALTAS, o que é o oposto da porta XOR.

Descrição da função XNOR	
Em português	A entradas A, B e C são somadas de forma exclusiva e o resultado é invertido, correspondendo à saída Y.
Expressão booleana	$\overline{A \oplus B \oplus C} = Y$ (Símbolo NOT, Símbolo XOR)
Símbolo lógico	A, B, C → Y
Tabela verdade	A B C Y 0 0 0 1 0 0 1 0 0 1 0 0 0 1 1 1 1 0 0 0 1 0 1 1 1 1 0 1 1 1 1 0

Figura 3-32 Quatro formas para se expressar a lógica XNOR envolvendo as entradas A, B e C.

Teste seus conhecimentos (Figura 3-33)

>> A porta lógica NAND enquanto porta lógica universal

Até agora neste capítulo, você aprendeu conceitos relacionados aos blocos básicos utilizados em todos os circuitos digitais. Você também aprendeu as características de sete tipos de portas lógicas: AND, OR, NAND, NOR, XOR, XNOR e inversora. Agora você é capaz de encontrar CIs comercialmente disponíveis que desempenham essas funções lógicas.

Ao verificar catálogos e material técnico disponibilizados por fabricantes, constata-se que as portas NAND parecem ser encontradas em maiores quantidades que as demais portas. Em virtude de sua ampla utilização, você deverá ser capaz de utilizar a porta NAND na concepção dos demais tipos de portas. A porta NAND será então empregada como uma "porta lógica universal".

O quadro da Figura 3-34 mostra como é possível obter qualquer tipo de porta lógica a partir de portas NAND. A função lógica que será implementada é mostrada na coluna à esquerda. O símbolo convencional é apresentado na coluna central, enquanto a representação correspondente por meio de portas NAND é mostrada na coluna à direita. Não há necessidade de memorizar o quadro da Figura 3-34, mas ele pode ser utilizado futuramente em seus trabalhos envolvendo eletrônica digital.

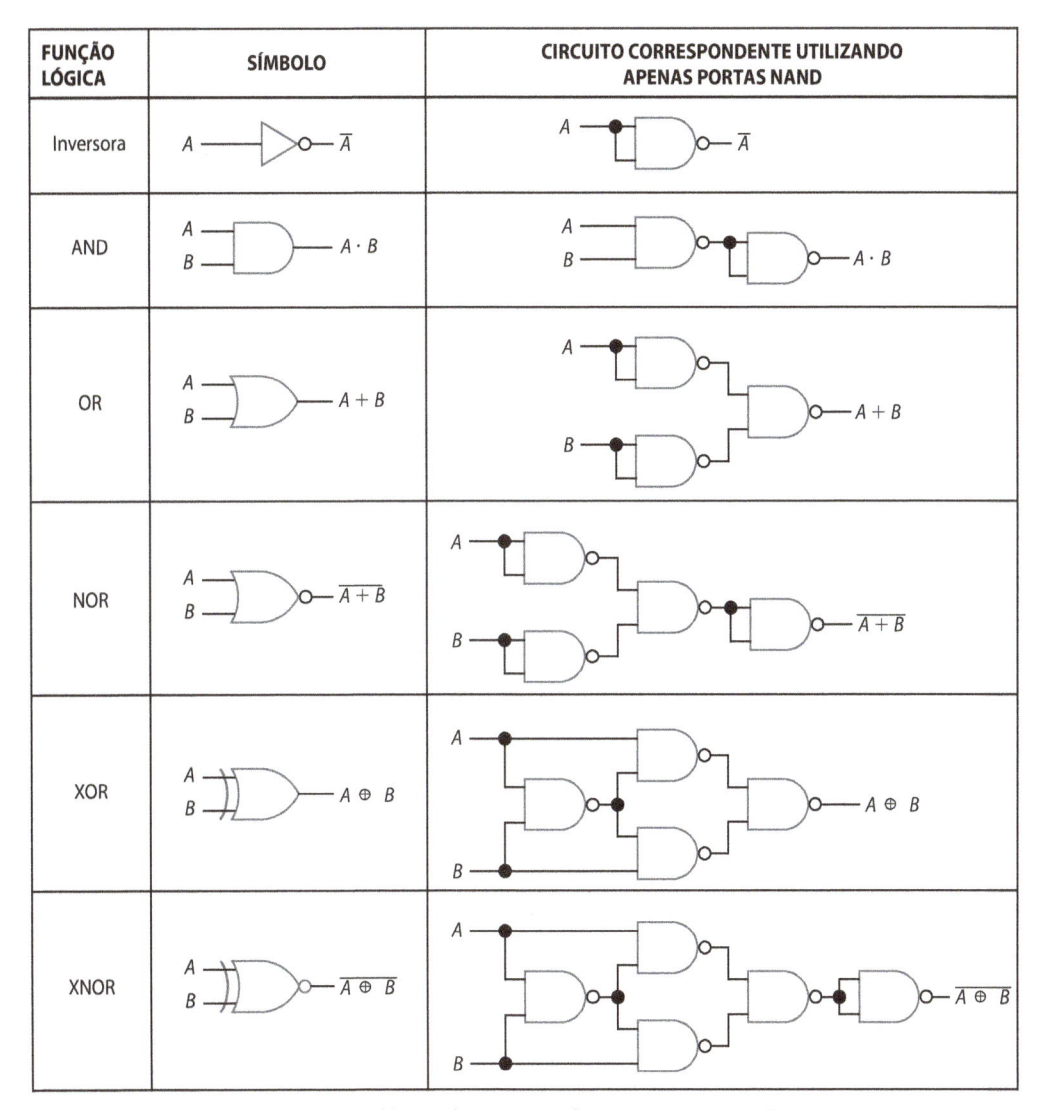

FUNÇÃO LÓGICA	SÍMBOLO	CIRCUITO CORRESPONDENTE UTILIZANDO APENAS PORTAS NAND
Inversora	$A \longrightarrow \overline{A}$	$A \longrightarrow \overline{A}$
AND	$A, B \longrightarrow A \cdot B$	$A \cdot B$
OR	$A, B \longrightarrow A + B$	$A + B$
NOR	$A, B \longrightarrow \overline{A + B}$	$\overline{A + B}$
XOR	$A, B \longrightarrow A \oplus B$	$A \oplus B$
XNOR	$A, B \longrightarrow \overline{A \oplus B}$	$\overline{A \oplus B}$

Figura 3-34 Representação de portas lógicas diversas usando apenas portas NAND.

Teste seus conhecimentos

>> Portas com mais de duas entradas

A Figura 3-35(a) mostra uma **PORTA AND DE TRÊS ENTRADAS**, cuja expressão booleana correspondente é $A \cdot B \cdot C = Y$, de acordo com a Figura 3-35(b). Todas as combinações possíveis envolvendo as entradas A, B e C são mostradas na Figura 3-35(c). Os estados das saídas da porta AND de três entradas são representados na coluna da direita. Note que há oito combinações possíveis (2^3) para o caso da porta com três entradas.

Como se pode gerar uma porta AND de três entradas semelhante àquela da Figura 3-35 se há ape-

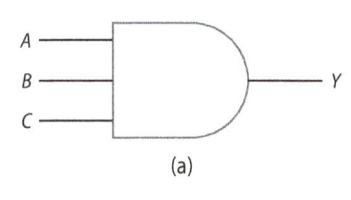

$$A \cdot B \cdot C = Y$$
(b)

ENTRADAS			SAÍDA
A	B	C	Y
0	0	0	0
0	0	1	0
0	1	0	0
0	1	1	0
1	0	0	0
1	0	1	0
1	1	0	0
1	1	1	1

(c)

Figura 3-35 Porta AND com três entradas. (a) Símbolo lógico. (b) Tabela verdade.

nas portas de duas entradas disponíveis? A solução é mostrada na Figura 3-36(a).

Note que há a conexão das portas AND de duas entradas à direita do diagrama formando uma

Figura 3-36 Aumento do número de entradas. (a) Utilização de duas portas AND para obter um dispositivo com três entradas. (b) Utilização de três portas AND para obter um dispositivo com quatro entradas.

porta AND com três entradas. Por sua vez, a Figura 3-36(b) mostra como uma porta AND de quatro entradas pode ser concebida a partir de portas AND com duas entradas.

O símbolo lógico de uma PORTA OR COM QUATRO ENTRADAS é ilustrado na Figura 3-37(a), sendo que a expressão booleana correspondente $A+B+C+D=Y$ é dada na Figura 3-37(b). A pronúncia dessa expressão booleana é "a entrada A, B, C ou D é igual a Y". Lembre-se que o símbolo lógico

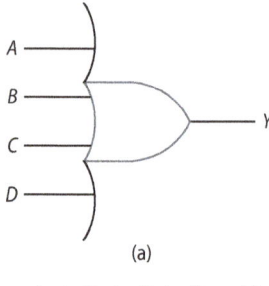

$$A + B + C + D = Y$$
(b)

ENTRADAS				SAÍDA
A	B	C	D	Y
0	0	0	0	0
0	0	0	1	1
0	0	1	0	1
0	0	1	1	1
0	1	0	0	1
0	1	0	1	1
0	1	1	0	1
0	1	1	1	1
1	0	0	0	1
1	0	0	1	1
1	0	1	0	1
1	0	1	1	1
1	1	0	0	1
1	1	0	1	1
1	1	1	0	1
1	1	1	1	1

(c)

Figura 3-37 Porta OR com quatro entradas. (a) Símbolo lógico ilustrando o método para representar entradas adicionais. (b) Expressão booleana. (c) Tabela verdade.

"+" representa a função lógica OR em uma expressão booleana. A tabela verdade da porta OR de quatro entradas é dada na Figura 3-37(c). Note que há 16 combinações possíveis (2^4) porque há quatro entradas. Para gerar uma porta OR de quatro entradas, deve-se adquirir o CI lógico adequado de um determinado fabricante ou utilizar portas OR de duas entradas propriamente conectadas para tal.

A Figura 3-38(a) mostra como se pode implementar uma porta OR de quatro entradas usando apenas portas OR com duas entradas. A Figura 3-38(b) mostra como converter portas lógicas OR de duas entradas em um dispositivo com três entradas. Note que o processo de interligar as portas OR e AND para expandir o número de entradas é estritamente o mesmo (compare as Figuras 3-36 e 3-38).

Aumentar o número de entradas de uma porta NAND é um processo um pouco mais complexo. A Figura 3-39 mostra como uma **porta NAND de quatro entradas** pode ser gerada utilizando duas portas NAND com duas entradas interligadas por meio de uma porta OR.

Frequentemente, você encontrará portas com duas a oito entradas ou mais. Os princípios básicos previamente abordados são úteis quando se deseja expandir o número de entradas de uma determinada porta.

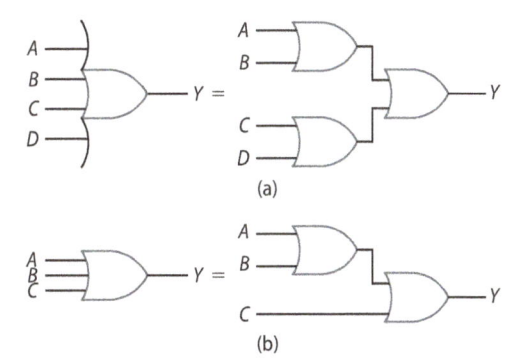

Figura 3-38 Aumento do número de entradas de uma porta OR.

Figura 3-39 Aumento do número de entradas de uma porta NAND.

Teste seus conhecimentos

» Utilizando portas inversoras para converter portas lógicas

Frequentemente, é conveniente converter uma porta básica como AND, OR, NAND ou NOR em outras funções lógicas, o que pode ser feito facilmente por meio de portas inversoras. O quadro da Figura 3-40 é um guia útil para converter uma determinada porta lógica em outra. Analise o quadro e note que na parte superior apenas as saídas são invertidas, o que leva aos resultados previsíveis mostrados no lado direito do quadro.

História da eletrônica

Supercondutor Sleuth
O físico alemão H. K. Onnes descobriu o primeiro supercondutor. Em 1911, descobriu que o mercúrio possui resistência nula a 4,3° acima do zero absoluto.

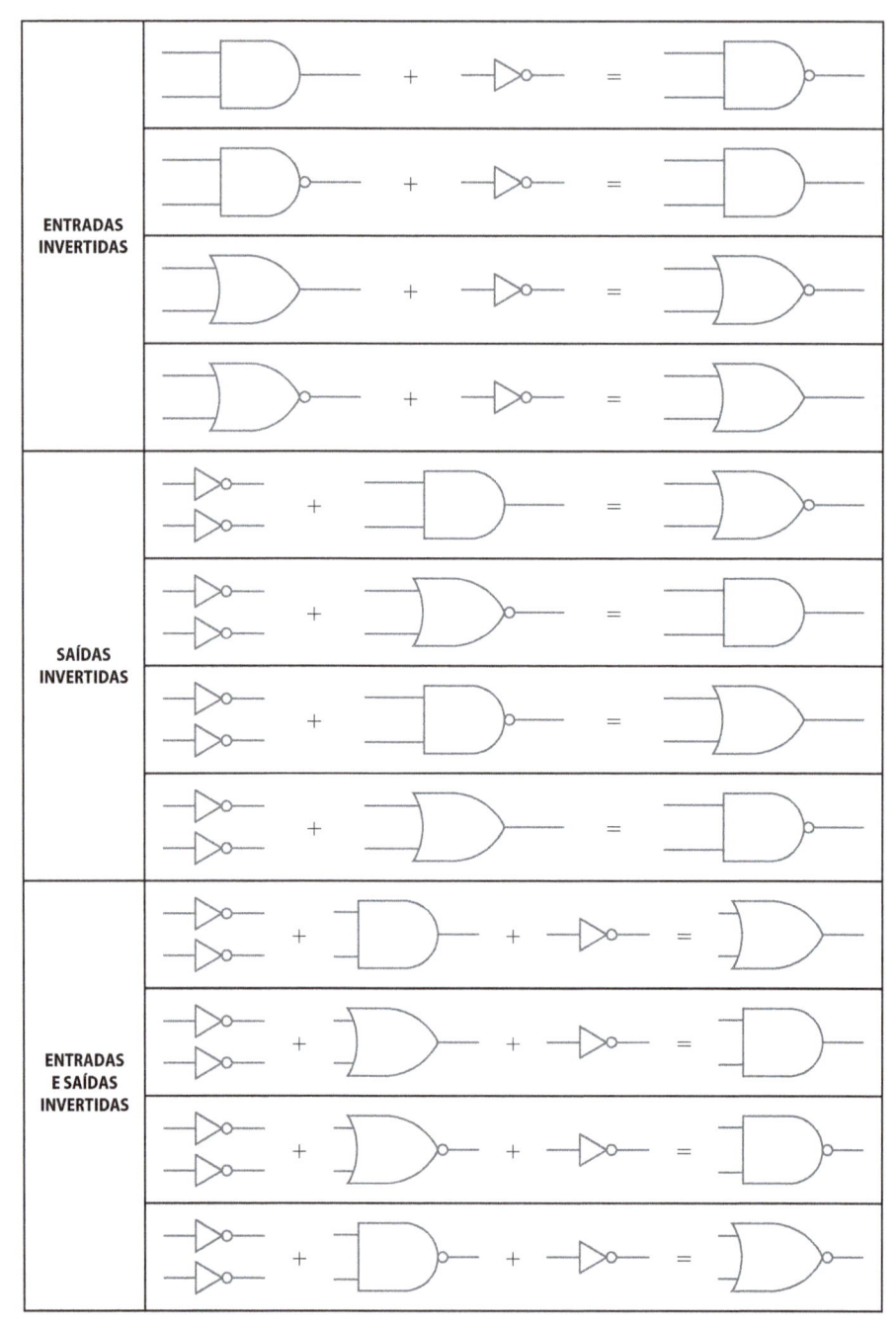

Figura 3-40 Conversão de portas lógicas usando portas inversoras. O símbolo "+" indica a combinação das funções.

Sobre a eletrônica

Estradas eletrônicas

Atualmente, sistemas inteligentes em estradas veiculares estão em pleno desenvolvimento. Esses sistemas são capazes de reagir rapidamente diante de mudanças no tráfego de veículos. No Japão, os motoristas podem acessar postos na beira das estradas para obter informações gerais sobre o tráfego e rotas. Sistemas de monitoramento que permitem aos controladores redirecionar rapidamente o tráfego em áreas críticas também se encontram em desenvolvimento.

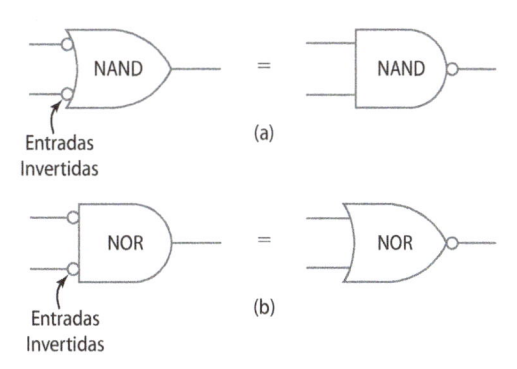

Figura 3-41 (a) Símbolos lógicos alternativos comuns. (a) Símbolos NAND. (b) Símbolos NOR. Nota: Os círculos inversores nas entradas normalmente indicam uma entrada ativa-BAIXA.

A seção central do quadro mostra que apenas as entradas são invertidas. Por exemplo, invertendo-se ambas as entradas de uma porta OR, obtém-se uma porta NAND, como também mostra a Figura 3-41(a). Note que CÍRCULOS INVERSORES foram adicionados às entradas da porta OR da Figura 3-41(a), convertendo-a em uma porta NAND. Além disso, as entradas de uma porta AND são invertidas na seção central do quadro, o que é novamente mostrado na Figura 3-41(b). Note que círculos inversores na entrada da porta AND convertem-na em uma porta NOR. Os novos símbolos à esquerda na Figura 3-41 (com círculos inversores nas entradas) são utilizados em alguns diagramas lógicos em substituição aos símbolos convencionais empregados para as portas NAND e NOR mostrados à direita. Fique atento a esses novos símbolos, porque eventualmente você pode encontrá-los em diagramas de circuitos digitais.

A Figura 3-42 mostra a adição de portas inversoras (círculos inversores) a um símbolo lógico descrita em termos de uma expressão booleana. Conside-

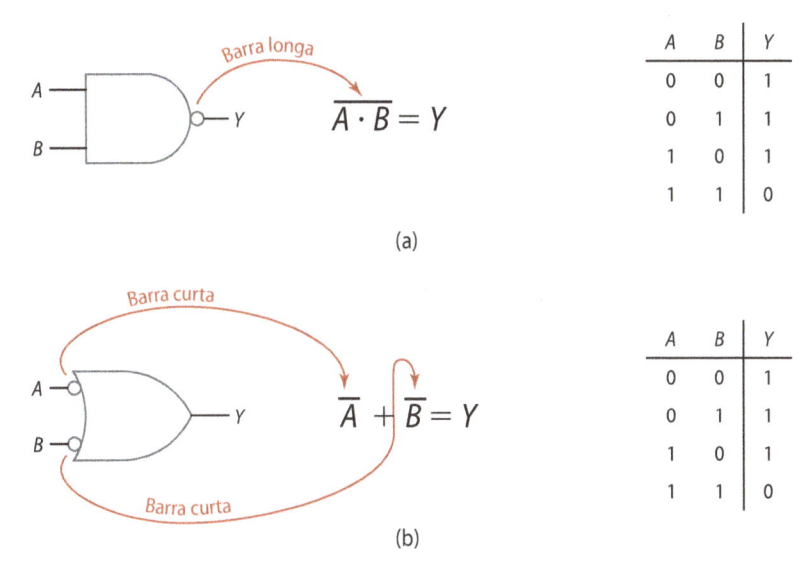

Figura 3-42 (a) Símbolos lógicos NAND. (b) Expressões booleanas e tabelas verdades.

re o símbolo NAND à esquerda na Figura 3-42(a) como uma porta AND com um inversor utilizado na saída. A expressão booleana para a porta AND normalmente é $A \cdot B = Y$. Ao se adicionar o inversor à saída da porta AND da Figura 3-42(a), obtém-se a representação $\overline{A \cdot B} = Y$. À direita na Figura 3-42(a), tem-se uma tabela verdade simples que descreve a função lógica NAND.

Agora, considere o símbolo NAND alternativo da Figura 3-42(b). Note que os círculos inversores são inseridos nas entradas do símbolo OR. Assim, é utilizada a representação em termos de uma barra curta na forma $\overline{A} + \overline{B} = Y$. Esta expressão descreve o símbolo NAND alternativo, sendo que a tabela verdade correspondente é mostrada à direita. As duas expressões booleanas $\overline{A \cdot B} = Y$ e $\overline{A} + \overline{B} = Y$ descrevem a função lógica NAND, de modo que ambos os símbolos lógicos à esquerda na Figura 3-42 podem representar uma porta NAND e produzem a mesma tabela verdade. Aplicando-se o teorema de DeMorgan, que é parte da álgebra lógica, tem-se uma forma sistemática que permite converter funções lógicas simples em circuitos fundamentais AND e OR. O teorema de DeMorgan será abordado detalhadamente no Capítulo 4.

A seção inferior do quadro da Figura 3-40 mostra ambas as entradas e saídas sendo invertidas. Note que utilizando inversores é possível converter da forma AND para OR ou NAND para NOR e vice-versa.

De posse das 12 conversões mostradas no quadro da Figura 3-40, pode-se converter uma porta lógica básica (AND, OR, NAND e NOR) em qualquer outra porta apenas utilizando inversores. Não há necessidade de memorizar o quadro da Figura 3-40, mas você pode consultá-lo futuramente em caso de necessidade.

www Teste seus conhecimentos (Figura 3-43)

» Circuitos lógicos TTL práticos

A popularidade dos circuitos digitais deve-se basicamente à disponibilidade de CIs de baixo custo, de modo que fabricantes desenvolveram várias FAMÍLIAS DE CIS DIGITAIS. Essas famílias são agrupadas em dispositivos que podem ser utilizados em conjunto, sendo compatíveis e facilmente interconectados entre si.

Um grupo de famílias é fabricado utilizando TECNOLOGIA BIPOLAR, com componentes discretos que correspondem a transistores bipolares, diodos e resistores. Outro grupo de famílias de CIs digitais emprega a tecnologia baseada em ÓXIDO SEMICONDUTOR METÁLICO (MOS). No laboratório, você provavelmente terá a oportunidade de testar tantos CIs TTL quanto CMOS. A FAMÍLIA CMOS é constituída de dispositivos de baixa potência que utilizam tecnologia MOS. Os CIs CMOS possuem componentes semelhantes a transistores de efeito de campo com gatilho isolado (*Insulated-Gate Field-Effect Transistors* – IGFETs).

Um tipo tradicional de CI é mostrado na Figura 3-44(a). O encapsulamento é do tipo **DIP** (DUAL IN-LINE PACKAGE), e nesse caso pode-se dizer que esse é um CI DIP com 14 pinos.

O pino 1 está localizado na primeira posição a partir do chanfro do CI considerando o sentido anti-horário, como mostra a Figura 3-44(a). Os pinos são numerados de 1 a 14 em sentido anti-horário adotando-se a vista superior do CI. Um ponto localizado sobre o CI DIP também é outra forma de localizar o pino 1, de acordo com a Figura 3-44(b).

Os CIs nas Figuras 3.44(a) e (b) possuem pinos longos, que normalmente são encaixados em orifícios, sendo então devidamente soldados e conectados a trilhas na base de placas de circuito impresso. Os dois CIs das Figuras 3.44(c) e (d) possuem pinos mais curtos que são eventualmente

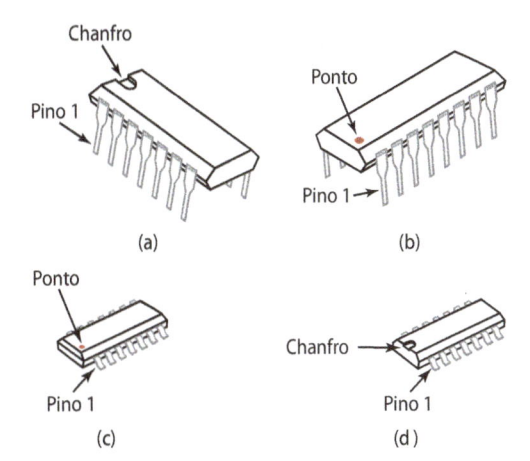

Figura 3-44 CIs com encapsulamento DIP em tamanho convencional e miniaturizado. (a) Localização do pino 1 em um encapsulamento DIP convencional a partir de um chanfro. (b) Localização do pino 1 em um encapsulamento DIP convencional a partir de um ponto. (c) Localização do pino 1 em um CI DIP miniaturizado para montagem sobre superfície a partir de um ponto. (d) Localização do pino 1 em um CI DIP miniaturizado para montagem sobre superfície a partir de um chanfro.

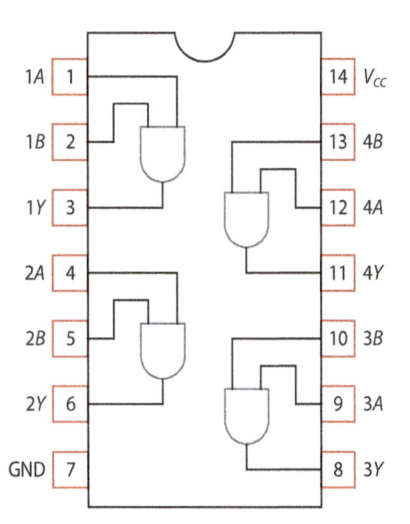

Figura 3-45 Diagrama de pinos do CI digital 7408.

soldados em trilhas existentes no topo das placas. Os encapsulamentos dos CIs das Figuras 3.44(c) e (d) são próprios para montagem em superfície, tecnologia denominada SMT (*surface-mount technology*). Normalmente, encapsulamentos SMT são muito menores de modo a proporcionar a redução do tamanho de placas, sendo mais facilmente alinhados quando devidamente posicionados e soldados utilizando equipamento automatizado. Dois métodos próprios para a localização do pino 1 em CIs SMT são mostrados nas Figuras 3.44(c) e (d). Nos laboratórios de ensino, você provavelmente utilizará CIs do tipo DIP, que são maiores e podem ser propriamente conectados em uma matriz de contatos.

Fabricantes de CIs fornecem diagramas de pinos semelhantes aos da Figura 3-45. O CI contém quatro portas AND de duas entradas, sendo também denominado porta AND quádrupla com duas entradas. O CI 7408 é um dos muitos tipos existentes na série comercial de CIRCUITOS **TTL 7400**. Os pontos de alimentação do CI são os pinos GND (pino 7) e V_{CC} (pino 14). Todos os demais pinos são entradas e saídas das portas AND existentes.

Dado o diagrama lógico da Figura 3-46(a), implementa-se agora o circuito utilizando o CI TTL 7408, cujo diagrama esquemático é mostrado na Figura 3-46(b). Um fonte regulada de $+5\,V$ é normalmente utilizada em dispositivos TTL. Os terminais positivo (V_{CC}) e negativo (GND) correspondem aos pinos 14 e 7, respectivamente. As chaves de entrada (*A* e *B*) são conectadas nos pinos 1 e 2 do CI 7408. Note que se uma chave se encontra na posição superior, um nível lógico 1 ($+5\,V$) é aplicado na entrada da porta AND. Entretanto, se a chave estiver na posição inferior, um nível lógico 0 (GND) existirá na entrada da porta AND. À direita da Figura 3-46(b), um LED e um resistor limitador de corrente de 150 Ω são conectados ao terminal GND. Se a saída no pino 3 é ALTA, a corrente circulará através do LED. Quando o LED está aceso, isso indica uma saída ALTA na porta AND.

A vista superior de um CI digital TTL típico é mostrada na Figura 3-47(a). As letras NS em forma de bloco indicam o nome do fabricante: National Semiconductor. A nomenclatura completa DM7408N pode ser dividida em partes, como mostra a Figura 3-47(b). O prefixo "DM" indica o código do fabricante: Natio-

(a)

(b)

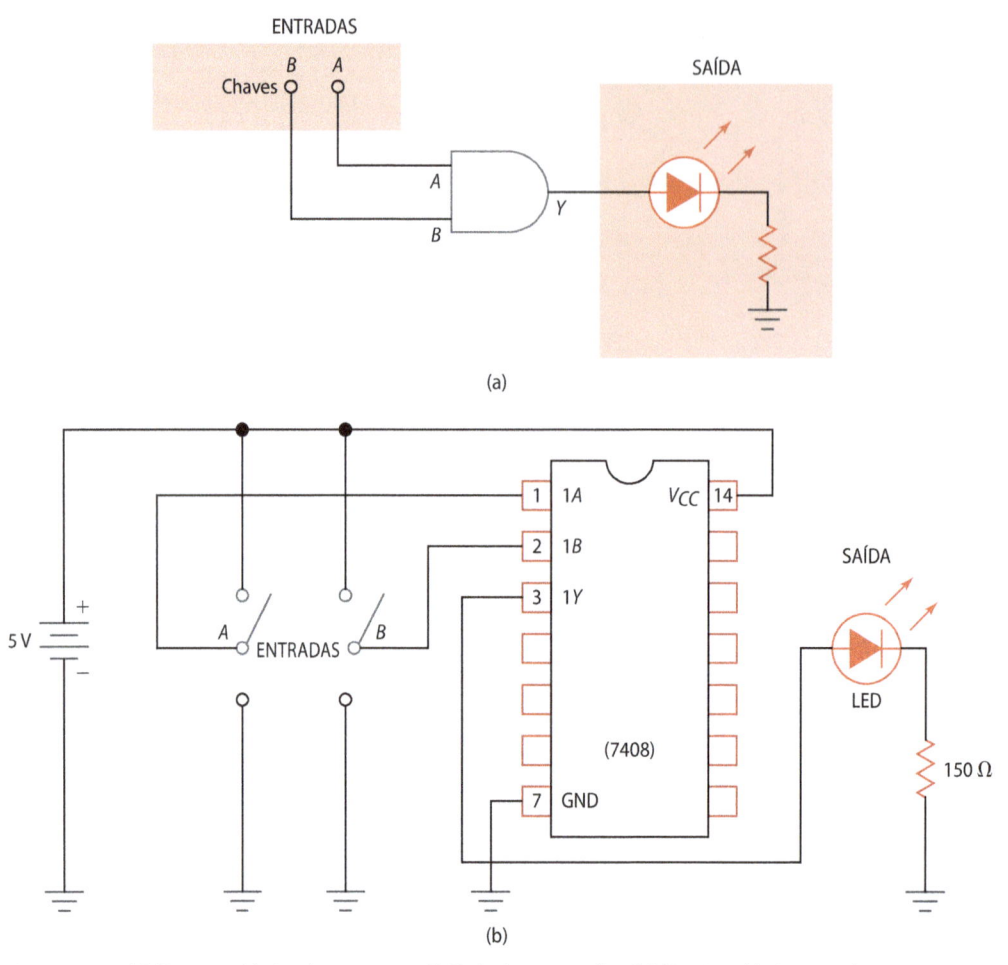

Figura 3-46 (a) Diagrama lógico de uma porta AND de duas entradas. (b) Circuito elétrico usando uma porta AND de duas entradas.

(a)

(b)

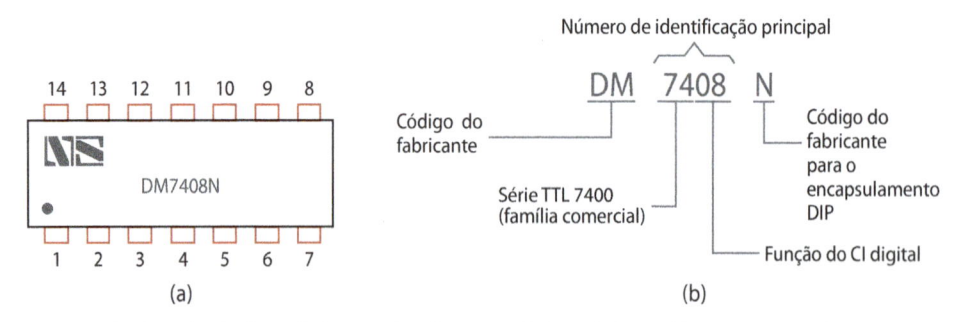

Figura 3-47 (a) Significado da simbologia utilizada em um CI digital típico. (b) Interpretação da parte numérica na nomenclatura de um CI típico.

nal Semiconductor. A parte central 7408 indica um CI TTL do tipo porta quádrupla AND de duas entradas, sendo que esse número é mantido por praticamente todos os fabricantes. A letra "N" à direita (sufixo) indica o código utilizado por diversos fabricantes para representar o encapsulamento DIP.

A vista superior de outro CI digital é mostrada na Figura 3-48(a). As letras "SN" representam o fabricante Texas Instruments. O sufixo "J" corresponde ao tipo de encapsulamento DIP cerâmico. Isso normalmente é chamado de modelo comercial. A parte central da nomenclatura do CI é 74LS08, sendo semelhante àquela da Figura 3-48, isto é, uma porta AND quádrupla com duas entradas. As letras "LS" correspondem ao tipo de CI TTL utilizado no CI, sendo que nesse caso "LS" significa circuito Schottky de baixa potência (*low-power Schottky*).

As letras internas existentes na nomenclatura de um CI contêm informações acerca da família lógica ou subfamília, sendo que alguns exemplos típicos são mostrados a seguir:

AC: lógica FACT (*Fairchild Advanced CMOS Technology* – Tecnologia CMOS Avançada da empresa Fairchild). Trata-se de uma nova família de CIs CMOS avançados;
ACT: lógica FACT. Trata-se de uma nova família de CIs CMOS com níveis lógicos TTL;
ALS: lógica TTL avançada com dispositivos Schottky de baixa potência (subfamília TTL);
AS: lógica TTL avançada com dispositivos Schottky (subfamília TTL);
C: lógica CMOS (família CMOS antiga);
F: lógica FAST (*Fairchild Advanced Schottky Technology* – Tecnologia Schottky Avançada da empresa Fairchild). Trata-se de uma nova subfamília de CIs TTL.
FCT: lógica FACT. Trata-se de uma família de CIs CMOS com níveis lógicos TTL;
H: lógica TTL de alta velocidade (subfamília TTL);
HC: lógica CMOS de alta velocidade (família CMOS);
HCT: lógica CMOS de alta velocidade (família CMOS com entradas TTL);
L: lógica TTL de baixa potência (subfamília TTL);
LS: lógica TTL com dispositivos Schottky de baixa potência (subfamília TTL);
S: lógica TTL Schottly (subfamília TTL).

As letras internas fornecem informações sobre a velocidade, consumo de energia e tecnologia de processo dos CIs digitais. Devido a essas diferenças envolvendo velocidade e consumo de energia, fabricantes recomendam que a nomenclatura exata do CI deve ser considerada quando houver a substituição de dispositivos danificados. Quando a letra "C" for utilizada em CI da família 7400, isso representa a tecnologia CMOS, e não TTL. As letras "HC", "HCT", "AC", "ACT" e "FCT" também correspondem a CIs CMOS.

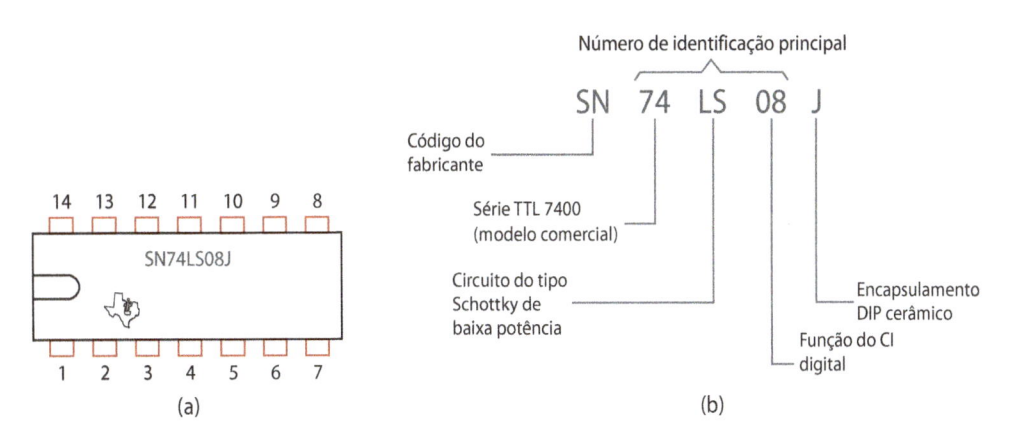

Figura 3-48 (a) Significado da simbologia utilizada em um CI digital fabricado por Texas Instruments. (b) Interpretação da parte numérica de um CI Schottky de baixa potência típico.

Técnicos, estudantes e engenheiros devem empregar folhas de dados (*datasheets*) e catálogos* fornecidos por fabricantes para obter informações importantes acerca de CIs digitais. Informações úteis como diagrama de pinos, tipo de encapsulamento, nomenclatura e outros dados encontram-se disponíveis para consulta.

www Teste seus conhecimentos

» Portas lógicas CMOS práticas

A antiga série 7400 de circuitos lógicos TTL foi extremamente popular durante muitas décadas. Uma de suas desvantagens é o consumo elevado de energia. No final da década de 1960, fabricantes desenvolveram CIs lógicos CMOS que consomem menor quantidade de energia e são adequados para utilização em dispositivos eletrônicos alimentados por baterias. A sigla CMOS representa *óxido semicondutor metálico complementar*.

Diversas famílias de CIs CMOS compatíveis foram desenvolvidas, sendo que a primeira delas foi a série 4000. Depois, surgiu a série 74C00 e, mais recentemente, a série 74HC00. Em 1985, as séries FACT (*Fairchild Advanced CMOS Technology* – Tecnologia CMOS Avançada da empresa Fairchild) 74AC00, 74ACT00 e 74FCT00 com CIs extremamente rápidos e com baixo consumo de energia foram introduzidas no mercado pelo fabricante Fairchild. Muitos dispositivos produzidos em larga escala como relógios de pulso digitais e calculadoras foram fabricados utilizando a tecnologia CMOS.

Uma série típica de CIs CMOS é ilustrada na Figura 3-49(a). Note que o pino 1 é marcado em sentido anti-horário a partir do chanfro existente no encapsulamento. A nomenclatura CD4081BE é dividida em seções na Figura 3-49(b). O prefixo CD é o código do fabricante para representar CIs CMOS. A parte central 4081B representa uma porta AND

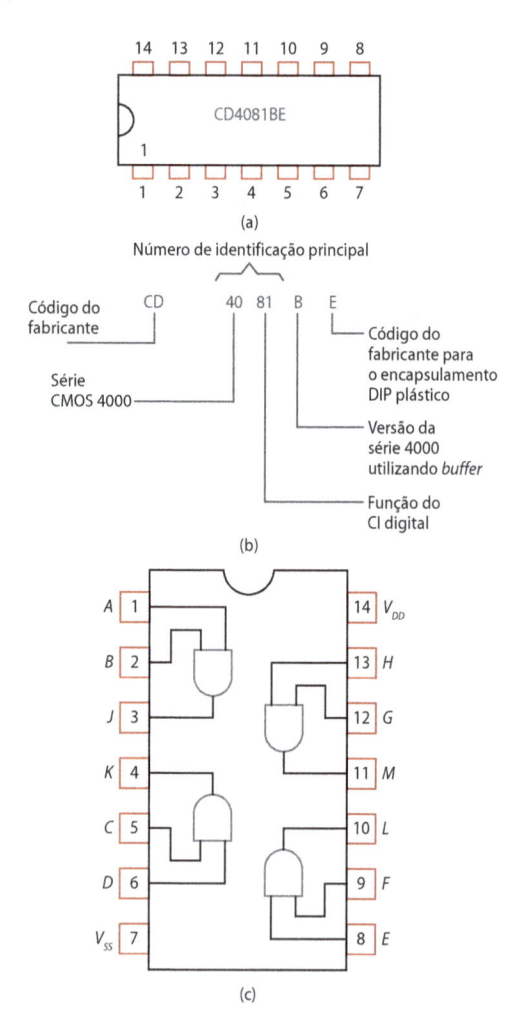

Figura 3-49 (a) Significado da simbologia utilizada em um CI digital CMOS. (b) Interpretação da parte numérica de um CI CMOS típico da série 4000B. (c) Diagrama de pinos do CI 4081B.

---

* N. de T.: Com o advento da Internet, a maioria dos fabricantes passou a disponibilizar catálogos e *datasheets* em seus respectivos endereços eletrônicos. Por outro lado, há bases de dados na Internet com vasta disponibilidade de *datasheets* para vários tipos de dispositivos e fabricantes distintos. Para maiores informações, acesse www.alldatasheet.com e www.datasheetcatalog.com.

quádrupla com duas entradas, sendo praticamente a mesma para todos os fabricantes. A letra "E" é a representação do fabricante para o encapsulamento DIP plástico. A letra "B" indica a versão *buffer* da série 4000A, de modo que se tem maior capacidade de fornecimento de corrente no CI e ainda proteção contra eletricidade estática.

A Figura 3-49(c) mostra o diagrama de pinos do CI CMOS CD4081BE. Os terminais de alimentação são V_{DD} (tensão positiva) e V_{SS} (tensão negativa ou GND). Note que a nomenclatura é distinta daquela utilizada em CIs TTL, como pode ser observado comparando-se as Figuras 3-45 e 3-49(c).

Dado o diagrama esquemático da Figura 3-50(a), implementa-se agora o circuito utilizando o CI CMOS 4081B, cuja representação é mostrada na Figura 3-50 (b). Uma fonte de +5 V é utilizada, mas CIs CMOS podem operar com tensões variando entre 3 e 18 V. Deve-se tomar cuidado ao remover o CI 4081 da embalagem porque CIs CMOS podem ser danificados por eletricidade estática. Assim, não se deve tocar os pinos do CI ao inseri-lo em

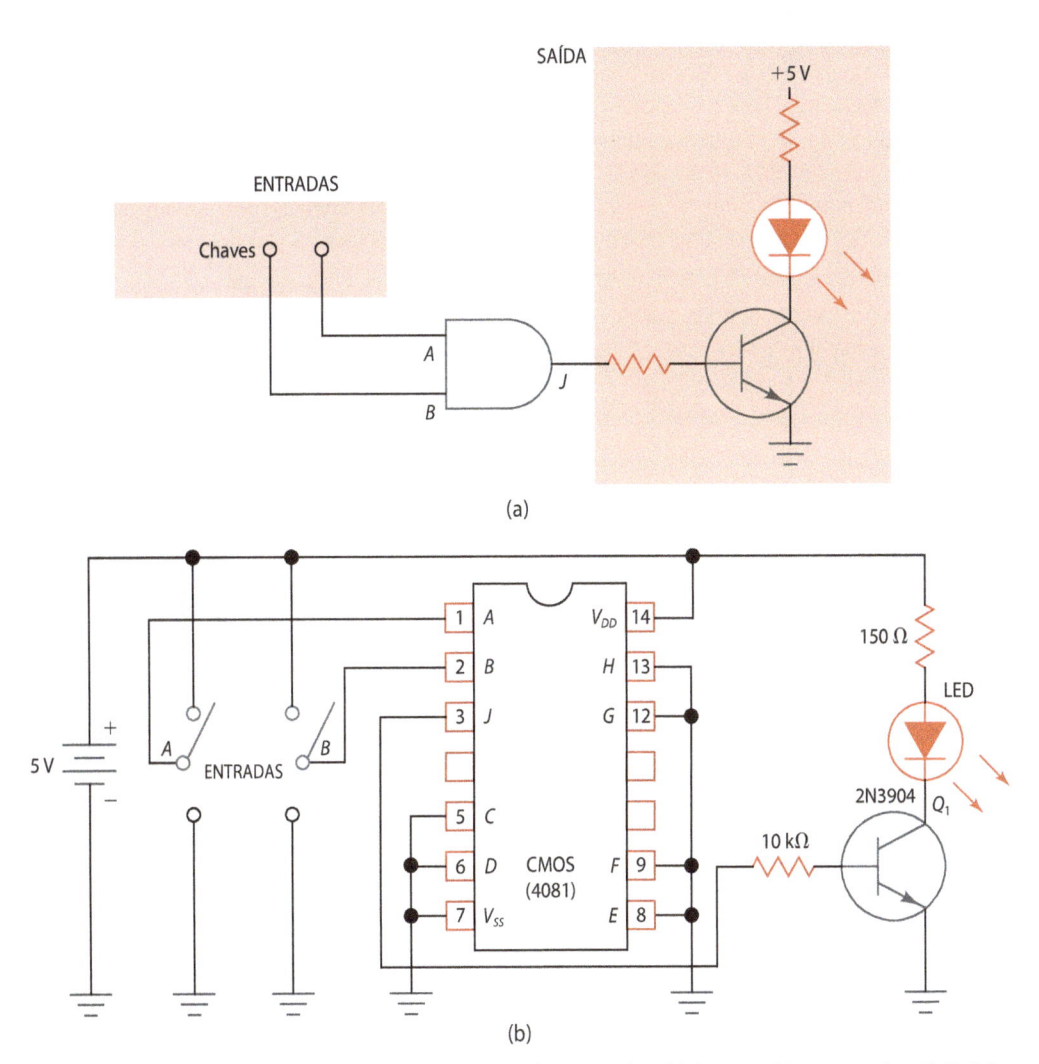

Figura 3-50 (a) Diagrama lógico de uma porta AND de duas entradas. (b) Circuito elétrico usando o CI CMOS 4081 para implementar uma porta AND de duas entradas.

um soquete ou matriz de contatos. Os terminais de alimentação V_{DD} e V_{SS} são conectados com a fonte desligada. Quando se utiliza CIs CMOS, deve-se conectar todas a saídas não utilizadas a GND ou V_{DD}. Nesse exemplo, os pinos não utilizados (C, D, E, F, G, H) são aterrados. O transistor liga o LED quando o pino 3 possui nível ALTO, desligando o LED quando o nível se torna BAIXO. Finalmente, as entradas A e B são conectadas às chaves de entrada.

Quando as chaves de entrada da Figura 3-50(b) estão na posição superior, a saída ALTA é gerada. Do contrário, quando as chaves encontram-se na posição inferior, tem-se uma saída BAIXA. Se ambas as entradas possuem nível BAIXO, a saída no pino 3 será BAIXA. Assim, desliga-se o transistor e o LED não acende. Se ambas as entradas possuem nível ALTO, a saída no pino 3 será ALTA. A saída ALTA (+5 V) na base de Q1 polariza o transistor e o LED acende. Assim, o CI CMOS 4081 gera uma tabela verdade típica de uma porta AND de duas entradas.

Diversas famílias de CIs digitais CMOS encontram-se disponíveis. Um CI da série 4000 foi empregado nesta seção. Por outro lado, a série 74HC00 tem se tornado popular devido à maior compatibilidade com a lógica TTL. Além disso, possui maior capacidade de fornecimento de corrente que as séries antigas 4000 e 74C00, sendo capazes também de operar em altas frequências. A sigla "HC" na série 74HC00 corresponde a dispositivos CMOS com alta velocidade.

A série FACT da Fairchild é uma família mais recente de CIs CMOS, incluindo as séries de subfamílias 74AC00, 74ACT00, 74ACTQ00, 74FCT00 e 74FCTA00. A família lógica FACT possui excelentes características operacionais que superam todas as subfamílias CMOS e a maioria das subfamílias TTL. Capazes de substituírem diretamente as séries 74LS00 e 74ALS00 de CIs TLL, as séries 74ACT00, 74ACTQ00, 74FCT00 e 74FCTA00 de circuitos CMOS possuem características de tensão de entrada tipicamente TTL. Os dispositivos lógicos FACT são ideais para sistemas portáteis devido ao baixo consumo de energia e alta velocidade de operação.

Deve-se tomar cuidado com descargas estáticas, as quais podem danificar CIs CMOS. Todos os pinos que não forem utilizados devem ser aterrados ou conectados a V_{DD}. Além disso, as tensões nos pinos não devem exceder o valor entre GND (V_{SS}) e V_{DD}.

Teste seus conhecimentos

›› Encontrando problemas em portas lógicas simples

O equipamento mais básico existente em um laboratório de eletrônica digital para teste de circuitos é a PONTEIRA LÓGICA, mostrada na Figura 3-51. A chave seletora permite que seja selecionado o tipo da família lógica do CI sob teste, isto é, TTL ou CMOS. A ponteira lógica da Figura 3-51 está no modo TTL para testar um circuito desse tipo no exemplo apresentado a seguir. Normalmente, dois conectores alimentam a ponteira lógica, sendo que o vermelho (+) é conectado ao terminal positivo da fonte de alimentação, enquanto o preto é conectado ao terminal negativo (−) ou GND.

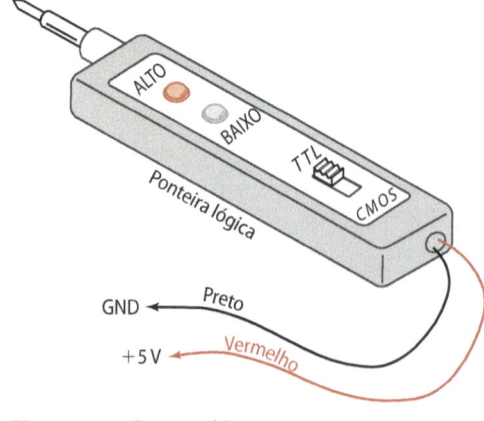

Figura 3-51 Ponteira lógica.

Sobre a eletrônica

Comunicações em órbita

Satélites na ordem geoestacionária da Terra (GEO – *geostationary earth orbit*) permitem que aparelhos de fax, videoconferência, telefonia fixa, televisão e multimídia de banda larga operem em regiões remotas do mundo. Satélites na órbita média da Terra (MEO – *medium-earth orbit*) são utilizados em serviços de telefonia celular móvel, fixa e outros aparelhos de comunicação pessoal. Satélites na órbita baixa da Terra (LEO – *low-earth orbit*) são utilizados por aparelhos telefônicos portáteis, *pagers*, fax, monitoramentos de navios ou caminhões, telefones fixos convencionais, multimídia de banda larga e sistemas de sensoreamento remoto em plantas industriais. Após a ocorrência do terremoto mostrado na figura, os grupos de busca e resgate comunicavam-se utilizando tecnologia de satélite, sendo ainda capazes de realizar ligações internacionais.

Após ligar a ponteira lógica, a agulha é encostada no ponto ou nó que se deseja testar no circuito, de modo que o indicador ALTO ou BAIXO acenderá. Se nenhum deles permanecer aceso, isso quer dizer que a tensão encontra-se em uma região indefinida entre ALTO e BAIXO.

Na prática, a maioria dos CIs digitais é montada em uma placa de circuito impresso (PCI), como é mostrado na Figura 3-52(a). O diagrama esquemático da Figura 3-52(b) também pode ser empregado para representar o circuito.

Muitas vezes, as conexões das tensões $+5\,V$ (V_{cc}) e GND não são mostradas no diagrama esquemático. Verifique os pinos 1, 2 e 5 do CI da Figura 3-52(a) com a ponteira lógica. Utilize o dispositivo de modo que todas as entradas sejam ALTAS. Nessa condição, a saída no pino 6 será ALTA e o LED deverá acender. Se essa condição for corretamente verificada, teste as demais combinações e verifique se o circuito opera adequadamente.

O primeiro passo na busca de falhas é utilizar os sentidos. *Toque* a parte superior do CI para verificar se há sobreaquecimento. Alguns CIs permanecem frios durante a operação, enquanto outros operam com uma pequena dissipação de calor. CIs CMOS sempre devem operar em temperaturas menores sem o sinal de aquecimento. *Procure* conexões rompidas, pontes de solda, trilhas de PCI rompidas e pinos tortos nos CIs. Utilize o *olfato* para determinar se há algum odor indicando sobreaquecimento. *Observe* sinais de sobreaquecimento, como descoloração ou chamuscados.

O próximo passo na busca de problemas pode consistir na verificação da tensão de alimentação do CI. Com a ponteira lógica devidamente energizada verifique os pontos *A*, *B* (pino VCC), *C* e *D* na Figura 3-52 (*a*). Os nós *A* e *B* devem provocar o acendimento do indicador de nível ALTO na ponteira lógica. Por outro lado, o indicador de nível BAIXO da ponteira lógica deve acender no caso dos nós *C* e *D*.

O passo seguinte pode ser a verificação do funcionamento lógico do circuito. Neste caso, tem-se uma porta AND de três entradas (Figura 3-52), onde haverá um sinal ALTO apenas se todas as entradas forem ALTAS. Verifique os pinos 1, 2 e 5 no CI da Figura 3-52 (*a*) com a ponteira lógica. Manipule o dispositivo de modo que todas as entradas sejam

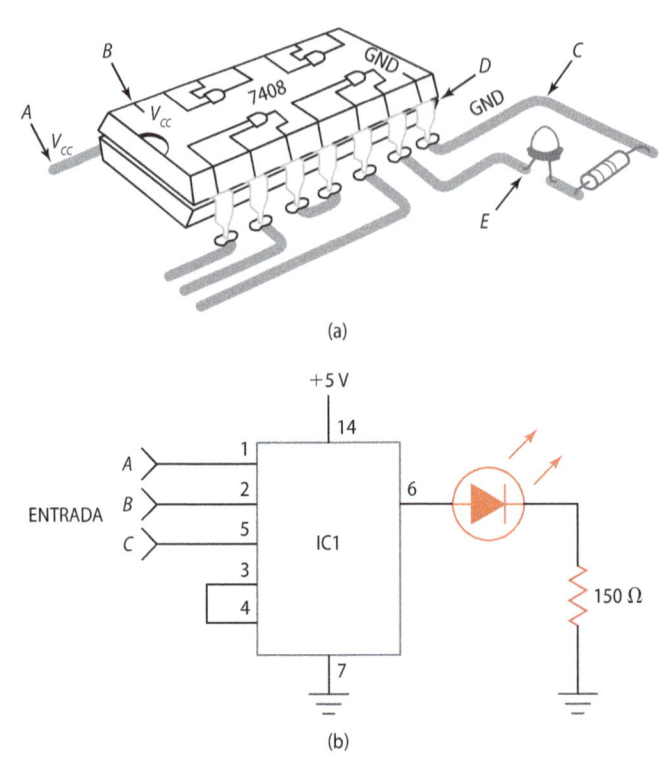

Figura 3-52 (a) CI digital montando em uma placa de circuito impresso (PCI). (b) Diagrama esquemático do circuito digital.

ALTAS. Nesta condição, a saída (pino 6 do CI) deve ser ALTA e o LED correspondente deve acender na ponteira lógica. Se esta condição estiver correta, tente as demais combinações dos estados das entradas e verifique se o componente funciona normalmente.

Observe a Figura 3-52(a). Considere que na ponteira lógica há indicação de nível ALTO no nó *A* nível BAIXO no nó *B* (pino 14 do CI). Isto provavelmente quer dizer que há uma trilha em circuito aberto na PCI ou uma junção de solda defeituosa entre os pontos *A* e *B*. Se são utilizados soquetes para CIs, a parte mais fina do terminal do CI pode estar torta. Isto tipicamente provoca um circuito aberto entre o CI, o soquete e a trilha da placa.

Observe a Figura 3-52(a). Considere que há indicação de nível BAIXO ao se testar os pinos 1, 2 e 3. No pino 4, nenhum dos LEDs da ponteira acende. Normalmente, isso indica a presença de uma tensão variando entre os níveis ALTO e BAIXO (possivelmente entre 1 e 2 V para CIs TTL). A entrada no pino 4 está flutuando (desconectada) e é enxergada como um nível ALTO pelo circuito TTL existente no interior do CI 7408. A saída da primeira porta AND (pino 3) deve levar a entrada da segunda porta AND (pino 4) a um nível BAIXO. Se isso não acontecer, o problema deve residir na trilha da PCI, conexões de solda ou mesmo no pino do CI. Circuitos abertos e curtos-circuitos internos também ocorrem em CIs digitais.

A procura de erros em circuitos CMOS é semelhante, com algumas exceções. Naturalmente, a chave da ponteira deve se encontrar na posição CMOS, e não TTL como no caso anterior. Entradas flutuantes em CIs CMOS podem danificá-los. Um nível BAIXO CMOS é normalmente definido como sendo de 0 a 20% da tensão de alimentação. Por outro lado, um nível ALTO CMOS é normalmente definido como sendo de 80 a 100% da tensão de alimentação.

» Resumo

Encontrar falhas e erros normalmente envolve seus conhecimentos e bom-senso. Após uma análise prévia, utilize uma ponteira lógica para verificar se cada CI possui tensão de alimentação. Então, determine a função específica da porta lógica e teste sua condição única. Finalmente, verifique outras conexões de entrada e saída. Curtos-circuitos podem ocorrer tanto internamente no CI quanto externamente nos demais elementos. Sempre que possível, deve-se substituir CIs danificados por outros com especificações exatamente idênticas.

Teste seus conhecimentos

» Símbolos lógicos utilizados pelo IEEE

Os símbolos lógicos que você memorizou até agora são os mais tradicionais e podem ser facilmente reconhecidos por profissionais que lidam com eletrônica digital, pois possuem formas distintas entre si. Recentemente, os manuais dos fabricantes passaram a incluir tanto os símbolos lógicos tradicionais quanto as novas representações utilizadas pelo IEEE*. Esses novos símbolos encontram-se de acordo com as normas ANSI/IEEE Std 91-1984 e IEC Publicação 617-12 e também são conhecidos como "notação de dependência". Para portas lógicas simples, os símbolos tradicionais são mais adequados, mas os SÍMBOLOS LÓGICOS DO IEEE possuem vantagens quando utilizados em CIs mais complexos. A maioria dos CIs desenvolvidos para aplicações militares empregam símbolos IEEE em seus diagramas esquemáticos.

A Figura 3-53 mostra os símbolos lógicos tradicionais e a correspondência em termos da representação do IEEE. Constata-se que todos os símbolos lógicos IEEE são retangulares, havendo um símbolo ou caractere identificador no seu interior.

Por exemplo, note na Figura 3-53 que o caractere "&" é encontrado no interior de uma porta lógica

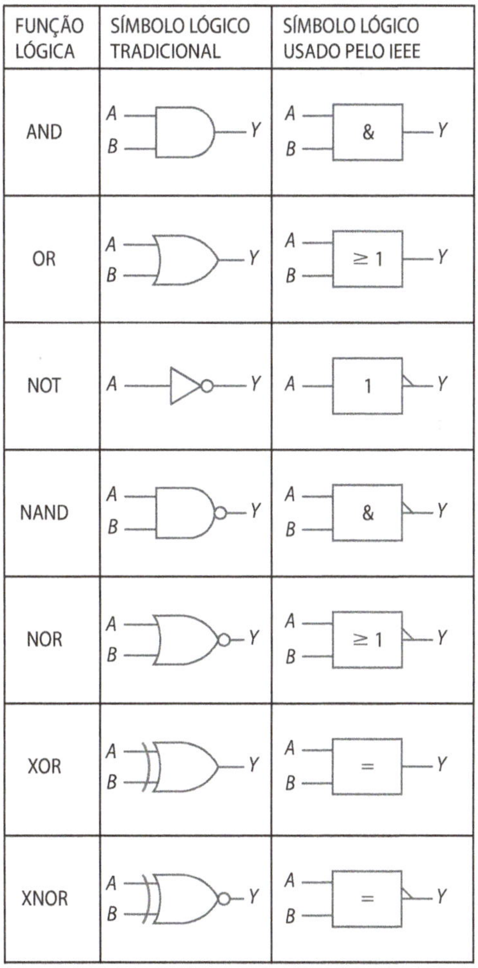

FUNÇÃO LÓGICA	SÍMBOLO LÓGICO TRADICIONAL	SÍMBOLO LÓGICO USADO PELO IEEE
AND	A, B → Y	A, B → & → Y
OR	A, B → Y	A, B → ≥1 → Y
NOT	A → Y	A → 1 → Y
NAND	A, B → Y	A, B → & → Y
NOR	A, B → Y	A, B → ≥1 → Y
XOR	A, B → Y	A, B → = → Y
XNOR	A, B → Y	A, B → = → Y

Norma ANSI/IEEE Std 91-1984 e Publicação IEC 617-12.

Figura 3-53 Comparação entre os símbolos lógicos tradicionais e a representação do IEEE.

---

* N. de T.: IEEE é a sigla que representa o Instituto de Engenheiros Eletricistas e Eletrônicos dos Estados Unidos, a maior organização profissional do mundo em número de membros. Um de seus papéis mais importantes é o estabelecimento de padrões para formatos de computadores e dispositivos.

AND. Os caracteres externos ao retângulo não são parte do símbolo padrão e sua utilização pode variar entre os fabricantes. O círculo inversor nas portas lógicas tradicionais (NOT, NAND, NOR e XOR) são substituídos por um triângulo colocado à direita dos símbolos IEEE correspondentes, sendo que também pode ser utilizado nas entradas das portas para identificar saídas ativas-BAIXAS. Não é necessário memorizar os símbolos IEEE, embora você deva estar ciente de sua utilização em alguns diagramas mais complexos.

Provavelmente, os símbolos tradicional e IEEE estarão presentes em folhas de dados mais recentes disponibilizadas pelos fabricantes. Por exemplo, os símbolos lógicos de uma porta AND quádrupla de duas entradas são apresentados na Figura 3-54. O símbolo tradicional do CI 7408 é mostrado na Figura 3-54(a), enquanto o símbolo IEEE é representado na Figura 3-54(b). Note nesta última figura que o caractere "&" existe apenas na parte superior do símbolo, mas se deve considerar que os três retângulos existentes abaixo representam portas AND de duas entradas.

Teste seus conhecimentos

❯❯ Aplicações simples de portas lógicas

Considere a utilização da porta AND na Figura 3-55(a). A entrada *A* controla a aplicação do sinal de *clock* da porta AND para a saída *Y*. A forma de onda do sinal é contínua. Se a entrada de controle da porta AND torna-se ALTA, diz-se que a porta lógica está habilitada ou ativada, ou seja, o sinal de *clock* é aplicado à saída sem modificações, como mostra a Figura 3-55(b). Se a entrada de controle da porta AND é BAIXA, a porta está desabilitada ou desativada, significando que a saída da porta AND permanece BAIXA e que o sinal de *clock* é bloqueado, de acordo com a Figura 3-55(c).

Diz-se que a entrada de controle na porta AND da Figura 3-53 é ativa-ALTA. Por definição, uma entrada ativa-ALTA é uma entrada digital que desempenha sua respectiva função quando um nível ALTO está presente. No caso da Figura 3-55, o papel da porta é permitir (não bloquear) a passagem do sinal de *clock*.

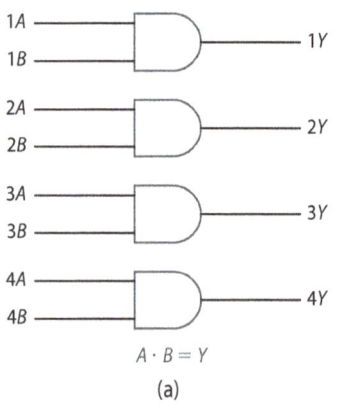

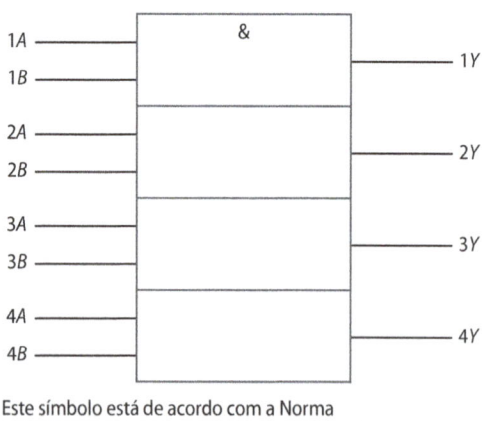

$A \cdot B = Y$

(a)

Este símbolo está de acordo com a Norma ANSI/IEEE Std 91-1984 e Publicação IEC 617-12.

(b)

Figura 3-54 Símbolo lógico do CI 7408 com quatro portas AND de duas entradas. (a) Símbolo lógico tradicional (mais comum). (b) Símbolo lógico funcional utilizado pelo IEEE (novo método).

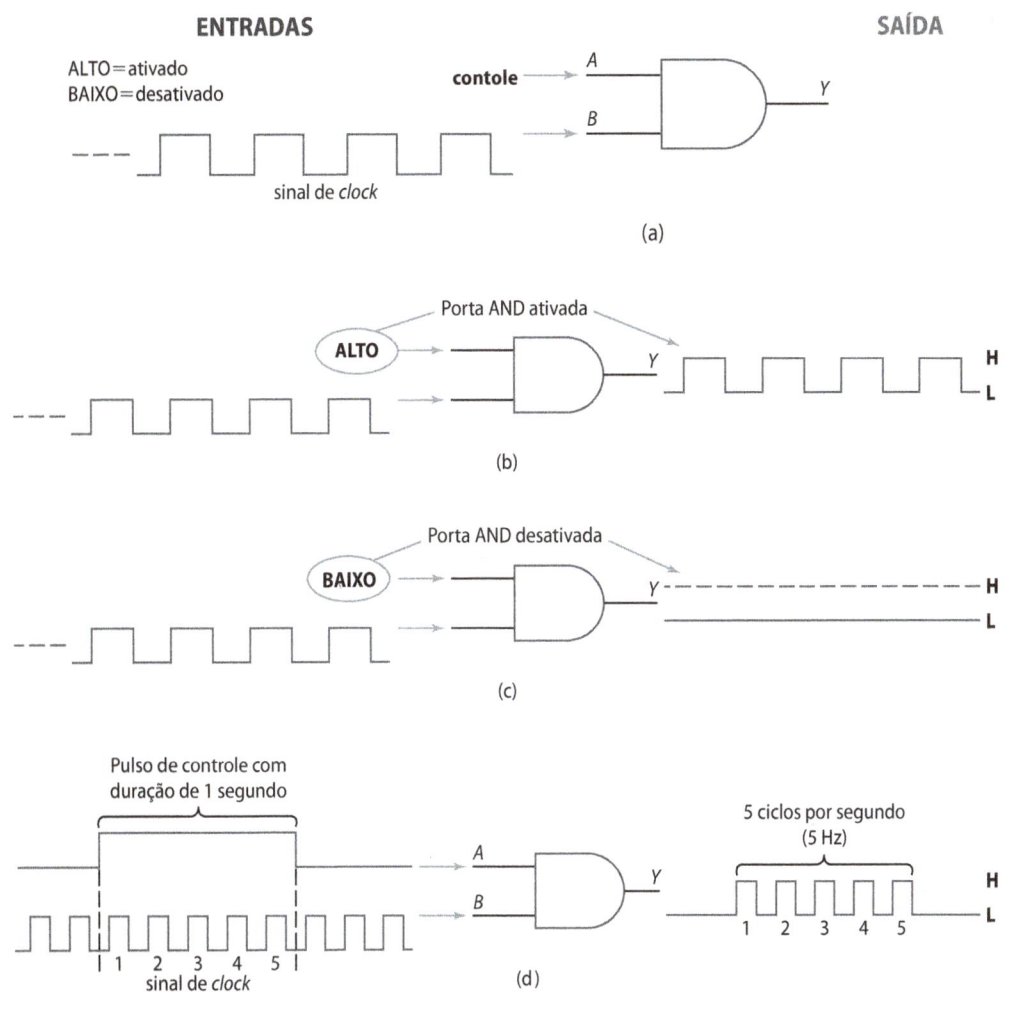

Figura 3-55 (a) Diagrama lógico de uma porta AND de duas entradas. (b) Circuito elétrico usando o CI CMOS 4081 para implementar uma porta AND de duas entradas.

A porta AND da Figura 3-55(d) opera como uma porta de controle especial, sendo este um circuito contador de frequência fundamental. O pulso de controle na entrada A da porta AND dura exatamente um segundo, permitindo que o sinal de *clock* passe através da porta apenas durante esse intervalo. Nesse exemplo, cinco pulsos passam através da porta AND, da entrada B para a saída Y durante 1 s. A contagem de pulsos na saída da porta na Figura 3-55(d) significa que o sinal de *clock* corresponde a cinco ciclos por segundo (5 Hz).

Considere o uso de uma chave do tipo botão de pressão para ativar a entrada *clear* (CLR) de um CI contador binário de oito dígitos mostrado na Figura 3-56. Quando a chave SW_1 está aberta, o resistor R_1 eleva a entrada do inversor para o estado ALTO. Assim, a saída do inversor possuirá nível BAIXO e a entrada CLR do contador não será ativada (desabilitada). Ao pressionar o botão da chave SW_1, aplica-se um nível BAIXO na entrada do inversor, cuja saída torna-se ALTA, habilitando a entrada CLR do contador. Assim, isso limpa ou apaga a memória do contador, que assume o valor 00000000. O círculo na entrada do inversor na Figura 3-56 (CI_1) indica que o estado ativo é BAIXO, enquanto a ausência desse círculo no contador binário CI_2 indica uma saída ativa-ALTA.

Considere o alarme automotivo simplificado mostrado na Figura 3-57(a). O alarme soará quando qualquer uma ou todas as chaves que representam as portas normalmente fechadas (NF) forem liberadas (fechadas), isto é, se uma porta do veículo for aberta.

Cada entrada da porta NOR possui um resistor conectado ao terminal terra de modo a levar seu estado a um nível BAIXO quando as chaves forem abertas. O círculo na saída da porta NOR indica que ela possui uma saída ativa-BAIXA. Assim, a porta NOR da Figura 3-57(a) possui entradas ativas-ALTAS. Quando todas as portas do automóvel estiverem fechadas e todas as chaves da Figura 3-57(a) estiverem abertas, as entradas da porta NOR possuirão níveis LLLL, de modo que a saída será ALTA e o alarme permanece desativado.

Se qualquer uma das portas for aberta, a chave correspondente na Figura 3-57(b) será fechada. As en-

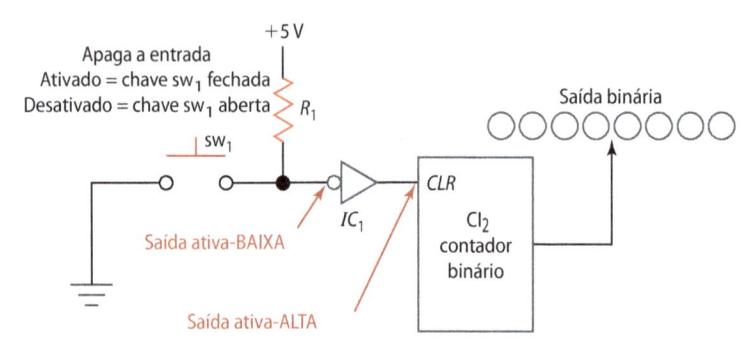

Figura 3-56 Entradas ativa-BAIXA e ativa-ALTA.

(a)

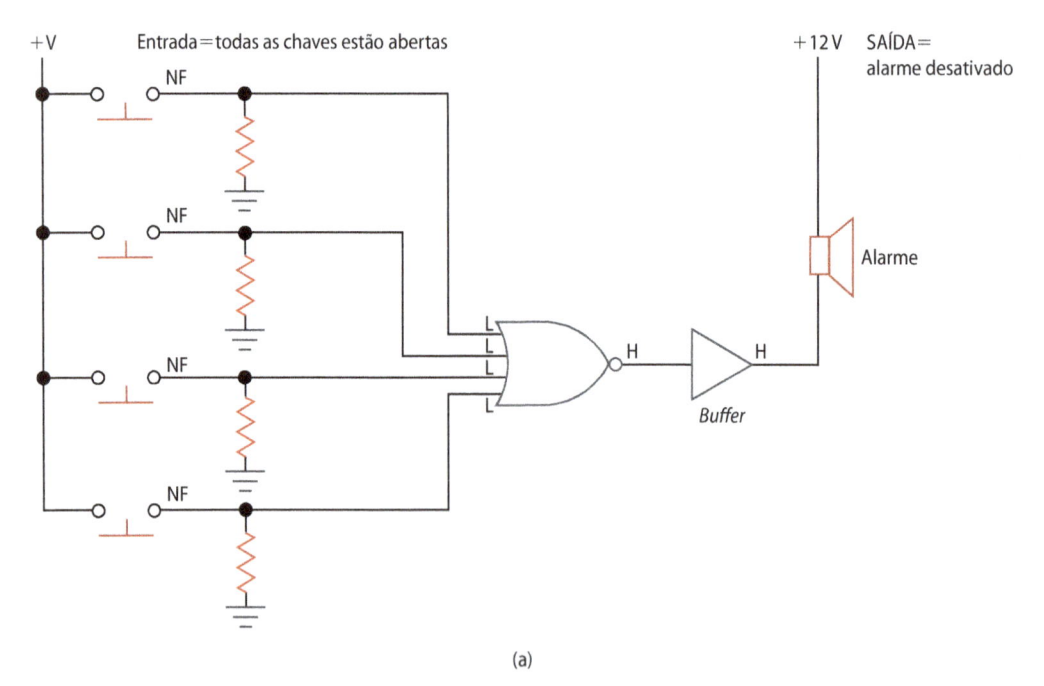

Figura 3-57 Circuito de alarme simples. (a) O alarme não dispara quando todas as entradas estão desativadas.

(b)

(c)

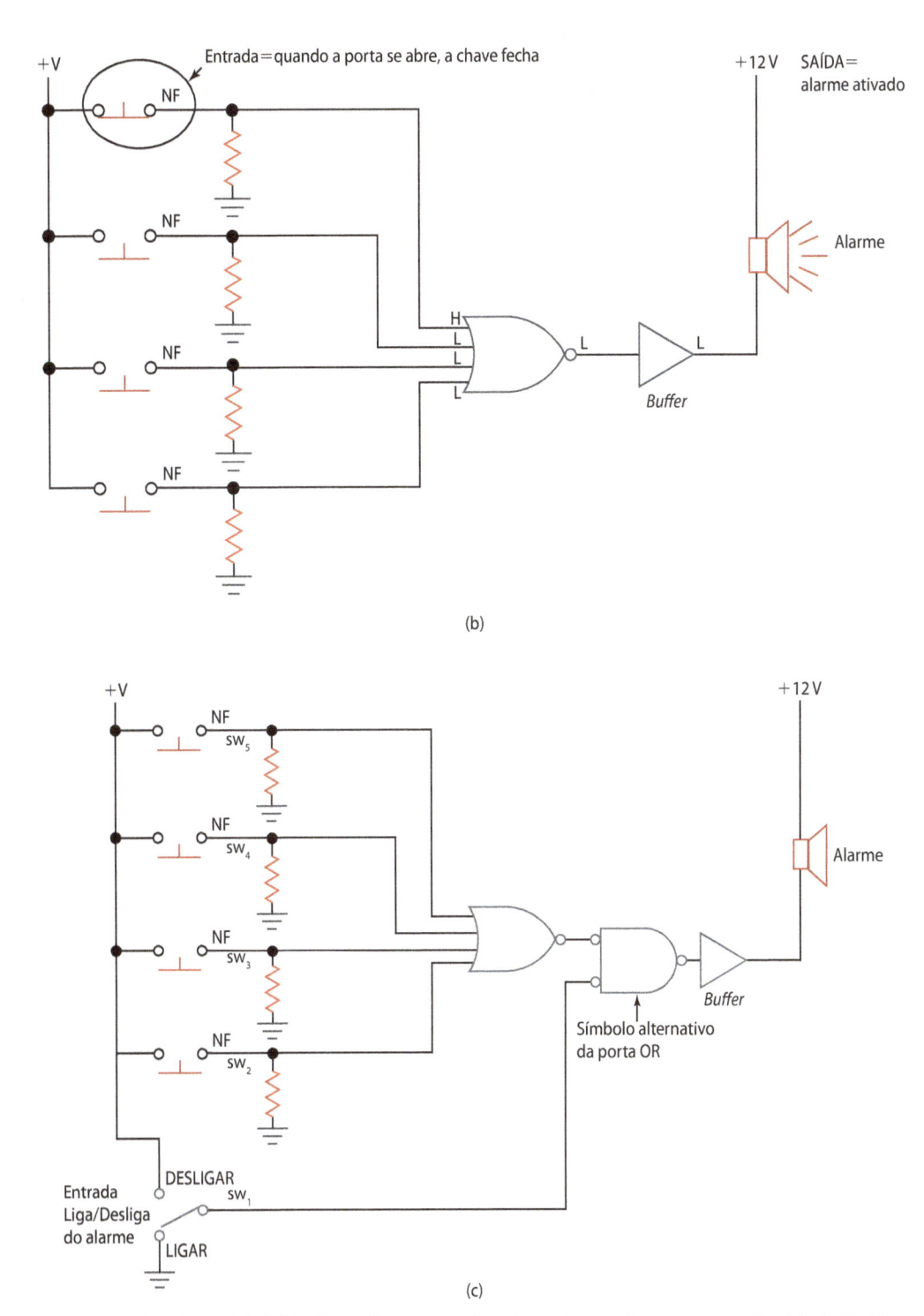

Figura 3-57 (*continuação*) (b) O alarme dispara quando a chave de entrada na parte superior é fechada. (c) Inclusão de um botão liga/desliga no alarme.

tradas da porta NOR tornam-se HLLL, ocasionando uma saída BAIXA. O *buffer* não inversor também possuirá saída BAIXA, ligando o alarme que soará. O circuito *buffer* fornece uma corrente maior para acionar o dispositivo de alarme.

Para desabilitar o sistema de alarme, uma chave SW$_1$ é acrescentada juntamente com uma porta OR no diagrama da Figura 3-57(c). A porta OR é redesenhada de modo a se parecer com uma porta AND com entradas e saída invertidas, fornecendo a mesma tabela verdade de uma porta OR (veja o quadro de conversão da Figura 3-40). O símbolo alternativo foi utilizado para mostrar que duas entradas BAIXAS são necessárias para gerar uma saída ALTA e ativar o alarme. Os dois círculos nas entradas do símbolo OR alternativo indicam que é necessário um nível BAIXO tanto na chave liga-desliga quanto na porta NOR para gerar uma saída ativa-BAIXA e acionar o alarme. O alarme é desativado desligando-se a chave SW$_1$, aplicando-se então um nível ALTO à porta OR. Assim, um nível ALTO em qualquer entrada de uma porta OR gerará uma saída ALTA e desativará o alarme.

Esse exemplo foi apresentado para mostrar que tanto os símbolos lógicos tradicionais quanto alternativos são utilizados na literatura técnica dos fabricantes.

Teste seus conhecimentos

❯❯ Funções lógicas utilizando software (módulo BASIC Stamp)

É comum utilizar funções lógicas (AND, OR, XOR, etc) em programação usando *software*. Nesta seção, funções lógicas serão programadas utilizando a linguagem de alto nível PBASIC (versão BASIC utilizada pela empresa Parallax, Inc.). O dispositivo de *hardware* programável utilizado nos exemplos é o módulo microcontrolador PBASIC Stamp fabricado por Parallax, Inc. O arranjo necessário para programar o microcontrolador é mostrado na Figura 3-58(a), incluindo o módulo BASIC Stamp 2, um microcomputador, cabo serial para transferência de dados e componentes eletrônicos diversos (chaves, resistores e um LED). O CI que representa o microcontrolador é mostrado na Figura 3-58(b), o qual possui um encapsulamento DIP de 24 pinos. O módulo BS2 é fabricado a partir diversos componentes, incluindo um microcontrolador PIC16C57 com interpretador PBASIC existente na memória, bem como outros dispositivos.

O procedimento para programar o módulo BASIC Stamp 2 operando como uma porta AND de duas entradas é representado na Figura 3-58. Os passos que devem ser seguidos são:

1. Observe a Figura 3-58. Conecte os dois botões de pressão com estado ativo-ALTO às portas P11 e P12. Conecte o LED vermelho indicador de saída na porta P1. Essas portas serão definidas como sendo as entradas e a saída do programa PBASIC.

2. Carregue o aplicativo editor de texto PBASIC (versão própria para o CI BS2) no computador. Digite o código PBASIC que descreve uma função lógica AND com duas entradas. O programa chamado '**Função AND com duas entradas** é mostrado no quadro da página 70.

3. Conecte um cabo serial interligando o computador à placa que contém o controlador BASIC STAMP 2 (a exemplo dos módulos didáticos da Parallax, Inc.).

4. Com o módulo BASIC STAMP 2 ativo, descarregue seu programa PBASIC a partir do computador usando o comando RUN.

5. Desconecte o cabo serial do computador e do módulo BS2.

6. Teste o programa que representa a porta AND com duas entradas apertando duas chaves de

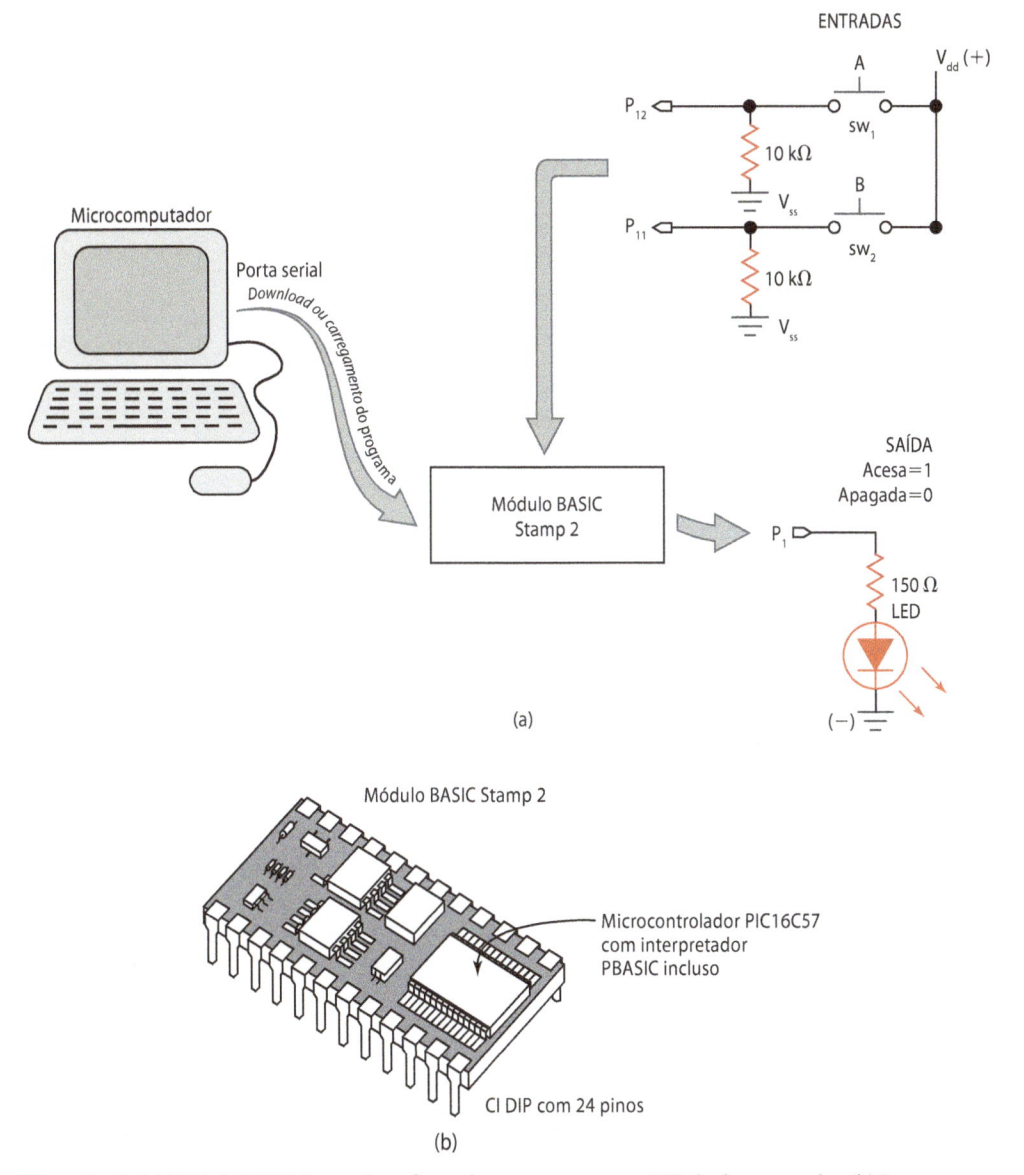

Figura 3-58 (a) Módulo BASIC Stamp 2 configurado como uma porta AND de duas entradas. (b) Representação física do módulo BS 2 fabricado por Parallax, Inc.

entrada. O indicador de saída (LED vermelho) irá acender apenas quando ambas as chaves estiverem ativas (pressionadas). O programa PBASIC armazenado na memória EEPROM do Módulo Basic Stamp 2 será executado sempre que o CI BS2 estiver ligado.

Programa PBASIC – função AND de duas entradas

Considere o programa PBASIC intitulado **'Função AND com duas entradas**. A linha 1 começa com

'Função AND com duas entradas	'Título do programa (Figura 3-58)	L1
A VAR Bit	'Declare A como uma variável de 1 *bit*	L2
B VAR Bit	'Declare B como uma variável de 1 *bit*	L3
Y VAR Bit	'Declare uma variável Y de 1 *bit*.	L4
INPUT 11	'Declare a porta P11 como entrada	L5
INPUT 12	'Declare a porta P11 como entrada	L6
OUTPUT 1	'Declare a porta 1 como saída	L7
Clkswitch:	'Nome da rotina que verifica a chave	L8
OUT1=0	'Inicialização: porta 1 em 0, LED vermelho desligado	L9
A=IN12	'Atribuição de valor: entrada da porta 12 à variável A	L10
B=IN11	'Atribuição de valor: entrada da porta 11 à variável B	L11
Y=A&B	'Atribuição de valor: A é multiplicada por B resultando em Y ← **Linha 12**	L12
If Y=1 THEN Red	se Y=1, executa a sub-rotina "Red", ou senão vai para a próxima linha.	L13
GOTO Clkswitch	'Vai para a rotina Clkswitch: inicia a rotina de verificação da chave novamente.	L14
Red:	'Nome da rotina que acende o LED vermelho usando um nível lógico ALTO.	L15
OUT1=1	'A saída P1 torna-se alta acendendo o LED vermelho.	L16
PAUSE=100	'Pausa por 100 ms (milissegundos)	L17
GOTO Clkswitch	'Vai para a rotina Clkswitch: inicia a rotina de verificação da chave novamente.	L18

um apóstrofo ('). Isso quer dizer que todo o texto após esse caractere representa um comentário, normalmente utilizado para explicar funções do programa. Deve-se ressaltar que os comentários não são executados pelo microcontrolador. A linhas 2-4 são linhas do código que representa a declaração de variáveis que serão posteriormente utilizadas pelo programa. Por exemplo, a linha 2 apresenta **A VAR Bit**, dizendo ao programa que A é o nome de uma variável que armazenará apenas um *bit* (0 ou 1). As linhas 5-7 declaram quais portas serão utilizadas como entradas e saída. Por exemplo, tem-se na linha 5 o código **INPUT 11**, de modo que o microcontrolador utilizará a porta 11 (P11) como uma entrada. Na linha 7, há o código **OUTPUT 1**, ou seja, a porta 1 será empregada como saída. Note que o código da linha 7 é seguido pelo comentário **'Declare a porta 1 como saída**. Embora não sejam necessários, tais comentários ajudam a compreender o propósito das linhas do programa.

Agora, considere que a principal rotina se inicia com a linha de código **Clkswitch:**. Em PBASIC, qualquer linha de código seguida por dois pontos (:) é chamada de rótulo ou *label*, que corresponde a um ponto de referência do programa que localiza o início de uma rotina principal ou sub-rotina.

No programa "'**Função AND com duas entradas**, o rótulo **Clkswitch:** é o ponto inicial da rotina principal utilizada para verificar a condição das chaves de entrada A e B e, consequentemente, das entradas da função AND. A rotina **Clkswitch:** repete-se continuamente porque tanto as linhas 14 (**GOTO Clkswitch**) quanto 18 (**GOTO Clkswitch**) sempre levarão o programa ao início da rotina principal **Clkswitch:**.

A linha 9 do programa PBASIC inicializa ou desliga o LED de saída. O código **OUT1=0** faz com que o nível da porta 1 (P1) do CI BS2 torne-se BAIXO. As linhas 10 e 11 atribuem os valores binários atuais nas portas 11 (P11) e 12 (P12) às variáveis B e A. Por exemplo, se ambas as chaves de entrada são pressionadas, então ambas as entradas A e B possuirão nível lógico 1.

A linha 12 do programa PBASIC é um código que realiza a soma lógica entre os valores das variáveis A e B. Por exemplo, se ambas as entradas são ALTAS, tem-se Y=1. A linha 13 é um código do tipo **IF-THEN**, utilizado na tomada de decisões. Se Y=1, então o código **IF Y=1 THEN Red** fará com que o programa vá para a o rótulo **Red:**, isto é, a rotina que aciona o LED vermelho. Se Y=0, então a primeira parte de **IF Y=1 THEN Red** é falsa, de modo que o programa executará a linha seguinte (linha 14 – **GOTO Clkswitch**). A linha 14 leva o programa novamente ao início da rotina principal de nome **Clkswitch:**.

A sub-rotina **Red:** no programa PBASIC **'Função AND com duas entradas** leva a porta 1 (P1) do CI BS2 ao nível lógico ALTO utilizando o código **OUT1=1**, ligando e acendendo o LED vermelho. A linha 17 (**PAUSE 100**) faz com que o LED permaneça aceso por 100 ms (milissegundos) adicionais. A linha 18 (**GOTO Clkswitch**) leva o programa ao início da rotina **Clkswitch:**.

O programa **'Função AND com duas entradas** é executado continuamente enquanto o módulo BS2 BASIC Stamp estiver ligado. O programa PBASIC permanece armazenado na memória EPROM para utilização futura, de modo que ocorre a reinicialização do programa quando o módulo é desligado e novamente ligado. Um novo programa PBASIC pode ser carregado na memória utilizando o microcomputador e o cabo serial.

Programando outras funções lógicas

Outras funções lógicas também podem ser programadas utilizando PBASIC e o módulo BS2 BASIC Stamp, como OR, NOT, NAND, NOR, XOR e XNOR. O próximo programa PBASIC é intitulado **'Função OR com duas entradas** e é utilizado no arranjo da Figura 3-58 operando como uma porta OR de duas entradas. O código do programa é praticamente o

'Função OR com duas entradas	'Título do programa (Figura 3-58)	L1
A VAR Bit	'Declare A como uma variável de 1 bit	L2
B VAR Bit	'Declare B como uma variável de 1 bit	L3
Y VAR Bit	'Declare uma variável Y de 1 bit.	L4
INPUT 11	'Declare a porta P11 como entrada	L5
INPUT 12	'Declare a porta P11 como entrada	L6
OUTPUT 1	'Declare a porta 1 como saída	L7
Clkswitch:	'Nome da rotina que verifica a chave	L8
OUT1=0	'Inicialização: porta 1 em 0, LED vermelho desligado	L9
A=IN12	'Atribuição de valor: entrada da porta 12 à variável A	L10
B=IN11	'Atribuição de valor: entrada da porta 11 à variável B	L11
Y=A|B	'Atribuição de valor: A é somada com B resultando em Y	L12
	'Atribuição de valor: A é multiplicada por B resultando em Y ← **Linha 12**	
If Y=1 THEN Red	se Y=1, executa a sub-rotina "Red", ou senão vai para a próxima linha.	L13
GOTO Clkswitch	'Vai para a rotina Clkswitch: inicia a rotina de verificação da chave novamente.	L14
Red:	'Nome da rotina que acende o LED vermelho usando um nível lógico ALTO.	L15
OUT1=1	'A saída P1 torna-se alta acendendo o LED vermelho.	L16
PAUSE=100	'Pausa por 100 ms (milissegundos)	L17
GOTO Clkswitch	'Vai para a rotina Clkswitch: inicia a rotina de verificação da chave novamente.	L18

mesmo apresentado anteriormente, exceto pelo título ('**Função OR com duas entradas**) e pela linha 12 (**Y=A|B**).

A linha 12 do programa mostra que as entradas A e B são somadas entre si, resultando na saída Y. O símbolo da operação OR utilizado em PBASIC é uma linha vertical (|), e não o sinal de soma (+) que normalmente é empregado em expressões booleanas.

O quadro da Figura 3-59 apresenta em detalhes o código PBASIC utilizado na geração de funções lógicas utilizando o módulo BS2 BASIC Stamp. Note que há símbolos exclusivos para representar as funções AND, OR, NOT e XOR. O símbolo "&" é utilizado para a função AND, e a barra vertical (|) denota a função OR. Utiliza-se o til (~) para a função NOT. Por sua vez, o acento circunflexo (^) corresponde à função XOR.

A partir da Figura 3-59, observa-se o uso dos símbolos "~" e "&" na função NAND. Por exemplo, uma função NAND de duas entradas seria representada por Y=~(A&B). Analogamente, tem-se "~" e "|" para a função NOR. Assim, uma função NOR de duas entradas seria representada por Y=~(A|B).

A partir da Figura 3-59, verifica-se também que o símbolo "^" define a função XOR. A representação de uma função XOR de duas entradas seria Y=A^B. Em PBASIC, ambos os símbolos "~" e "^" são utilizados para a função XNOR, de modo que uma função XNOR de duas entradas seria representada como Y=~(A^B).

FUNÇÃO LÓGICA	EXPRESSÃO BOOLEANA	CÓDIGO PBASIC (CI BS2)
AND	$A \cdot B = Y$	$Y = A \,\&\, B$
OR	$A + B = Y$	$Y = A \,|\, B$
NOT	$A = \overline{A}$	$Y = \sim (A)$
NAND	$\overline{A \cdot B} = Y$	$Y = \sim (A \,\&\, B)$
NOR	$\overline{A + B} = Y$	$Y = \sim (A \,|\, B)$
XOR	$A \oplus B = Y$	$Y = A \wedge B$
XNOR	$\overline{A \oplus B} = Y$	$Y = \sim (A \wedge B)$

Figura 3-59 Funções lógicas implementadas em código PBASIC utilizando o módulo BASIC Stamp 2 fabricado por Parallax, Inc.

Teste seus conhecimentos

RESUMO E REVISÃO DO CAPÍTULO

Resumo

1. Portas lógicas binárias são blocos básicos empregados na construção de todos os circuitos digitais.

2. A Figura 3-60 mostra um resumo das sete portas lógicas básicas, e as informações contidas no quadro devem ser memorizadas.

FUNÇÃO LÓGICA	SÍMBOLO LÓGICO	EXPRESSÃO BOOLEANA	TABELA VERDADE		
			ENTRADAS		SAÍDA
			B	A	Y
AND	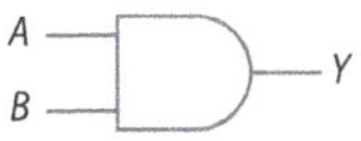 A, B → Y	$A \cdot B = Y$	0	0	0
			0	1	0
			1	0	0
			1	1	1
OR	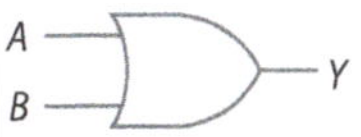 A, B → Y	$A + B = Y$	0	0	0
			0	1	1
			1	0	1
			1	1	1
Inversora	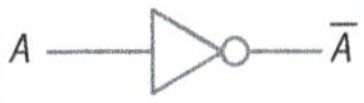 A → $\overline{A}$	$A = \overline{A}$		0	1
				1	0
NAND	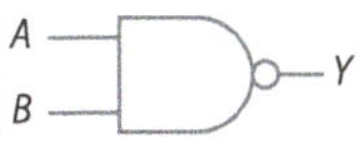 A, B → Y	$\overline{A \cdot B} = Y$	0	0	1
			0	1	1
			1	0	1
			1	1	0
NOR	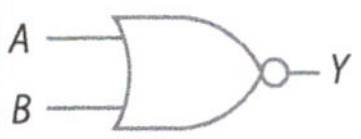 A, B → Y	$\overline{A + B} = Y$	0	0	1
			0	1	0
			1	0	0
			1	1	0
XOR	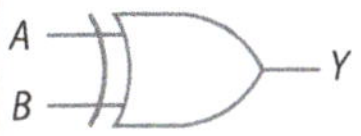 A, B → Y	$A \oplus B = Y$	0	0	0
			0	1	1
			1	0	1
			1	1	0
XNOR	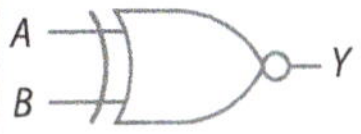 A, B → Y	$\overline{A \oplus B} = Y$	0	0	1
			0	1	0
			1	0	0
			1	1	1

Figura 3-60 Quadro resumo das portas lógicas básicas.

3. Portas NAND podem ser amplamente empregadas para se obter outros tipos de portas lógicas.

4. Normalmente, são necessárias portas lógicas com duas a dez entradas. Pode-se conectar devidamente as portas lógicas de modo a aumentar o número de entradas conforme a necessidade.

5. As portas AND, OR, NAND e NOR podem ser convertidas entre si utilizando portas inversoras adequadamente.

6. Portas lógicas são normalmente encapsuladas em CIs do tipo DIP. CIs DIP tradicionais possuem tamanho maior e são empregados em placas de circuito impresso e matrizes de contatos. CIs DIP modernos com tamanho menor são utilizados em montagem sobre superfície.

7. Tanto CIs digitais CMOS quanto TTL são utilizados em dispositivos com dimensões reduzidas. CIs CMOS de alta velocidade e com baixo consumo de energia (como a série FACT) são utilizados em diversos projetos atualmente.

8. O consumo de energia extremamente reduzido é uma vantagem dos CIs digitais CMOS.

9. Conhecimentos técnicos acerca do funcionamento de um circuito, aliados à capacidade de observação e interpretação de dados obtidos em testes, são extremamente importantes na localização de erros e falhas.

10. Símbolos lógicos normalmente utilizam pequenos círculos, indicando que os pinos possuem entradas ou saídas ativas-BAIXAS.

11. Quando se emprega CIs CMOS, todos os pinos não utilizados devem ser conectados a V_{DD} ou GND. Deve-se tomar cuidado ao manusear e armazenar dispositivos CMOS porque eles são sensíveis à eletricidade estática. Os níveis de tensões em pinos de um CI CMOS nunca devem exceder os níveis da tensão de alimentação.

12. A ponteira lógica, o conhecimento básico e a utilização dos sentidos da visão, olfato e tato são ferramentas básicas utilizadas na procura de falhas em portas lógicas.

13. A Figura 3-53 compara os símbolos lógicos tradicionais com a nova simbologia proposta pelo IEEE.

14. Funções lógicas podem ser implementadas utilizando-se circuitos com portas lógicas ou dispositivos programáveis diversos.

15. O quadro da Figura 3-59 mostra o código PBASIC (versão da linguagem BASIC empregado pelo fabricante Parallax, Inc. para o CI BS2) na programação de funções lógicas AND, OR, NOT, NAND, NOR, XOR e XNOR. Esse código é executado empregando-se um dispositivo denominado microcontrolador (módulo BASIC Stamp 2).

Questões de revisão do capítulo

Questões de pensamento crítico

3.1 Que tipo de porta lógica de três entradas você utilizaria em um projeto onde se deseja que a saída seja ALTA apenas quando as três entradas se tornarem ALTAS?

3.2 Que tipo de porta lógica de quatro entradas você utilizaria em um projeto onde se deseja que a saída seja ALTA apenas quando houver um número ímpar de entradas ALTAS?

3.3 Observe a Figura 3-41(a). Explique por que a porta OR com entradas invertidas corresponde a uma função NAND.

3.4 A inversão de ambas as entradas em uma porta NAND produz um circuito que gera uma função lógica. Qual é essa função?

3.5 A inversão de ambas as entradas e da saída em uma porta OR produz um circuito que gera uma função lógica. Qual é essa função?

3.6 Observe a Figura 3-50. Se a entrada *A* for ALTA e a entrada *B* for BAIXA, qual será a saída *J* (pino 3)? Como permanecerá o transistor Q_1? E o LED?

3.7 Observe a Figura 3-50. Por que os pinos 5, 6, 8, 9, 12 e 13 são aterrados neste circuito?

3.8 Observe a Figura 3-52. Se o CI TTL 7408 apresentar um curto-circuito interno, o encapsulamento do CI provavelmente estará quente ou frio ao tocá-lo?

3.9 Desenhe um diagrama lógico (utilizando símbolos AND e inversores) para a expressão booleana $\overline{A} \cdot \overline{B} = Y$.

3.10. A expressão booleana $\overline{A} \cdot \overline{B} = Y$ é uma representação de qual função lógica?

3.11. Desenhe a forma de onda que representa os níveis lógicos (*H* e *L*, isto é, ALTO e BAIXO) na saída da porta AND da Figura 3-64.

3.12. Desenhe a forma de onda que representa os níveis lógicos (*H* e *L*, isto é, ALTO e BAIXO) na saída da porta NOR da Figura 3-65.

3.13. Prove para seu instrutor que ambos os diagramas lógicos da Figura 3-41(a) geram uma tabela verdade típica de uma função NAND de duas entradas. (Dica: considere os círculos como sendo inversores.) A critério do instrutor, você pode empregar os seguintes métodos:
   a. Implementar e testar os circuitos lógicos em *hardware*;
   b. Implementar e testar os circuitos lógicos em um aplicativo computacional de simulação;
   c. Utilizar uma série de tabelas verdades.

3.14 Prove para seu instrutor que ambos os diagramas lógicos da Figura 3-41(b) geram

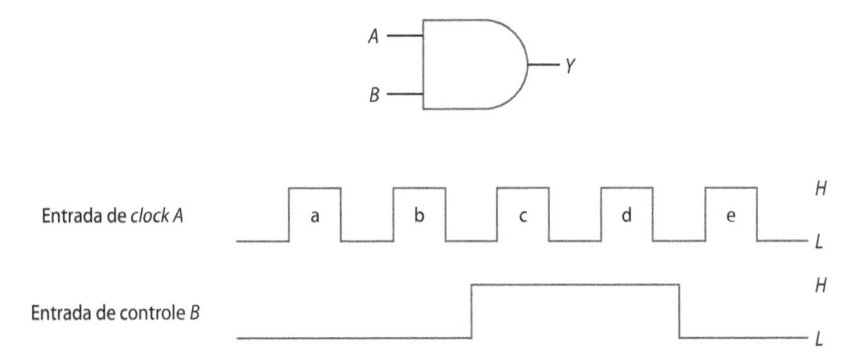

Figura 3-64 Sequência de pulsos mencionada no enunciado das Questões de pensamento crítico.

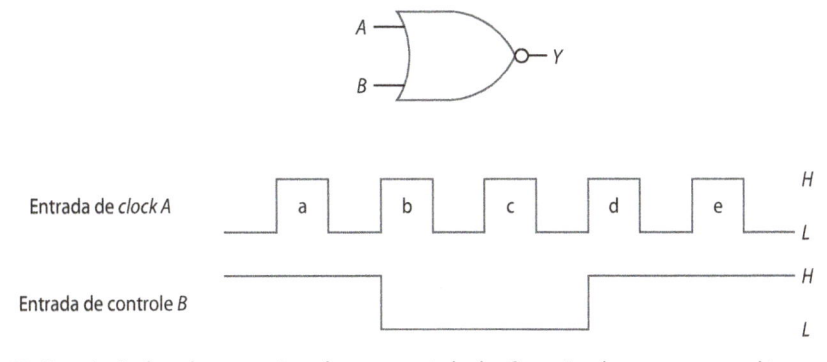

Figura 3-65 Sequência de pulsos mencionada no enunciado das Questões de pensamento crítico.

uma tabela verdade típica de uma função NOR de duas entradas. (Dica: considere os círculos como sendo inversores.) A critério do instrutor, você pode empregar os seguintes métodos:
a. Implementar e testar os circuitos lógicos em *hardware*;
b. Implementar e testar os circuitos lógicos em um aplicativo computacional de simulação;
c. Utilizar uma série de tabelas verdades.

3.15 Observe a Figura 3-66(a). As chaves normalmente abertas correspondem a quais entradas?

3.16 Observe a Figura 3-66(a). O LED em P1 acenderá quando a porta 1 se tornar ALTA ou BAIXA?

3.17 Observe a Figura 3-66. Quais são as três linhas do programa PBASIC que declaram as portas do CI BS2 como entradas?

3.18 Observe a Figura 3-66. Qual o propósito da linha 11 no código PBASIC?

3.19 Observe a Figura 3-66. Se todas as entradas do módulo BASIC Stamp 2 são ALTAS, como ficam a saída e o LED?

3.20 Responda questões selecionadas por seu instrutor relacionadas ao programa PBASIC e à programação e operação do módulo BS2 BASIC Stamp mostrado em detalhes na Figura 3-66.

Respostas dos testes

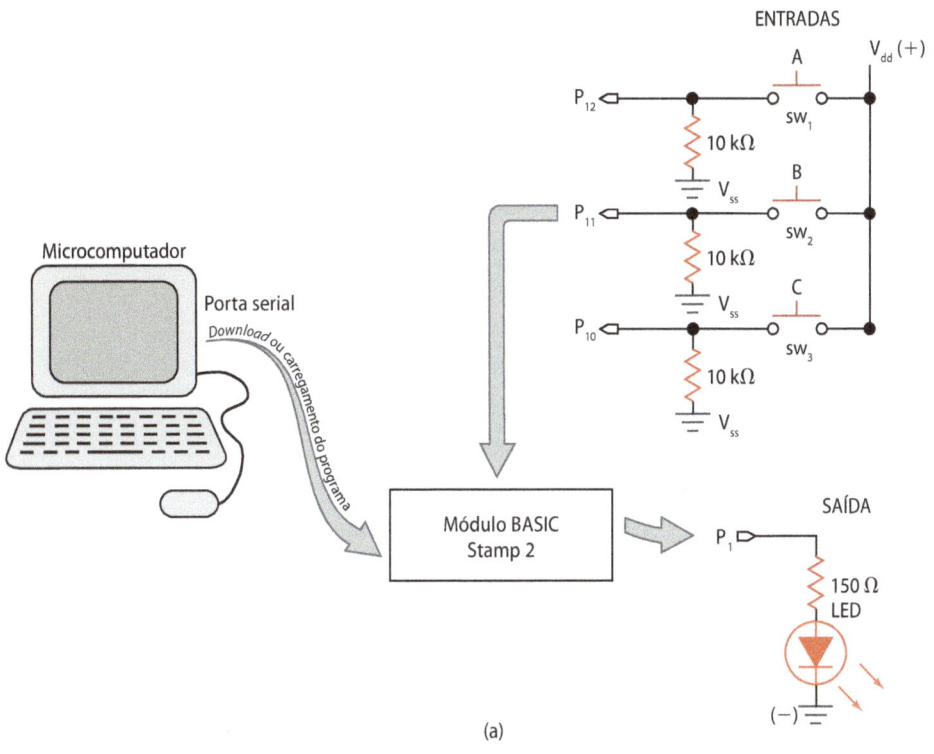

'Função XOR de três entradas	'<--- Linha 1
A VAR Bit	'<--- Linha 2
B VAR Bit	'<--- Linha 3
C VAR Bit	'<--- Linha 4
Y VAR Bit	' Declare uma variável Y de 1 bit.
INPUT 10	'<--- Linha 6
INPUT 11	'<--- Linha 7
INPUT 12	'<--- Linha 8
OUTPUT 1	'Declare a porta 1 como saída (LED vermelho)
Clkswitch:	'Nome da rotina que verifica a chave
OUT1=0	'<--- Linha 11
A=IN12	'<--- Linha 12
B=IN11	'<--- Linha 13
C=IN10	'<--- Linha 14
Y=A^B^C	'<--- Linha 15
If Y=1 THEN Red	'se Y=1, executa a sub-rotina "Red", ou senão vai para a próxima linha.
GOTO Clkswitch	
Red:	'Nome da rotina que acende o LED vermelho usando um nível lógico ALTO.
OUT1=1	'<--- Linha 19
PAUSE=100	'<--- Linha 20
GOTO Clkswitch	'Vai para a rotina Clkswitch: inicia a rotina de verificação da chave novamente.

(b)

Figura 3-66 (a) Módulo BASIC Stamp 2 utilizado com um algoritmo para implementar uma função XOR de três entradas. (b) Programa PBASIC carregado na memória do módulo BS2.

capítulo 4

Combinação de portas lógicas

Anteriormente, você memorizou o símbolo, a tabela verdade e a expressão booleana para cada tipo de porta lógica. Essas portas são os blocos fundamentais usados na construção de circuitos lógicos mais complexos. Neste capítulo, você utilizará seus conhecimentos sobre símbolos de portas lógicas, tabelas verdades e expressões booleanas para resolver problemas práticos reais em eletrônica.

Objetivos deste capítulo

» Desenhar diagramas lógicos a partir de expressões booleanas em termos mínimos e máximos.

» Projetar um diagrama lógico a partir da tabela verdade, desenvolvendo inicialmente a expressão simplificada para, posteriormente, desenhar o diagrama lógico AND-OR.

» Reduzir expressões booleanas em termos mínimos à forma mais simplificada possível utilizando mapas de Karnaugh de duas, três, quatro e cinco variáveis.

» Simplificar circuitos lógicos AND-OR utilizando portas NAND.

» Realizar conversões entre expressões booleanas, tabelas verdades e símbolos lógicos utilizando aplicativos de simulação computacional (como o dispositivo Conversor Lógico do *Electronic Workbench*® ou MultiSIM®.

» Resolver problemas lógicos usando seletores de dados.

» Compreender os fundamentos dos dispositivos lógicos programáveis (PLDs) selecionados.

» Converter expressões booleanas em termos mínimos para termos máximos e vice-versa usando os teoremas de De Morgan.

» Utilizar a versão empregada por aplicativos computacionais para representar expressões booleanas.

» Programar diversas funções lógicas usando o módulo microcontrolador BASIC Stamp.

Você conectará portas de modo a formar circuitos LÓGICOS COMBINACIONAIS. Por definição, a lógica combinacional é a interconexão de portas lógicas para gerar uma função lógica específica, onde as entradas resultam em um sinal de saída imediato, sem a existência de armazenamento de dados ou memória. Essa lógica também é denominada lógica *combinatória*. Circuitos digitais que possuem memória ou capacidade de armazenamento de dados são denominados CIRCUITOS LÓGICOS SEQUENCIAIS e serão estudados posteriormente.

Você combinará portas (AND e OR) com inversores de modo a resolver problemas lógicos que não requerem memória. As ferramentas utilizadas para tal propósito são: tabelas verdades, expressões lógicas e símbolos lógicos. Assim, conhecimentos de lógica combinatória tornam-se fundamentais para técnicos, projetistas e engenheiros.

Para adquirir mais experiência, você deve tentar montar circuitos lógicos combinatórios fisicamente no laboratório. Portas lógicas existem em CIs integrados com baixo custo e de fácil utilização. De modo a complementar essa prática, pode-se utilizar a simulação computacional para testar os circuitos lógicos.

Você tentará resolver problemas lógicos combinacionais usando programação, a exemplo de um dispositivo PAL ou GAL, caso seu laboratório possua dispositivos lógicos programáveis disponíveis. Finalmente, resolverá problemas reais programando um microcontrolador como, por exemplo, o módulo BASIC Stamp 2 associado a um microcomputador.

≫ *Construindo circuitos a partir de expressões booleanas*

Utilizamos expressões booleanas para construir expressões lógicas. Considere a expressão $A+B+C=Y$ (pronuncia-se A ou B ou C é igual a Y) e suponha que seja necessário construir o circuito lógico que desempenha esta função. Observando

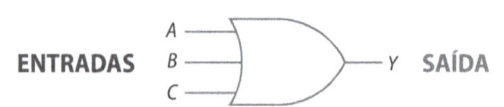

Figura 4-1 Diagrama lógico para a expressão $A+B+C=Y$.

a expressão, nota-se que cada entrada é somada para obter a saída Y. A Figura 4-1 apresenta a porta lógica que desempenha este papel.

Agora, suponha que se tenha a expressão $\overline{A} \cdot B + A \cdot \overline{B} + \overline{B} \cdot C = Y$ (pronuncia-se "não A e B, ou A e não B, ou não B e C são iguais à saída Y"). Como se constrói o circuito lógico que representa essa expressão? O primeiro passo é observar a expressão booleana e notar que se deve somar $\overline{A} \cdot B$, $A \cdot \overline{B}$ e $\overline{B} \cdot C$. A Figura 4-2(a) mostra que uma porta OR com três entradas fornecerá a saída Y. Uma nova representação é dada na Figura 4-2(b).

O segundo passo para construir um circuito lógico a partir da expressão booleana $\overline{A} \cdot B + A \cdot \overline{B} + \overline{B} \cdot C = Y$ é descrito na Figura 4-3. Note na Figura 4-3(a) que há uma porta AND para gerar o termo $\overline{B} \cdot C$, aplicando-o na entrada da porta OR. Além disso, um inversor é empregado para gerar o termo $\overline{B}$ a partir da entrada da porta AND 2. A Figura 4-3(b) mostra a inclusão da porta AND 3 para formar o termo $A \cdot \overline{B}$, que é levado à entrada da porta OR. Finalmente, a Figura 4-3(c) apresenta a porta adicional AND 4 e o inversor 6, de modo que se tem o

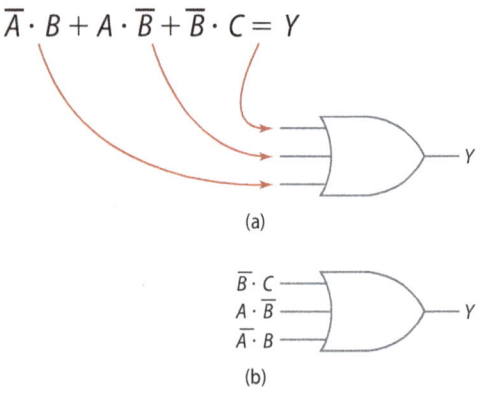

Figura 4-2 Primeiro passo da construção de um circuito lógico.

Figura 4-3 Segundo passo da construção de um circuito lógico.

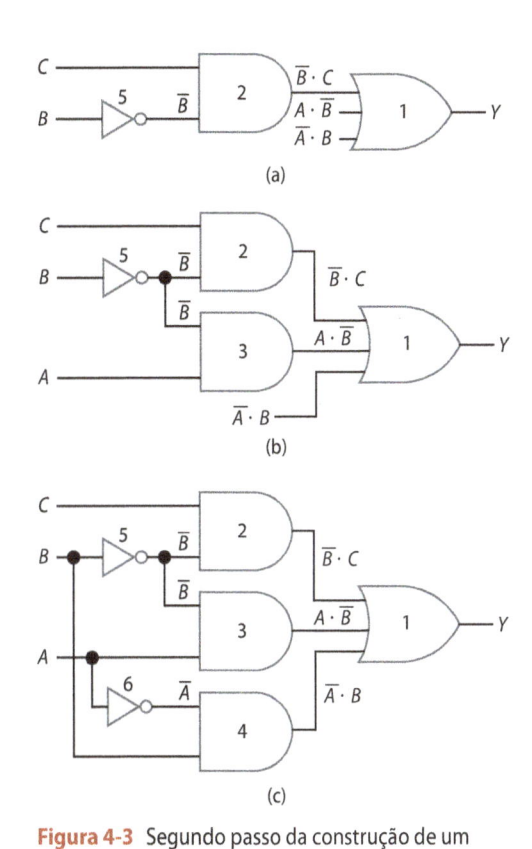

termo $\overline{A} \cdot B$. O circuito da Figura 4-3(c) representa exatamente a expressão booleana $\overline{A} \cdot B + A \cdot \overline{B} + \overline{B} \cdot C = Y$.

Note que o processo se iniciou da saída em direção à entrada. Agora, você sabe como circuitos lógicos combinacionais são construídos a partir de expressões booleanas.

Expressões booleanas existem em duas formas. A **FORMA DA SOMA DE PRODUTOS** é vista na Figura 4-2. Outro exemplo dessa representação é $A \cdot B + B \cdot C = Y$. A segunda forma para expressões booleanas é o **PRODUTO DAS SOMAS** como, por exemplo, $(D + E) \cdot (E + F) = Y$. A forma da soma de produtos também é denominada *forma de termos mínimos*, enquanto o produto das somas é também conhecido por *forma de termos máximos*.

Há vários aplicativos computacionais ou *softwares* dedicados à simulação de circuitos, como *Electronics Workbench*® ou *MultiSIM*®, capazes de desenhar um diagrama lógico a partir de uma expressão booleana, tanto na forma de soma de produtos quanto de produto das somas. A simulação computacional é uma ferramenta bastante utilizada por projetistas e engenheiros e, provavelmente, seu instrutor irá recomendar sua aplicação.

Teste seus conhecimentos

Acesse o site www.grupoa.com.br/tekne para fazer os testes sempre que passar por este ícone.

›› Desenhando um circuito a partir de uma expressão booleana em termos máximos

Suponha que seja dada a expressão $(A + B + C) \cdot (\overline{A} + \overline{B}) = Y$. O primeiro passo para **CONSTRUIR UM CIRCUITO LÓGICO** a partir dessa expressão é mostrado na Figura 4-4(a). Note que os termos $(A + B + C)$ e $(\overline{A} + \overline{B})$ são multiplicados para formar a saída Y. A Figura 4-4(b) mostra o circuito lógico redesenhado. O segundo passo para desenhar o circuito é representado na Figura 4-5. O termo $(\overline{A} + \overline{B})$ é produ-

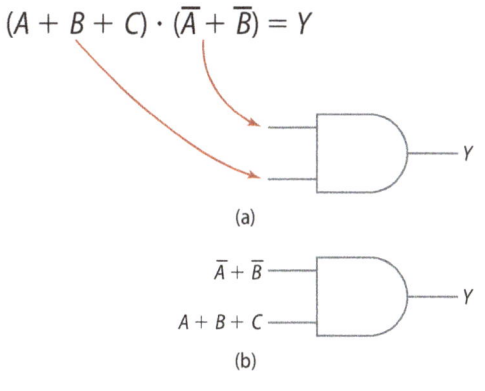

Figura 4-4 Primeiro passo da construção de um circuito lógico representando a soma de produtos.

zido incluindo-se a porta OR 2 e os inversores 3 e 4, como mostra a Figura 4-5(a). Então, o termo (A + B + C) é aplicado na entrada da porta AND por meio da porta OR 5, como mostra a Figura 4-5(b). O circuito lógico da Figura 4-5(b) é a representação completa da expressão $(A + B + C) \cdot (\overline{A} + \overline{B}) = Y$ na forma de produto das somas.

Em suma, ao se converter uma expressão booleana em um circuito lógico, deve-se proceder da direita para a esquerda, isto é, da saída para a entrada. Note que são utilizadas apenas portas AND, OR e NOT na construção do circuito. Ambas as expressões em termos mínimos e máximos podem ser convertidas em circuitos lógicos. Expressões em termos mínimos resultam em circuitos AND-OR semelhantes ao da Figura 4-3(c), enquanto expressões em termos máximos produzem circuitos OR-AND semelhantes aos da Figura 4-5(b).

Agora você é capaz de identificar expressões em termos máximos e mínimos, bem como convertê--las em circuitos lógicos equivalentes usando portas AND, OR e NOT.

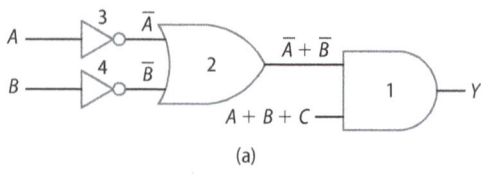

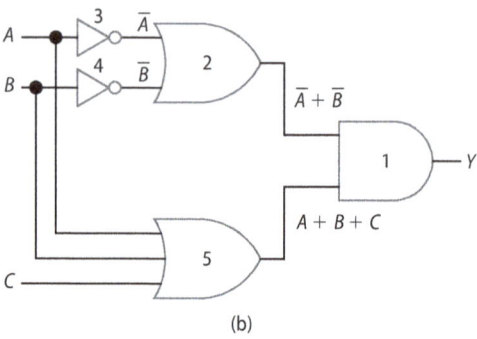

Figura 4-5 Segundo passo da construção de um circuito lógico representando a soma de produtos.

Teste seus conhecimentos

» Tabelas verdades e expressões booleanas

Expressões booleanas consistem em um método conveniente para descrever a operação de circuitos lógicos. A tabela verdade também é outro método preciso utilizado com a mesma finalidade. Ao trabalhar com eletrônica digital, a conversão de informações contidas em uma tabela verdade em uma expressão booleana correspondente pode ser necessária.

» Conversão de tabela verdade para expressão booleana

Observe a tabela verdade da Figura 4-6(a). Note que apenas duas entre oito combinações possíveis para as entradas A, B e C geram níveis lógicos 1 na

Tabela verdade

ENTRADAS			SAÍDA
C	B	A	Y
0	0	0	0
0	0	1	0
0	1	0	0
0	1	1	1	← $\overline{C} \cdot B \cdot A = 1$
1	0	0	1	← $C \cdot \overline{B} \cdot \overline{A} = 1$
1	0	1	0
1	1	0	0
1	1	1	0

(a)

(b) Expressão booleana

$$\overline{C} \cdot B \cdot A + C \cdot \overline{B} \cdot \overline{A} = Y$$

Figura 4-6 Construção de uma expressão na forma de soma de produtos a partir de uma tabela verdade.

saída. As duas combinações em questão são $\overline{C} \cdot B \cdot A$ (pronuncia-se "não C e B e A") e $C \cdot \overline{B} \cdot \overline{A}$ (pronuncia-se "C e não B e não A"). A Figura 4-6(b) mostra como as combinações são somadas para formar a expressão booleana a partir da tabela verdade. Tanto a tabela verdade da Figura 4-6(a) quanto a expressão da Figura 4-6(b) descrevem propriamente a operação do circuito lógico.

A tabela verdade é a origem da maioria dos circuitos lógicos. Nesta seção, você deve ser capaz de converter a informação contida em uma tabela verdade na expressão booleana equivalente. Lembre-se de procurar combinações de variáveis que produzem uma saída lógica 1 na tabela verdade.

» Conversão de expressão booleana para tabela verdade

Ocasionalmente, você deve reverter o procedimento que foi aprendido. Isto é, a partir da expressão booleana, deve-se construir a tabela verdade correspondente. Considere a expressão da Figura 4-7(a). Aparentemente, há duas combinações entre as entradas A, B e C gerando um nível 1 na saída. Na Figura 4-7(b), tem-se as combinações corretas entre as entradas A, B e C existentes na expressão booleana que efetivamente produzem nível 1 na saída. Todas as outras saídas na tabela verdade são 0. A expressão booleana da Figura 4-7(a) e a tabela verdade da Figura 4-7(b) descrevem adequadamente o funcionamento do mesmo circuito lógico.

Considere a expressão dada na Figura 4-8(a). Aparentemente, há duas saídas com nível 1. Entretanto, observando atentamente a Figura 4-8(b), nota-se que a expressão booleana $\overline{C} \cdot \overline{A} + C \cdot B \cdot A = Y$ na verdade gera três saídas lógicas com nível 1. A "ilusão" da Figura 4-8 mostra que se deve tomar bastante cuidado. Deve-se verificar todas as combinações que geram saídas com nível 1 na tabela verdade. A expressão booleana da Figura 4-8(a) e a tabela verdade da Figura 4-8(b) descrevem exatamente o mesmo circuito ou função lógica.

Agora você é capaz de converter tabelas verdades em expressões booleanas e vice-versa. Deve-se ressaltar que as expressões booleanas vistas nesta seção encontram-se na forma de termos mínimos, pois o procedimento adotado para a forma de termos máximos é completamente diferente.

(a) Expressão booleana

$$\overline{C} \cdot B \cdot \overline{A} + C \cdot \overline{B} \cdot A = Y$$

Tabela verdade

ENTRADAS			SAÍDA
C	B	A	Y
0	0	0	0
0	0	1	0
0	1	0	1
0	1	1	0
1	0	0	0
1	0	1	1
1	1	0	0
1	1	1	0

(b)

Figura 4-7 Construção de uma tabela verdade a partir de uma soma de produtos.

(a) Expressão booleana

$$\overline{C} \cdot \overline{A} + C \cdot B \cdot A = Y$$

Tabela verdade

ENTRADAS			SAÍDA
C	B	A	Y
0	0	0	1
0	0	1	0
0	1	0	1
0	1	1	0
1	0	0	0
1	0	1	0
1	1	0	0
1	1	1	1

(b)

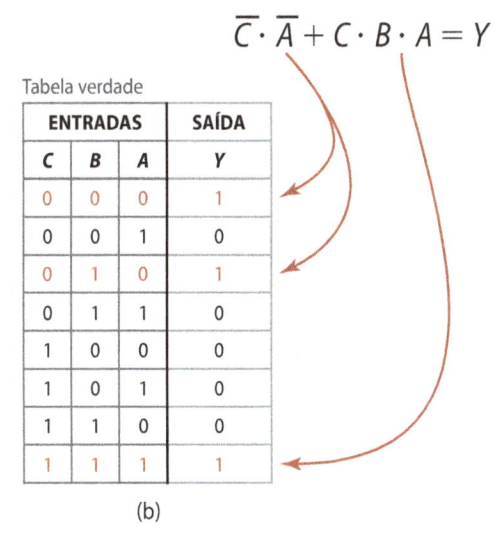

Figura 4-8 Construção de uma tabela verdade a partir de uma soma de produtos.

Sobre a eletrônica

Termômetros eletrônicos

Atualmente, medir uma temperatura não é um desafio como foi nas gerações passadas. O termômetro auricular Braun ThermaScan fornece leituras de temperatura em apenas um segundo, pois o dispositivo é capaz de captar o calor infravermelho emitido pelo ouvido interno e tecido adjacente. Dispositivos eletrônicos avançados "traduzem" esse sinal, que aparece em um *display* digital na forma de temperatura.

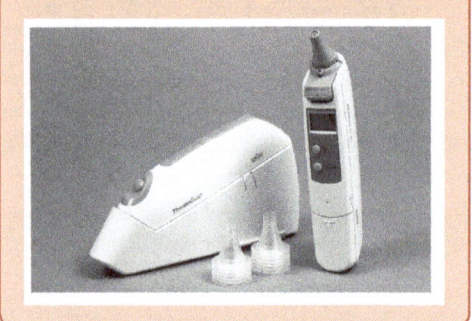

3º Passo: Visualize a tabela verdade resultante na tela do computador (observe a Figura 4-9(b)).

A expressão booleana $A'B'C+ABC'$ digitada no 1º passo (Figura 4-9(b)) é a forma utilizada para representar $C \cdot \overline{B} \cdot \overline{A} + \overline{C} \cdot B \cdot A = Y$, segundo mostra a Figura 4-6(b). É importante saber que $A'B'C + ABC'$ é igual a $C \cdot \overline{B} \cdot \overline{A} + \overline{C} \cdot B \cdot A = Y$. O apóstrofo utilizado no programa EWB indica que a expressão booleana emprega uma barra sobre a variável lógica. Portanto, A' (pronuncia-se "não A") é o mesmo que $\overline{A}$ (pronuncia-se "não A"). Note que a ordem da representação das variáveis foi invertida, o que por sua vez não modifica a função lógica. Portanto, ABC corresponde exatamente a CBA. Note também que o ponto representativo da função AND foi omitido, de modo que $A \cdot B \cdot C$ torna-se ABC.

Compare as colunas de saídas nas figuras 4-6(a) e 4-9(b). Ambas as tabelas verdades representam a mesma função lógica, embora essas colunas pareçam diferentes. Isso ocorre porque a ordem das variáveis de entrada na Figura 4-6(a) é CBA, enquanto na Figura 4-9(b) a ordem é ABC. A linha 5 da tabela verdade da Figura 4-6(a) (100) é semelhante à linha 2 da tabela verdade da Figura 4-9(b) (001). Isso demonstra que a inversão da ordem das variáveis leva a uma modificação no formato tanto da tabela verdade quanto da expressão booleana, apesar de ambas descreverem estritamente o funcionamento do mesmo circuito lógico. Profissionais que trabalham com eletrônica digital deverão conhecer as representações diversas existentes para tabelas verdades e expressões booleanas.

Simuladores de circuitos eletrônicos como o EWB são capazes de lidar com expressões em termos mínimos e máximos facilmente. Observe na Figura 4-9(a) que cinco conversões lógicas adicionais são possíveis ao se utilizar essa versão do EWB. Certamente, seu instrutor explorará os diversos recursos existentes no aplicativo de simulação utilizado nas aulas de eletrônica digital.

» Conversões utilizando a simulação de circuitos

Programas ou aplicativos dedicados à simulação de circuitos existentes em computadores modernos permitem converter tabelas verdades em expressões booleanas e vice-versa. Nesta seção, o uso de um simulador de circuitos eletrônicos popular será demonstrado.

Um aplicativo de fácil utilização é o *Electronics Workbench*® (EWB) ou MultiSIM®. O aplicativo EWB contém um instrumento denominado *conversor lógico*, mostrado na Figura 4-9(a). Para utilizá-lo na conversão de uma expressão booleana em uma tabela verdade, deve-se executar os seguintes passos:

1º Passo: Digite a expressão booleana no campo da parte inferior (observe a Figura 4-9(b)).

2º Passo: Clique na opção de conversão de expressão booleana para tabela verdade (observe a Figura 4-9(b)).

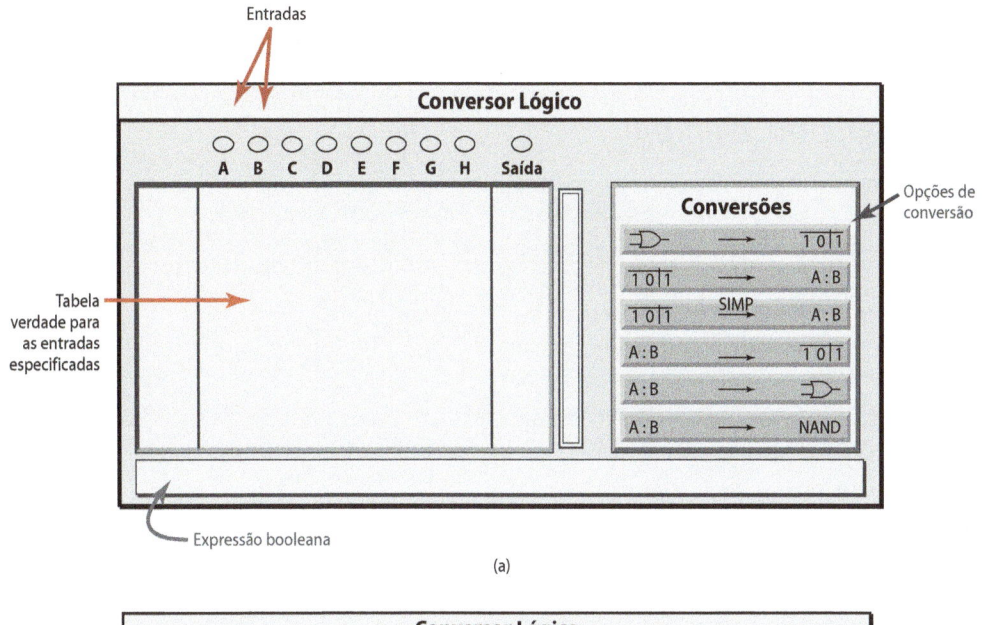

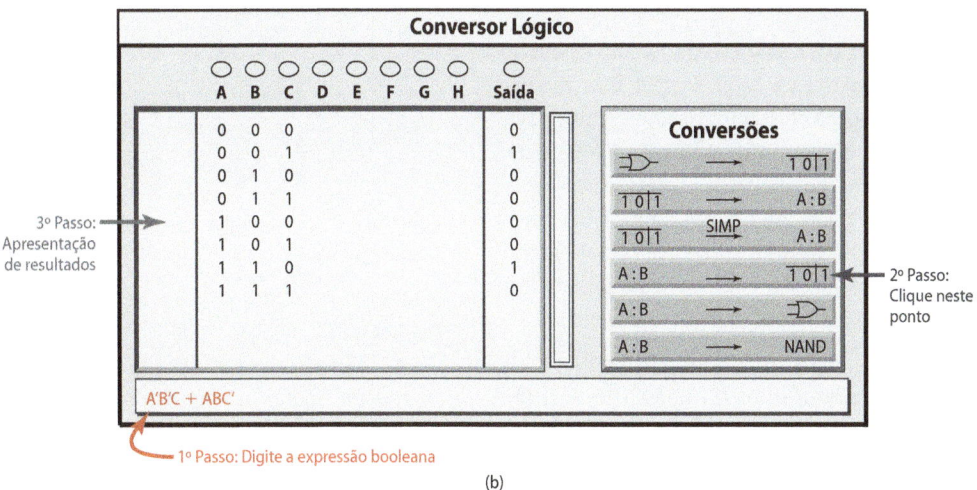

Figura 4-9 Instrumento de conversor lógico* existente em um simulador de circuitos eletrônicos. (a) *Layout* do instrumento de conversor lógico. (b) Os três passos para a conversão de uma expressão booleana em uma tabela verdade. Símbolo lógico e expressão booleana da porta OR.

---

* N. de T.: Quando você estiver utilizando o EWB, os seguintes termos em inglês serão apresentados na tela, de modo que o significado de cada um deles é: OUT: Saída, Logic Converter: Conversor Lógico e Conversions: Conversões. A Figura 4-9 apresenta esses rótulos em português para facilitar a compreensão do procedimento descrito.

🌐 Teste seus conhecimentos

» Problema exemplo

Os procedimentos demonstrados nas seções Construindo circuitos a partir de expressões booleanas e Tabelas verdades e expressões booleanas, nas pp. 74 e 76, são úteis para se trabalhar com circuitos em eletrônica digital. Para auxiliá-lo a desenvolver e ampliar seus conhecimentos, vamos abordar um problema prático real e trabalhar com a conversão de tabela verdade para expressão booleana e circuito lógico, de acordo com a Figura 4-10.

Considere o exemplo de uma TRAVA ELETRÔNICA, a qual só será ativada mediante uma combinação adequada de chaves, como mostra a tabela verdade da Figura 4-10(a). Note que duas combinações das chaves de entrada A, B e C geram saídas com nível 1. Assim, um nível ALTO ou 1 abrirá a trava. A Figura 4-10(b) mostra como se deve formar a expressão booleana em termos mínimos para a trava eletrônica. O circuito lógico da Figura 4-10(c) é então implementado a partir da expressão booleana. Analise o problema exemplo da Figura 4-10 e esteja certo de que consegue converter a tabela verdade em uma expressão booleana para desenhar o circuito lógico correspondente.

Muitos aplicativos de simulação computacional podem realizar essas conversões facilmente. Por exemplo, o conversor lógico do *Electronics Workbench*® ou MultiSIM® pode ser utilizado para resolver o problema da trava eletrônica apresentada anteriormente. Os passos para resolvê-lo são apresentados na Figura 4-11 e descritos a seguir:

1º Passo: Preencher a tabela verdade correspondente à trava eletrônica (observe a Figura 4-11 (a)).

2º Passo: Clique na opção de conversão de tabela verdade para expressão booleana (observe a Figura 4-11 (a)). A expressão resultante será A'B'C+ABC.

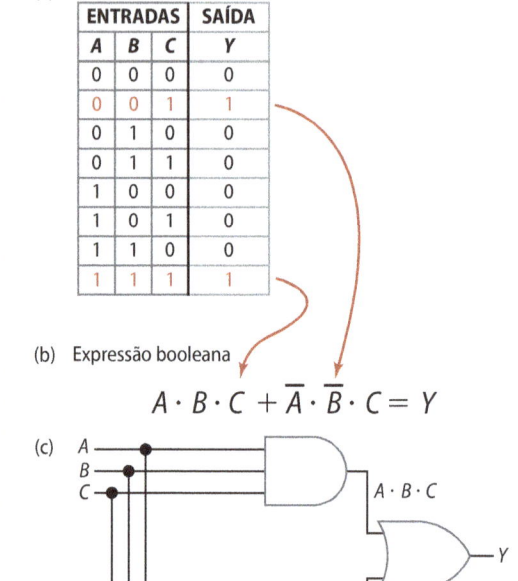

(a) Tabela verdade

ENTRADAS			SAÍDA
A	B	C	Y
0	0	0	0
0	0	1	1
0	1	0	0
0	1	1	0
1	0	0	0
1	0	1	0
1	1	0	0
1	1	1	1

(b) Expressão booleana

$$A \cdot B \cdot C + \overline{A} \cdot \overline{B} \cdot C = Y$$

(c) [Circuito lógico]

Figura 4-10 Trava eletrônica. (a) Tabela verdade. (b) Expressão booleana. (c) Circuito lógico.

3º Passo: Clique na opção de conversão de expressão booleana para circuito lógico (observe a Figura 4-11 (b)). O circuito AND-OR equivalente será mostrado na tela.

Agora você deve ser capaz de resolver problemas lógicos semelhantes ao descrito nesta seção. Pode-se resolvê-los manualmente (Figura 4-10) ou com o auxílio de programas de simulação (Figura 4-11). O teste a seguir permitirá que você pratique seus conhecimentos adquiridos sobre a resolução de problemas envolvendo tabelas verdades, expressões booleanas e circuitos lógicos combinacionais.

🌐 Teste seus conhecimentos

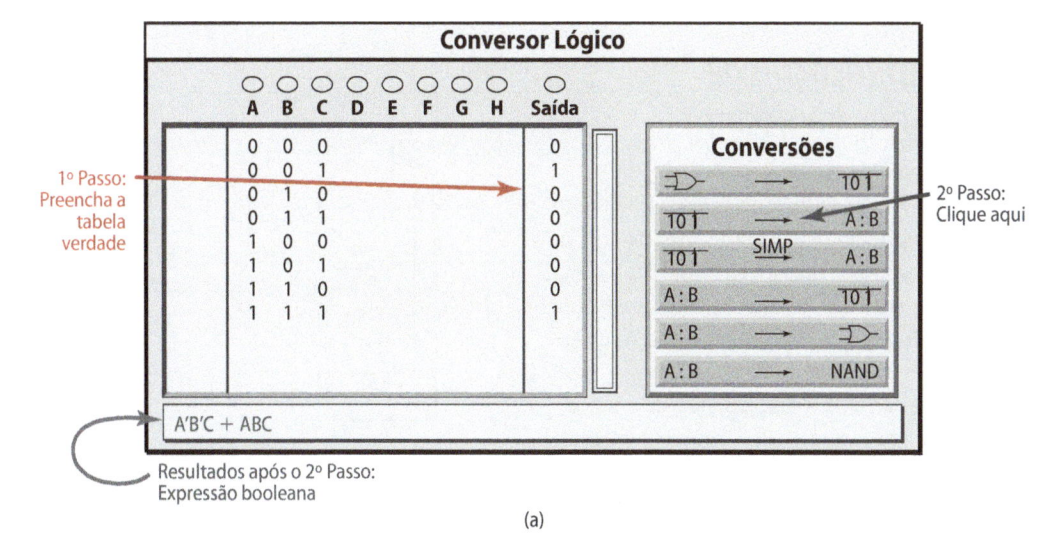

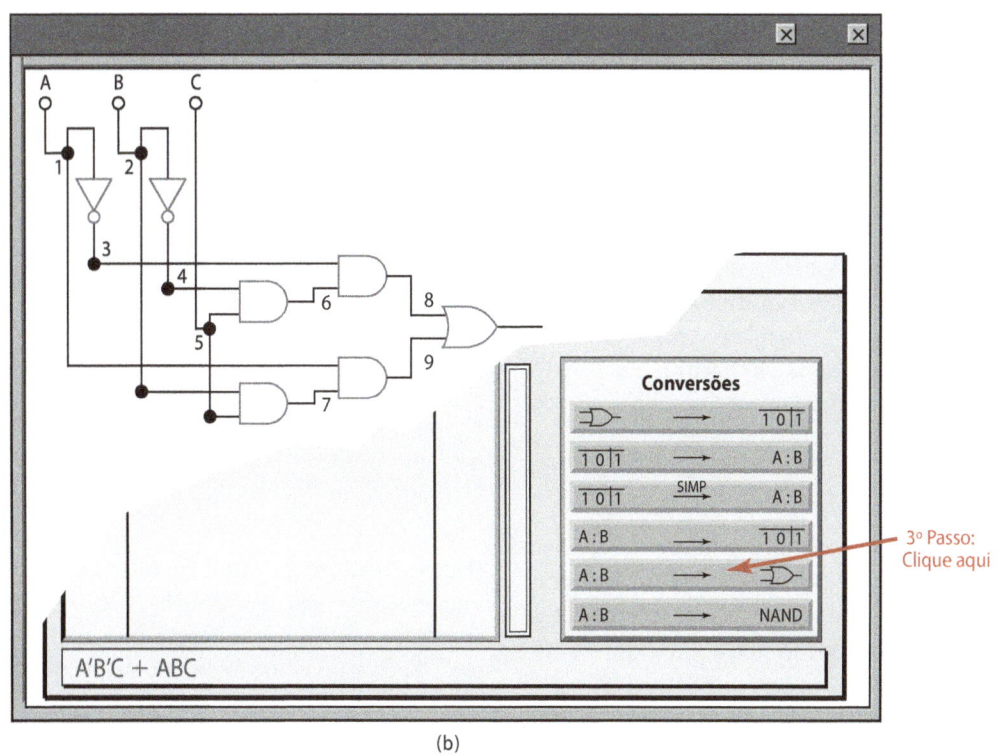

Figura 4-11 Conversor lógico do *software* EWB utilizado para resolver o problema lógico. (a) Conversão de tabela verdade para expressão booleana. (b) Conversão de expressão booleana para circuito lógico.

≫ Simplificação de expressões booleanas

Considere a expressão booleana $\bar{A} \cdot B + A \cdot \bar{B} + A \cdot B = Y$ na Figura 4-12(a). Ao construir o circuito lógico que representa essa expressão, são necessárias três portas AND, dois inversores e uma porta OR com três entradas. A Figura 4-12(b) apresenta um circuito lógico que desempenha o papel da expressão $\bar{A} \cdot B + A \cdot \bar{B} + A \cdot B = Y$. A Figura 4-12(c) mostra a tabela verdade correspondente à expressão booleana da Figura 4-12(a) e ao circuito lógico da Figura 4-12(b). Imediatamente, é possível reconhecer que essa tabela verdade representa uma porta OR com duas entradas, sendo que a expressão booleana simples $A + B = Y$ corresponde a essa porta, como mostra a Figura 4-12(d). Por sua vez, o circuito lógico representativo de uma porta OR com duas entradas em sua forma mais simples é ilustrado na Figura 4-12(e).

O exemplo descrito na Figura 4-12 mostra como se deve simplificar a expressão booleana original, obtendo-se um circuito lógico de custo e complexidade reduzidos. Nesse caso em especial, verificou-se por inspeção que a tabela verdade do circuito pertence a uma porta OR com duas entradas. Entretanto, normalmente deve-se recorrer a métodos de simplificação sistemáticos, incluindo recursos da álgebra booleana, mapa de Karnaugh e simulações computacionais.

A álgebra booleana foi criada por George Boole (1815-1864). Na década de 1930, a álgebra de Boole foi adaptada para utilização em circuitos digitais, sendo a base do processo de simplificação de expressões booleanas. Apenas determinados tópicos da álgebra booleana são abordados neste livro, embora a maioria dos leitores que dará continuidade aos estudos de engenharia e eletrônica digital tenha a oportunidade de estudar a álgebra booleana detalhadamente.

(a) Expressão booleana original

$$\bar{A} \cdot B + A \cdot \bar{B} + A \cdot B = Y$$

(b)

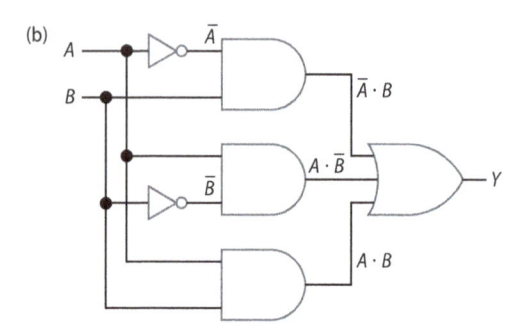

(c) Tabela verdade

ENTRADAS		SAÍDA
A	B	Y
0	0	0
0	1	1
1	0	1
1	1	1

(d) Expressão booleana simplificada

$$A + B = Y$$

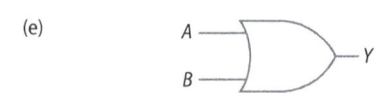

(e)

Figura 4-12 Simplificação de expressões booleanas. (a) Expressão booleana não simplificada. (b) Diagrama lógico complexo. (c) Tabela verdade. (d) Expressão booleana simplificada: verifica-se que se trata de uma porta OR com duas entradas. (e) Diagrama lógico simples.

O mapa de Karnaugh, que é um método gráfico simples para simplificar expressões booleanas, é abordado detalhadamente nas próximas cinco seções. Há diversas outras formas de simplificação, como os diagramas de Veitch, diagramas de Venn e o método de simplificação tabular. Este último método é utilizado por aplicativos computacionais como o *Electronics Workbench*® e também é chamado de método de McCluskey.

Teste seus conhecimentos

» Mapas de Karnaugh

Em 1953, Maurice Karnaugh publicou um artigo sobre seu sistema de mapeamento e simplificação de expressões booleanas. A Figura 4-13 mostra o mapa de Karnaugh. Os quatro quadrados (1, 2, 3, 4) representam as quatro combinações possíveis para A e B em uma tabela verdade com duas variáveis. O quadrado 1 representa $\overline{A} \cdot \overline{B}$, o quadrado 2 representa $\overline{A} \cdot B$, e assim por diante.

Vamos escrever o mapa para o problema da Figura 4-12. A expressão booleana original $\overline{A} \cdot B + A \cdot \overline{B} + A \cdot B = Y$ é reescrita na Figura 4-14(a). Assim, um valor 1 é inserido em cada quadrado do mapa de Karnaugh, como mostra a Figura 4-14(b). Agora, pode-se fazer o agrupamento no mapa devidamente preenchido, de acordo com a Figura 4-15. Valores 1 adjacentes são marcados em grupos de dois, quatro ou oito. O agrupamento é realizado até que todos os 1s estejam incluídos em um dado grupo, de modo que cada um desses grupos representa um termo da expressão booleana simplificada. Note que há dois grupos na Figura 4-15, ou seja, dois termos deverão ser somados na nova expressão booleana.

Agora, vamos simplificar a expressão booleana com base nos dois grupos mostrados novamente na Figura 4-16. Note que, no grupo marcado na parte de baixo do mapa, a variável A é incluída juntamente com B e $\overline{B}$, de modo que esses dois termos podem ser eliminados de acordo com as regras da álgebra booleana. Assim, apenas a variável A restará no primeiro grupo. De forma análoga, o grupo vertical mostra os termos A e $\overline{A}$, os quais são eliminados de forma a restar apenas a variável B. Somando-se os termos restantes A e B, tem-se $A + B = Y$.

O procedimento de simplificação de uma expressão booleana parece complicado. Na verdade, esse procedimento torna-se bastante simples após a realização de algum treinamento. A seguir, tem-se um resumo dos passos a serem adotados:

Figura 4-13 Significado dos quadrados em um mapa de Karnaugh.

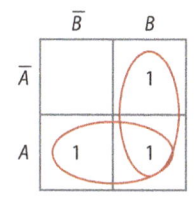

Figura 4-15 Agrupamento de 1s em um mapa de Karnaugh.

(a) $\overline{A} \cdot B + A \cdot \overline{B} + A \cdot B = Y$

(b)

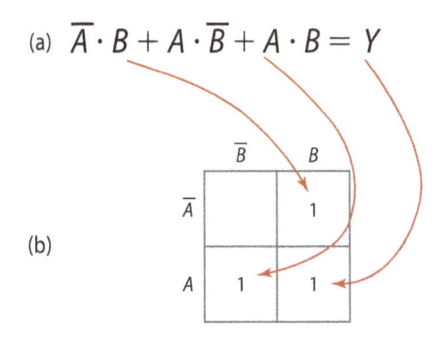

Figura 4-14 Marcação de 1s em um mapa de Karnaugh.

Expressão booleana simplificada $A + B = Y$ — Termos OR

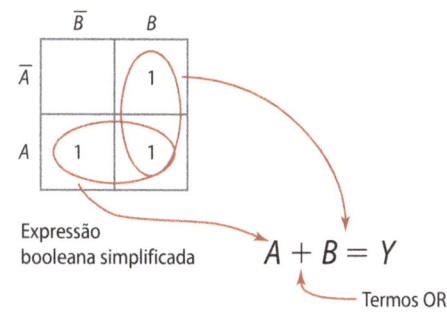

Figura 4-16 Simplificação de uma expressão booleana a partir de um mapa de Karnaugh.

1. Inicie o processo analisando a expressão booleana em termos mínimos.
2. Marque os valores 1 no mapa de Karnaugh.
3. Agrupe 1s adjacentes (em grupos de dois, quatro ou oito quadrados).
4. Simplifique a expressão desconsiderando termos que possuem uma variável e seu complemento em um mesmo grupo.
5. Some os termos que sobrarem usando a função OR (um termo por grupo).
6. Escreva a expressão booleana simplificada em termos mínimos.

Teste seus conhecimentos

>> Mapas de Karnaugh com três variáveis

Considere a expressão não simplificada $A \cdot \bar{B} \cdot \bar{C} + \bar{A} \cdot \bar{B} \cdot \bar{C} + \bar{A} \cdot \bar{B} \cdot C + A \cdot B \cdot \bar{C} = Y$ dada na Figura 4-17(a). Um mapa de Karnaugh com três variáveis é mostrado na Figura 4-17(b). Note que há oito combinações possíveis para A, B e C segundo a existência de oito quadrados no mapa. Existem quatro 1s marcados no mapa, os quais representam os quatro termos da expressão original. O mapa de Karnaugh com os grupos marcados é mostrado na Figura 4-17(c), onde grupos adjacentes de 1s estão circulados. O grupo da parte de baixo do mapa contém B e $\bar{B}$, os quais são prontamente eliminados. Esse grupo ainda possui A e $\bar{C}$, o que resulta no termo $A \cdot \bar{C}$. O grupo da parte superior do mapa contém C e $\bar{C}$ que devem ser eliminados, restando apenas o termo $\bar{A} \cdot \bar{B}$. A expressão booleana em termos mínimos é formada somando os termos anteriores, resultando na expressão simplificada $A \cdot \bar{C} + \bar{A} \cdot \bar{B} = Y$ mostrada na Figura 4-17(d).

Pode-se constatar que a expressão booleana simplificada da Figura 4-17 requer um número menor de portas que a expressão original. Lembre-se que expressões aparentemente distintas podem produzir a mesma tabela verdade.

É fundamental que o mapa de Karnaugh seja elaborado seguindo o procedimento descrito na Figura 4-17. Note que à medida que se avança para a parte inferior do mapa à esquerda, apenas uma variável muda em cada passo. Isto é, acima à esquerda tem-se $\bar{A} \cdot \bar{B}$, enquanto imediatamente abaixo há o termo $\bar{A} \cdot B$ ($\bar{B}$ mudou para B). Continuando em direção à parte inferior do mapa, o termo $\bar{A} \cdot B$ torna-se AB, de modo que $\bar{A}$ mudou para A. Finalmente, passa-se de $A \cdot B$ para $A \cdot \bar{B}$, de modo que B mudou para $\bar{B}$. Se essa marcação não for feita devidamente, o mapa de Karnaugh não funcionará de modo adequado.

Teste seus conhecimentos

>> Mapas de Karnaugh com quatro variáveis

A tabela verdade para quatro variáveis possui 16 (2^4) combinações possíveis. Parece complicado simplificar uma expressão booleana com quatro variáveis, mas esse trabalho se torna bastante simples ao se utilizar o mapa de Karnaugh.

Considere a expressão $A \cdot \bar{B} \cdot \bar{C} \cdot \bar{D} + \bar{A} \cdot B \cdot \bar{C} \cdot D + \bar{A} \cdot \bar{B} \cdot \bar{C} \cdot D + \bar{A} \cdot \bar{B} \cdot C \cdot D + \bar{A} \cdot B \cdot C \cdot D + A \cdot \bar{B} \cdot \bar{C} \cdot D = Y$ mostrada na Figura 4-18(a). O mapa de Karnaugh com quatro variáveis da Figura 4-18(b)

(a) Expressão booleana

$$A \cdot \overline{B} \cdot \overline{C} + \overline{A} \cdot \overline{B} \cdot \overline{C} + \overline{A} \cdot \overline{B} \cdot C + A \cdot B \cdot \overline{C} = Y$$

(b) Mapa de Karnaugh

	$\overline{C}$	C
$\overline{A}\ \overline{B}$	1	1
$\overline{A}\ B$		
$A\ B$	1	
$A\ \overline{B}$	1	

(c) Agrupamento e eliminação de variáveis

	$\overline{C}$	C
$\overline{A}\ \overline{B}$	1	1
$\overline{A}\ B$		
$A\ B$	1	
$A\ \overline{B}$	1	

(d) Expressão booleana simplificada

$$A \cdot \overline{C} + \overline{A} \cdot \overline{B} = Y$$

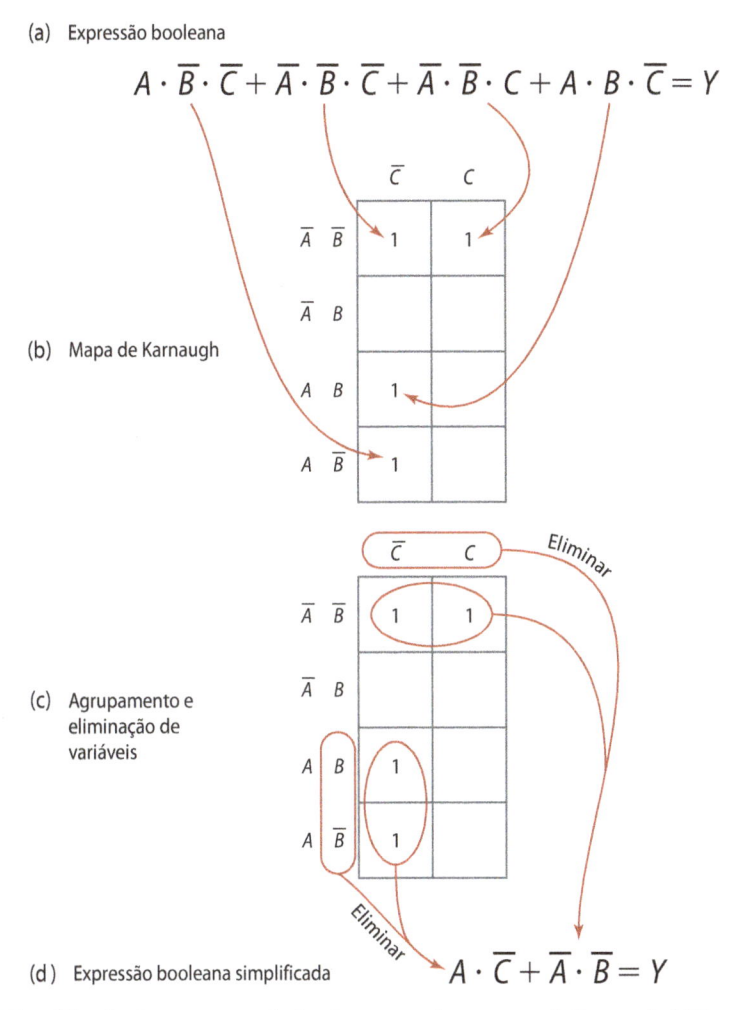

Figura 4-17 Simplificação de uma expressão booleana usando um mapa de Karnaugh. (a) Expressão booleana não simplificada. (b) Agrupamento de 1s. (c) Marcação de 1s e eliminação de variáveis. (d) Expressão simplificada em termos da soma de produtos.

possui 16 combinações possíveis para A, B, C e D, devidamente representadas por 16 quadrados no mapa. Existem seis 1s marcados no mapa, correspondendo aos termos da expressão booleana original. O mapa de Karnaugh é redesenhado na Figura 4-18(c), onde grupos adjacentes de dois e quatro 1s são marcados. O grupo inferior com dois valores permite que D e $\overline{D}$ sejam eliminados, resultando no termo $A \cdot \overline{B} \cdot \overline{C}$. O grupo com quatro valores leva à eliminação dos termos C e $\overline{C}$, assim como B e $\overline{B}$. Logo, tem-se o termo resultante $\overline{A} \cdot D$. Por fim, utilizando a função OR, obtém-se a expressão booleana em termos mínimos simplificada $A \cdot \overline{B} \cdot \overline{C} + \overline{A} \cdot D = Y$, como mostra a Figura 4-18(d).

Observe que são utilizados os mesmos procedimentos e regras para simplificar expressões booleanas com duas, três e quatro variáveis. Além disso, constata-se que grupos maiores permitem a eliminação de um maior número de variáveis no mapa de Karnaugh. Deve-se ressaltar que o mapa de Karnaugh deve ser escrito de forma exatamente idêntica às figuras 4-17 e 4.18 para três e quatro variáveis, respectivamente.

(a) Expressão booleana

$$A \cdot \overline{B} \cdot \overline{C} \cdot \overline{D} + \overline{A} \cdot B \cdot \overline{C} \cdot D + \overline{A} \cdot \overline{B} \cdot \overline{C} \cdot D + \overline{A} \cdot \overline{B} \cdot C \cdot D + \overline{A} \cdot B \cdot C \cdot D + A \cdot \overline{B} \cdot \overline{C} \cdot D = Y$$

(b) Mapa de Karnaugh

(c) Eliminação de variáveis através de agrupamento

(d) Expressão booleana simplificada $\rightarrow A \cdot \overline{B} \cdot \overline{C} + \overline{A} \cdot D = Y$

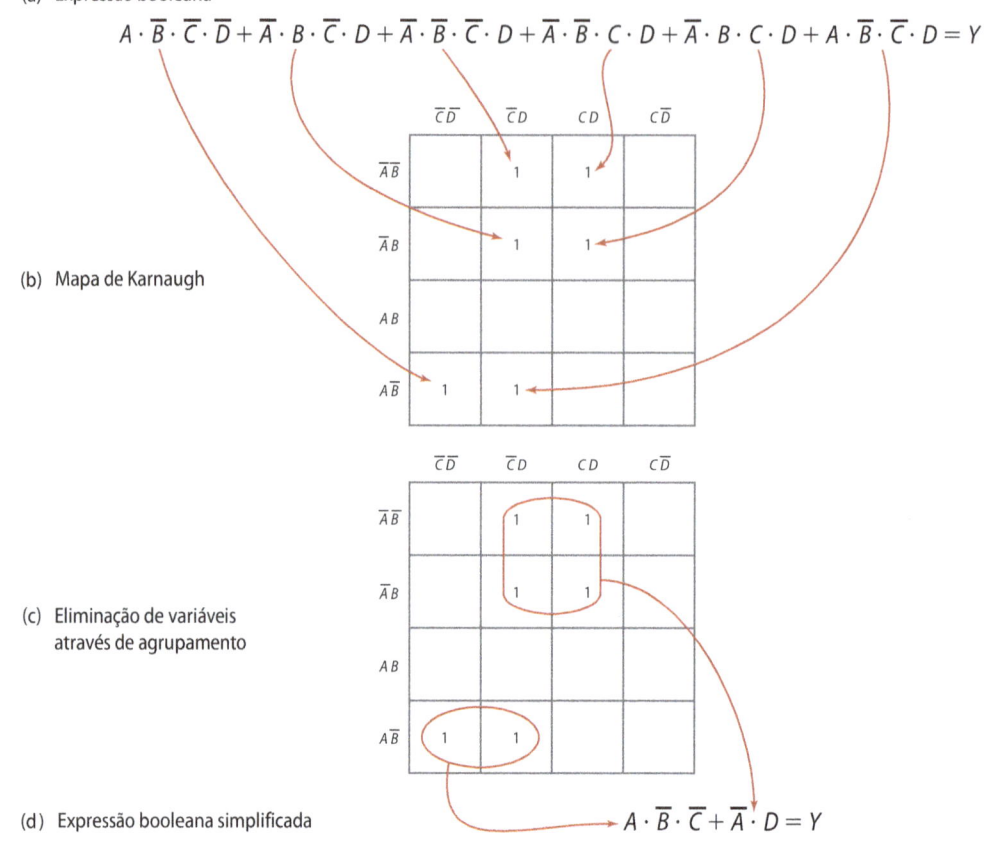

Figura 4-18 Simplificação de uma expressão booleana com quatro variáveis usando um mapa de Karnaugh.

Teste seus conhecimentos

>> Mais mapas de Karnaugh

Esta seção apresenta alguns exemplos incomuns de mapas de Karnaugh, onde o agrupamento de valores será realizado de forma diferente daquela mostrada até então.

Considere a expressão booleana da Figura 4-19(a). Há quatro termos representados no mapa da Figura 4-19(b) por quatro 1s. O processo de agrupamento correto é mostrado a seguir. Note que o mapa de Karnaugh é considerado um cilindro horizontal que envolve as extremidades esquerda e direita do mapa. Além disso, observe que os termos A, $\overline{A}$ e C, $\overline{C}$ são eliminados. A expressão booleana simplificada $B \cdot \overline{D} = Y$ é mostrada na Figura 4-19(c).

Outra forma não convencional semelhante para o agrupamento é mostrada na Figura 4-20(a). Note que as partes superior e inferior do mapa são envolvidas como se formassem um cilindro vertical. A expressão booleana simplificada para esse mapa é dada por $\overline{B} \cdot \overline{C} = Y$ na Figura 4-20(b). Neste exemplo, os termos A, $\overline{A}$ e D, $\overline{D}$ foram eliminados.

A Figura 4-21 (a) mostra outro padrão incomum de agrupamento. Os quatro cantos no mapa de Karnaugh são conectados, como se fosse formada

(a) Expressão booleana

$$A \cdot B \cdot \overline{C} \cdot \overline{D} + \overline{A} \cdot B \cdot \overline{C} \cdot \overline{D} + \overline{A} \cdot B \cdot C \cdot \overline{D} + A \cdot B \cdot C \cdot \overline{D} = Y$$

(b)

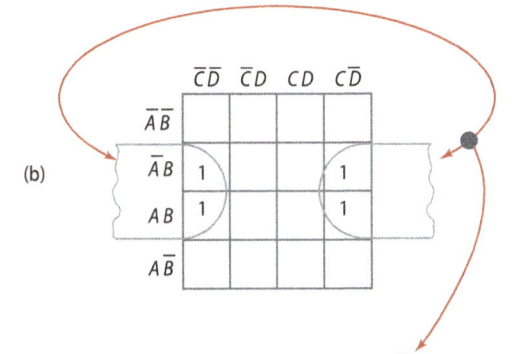

	$\overline{C}\overline{D}$	$\overline{C}D$	CD	$C\overline{D}$
$\overline{A}\,\overline{B}$				
$\overline{A}B$	1			1
AB	1			1
$A\overline{B}$				

(c) Expressão booleana simplificada $\quad B \cdot \overline{D} = Y$

Figura 4-19 Simplificação de uma expressão booleana considerando o mapa como um cilindro horizontal. Assim, quatro 1s podem ser agrupados.

(a)

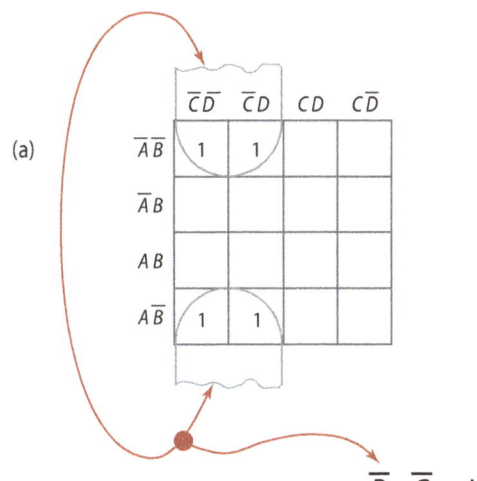

	$\overline{C}\overline{D}$	$\overline{C}D$	CD	$C\overline{D}$
$\overline{A}\,\overline{B}$	1	1		
$\overline{A}B$				
AB				
$A\overline{B}$	1	1		

(b) Expressão booleana simplificada $\quad \overline{B} \cdot \overline{C} = Y$

Figura 4-20 Simplificação de uma expressão booleana considerando o mapa como um cilindro vertical. Assim, quatro 1s podem ser agrupados.

uma bola. Os quatro cantos são adjacentes e podem ser combinados em um único grupo, como é mostrado. A expressão booleana simplificada é $\overline{B} \cdot \overline{D} = Y$, dada na Figura 4-21 (b). Neste exemplo, os termos A, $\overline{A}$, C e $\overline{C}$ foram eliminados.

(a)

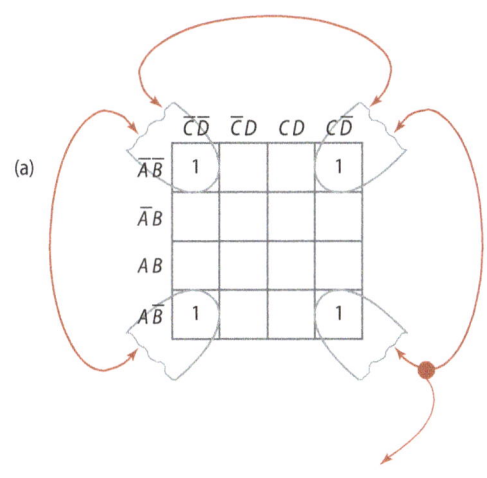

	$\overline{C}\overline{D}$	$\overline{C}D$	CD	$C\overline{D}$
$\overline{A}\,\overline{B}$	1			1
$\overline{A}B$				
AB				
$A\overline{B}$	1			1

(b) Expressão booleana simplificada $\quad \overline{B} \cdot \overline{D} = Y$

Figura 4-21 Simplificação de uma expressão booleana considerando o mapa de Karnaugh como uma bola. Assim, quatro 1s localizados nos cantos do mapa podem ser arranjados em um único grupo.

Teste seus conhecimentos

›› Mapa de Karnaugh com cinco variáveis

O mapa de Karnaugh torna-se tridimensional quando se trata de problemas lógicos com mais de quatro variáveis, como será mostrado nesta seção.

Uma expressão booleana não simplificada com cinco variáveis é dada na Figura 4-22(a). Um mapa de Karnaugh com cinco variáveis é desenhado na Figura 4-22(b). Note que há dois mapas de Karnaugh com quatro variáveis sobrepostos para torná-lo tridimensional. O mapa superior é considerado como sendo o plano E, ao passo que o mapa inferior é o plano $\overline{E}$ (não E).

Cada um dos nove termos da expressão não simplificada é marcado como um valor 1 no mapa da Figura 4-22(b). Grupos adjacentes com dois, quatro ou oito valores são marcados. Os quatro 1s em ambos os planos E e $\overline{E}$ também são adjacentes, de modo que todo o grupo é incluído em um cilindro, ou seja, um único grupo com oito valores.

O próximo passo é a conversão dos grupos no mapa de Karnaugh em uma expressão booleana simplificada em termos mínimos. O único valor 1 que se encontra no plano $\overline{E}$ no mapa da Figura 4-22(b) não pode ser simplificado e é escrito na forma $A \cdot \overline{B} \cdot \overline{C} \cdot \overline{D} \cdot \overline{E}$ na Figura 4-22(c). Os oito 1s incluídos no cilindro podem ser simplificados. As variáveis E, $\overline{E}$, C, $\overline{C}$ e B, $\overline{B}$ são eliminadas, restando apenas o termo $\overline{A} \cdot D$. Assim, somando-se os termos restantes, a expressão booleana em termos mínimos é dada por $A \cdot \overline{B} \cdot \overline{C} \cdot \overline{D} \cdot \overline{E} + \overline{A} \cdot D = Y$, como mostra a Figura 4-22(c).

www Teste seus conhecimentos

$$A \cdot \overline{B} \cdot \overline{C} \cdot \overline{D} \cdot \overline{E} + \overline{A} \cdot \overline{B} \cdot \overline{C} \cdot D \cdot \overline{E} + \overline{A} \cdot B \cdot \overline{C} \cdot D \cdot \overline{E} +$$
$$\overline{A} \cdot \overline{B} \cdot C \cdot D \cdot \overline{E} + \overline{A} \cdot B \cdot C \cdot D \cdot \overline{E} + \overline{A} \cdot \overline{B} \cdot \overline{C} \cdot D \cdot E +$$
$$\overline{A} \cdot B \cdot \overline{C} \cdot D \cdot E + \overline{A} \cdot \overline{B} \cdot C \cdot D \cdot E + \overline{A} \cdot B \cdot C \cdot D \cdot E = Y$$

(a) Expressão booleana não simplificada

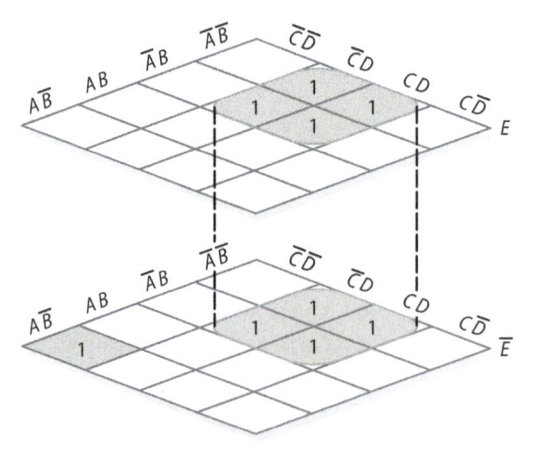

(b) Mapa de Karnaugh. Marcação e agrupamentos de 1s.

$$A \cdot \overline{B} \cdot \overline{C} \cdot \overline{D} \cdot \overline{E} + \overline{A} \cdot D = Y$$

(c) Expressão booleana simplificada

Figura 4-22 Utilização de um mapa de Karnaugh de cinco variáveis para simplificar uma expressão booleana.

≫ Utilizando a lógica NAND

Anteriormente, você aprendeu que a porta NAND pode ser empregada como uma porta universal. Nesta seção, você aprenderá como as portas NAND podem ser empregadas na construção de circuitos lógicos combinacionais. As portas NAND tornam-se uma opção interessante em virtude da simplicidade e ampla disponibilidade no mercado.

Suponha que seja dada a expressão $A \cdot B + A \cdot \overline{C} = Y$, como mostra a Figura 4-23(a). Você deve resolver esse problema lógico utilizando a solução com o menor custo possível. Primeiramente, desenha-se o circuito lógico para essa expressão booleana na Figura 4-23(b) usando portas AND, OR e inversoras. Ao analisar as folhas de dados de fabricantes, descobre-se que são necessários três CIs distintos para implementar essa função lógica.

Assim, sugere-se o *uso da lógica NAND*, onde é possível redesenhar o circuito na forma NAND-NAND, de acordo com a Figura 4-23(c). Ao analisar o catálogo do fabricante, nota-se que é necessário apenas um CI com quatro portas NAND para desenvolver o circuito.

Lembre-se que o símbolo OR com círculos inversores nas entradas também representa a porta NAND. Finalmente, testa-se o circuito da Figura 4-23(c), descobrindo-se que ele desempenha a função $A \cdot B + A \cdot \overline{C} = Y$. Assim, você encontrou uma solução viável com o uso de um único CI, sendo mais simples e com custo reduzido se comparada àquela da Figura 4-23(b), onde três CIs são necessários.

(a) $A \cdot B + A \cdot \overline{C} = Y$

(b)

(c)

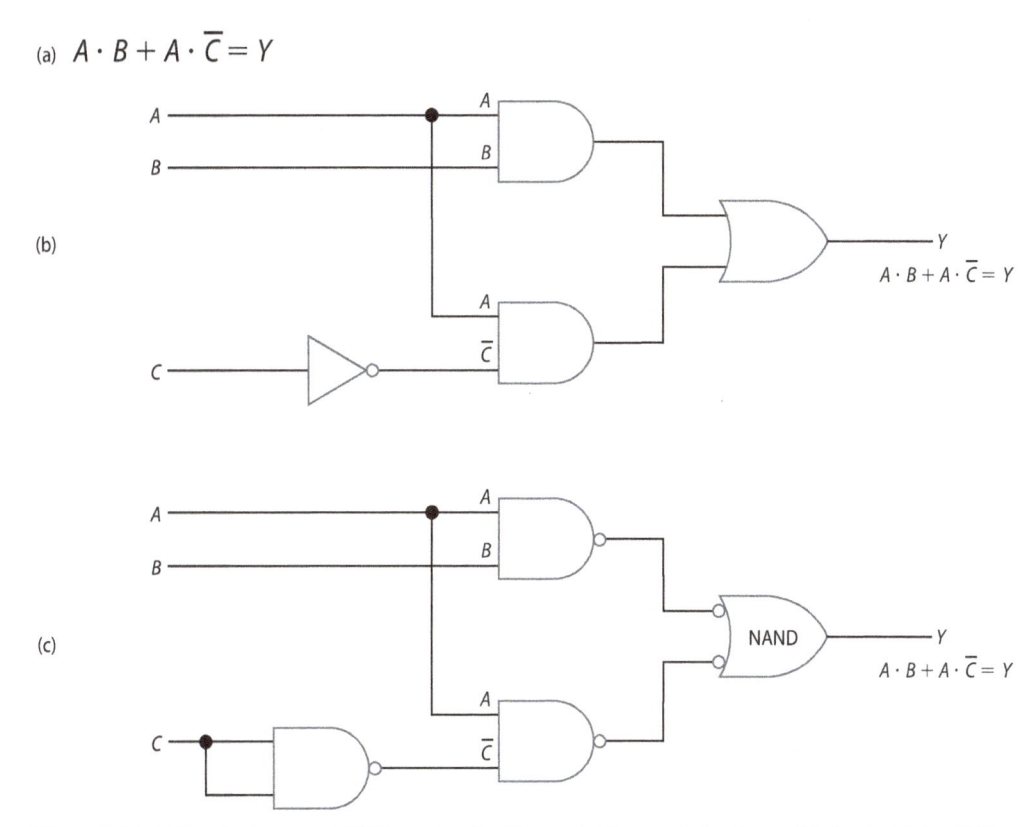

Figura 4-23 Utilização de portas NAND em circuitos lógicos. (a) Expressão booleana. (b) Circuito lógico AND-OR. (c) Circuito lógico NAND-NAND equivalente.

Diante desse exemplo, entende-se porque a porta NAND é utilizada em muitos circuitos lógicos. Ao se trabalhar com projetos de circuitos digitais, deve-se atentar à solução que agregue menor custo, de modo que a utilização de portas NAND torna-se uma ferramenta bastante útil.

Pode haver dúvidas quanto à possibilidade de substituição das portas AND e OR na Figura 4-23(b) por portas NAND na Figura 4-23(c). Analisando a Figura 4-23(c) cuidadosamente, nota-se que as saídas de dois símbolos AND são conectadas às entradas de um símbolo OR. Anteriormente, foi mostrado que uma inversão dupla de um dado nível lógico fornece exatamente o mesmo nível original. Assim, os dois círculos inversores entre os símbolos AND e OR na Figura 4-23(c) se cancelam, de modo que isso resulta em duas portas AND conectadas a uma porta OR.

Em suma, a utilização de portas NAND envolve os seguintes passos:

1. Analise inicialmente a expressão booleana na forma de termos mínimos (soma de produtos).
2. Desenhe o diagrama AND-OR utilizando símbolos AND, OR e NOT.
3. Substitua cada símbolo AND e OR por símbolos NAND equivalentes, mantendo exatamente as mesmas conexões.
4. Substitua cada símbolo NOT por símbolos NAND com as entradas conectadas entre si.
5. Teste o circuito lógico resultante contendo apenas portas NAND de modo a determinar se a mesma tabela verdade é gerada.

Teste seus conhecimentos

>> Simulações computacionais – conversor lógico

Projetistas e engenheiros têm utilizado simulações computacionais executadas em poderosos computadores por décadas. Recentemente, o uso de computadores pessoais tornou possível a utilização de aplicativos simples para a simulação de circuitos eletrônicos. Há versões educacionais de simuladores com custo reduzido, as quais possuem interface amigável ao usuário.

Lembre-se que existem três formas de descrever um circuito lógico combinacional, isto é, por meio de sua tabela verdade, expressão booleana ou diagrama lógico esquemático. Um instrumento útil existente em aplicativos computacionais é o conversor lógico, o qual permite a realização de conversões diversas envolvendo tabelas verdades, expressões booleanas e diagramas lógicos combinacionais. O conversor lógico torna a maioria dessas tarefas extremamente simples, rápidas e precisas. O instrumento conversor lógico, que é parte dos aplicativos *Electronics Workbench*® e MultiSIM®, é mostrado na Figura 4-24. As tarefas que esse instrumento pode desempenhar são mostradas na forma de botões localizados no lado direito, abaixo do título CONVERSÕES. De cima para baixo, tem-se as seguintes opções de conversão:

1. Diagrama lógico em tabela verdade.
2. Tabela verdade em expressão booleana não simplificada.
3. Tabela verdade em expressão booleana simplificada.
4. Expressão booleana em tabela verdade.
5. Expressão booleana em diagrama lógico usando portas AND, OR e NOT.
6. Expressão booleana em diagrama lógico usando apenas portas NAND.

Nota-se que esses assuntos foram anteriormente abordados neste capítulo. Um experimento usan-

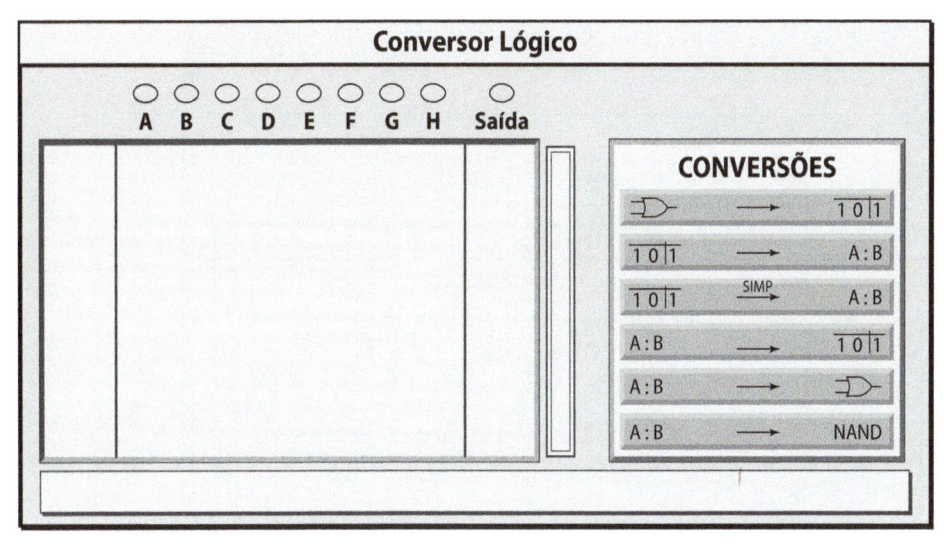

Figura 4-24 Tela mostrando o conversor lógico (existente no *Electronics Workbench®* ou *MultiSIM®*).

do a maioria das funções do conversor lógico é mostrado na Figura 4-25.

O *primeiro passo* é desenhar o diagrama lógico e conectá-lo ao conversor lógico da Figura 4-25(a).

Note que esse é o padrão usando portas AND-OR que corresponde à representação em termos mínimos ou à forma de soma de produtos.

(a)

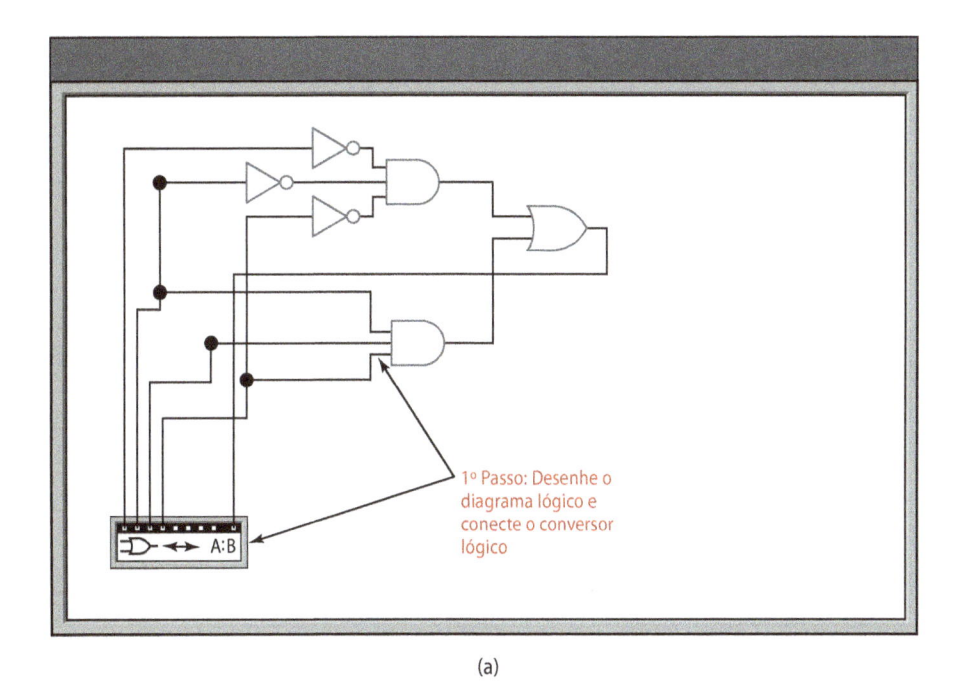

Figura 4-25 (a) 1º Passo: Desenhar o diagrama lógico.

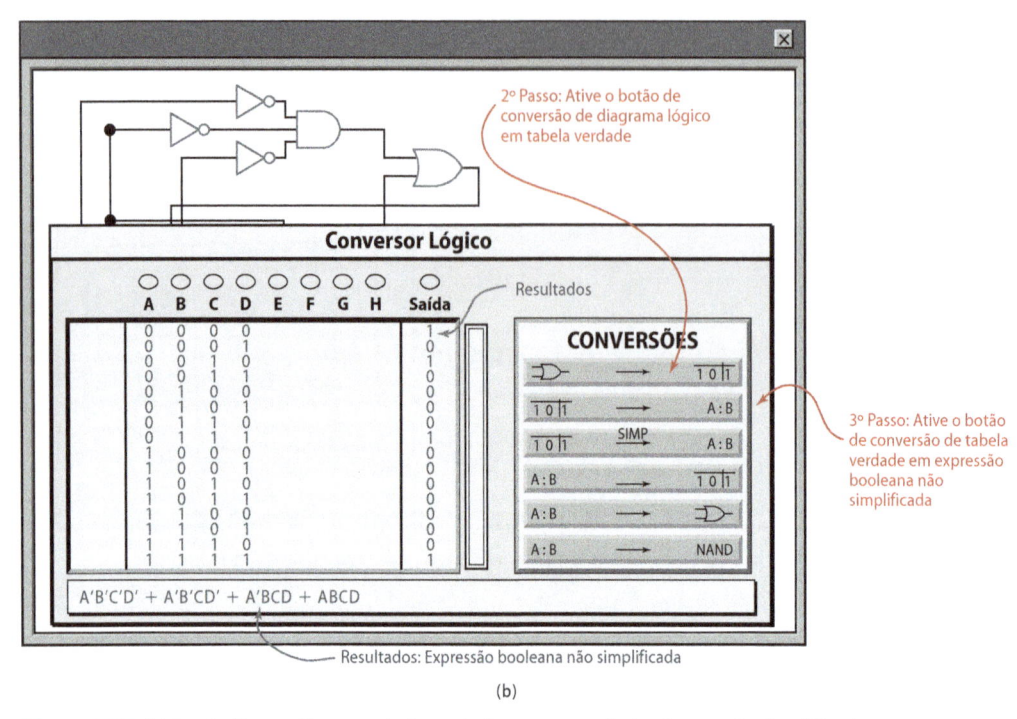

Figura 4-25 (b) 2º e 3º Passos: Gerar a tabela verdade e a expressão booleana não simplificada.

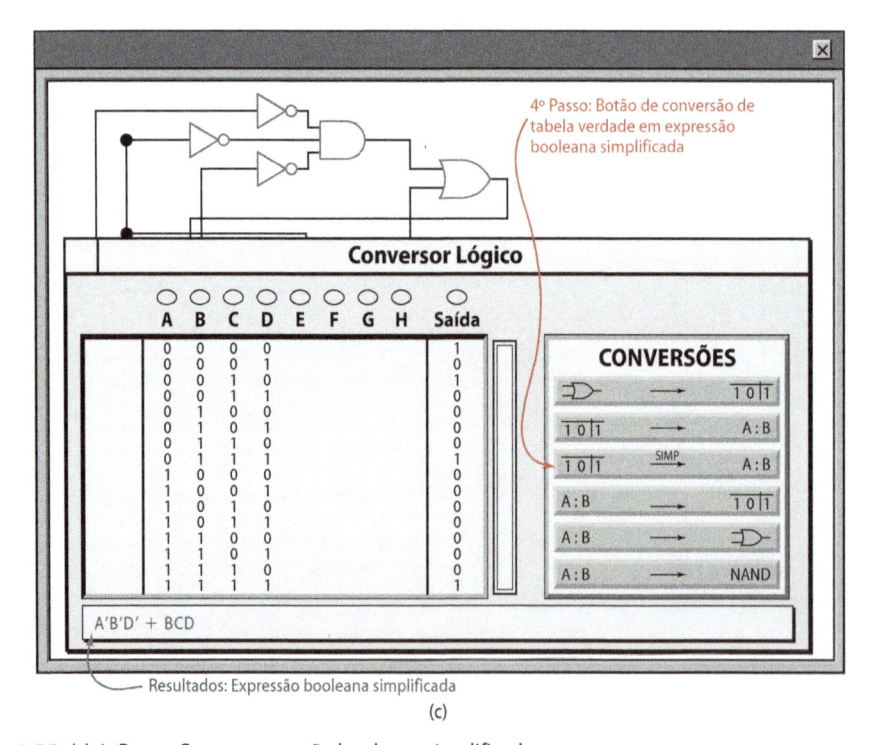

Figura 4-25 (c) 4º Passo: Gerar a expressão booleana simplificada.

5º Passo: Ative o botão de conversão de expressão booleana em diagrama lógico com portas NAND

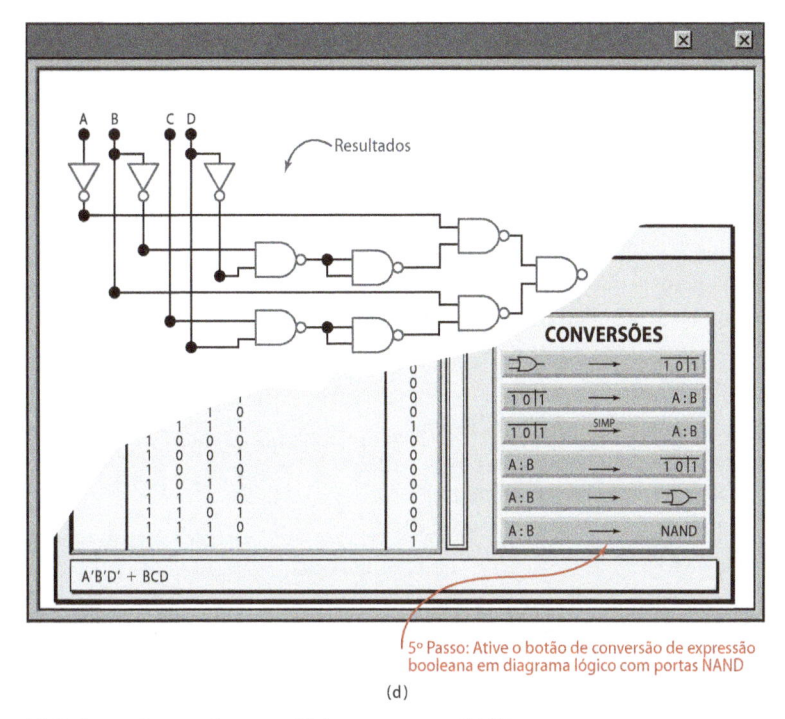

(d)

Figura 4-25 (d) 5º Passo: Gerar o diagrama lógico com portas NAND.

No *segundo passo*, tem-se a visão ampliada do conversor lógico, e o botão superior (conversão de diagrama lógico para tabela verdade) é selecionado. Os resultados dessa conversão são apresentados na Figura 4-25(b) como uma tabela verdade com quatro entradas.

O *terceiro passo* mostra o uso do segundo botão de cima para baixo no conversor lógico (conversão de tabela verdade em expressão booleana não simplificada). O resultado dessa conversão é mostrado na parte inferior da tela na Figura 4-25(b), correspondendo à expressão $A'B'C'D' + A'B'CD' + A'BCD + ABCD$.

O *quarto passo* mostra o uso do terceiro botão de cima para baixo no conversor lógico (conversão de tabela verdade em expressão booleana simplificada). O resultado dessa conversão é mostrado na parte inferior da tela na Figura 4-25(c), correspondendo à expressão $A'B'D' + BCD$.

O *quinto passo* mostra o uso do último botão no conversor lógico (conversão de expressão booleana em diagrama lógico usando portas NAND). O resultado dessa conversão é mostrado na forma de um circuito NAND-NAND na tela da Figura 4-25(d).

Em suma, simulações computacionais modernas usando instrumentos como o conversor lógico tornam a conversão entre as diversas representações de funções lógicas bastante simples, com maior exatidão e em menor tempo. Tais simulações são normalmente utilizadas na etapa de projeto de circuitos digitais.

Teste seus conhecimentos (Figuras 4-26 e 4-27)

» Resolvendo problemas lógicos – seletores de dados

Fabricantes de CIs simplificaram a resolução de problemas lógicos menos complexos por meio da produção de seletores de dados. Um seletor de dados normalmente é a solução contida em um encapsulamento único para um dado problema lógico complexo. Um seletor de dados normalmente possui um grande número de portas lógicas encapsuladas em um único CI.

Um seletor de dados 1 de 8 é mostrado na Figura 4-28. Note que há oito entradas numeradas entre 0 e 7 à esquerda, além das três entradas seletoras de dados A, B e C na parte inferior. A saída do seletor de dados é chamada de W.

O papel básico de um seletor de dados é transferir dados a partir de uma entrada (0 a 7) para a saída (W). A entrada de dados selecionada é determinada pelo número binário representado pelas entradas inferiores (veja a Figura 4-28). O seletor de dados da Figura 4-28 funciona da mesma forma que uma chave rotativa. A Figura 4-29 mostra a transferência dos dados na entrada 3 para a saída W do seletor de dados. Na chave rotativa, deve-se modificar a posição da chave mecanicamente para transferir dados a partir de outra entrada diferente. No seletor de dados 1 de 8 da Figura 4-28, é necessário apenas modificar a entrada binária para transferir dados de uma nova entrada para a saída. Lembre-se que um seletor de dados opera de forma análoga a uma chave rotativa para transferir níveis lógicos 0 ou 1 de uma dada entrada para uma única saída.

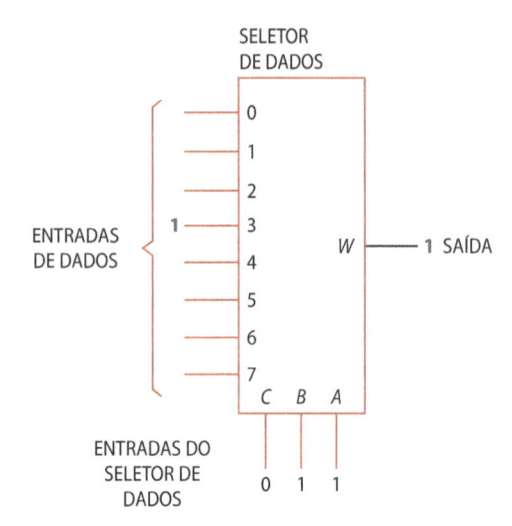

Figura 4-28 Símbolo lógico de um seletor de dados de 1 de 8.

Sobre a eletrônica

Você é rápido o suficiente?

Teraflops – a habilidade de realizar um trilhão de cálculos matemáticos por segundo – é uma barreira matemática que foi recentemente superada pela Intel. Para isso, a Intel desenvolveu um computador com 4.536 pares de microprocessadores e novos *chips* de interfaceamento para cada nó, aliados à programação de *software*. O governo dos Estados Unidos comprou um desses computadores por US$ 55 milhões.

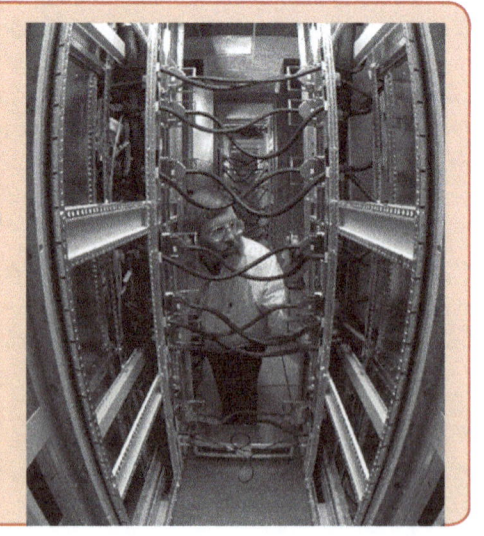

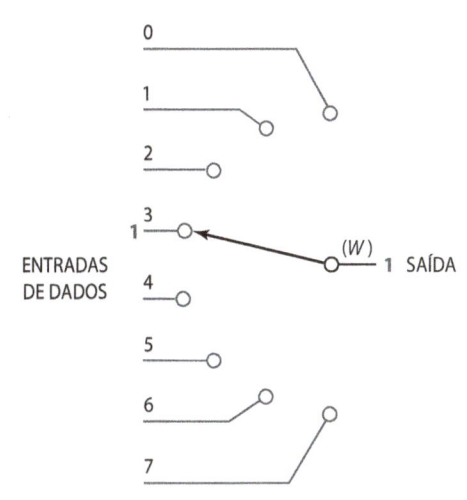

Figura 4-29 Chave rotativa de polo único com oito posições operando como um seletor de dados.

Agora você aprenderá como seletores de dados podem ser utilizados na resolução de problemas lógicos. Considere a expressão booleana simplificada mostrada na Figura 4-30(a) da página 95. Para facilitar a análise, o circuito lógico representativo dessa expressão booleana bastante complexa é ilustrado na Figura 4-30(b). Utilizando CIs convencionais, provavelmente seria necessária a utilização de seis a nove CIs para resolver esse problema, o que seria oneroso devido ao custo dos CIs e ao tamanho considerável da placa de circuito impresso.

Uma solução mais viável para o problema lógico reside na utilização do seletor de dados. A expressão booleana da Figura 4-30(a) é representada em termos de sua tabela verdade na Figura 4-31, onde um seletor de dados 1 de 16 também

(a) Expressão booleana simplificada

$$A \cdot B \cdot C \cdot D + \overline{A} \cdot \overline{B} \cdot \overline{C} \cdot \overline{D} + A \cdot \overline{B} \cdot \overline{C} \cdot D + A \cdot B \cdot \overline{C} \cdot \overline{D} + \overline{A} \cdot B \cdot C \cdot \overline{D} + \overline{A} \cdot B \cdot \overline{C} \cdot D + \overline{A} \cdot \overline{B} \cdot C \cdot D = Y$$

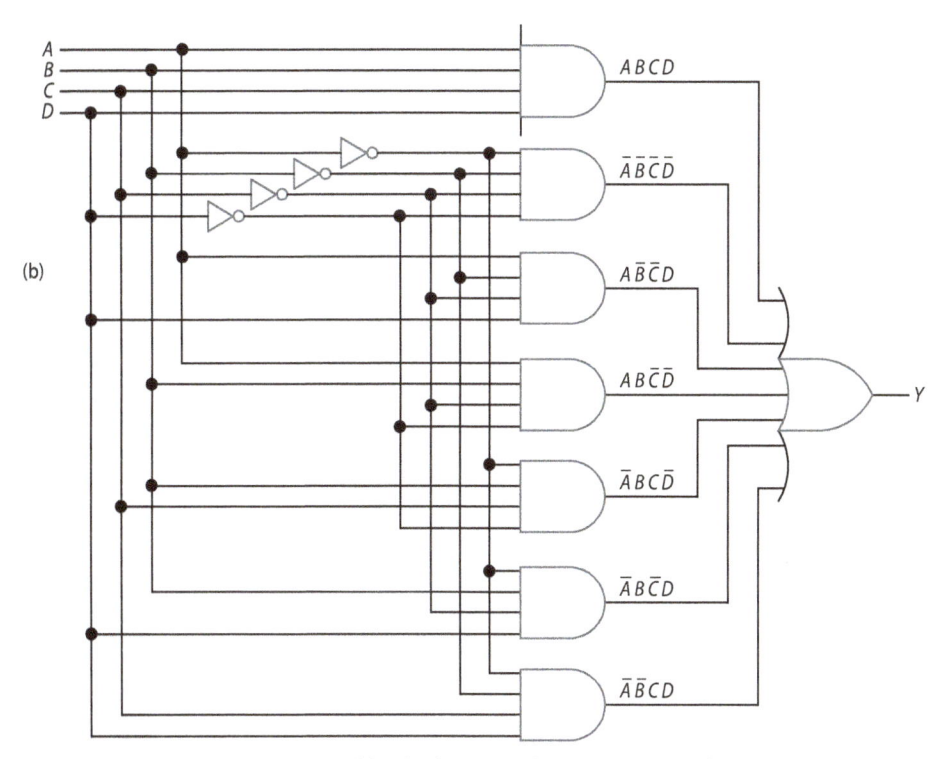

Figura 4-30 (a) Expressão booleana simplificada. (b) Circuito lógico representando a expressão booleana.

(a)

Tabela verdade

ENTRADAS				SAÍDA
D	C	B	A	Y
0	0	0	0	1
0	0	0	1	0
0	0	1	0	0
0	0	1	1	1
0	1	0	0	0
0	1	0	1	0
0	1	1	0	1
0	1	1	1	0
1	0	0	0	0
1	0	0	1	1
1	0	1	0	1
1	0	1	1	0
1	1	0	0	1
1	1	0	1	0
1	1	1	0	0
1	1	1	1	1

(b) ENTRADAS DE DADOS → seletor de dados 1 de 16 → W SAÍDA; ENTRADAS SELETORAS DE DADOS (D, C, B, A)

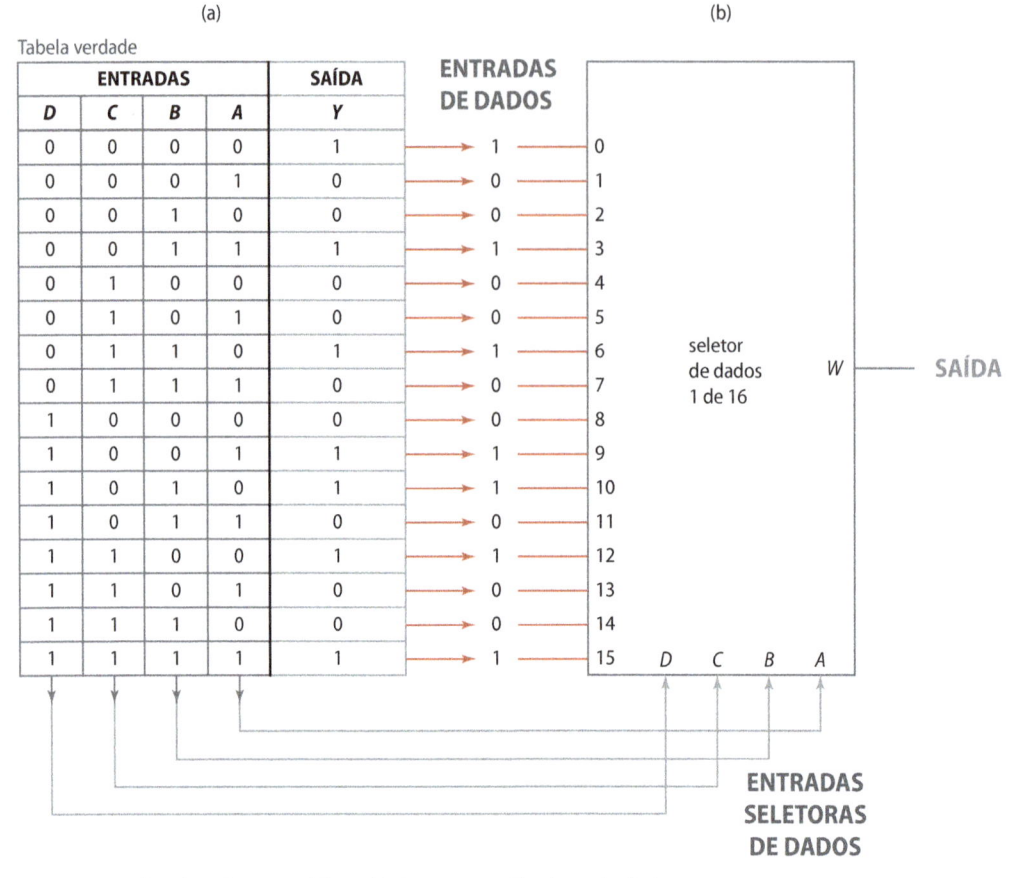

Figura 4-31 Resolvendo um problema lógico com um CI seletor de dados.

é mostrado. Note que os níveis lógicos 0 e 1 são atribuídos às 16 entradas de dados, correspondendo à coluna da saída na tabela verdade. Essas entradas estão permanentemente conectadas à tabela verdade. As entradas seletoras de dados (D, C, B e A) são modificadas para corresponder aos dígitos binários existentes na entrada da tabela verdade. Se as entradas D, C, B e A são iguais ao número binário 0000, então um nível lógico 1 é transferido para a saída W do seletor de dados. A primeira linha da tabela mostra que a saída W é 1 quando todas as entradas D, C, B e A são 0. Agora, se as entradas D, C, A e B são iguais ao número binário 0001, um nível lógico 0 aparece na saída W, de acordo com a representação da tabela verdade. Qualquer combinação para D, C, B e A gera a saída correspondente de acordo com a tabela verdade.

Utilizamos o seletor de dados para resolver um problema lógico complexo. Na Figura 4-30, constata-se que são necessários seis CIs para essa finalidade. Entretanto, usando o seletor de dados da Figura 4-31, o mesmo problema pode ser resolvido com um único CI.

O seletor de dados aparenta ser uma solução simples e eficiente para problemas lógicos combinacionais. Dispositivos comercialmente disponíveis são capazes de resolver problemas envolvendo três, quatro ou cinco variáveis. Ao se utilizar catálogos de fabricantes, verifica-se que os seletores de dados também são denominados *multiplexadores*.

Teste seus conhecimentos

» Mais problemas envolvendo seletores de dados

A seção anterior utilizou um seletor de dados 1 de 16 para resolver um problema lógico com quatro variáveis. Um problema lógico semelhante pode ser resolvido usando um seletor de dados 1 de 8 com menor custo. Isso pode ser feito por meio da chamada TÉCNICA DE DOBRAMENTO.

Considere a tabela verdade com quatro variáveis na Figura 4-32. Note que o padrão das entradas C, B e A é o mesmo nas linhas de 0 a 7 e de 8 a 15. Essas áreas são circuladas na tabela verdade da Figura 4-32. Para resolver esse problema lógico usando um seletor de dados 1 de 8, as entradas C, B e A são conectadas às entradas seletoras de dados, como mostra a parte inferior da Figura 4-32.

Agora, as oito entradas de dados (D_0 a D_7) mostradas na Figura 4-33(i) devem ser determinadas uma a uma. A entrada D_0 no CI 74151 seletor de dados 1 de 8 é determinada na Figura 4-33(a). A tabela verdade da Figura 4-32 é dobrada de modo a se comparar as linhas 0 e 8. As entradas C, B e A (que serão conectadas aos respectivos pinos do CI 74151) são todas iguais a 000. Se a entrada D for 0 ou 1, a saída Y sempre é 0, de acordo com a Figura 4-33(a). Portanto, um nível lógico 0 (GND) é aplicado à entrada D_0 do CI 74151, de acordo com a Figura 4-33(i).

A entrada D_1 do CI 74151 é determinada na Figura 4-33(b). A técnica de dobramento é utilizada para comparar as linhas 1 e 9 da tabela verdade. As entradas C, B e A devem ser estritamente as mesmas. Se a entrada D é 0 ou 1, a saída Y é sempre 1. Portanto, um nível lógico 1 é aplicado à entrada D_1 do CI 74151, de acordo com a Figura 4-33(i).

A entrada D_2 do CI 74151 é determinada na Figura 4-33(c). O dobramento da tabela é utilizado para comparar as linhas 2 e 10 da tabela verdade. As entradas C, B e A são as mesmas. As saídas são diferentes. Em cada caso, a saída possui o mesmo nível que a entrada D. Portanto, a entrada D_2 do CI 74151 é igual à entrada D da tabela verdade. No símbolo lógico do CI na Figura 4-33(i), tem-se a marcação D à esquerda de D_2.

A entrada D_3 do CI 74151 é determinada na Figura 4-33(d). O dobramento da tabela é utilizado para comparar as linhas 3 e 11 da tabela verdade. As entradas C, B e A são as mesmas. As saídas são diferentes. Em cada caso, a saída é o complemento da entrada D. Portanto, a entrada D_3 do CI 74151 é igual à entrada não D ($\bar{D}$). No símbolo lógico do CI na Figura 4-33(i), tem-se a marcação $\bar{D}$ à esquerda de D_3.

Número da linha	ENTRADAS				SAÍDA
	D	C	B	A	Y
0	0	0	0	0	0
1	0	0	0	1	1
2	0	0	1	0	0
3	0	0	1	1	1
4	0	1	0	0	0
5	0	1	0	1	0
6	0	1	1	0	1
7	0	1	1	1	0
8	1	0	0	0	0
9	1	0	0	1	1
10	1	0	1	0	1
11	1	0	1	1	0
12	1	1	0	0	1
13	1	1	0	1	0
14	1	1	1	0	0
15	1	1	1	1	0

Seletor de dados 1 de 8

C B A

Entradas Seletoras de Dados

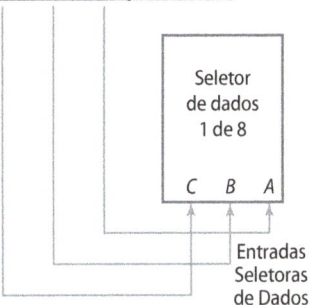

Figura 4-32 Primeiro passo para utilizar um seletor de dados 1 de 8 na resolução de um problema lógico com quatro variáveis.

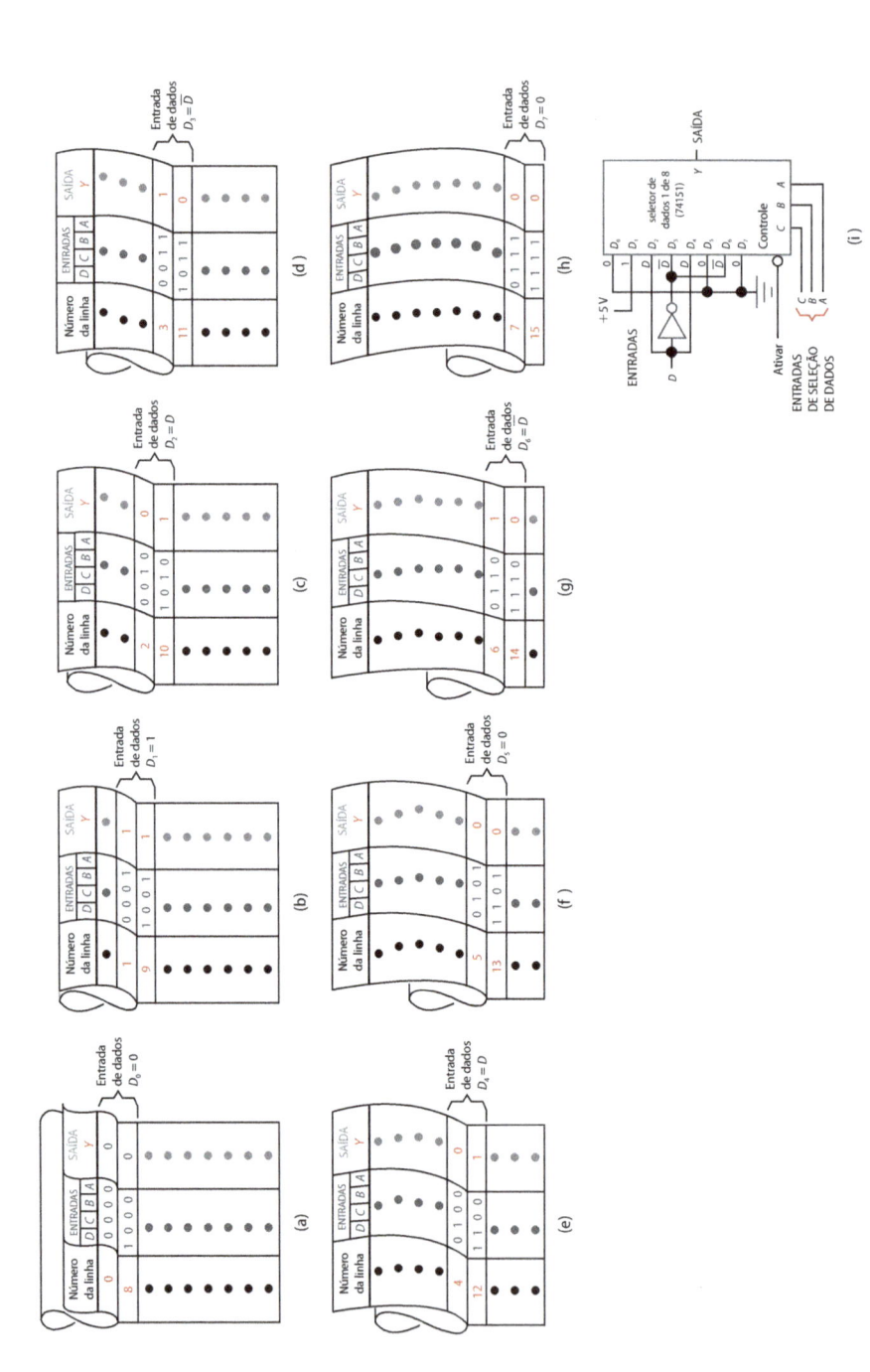

Figura 4-33 Segundo passo para utilizar um seletor de dados 1 de 8 na resolução de um problema lógico com quatro variáveis usando a técnica do dobramento da tabela. (a) Determinação dos dados a serem inseridos na entrada D_0. (b) Determinação dos dados a serem inseridos na entrada D_1. (c) Determinação dos dados a serem inseridos na entrada D_2. (d) Determinação dos dados a serem inseridos na entrada D_3. (e) Determinação dos dados a serem inseridos na entrada D_4. (f) Determinação dos dados a serem inseridos na entrada D_5. (g) Determinação dos dados a serem inseridos na entrada D_6. (h) Determinação dos dados a serem inseridos na entrada D_7. (i) Solução para o problema lógico com quatro variáveis exposto na tabela verdade.

De forma análoga, a entrada D_4 é determinada na Figura 4-33(e), sendo igual a D.

A entrada D_5 é determinada na Figura 4-33(f), sendo igual a 0 (GND).

A entrada D_6 é determinada na Figura 4-33(g) e é igual à entrada não D ($\overline{D}$).

Finalmente, a entrada D_7 é determinada na Figura 4-33(h) e é igual a 0 (GND).

Note na Figura 4-33(i) que as entradas D_0, D_5 e D_7 estão permanentemente aterradas. A entrada D_1 é conectada a +5 V permanentemente. As entradas de dados D_2 e D_4 são diretamente conectadas à entrada D da tabela verdade. As entradas de dados D_3 e D_6 são conectadas à entrada D por meio de um inversor para complementar seu estado. A entrada de ativação ou controle do CI 74151 deve ser mantida BAIXA (em nível 0) para que o CI funcione. O pequeno círculo inversor no símbolo lógico da Figura 4-33(i) indica que a entrada de controle é ativa-BAIXA.

O seletor de dados (multiplexador) foi utilizado como elemento lógico universal nas duas últimas seções. Trata-se de uma solução simples e de baixo custo para muitos problemas lógicos envolvendo de três a cinco variáveis.

Circuitos lógicos simplificados e CIs seletores de dados têm sido muito utilizados na implementação de problemas lógicos. Problemas mais complexos surgem quando há um maior número de variáveis envolvidas ou quando o circuito possui várias saídas. Para esses problemas, projetistas podem empregar arranjos de portas lógicas programáveis existentes em um único CI, denominado dispositivo lógico programável ou PLA (*programmable array logic*). O PAL é baseado em uma arquitetura AND-OR programável, sendo que tais dispositivos encontram-se disponíveis na forma TTL e CMOS e são livremente programáveis pelo usuário. Um PAL típico possui 16 entradas e 8 saídas. Utiliza-se também a nomenclatura genérica PLD (*programmable logic device* – dispositivo lógico programável) para representar um dispositivo PAL.

Problemas lógicos muito complexos podem ser resolvidos a partir de arranjos de portas lógicas pré-programadas ou memórias apenas de leitura (ROMs – *read only memories*). Arranjos programáveis pelo usuário e ROMs também se encontram disponíveis na forma de PROMs (*programmable read only memories* – memórias apenas de leitura programáveis), EPROMs (*erasable programmable read only memories* – memórias apenas de leitura programáveis e apagáveis) e portas lógicas programáveis.

Teste seus conhecimentos

❯❯ Dispositivos lógicos programáveis – PLDs

Um *dispositivo lógico programável* (PLD) é um CI que pode ser programado pelo usuário para executar uma função lógica complexa. PLDs simples são utilizados na implementação de circuitos lógicos combinacionais. Outros PLDs mais complexos possuem características de memória (registradores) e podem ser empregados no projeto de circuitos lógicos sequenciais (a exemplo de contadores). O PLD é uma solução em encapsulamento único apropriada para muitos problemas lógicos, possuindo diversas entradas e saídas. Em um PLD, é possível implementar expressões booleanas em termos mínimos (soma de produtos) usando a lógica AND-OR.

O termo PLD (dispositivo lógico programável) corresponde a uma nomenclatura comum utilizada para representar uma ampla gama de dispositivos que possuem siglas e nomes próprios. Por exemplo, o termo PLD pode se referir a dispositivos específicos como:

- PAL (*programmable array logic* – dispositivo de lógica programável);
- GAL (*gate array logic* – arranjo de portas programáveis);
- EPLD (*electrically programmable devices* – dispositivos eletricamente programáveis);
- IFL (*integrated fuse logic* – dispositivo lógico com fusível integrado);
- FPL (*fuse-programmable logic* – dispositivo lógico programável a fusíveis);
- PLA (*programmable logic array* – arranjo lógico programável);
- PEEL (*programmable electrically erasable logic* – dispositivo lógico programável apagável eletricamente);
- FPGA (*field-programmable gate array* – arranjo de portas programável em campo);
- CPLD (*complex programmable logic device* – dispositivo lógico programável complexo);
- SRAM FPGA (FPGA com memória RAM estática, sendo que RAM corresponde a *Random Access Memory* ou Memória de Acesso Randômico).

O termo PLD é a representação mais genérica que engloba um grupo de dispositivos lógicos programáveis utilizados na implementação da lógica digital. Entretanto, a sigla PLD é normalmente associada a dispositivos mais simples como PAL e GAL. Projetos mais complexos podem ser desenvolvidos utilizando FPLAs (*field-programmable logic arrays* – arranjos lógicos programáveis em campo). As três principais categorias de FPLAs incluem CPLDs, SRAM FPGAs e FPGAs antifusíveis. O número de portas lógicas em PLDs é limitado a centenas, enquanto FPGAs normalmente contêm milhares de portas. Se seu instrutor pedir que você programe PLDs, provavelmente serão utilizados PALs ou GALs.

›› Vantagens dos PLDs

O uso de PLDs leva à redução de custos porque é necessário um número menor de CIs para implementar um determinado circuito lógico. Ferramentas para desenvolvimento de *software* são disponibilizadas pelos fabricantes de CIs para que seja possível desenvolver projetos em PLDs. Assim, torna-se mais fácil modificar o projeto lógico. A progressiva redução dos custos de mercado dos PLDs tem motivado sua utilização, principalmente porque produtos que utilizam tais dispositivos podem ser facilmente melhorados ou modificados. PLDs são componentes bastante confiáveis e possuem baixo custo porque há diversos fabricantes disponíveis, além do fato de serem produzidos em grande escala. Consultas realizadas recentemente a endereços eletrônicos de empresas e fabricantes que vendem circuitos e dispositivos eletrônicos pela Internet mostram que o custo unitário de um PAL é inferior a um dólar, mesmo quando esses dispositivos são adquiridos em pequenas quantidades.

›› Programando PLDs

O PLD é normalmente programado pelo usuário, e não pelo fabricante. Aplicativos dedicados a sua programação são disponibilizados por diversos fabricantes de PLDs. Instituições de ensino normalmente empregam aplicativos como:

– ABEL, disponibilizado por Lattice Semiconductor Corp;

– CUPL, disponibilizado por Logical Devices, Inc.

Muitos fabricantes permitem o *download* de programas em versões limitadas para uso temporário por parte de estudantes, engenheiros e projetistas.

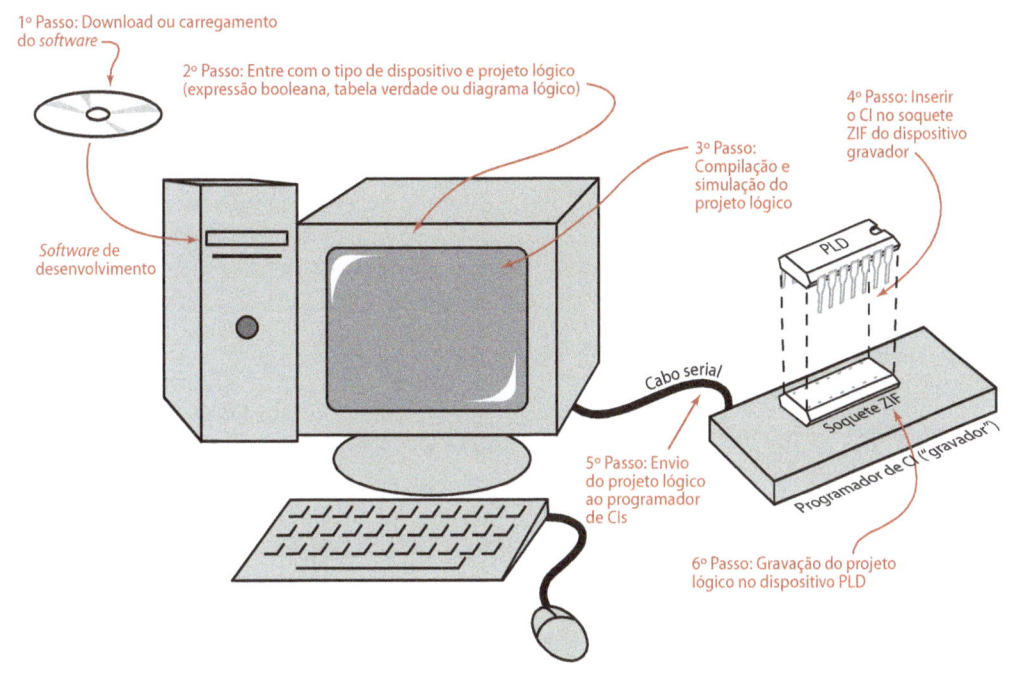

Figura 4-34 Arranjo típico utilizado na programação de um PLD.

Um arranjo comum utilizado na programação de PLDs é representado na Figura 4-34. O sistema inclui um computador pessoal (PC – *personal computer*) contendo o aplicativo próprio para programação do PLD, um programador ou gravador de CIs e um cabo serial para interconectar o gravador ao computador.

O procedimento geral para a programação é mostrado na Figura 4-34. No primeiro passo, deve-se carregar e instalar o programa no computador. No segundo passo, insere-se o código do projeto lógico no aplicativo, de modo que se deve informar qual dispositivo será utilizado na implementação do projeto como, por exemplo, o CI PAL10H8. O aplicativo permitirá que você descreva seu projeto de pelo menos três formas: (1) expressão booleana (na forma de soma de produtos), (2) tabela verdade ou (3) diagrama lógico. Entretanto, essa descrição pode ser feita de outras formas. No terceiro passo, deve-se compilar e simular o projeto para verificar sua operação adequada. No quarto passo, insere-se o CI no soquete ZIF (*zero insertion force* – esforço de inserção nulo). No quinto passo, envia-se o projeto por meio do cabo serial para o programador de CIs. Finalmente, o CI PLD será "gravado" ou programado no sexto passo. A Figura 4-34 mostra o arranjo físico e o procedimento geral a ser adotado na programação de um PLD.

» O que existe no interior do PLD?

Uma versão simplificada de um dispositivo lógico programável é mostrada na Figura 4-35(a). Note que o circuito encontra-se na forma AND-OR utilizada anteriormente para implementar uma expressão booleana na forma de soma de produtos (termos mínimos). Esse circuito lógico simples possui duas entradas e uma saída, enquanto um PLD comercial típico pode conter 12 entradas e 10 saídas, como é o caso do CI PAL12H10. O esquema da Figura 4-35(a) possui fusíveis intactos (não rompidos) utilizados na programação das portas AND. Por sua vez, a porta OR não é programável nesse dispositivo. O PLD mostrado na Figura 4-35(a) encontra-se na forma em que é disponibilizada pelo fabricante, isto é, com todos os fusíveis intactos. O PLD precisa ser programado rompendo-se propriamente os fusíveis existentes.

O PLD na Figura 4-35(b) foi programado de modo a fornecer a expressão na forma de soma de produtos (termos mínimos) $A \cdot \overline{B} + \overline{A} \cdot B = Y$. Note que a porta com quatro entradas na parte superior do diagrama (porta 1) possui dois elos fusíveis rompidos, de modo que A e $\overline{B}$ estão conectados. A porta AND 1 multiplica os termos A e $\overline{B}$. A porta AND 2 possui dois elos fusíveis rompidos, de modo que $\overline{A}$ e B estão conectados. A porta 2 multiplica os termos $\overline{A}$ e B. A porta AND 3 não é utilizada na implementação dessa expressão booleana. Todos os fusíveis desta porta estão intactos, de acordo com a Figura 4-35(b), ou seja, a saída da porta AND 3 sempre possuirá nível lógico 0, não afetando a operação final desempenhada pela porta OR. A porta OR mostrada na Figura 4-35(b) soma os termos $A \cdot \overline{B}$ e $\overline{A} \cdot B$ de forma lógica, resultando na saída Y.

No exemplo simples da Figura 4-35(b), a expressão em termos mínimos $A \cdot \overline{B} \cdot + \overline{A} \cdot B = Y$ foi implementada utilizando-se um PLD. Verifica-se na Figura 4-35(b) que a porta AND 3 não foi utilizada e sua presença parece redundante. Lembre-se que o PLD é um dispositivo lógico genérico que pode ser empregado na solução de problemas diversos, de modo que muitas vezes algumas partes do circuito não serão utilizadas. O programador de CIs mostrado na Figura 4-34 é responsável por romper ou "queimar" os fusíveis selecionados, sendo vulgarmente denominado "queimador" de PLD, embora os termos "gravador" e "programador" sejam mais adequados.

Na prática, o problema da Figura 4-35(b) não seria solucionado por um PLD. Projetistas e engenheiros devem buscar soluções com o menor custo agregado possível, de modo que a expressão $A \cdot \overline{B} + \overline{A} \cdot B = Y$ corresponde a uma porta XOR de duas entradas e essa função lógica poderia ser desempenhada por um CI comercial correspondente.

Um sistema com notação abreviada utilizado em PLDs é mostrado na Figura 4-36. Note que aparentemente todas as portas AND e OR possuem uma única entrada, quando na verdade cada porta AND possui quatro entradas e a porta OR possui três entradas. O PLD representado na Figura 4-36(a) possui todos os fusíveis intactos antes da programação. A marca "X" em uma interseção de linhas representa um fusível intacto quando se utiliza o sistema de notação abreviada.

A expressão booleana $A \cdot \overline{B} + \overline{A} \cdot B = Y$ foi implementada anteriormente na Figura 4-35 (b). A mesma expressão booleana é implementada na Figura 4-36 (b) utilizando o sistema com notação abreviada para descrever a programação do PLD. Note que um X na interseção das linhas representa um fusível intacto (não rompido), enquanto a ausência do X indica um fusível rompido (sem conexão).

A representação utilizada na Figura 4-36(a) é normalmente chamada de *mapa de fusíveis*, sendo um método gráfico para descrever a programação de um PLD. Na prática, será utilizado um computador semelhante ao da Figura 4-34 para programar o PLD, mas os mapas de fusíveis são úteis para visualizar a organização ou arquitetura interna do PLD. Esse diagrama também é útil para entender o que ocorre internamente no PLD no momento de sua programação.

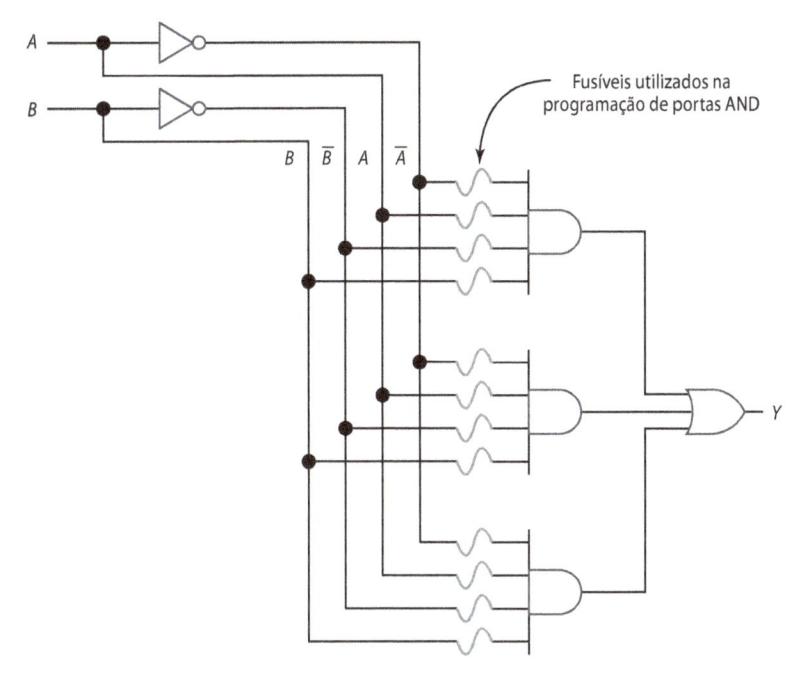

Fusíveis intactos (condição de fabricação).

(a)

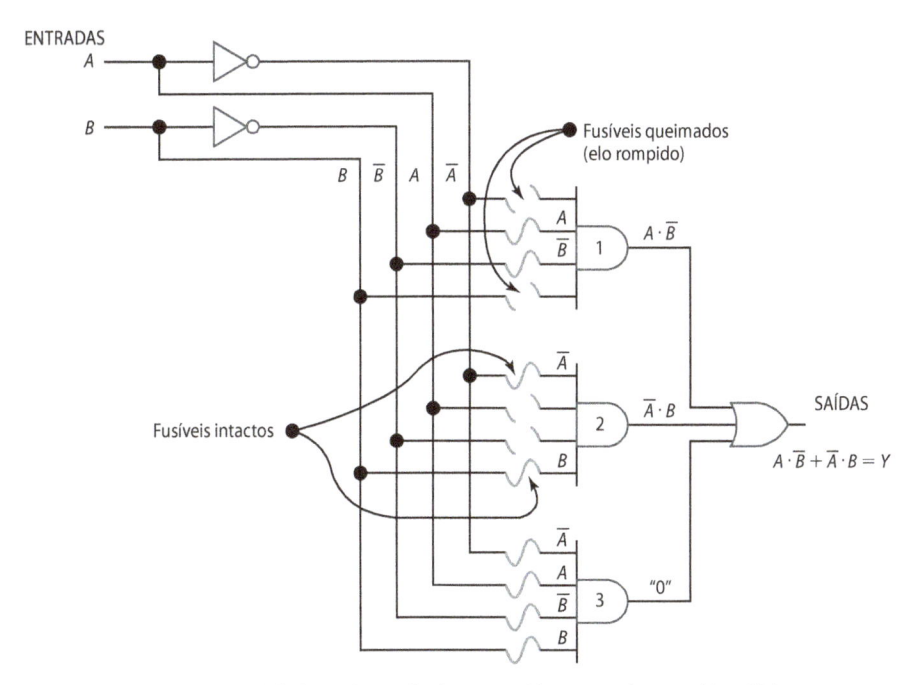

Os fusíveis selecionados foram rompidos para resolver o problema lógico.

(b)

Figura 4-35 PLD simplificado.

capítulo 4 » Combinação de portas lógicas

Todos os fusíveis estão intactos.
(a)

ENTRADAS

Fusíveis queimados (elo rompido, isto é, não há conexões).

$A \cdot \overline{B}$

$\overline{A} \cdot B$

SAÍDAS

$A \cdot \overline{B} + \overline{A} \cdot B = Y$

Fusíveis intactos (há conexão).

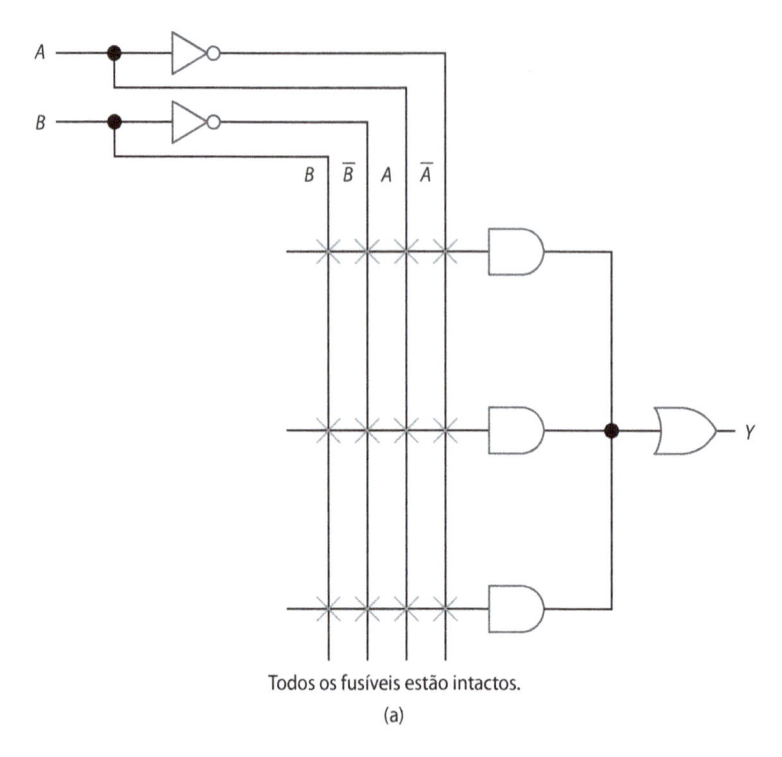

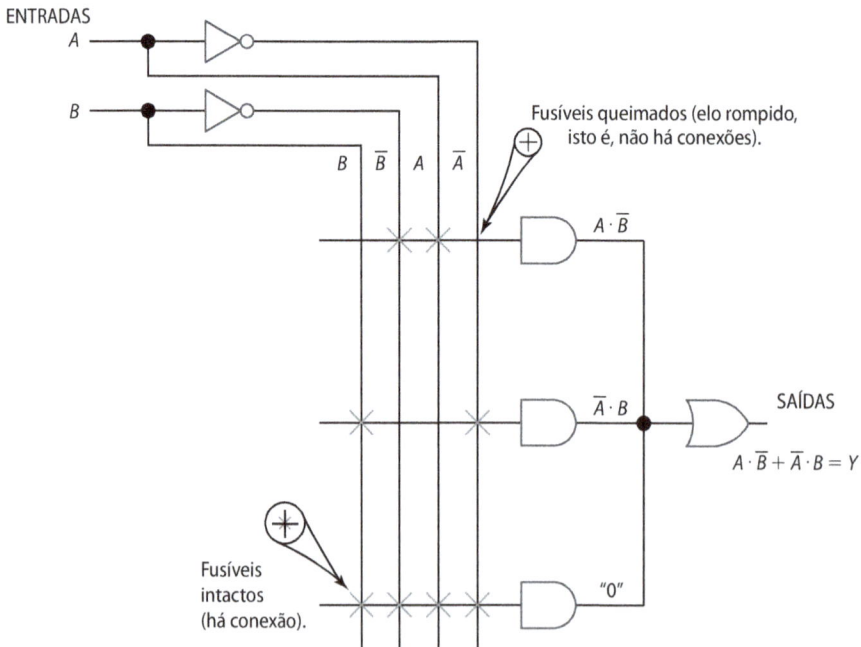

"0"

Os fusíveis selecionados foram rompidos para resolver o problema lógico.
(b)

Figura 4-36 Sistema de notação utilizado em PLDs.

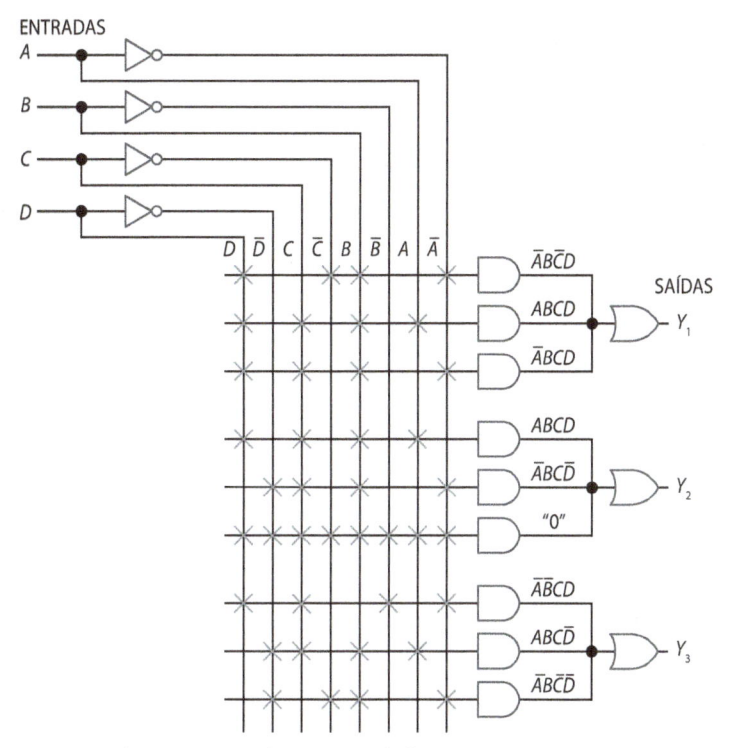

Figura 4-37 Programação de um PLD usando um mapa de fusíveis.

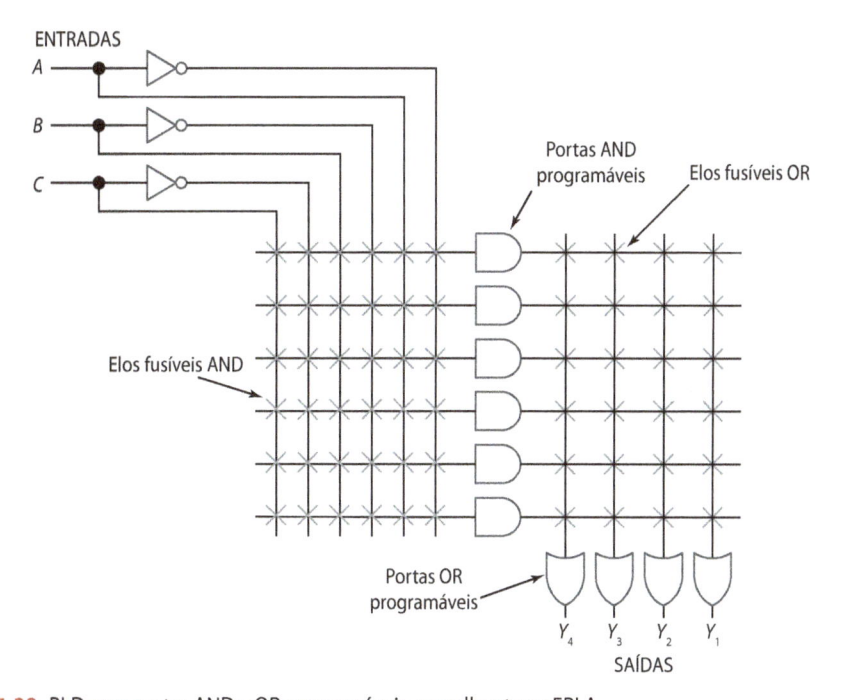

Figura 4-38 PLD com portas AND e OR programáveis, semelhante ao FPLA.

Um PLD mais complexo é mostrado na Figura 4-37, o qual possui quatro entradas e três saídas. Normalmente, decodificadores possuem várias entradas e saídas para realizar conversões entre códigos. Entretanto, o PLD da Figura 4-37 não é um produto comercial, pois sua arquitetura é demasiadamente simples.

Três problemas lógicos são resolvidos empregando-se o PLD da Figura 4-37. Primeiramente, a expressão booleana $\overline{A} \cdot B \cdot \overline{C} \cdot D + A \cdot B \cdot C \cdot D + \overline{A} \cdot B \cdot C \cdot D = Y_1$ é implementada usando o grupo de portas AND-OR na parte superior. Lembre-se que "X" no mapa representa um fusível rompido. A segunda expressão $A \cdot B \cdot C \cdot D + \overline{A} \cdot B \cdot C \cdot \overline{D} = Y_2$ é implementada utilizando-se as portas AND-OR na parte central do mapa. Note que uma das portas AND desse grupo não é necessária. Portanto, ela possui oito fusíveis intactos, gerando um nível lógico 0 que não possui efeito na saída da porta OR. A terceira expressão booleana $\overline{A} \cdot \overline{B} \cdot C \cdot D + A \cdot B \cdot C \cdot \overline{D} + \overline{A} \cdot B \cdot \overline{C} \cdot \overline{D} = Y_3$ é implementada utilizando o grupo de portas AND-OR da parte inferior do mapa.

Uma arquitetura mais complexa é mostrada na Figura 4-38, onde o PLD possui tanto portas AND quanto OR programáveis. Lembre-se que os dispositivos estudados anteriormente possuíam apenas portas AND programáveis. Ocasionalmente, esse tipo de dispositivo é denominado FPLA (arranjo lógico programável em campo). Note que todos os elos estão intactos (não rompidos) nesse exemplo simplificado.

» PLDs utilizados na prática

Primeiramente, um catálogo de CIs comerciais normalmente agrega dispositivos lógicos programáveis segundo o tipo de tecnologia utilizada pelo fabricante, como CMOS ou TTL. Depois, eles podem ser agrupados na forma de CIs programáveis uma única vez ou apagáveis, sendo que estes últimos dispositivos são apagáveis eletricamente ou por meio do uso de luz ultravioleta (UV). Por fim, os dispositivos podem ser agrupados considerando se o PLD possui saídas lógicas combinacionais ou registradoras. Tradicionalmente, PLDs são utilizados na implementação de projetos lógicos combinacionais complexos, a exemplo de decodificadores. PLDs registradores possuem ambos os tipos de portas lógicas. Além disso, há recursos próprios para a implementação de circuitos armazenadores de dados ou para o projeto de circuitos lógicos sequenciais como contadores.

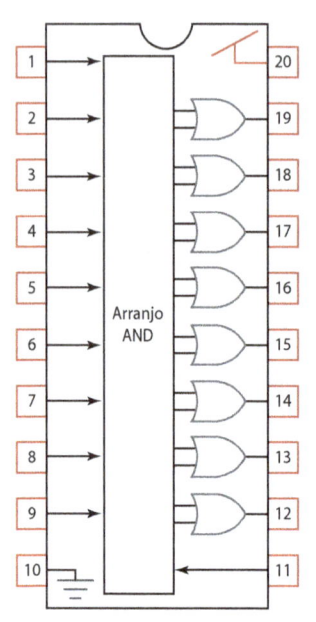

Figura 4-39 CI lógico programável PAL 10 H com um arranjo AND programável.

O CI PAL10H8 é um exemplo de um PLD comercial, sendo representado na Figura 4-39 na forma de um CI DIP com 20 pinos. O dispositivo possui 10 entradas e oito saídas em um arranjo programável de portas AND. O arranjo OR não é programável nesse dispositivo, de modo que possui saídas ativas-ALTAS. O CI PAL10H8 também se encontra disponível na forma de outros tipos de encapsulamento.

```
                    ┌─── Família tecnológica:
                    │    PAL = dispositivo com arranjo lógico
                    │    programável (programmable array logic) (TTL)
                    │    GAL = arranjo lógico genérico
                    │    (generic array logic) (E²CMOS)
                    ├─── Número de entradas do arranjo
                    │
                    ├─── Tipo de saída:
                    │      L = ativa-BAIXA      H = ativa-ALTA
                    │      C = complementar
                    │      R = registrada
                    │      P = polaridade programada
                    │      V = variável (apenas para dispositivos GAL)
                    │      Z = sistema reprogramável internamente
                    │      (apenas para dispositivos GAL)
                    │
                    ├─── Número de saídas
                    │
                    └─── Outros sufixos relacionados com a velocidade,
                         alimentação, tipo de encapsulamento e
                         faixa de temperatura

      PAL    10    L    8
```

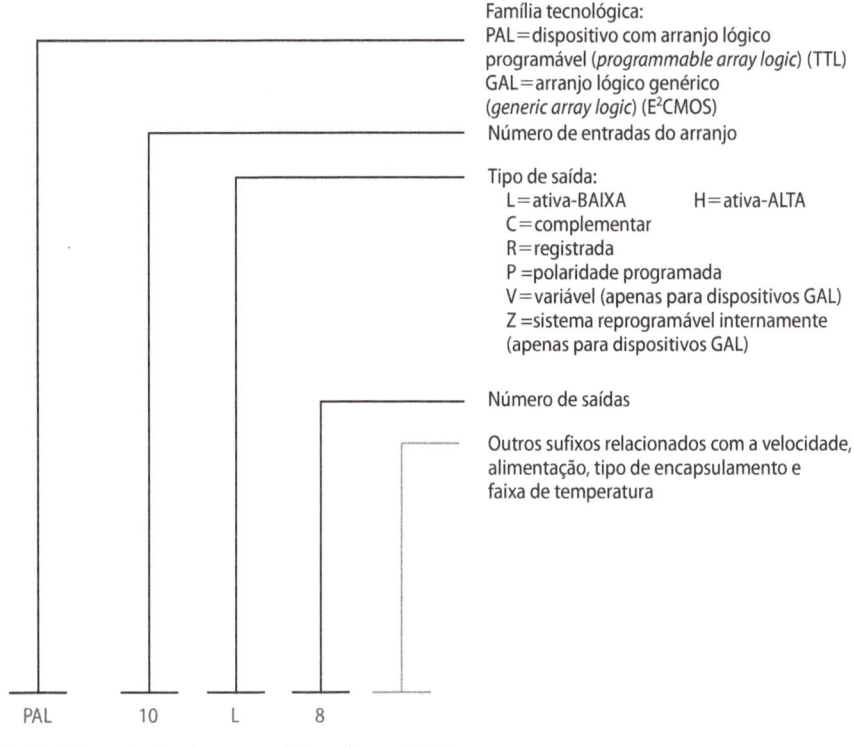

Figura 4-40 Interpretação da nomenclatura de um CI PAL.

Se a sua instituição de ensino possui dispositivos programáveis, em geral você utilizará PALs de baixo custo contendo elos fusíveis. Eventualmente, seu instrutor pode propor o uso de GALs com custo um pouco maior, embora os fusíveis sejam substituídos por células eletrônicas (utilizando tecnologia E²CMOS), as quais podem ser prontamente ligadas ou desligadas durante a programação. Dispositivos GAL são especialmente úteis porque podem ser prontamente apagados e reprogramados.

Instruções para a identificação de CIs PAL/GAL são dadas na Figura 4-40. As primeiras letras à esquerda identificam o tipo de tecnologia utilizada. Dispositivos PAL mais antigos empregam tecnologia TTL, ao passo que dispositivos mais modernos encontram-se disponíveis na forma CMOS. O próximo número à direita (nesse caso, igual a 10) representa o número de entradas existentes no arranjo AND. À direita desse número, a próxima letra (nesse caso, igual a L) identifica o tipo de saída (nesse caso, a saída é ativa-BAIXA). À direita da letra, o número seguinte (nesse caso, igual a 8) corresponde ao número de saídas. Qualquer letra adicional existente após este último número pode representar características relacionadas à velocidade/consumo de energia, tipo de encapsulamento e faixa de temperatura na qual o PLD opera. Deve-se ressaltar que essa representação pode ser adotada por alguns fabricantes. Muitos PLDs permitem que os pinos de saída do IC possam ser programados como entradas ou saídas.

Por exemplo, considere um CI DIP com 20 pinos com a inscrição PAL14H4 impressa no encapsulamento. De acordo com as instruções da Figura 4-40, esse seria um dispositivo PAL que emprega tecno-

(a) Primeiro teorema

$$\overline{A + B} = \overline{A} \cdot \overline{B}$$

(b) Exemplo – Primeiro teorema

$\overline{A + B} = Y$ = $\overline{A} \cdot \overline{B} = Y$

(c) Segundo teorema

$$\overline{A \cdot B} = \overline{A} + \overline{B}$$

(d) Exemplo – Segundo teorema

$\overline{A \cdot B} = Y$ = $\overline{A} + \overline{B} = Y$

Figura 4-42 Teoremas de De Morgan e exemplos práticos.

logia TTL com 14 entradas e 4 saídas, sendo estas últimas saídas ativas-ALTAS. Lembre-se que um PAL pode ser programado uma única vez. Folhas de dados devem ser consultadas de modo a localizar informações adicionais referentes ao CI.

Como segundo exemplo, considere um CI DIP com 20 pinos com a inscrição GAL16V8 impressa no encapsulamento. De acordo com as instruções da Figura 4-40, esse seria um dispositivo GAL que emprega tecnologia E^2CMOS com 16 entradas e 8 saídas. As saídas podem ser configuradas tanto como entradas ou saídas, devendo-se ressaltar que a tecnologia GAL utilizando E^2CMOS permite que o dispositivo seja reprogramado.

Teste seus conhecimentos (Figura 4-41)

Sobre a eletrônica

George Boole nasceu em Lincoln, Inglaterra, em 2 de novembro de 1815. Foi um matemático autodidata que inventou a simbologia lógica moderna e introduziu o cálculo com operadores lógicos. Aproximadamente em 1850, George Boole criou a álgebra booleana, que utiliza seu nome e define os princípios da teoria da lógica.

Sobre a eletrônica

Augustus De Morgan (1806-1871) nasceu na Província de Madras, Índia. Lecionou matemática na Universidade de Londres por 30 anos e publicou diversos trabalhos sobre aritmética, álgebra, trigonometria e cálculo, além de importantes tratados sobre a teoria da probabilidade e lógica formal. De Morgan apresentou relevantes contribuições ao propor os teoremas da soma de produtos e produto das somas.

» Utilizando os teoremas de De Morgan

A álgebra booleana, isto é, a álgebra dos circuitos lógicos, possui muitas leis e teoremas. Os teoremas de De Morgan são muito úteis, pois possibilitam a conversão entre as formas de termos mínimos e máximos, além de permitir que sejam eliminadas as barras longas sobrepostas a diversas variáveis lógicas.

Os teoremas de De Morgan podem ser enunciados na forma da Figura 4-42. O primeiro teorema ($\overline{A+B} = \overline{A} \cdot \overline{B}$) mostra que a barra longa no termo pode ser eliminada. Um exemplo da aplicação desse teorema é ilustrado na Figura 4-42(b), onde o símbolo lógico NOR convencional ($\overline{A+B} = Y$) é representado de forma alternativa ($\overline{A} \cdot \overline{B} = Y$).

O segundo teorema de De Morgan é enunciado na Figura 4-42(c) na forma $\overline{A \cdot B} = \overline{A} + \overline{B}$. Um exemplo da aplicação desse teorema é ilustrado na Figura 4-42(d), onde o símbolo lógico NAND convencional ($\overline{A \cdot B} = Y$) é representado de forma alternativa ($\overline{A} + \overline{B} = Y$).

Início: Expressão NAND convencional.

$$\overline{A \cdot B} = Y$$

1º Passo: Trocar todas as funções OR por AND e AND por OR.

$$\overline{A + B} = Y$$

2º Passo: Complementar cada variável individualmente (barra curta).

$$\overline{\overline{A} + \overline{B}} = Y$$

3º Passo: Complementar a função inteira (barra longa).

$$\overline{\overline{\overline{A} + \overline{B}}} = Y$$

4º Passo: Eliminar todas as barras duplas (ver marcação da figura).

$$\overline{A} + \overline{B} = Y$$

Fim: Expressão NAND alternativa.

$$\overline{A} + \overline{B} = Y$$

Figura 4-43 Utilização do segundo teorema de De Morgan para converter a representação NAND convencional em uma expressão NAND alternativa. Note que a barra longa é eliminada.

» Expressões booleanas na forma reconhecida por aplicativos computacionais

As barras longas em expressões booleanas (por exemplo, $\overline{A \cdot B}$) são de difícil representação em aplicativos computacionais. Por exemplo, a expressão $\overline{A \cdot B}$ seria representada na forma (AB)'. O apóstrofo exterior ao parêntese corresponde a uma barra longa. Agora, considere a expressão $A \cdot B \cdot \overline{C} + \overline{A} \cdot \overline{B} \cdot \overline{C} = Y$. A representação equivalente dessa expressão seria ((ABC') + (A'B'C')). A representação convencional da função NOR é $\overline{A+B}$, enquanto a forma (A+B)' seria empregada em um aplicativo computacional. Não se surpreenda ao trabalhar com conversões entre expressões em termos mínimos e máximos utilizando circuitos de simulação. Por exemplo, a representação NAND convencional ($\overline{A \cdot B}$) pode ser convertida em uma notação alternativa (A'+B'), pois aplicativos computacionais empregam os teoremas de De Morgan para realizar tais conversões.

» Conversões entre expressões booleanas em termos mínimos e termos máximos

Quatro passos são necessários para converter uma expressão booleana na forma de termos mínimos

Início: Expressão em termos do produto das somas.

$$\overline{(\overline{A} + \overline{B} + \overline{C}) \cdot (A + B + \overline{C})} = Y$$

1º Passo: Trocar todas as funções OR por AND e AND por OR.

$$\overline{\overline{A} \cdot \overline{B} \cdot \overline{C} + A \cdot B \cdot \overline{C}} = Y$$

2º Passo: Complementar cada variável individualmente (barra curta).

$$\overline{\overline{\overline{A}} \cdot \overline{\overline{B}} \cdot \overline{\overline{C}} + \overline{A} \cdot \overline{B} \cdot \overline{\overline{C}}} = Y$$

3º Passo: Complementar a função inteira (barra longa).

$$\overline{\overline{\overline{\overline{A}} \cdot \overline{\overline{B}} \cdot \overline{\overline{C}} + \overline{A} \cdot \overline{B} \cdot \overline{\overline{C}}}} = Y$$

4º Passo: Eliminar todas as barras duplas (ver marcação da figura).

$$\overline{\overline{\overline{A}} \cdot \overline{\overline{B}} \cdot \overline{\overline{C}} + \overline{A} \cdot \overline{B} \cdot \overline{\overline{C}}} = Y$$

Fim: Expressão em termos da soma de produtos.

$$A \cdot B \cdot C + \overline{A} \cdot \overline{B} \cdot C = Y$$

Figura 4-44 Utilização dos teoremas de DeMorgan para converter uma expressão em termos de produto das somas para soma de produtos. Note que a barra longa é eliminada.

para máximos, baseados no teorema de De Morgan e descritos a seguir:

Passo 1. Trocar todas as funções OR por AND e AND por OR.

Passo 2. Complementar cada variável individualmente (adicionando barras curtas a cada uma delas).

Passo 3. Complementar a função inteira (adicionando uma barra longa à função completa).

Passo 4. Eliminar todos os grupos de barras duplas.

Como exemplo, considere a conversão da função NAND na forma convencional ($\overline{A \cdot B} = Y$) para a forma alternativa ($\overline{A} + \overline{B} = Y$). Siga os quatro passos na Figura 4-43 para se familiarizar com o procedimento, ao final do qual a expressão será representada por $\overline{A} + \overline{B} = Y$, ou $A' + B' = Y$ caso se utilize um aplicativo computacional.

Agora, utilizaremos o procedimento supracitado para converter uma expressão em termos máximos mais complexa na sua forma equivalente em termos mínimos. Lembre-se que essas conversões são normalmente realizadas para eliminar as barras longas existentes na expressão booleana. O novo exemplo mostrado na Figura 4-44 converterá a expressão em termos máximos $\overline{(\overline{A} + \overline{B} + \overline{C}) \cdot (A + B + \overline{C})} = Y$ na forma equivalente em termos mínimos. Siga cuidadosamente o procedimento descrito na Figura 4-44. O resultado da expressão será $A \cdot B \cdot C + \overline{A} \cdot \overline{B} \cdot C = Y$, que desempenha estritamente a mesma função lógica que a expressão $\overline{(\overline{A} + \overline{B} + \overline{C}) \cdot (A + B + \overline{C})} = Y$. O resultado pode ser representado como $A \cdot B \cdot C + \overline{A} \cdot \overline{B} \cdot C = Y$, ou $ABC + A'B'C = Y$ caso se utilize um aplicativo computacional na conversão da expressão.

Deve-se compreender que os diagramas lógicos que representam as expressões booleanas $\overline{(\overline{A} + \overline{B} + \overline{C}) \cdot (A + B + \overline{C})} = Y$ e $A \cdot B \cdot C + \overline{A} \cdot \overline{B} \cdot C = Y$ possuem aspectos distintos, mas geram a mesma tabela verdade. Diz-se também que ambos os circuitos desempenham a mesma função lógica.

Em suma, os teoremas de De Morgan são úteis na conversão entre expressões booleanas em termos mínimos para termos máximos e vice-versa, de modo que essa conversão normalmente é realizada para eliminar as barras longas existentes. Uma segunda razão para a utilização dos teoremas de De Morgan é a comparação entre diagramas lógicos, de modo que um determinado circuito pode ser mais simples que o outro.

Teste seus conhecimentos

Tabela verdade

ENTRADAS			SAÍDAS		
A	B	C	vermelho Y1	verde Y2	amarelo Y3
0	0	0	1	1	1
0	0	1	0	1	1
0	1	0	0	0	1
0	1	1	0	0	1
1	0	0	0	0	0
1	0	1	0	1	1
1	1	0	0	0	0
1	1	1	1	1	0

(a)

(b)

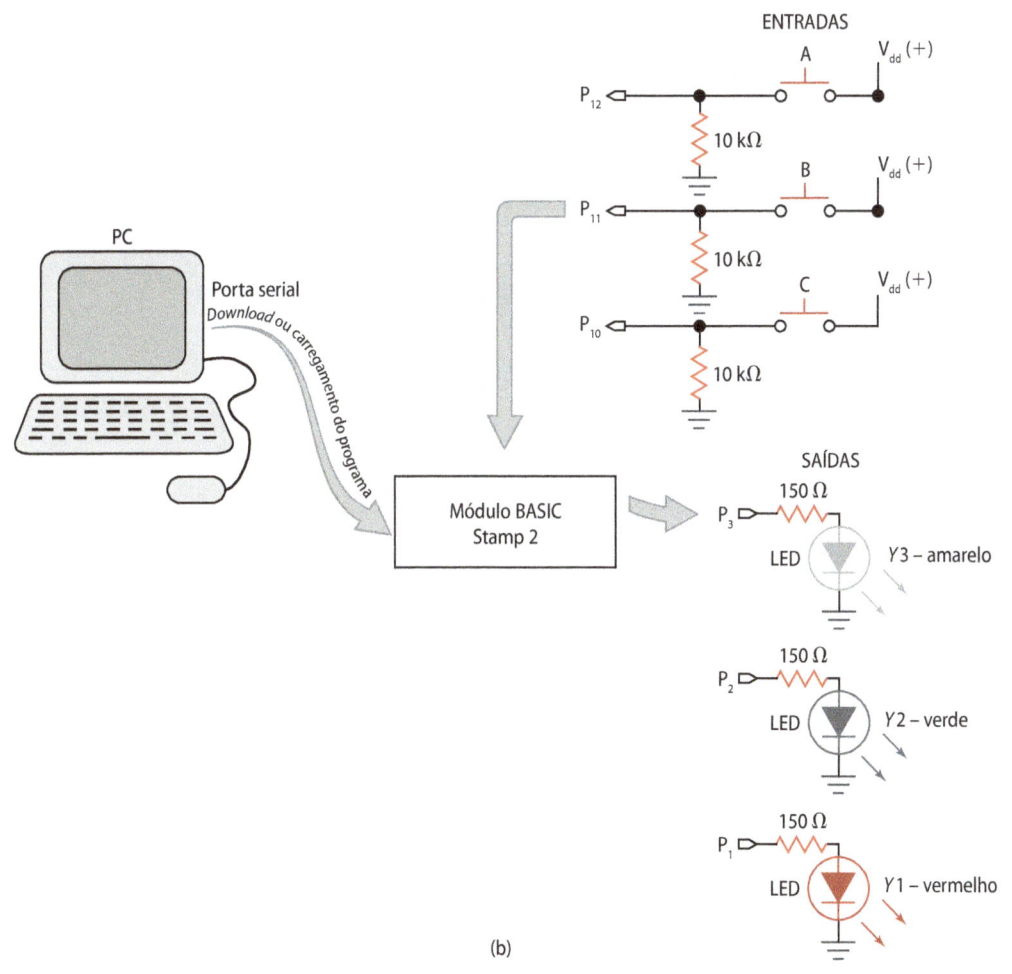

Figura 4-45 Problema lógico com três entradas e três saídas. (a) Tabela verdade. (b) Circuito utilizando o módulo BASIC Stamp 2.

›› Resolvendo um problema lógico (Módulo BASIC Stamp)

É comum programar funções lógicas utilizando *software*. Nesta seção, resolveremos problemas lógicos combinacionais utilizando uma linguagem de programação de alto nível denominada PBASIC (versão BASIC utilizada pelo fabricante Parallax, Inc.). O dispositivo programável a ser utilizado é o módulo microcontrolador BASIC Stamp BS2 fabricado por Parallax, Inc. O arranjo inclui o módulo BS2, um computador, um cabo serial para carregamento do programa e dispositivos eletrônicos diversos (chaves, resistores e LEDs).

A tabela verdade na Figura 4-45(a) corresponde ao problema lógico que será resolvido. A partir da tabela verdade, verifica-se que aparentemente há três problemas lógicos distintos correspondendo às saídas Y1, Y2 e Y3. O diagrama esquemático da Figura 4-45(b) mostra três chaves de entrada ativas-ALTAS (A, B e C) e três dispositivos indicadores de saída (LEDs). O dispositivo programável utilizado na resolução do problema é o módulo microcontrolador BASIC Stamp 2.

O procedimento utilizado para resolver o problema lógico com o módulo BASIC Stamp 2 é detalhado a seguir.

1. Observe a Figura 4-45(b). Conecte as três chaves de entradas às portas P10, P11 e P12. Conecte os LEDs indicadores de saída vermelho, verde e amarelo juntamente com os respectivos resistores limitadores de corrente às portas P1, P2 e P3 do módulo BASIC Stamp BS2. As portas serão definidas como entradas ou saídas no programa PBASIC.

2. Execute o programa editor de texto PBASIC (versão para o CI BS2) no computador e digite o código fonte do programa chamado **'Problema lógico com três entradas e três saídas**, conforme mostra o quadro na página 129.

3. Conecte um cabo serial interligando o computador à placa que contém o controlador BASIC STAMP 2 (a exemplo dos módulos didáticos da Parallax, Inc.).

4. Com o módulo BASIC STAMP 2 ativo, descarregue seu programa PBASIC a partir do computador usando o comando RUN.

5. Desconecte o cabo serial do computador e do módulo BS2.

6. Teste o programa pressionando as chaves de entrada (A, B e C) e observe os estados das saídas (LEDs vermelhos, verde e amarelo). O programa PBASIC armazenado na memória do módulo BASIC Stamp 2 será iniciado sempre que o CI BS2 estiver ligado.

›› Programa PBASIC – Problema lógico com três entradas e três saídas

Considere o programa PBASIC intitulado **'Problema lógico com três entradas e três saídas**. A linha 1 começa com um apóstrofo ('). Isso quer dizer que todo o texto após esse caractere representa um comentário, normalmente utilizado para explicar funções do programa. Deve-se ressaltar que os comentários não são executados pelo microcontrolador. As linhas 2-7 são o código que representa a declaração de variáveis que serão posteriormente utilizadas pelo programa. Por exemplo, a linha 2 apresenta **A VAR Bit**, dizendo ao programa que A é o nome de uma variável que armazenará apenas um *bit* (0 ou 1). As linhas 8-13 declaram quais portas serão utilizadas como entradas ou saídas. Por exemplo, tem-se na linha 9 o código **INPUT 11**, de modo que o microcontrolador utilizará a porta 11 (P11) como uma entrada. Na linha 9, há o código **OUTPUT 1**, ou seja, a porta 1 será empregada como saída. Note que o código da linha 9 é seguido pelo comentário **'Declare a porta 1 como a saída Y1 (LED vermelho)**. Embora não sejam necessários, tais comentários ajudam a compreender o propósito das linhas do programa.

Agora considere a rotina principal que se inicia com a linha de código **CkAllSwit:** (L14). Em PBASIC, qualquer linha de código seguida por dois pontos (:) é chamada de rótulo ou *label*, que corresponde a um ponto de referência do programa que localiza o início de uma rotina.

No **'Problema lógico com três entradas e três saídas**, o rótulo **CkAllSwit:** é o ponto inicial da rotina principal utilizada para verificar a condição das chaves de entrada A, B e C. Então, a expressão booleana que utiliza as variáveis A, B e C é testada. A rotina **CkAllSwit:** repete-se continuamente porque as linhas 29 ou 38 (**GOTO CkAllSwit**) sempre levarão o programa ao início da rotina principal **CkAllSwit:**.

As linhas 15-17 inicializam ou desligam todos os LEDs de saída. Por exemplo, o código **OUT1=0** faz com que o nível da porta 1 (P1) do CI BS2 torne-se BAIXO. As linhas 18-20 atribuem os valores binários atuais nas portas 10 (P10), 11 (P11) e 12 (P12) às variáveis C, B e A. Por exemplo, se todas as chaves de entrada são pressionadas, então todas as variáveis A, B e C possuirão nível lógico 1.

A linha 21 do programa PBASIC é um código que testa a expressão booleana **Y1=(A&B&C)|(~A&~B&C)**. Por exemplo, se todas as entradas são ALTAS, então tem-se Y1=1, de acordo com a última linha da tabela verdade da Figura 4-45. A linha 22 é um código do tipo **IF-THEN**, utilizado na tomada de decisões.

Se Y1=1, então o código **IF Y1=1 THEN Red** levará à execução do rótulo **Red:**, isto é, a subrotina que acende o LED vermelho. Se Y1=0, então a primeira parte do código **IF Y1=1 THEN Red** é falsa, levando o programa a executar a próxima linha (L23).

A subrotina **Red:** no programa PBASIC chamado **'Problema lógico com três entradas e três saídas** faz com que a porta 1 (P1) do CI BS2 se torne ALTA usando o código **OUT=1**, de modo que o LED vermelho é aceso. A linha 32 (**GOTO CkGreen**) leva o programa novamente para o rótulo **CkGreen:** (linhas 23 a 25).

Após o programa PBASIC ser carregado no módulo BASIC Stamp BS2, o arranjo mostrado na Figura 4-45(b) desempenhará a função lógica designada pela tabela verdade da Figura 4-45(a). Assim, você programou as funções lógicas de uma tabela verdade em um módulo microcontrolador.

O programa PBASIC **'Problema lógico com três entradas e três saídas** será executado continuamente enquanto o módulo BASIC Stamp 2 estiver ligado. Assim, o programa PBASIC é mantido na memória EEPROM para uso futuro. Ao desligar e ligar novamente o módulo BS2, o programa será reinicializado. Ao carregar um novo programa para o módulo BASIC Stamp, este será executado, enquanto o código antigo será apagado.

'Programa lógico com três entradas e três saídas		'Título do programa (Figura 4-45)	L1
A	VAR Bit	'Declare A como uma variável de 1 *bit*	L2
B	VAR Bit	'Declare B como uma variável de 1 *bit*	L3
C	VAR Bit	'Declare C como uma variável de 1 *bit*	L4
Y1	VAR Bit	'Declare uma variável Y1 de 1 *bit*.	L5
Y2	VAR Bit	'Declare uma variável Y2 de 1 *bit*.	L6
Y3	VAR Bit	'Declare uma variável Y3 de 1 *bit*.	L7
INPUT 10		'Declare a porta P10 como entrada	L8
INPUT 11		'Declare a porta P11 como entrada	L9
INPUT 12		'Declare a porta P12 como entrada	L10
OUTPUT 1		'Declare a porta 1 como saída (LED vermelho)	L11
OUTPUT 2		'Declare a porta 2 como saída (LED verde)	L12
OUTPUT 3		'Declare a porta 3 como saída (LED amarelo)	L13
CkAllSwit:		'Nome da rotina principal	L14
OUT1=0		'Inicialização: porta 1 em 0, LED vermelho desligado	L15
OUT2=0		'Inicialização: porta 2 em 0, LED verde desligado	L16
OUT3=0		'Inicialização: porta 3 em 0, LED amarelo desligado	L17
A=IN12		'Atribuição de valor: entrada da porta 12 à variável A	L18
B=IN11		'Atribuição de valor: entrada da porta 11 à variável B	L19
C=IN10		'Atribuição de valor: entrada da porta 10 à variável C	L20
Y1=(A&B&C)|(~A&~B&~C)		'Atribuição do valor da expressão à variável Y1	L21
If Y1=1 THEN Red		'se Y=1, executa a subrotina "Red", ou senão vai para a próxima linha.	L22
CkGreen:			L23
Y2=(~A&~B)|(A&C)		'Atribuição do valor da expressão à variável Y2	L24
If Y2=1 THEN Green		'se Y2=1, executa a subrotina "Green", ou senão vai para a próxima linha.	L25
CkYellow:			L26
Y3=(~A)|(~B&C)		'Atribuição do valor da expressão à variável Y3	L27
If Y3=1 THEN Yellow		'se Y3=1, executa a subrotina "Yellow", ou senão vai para a próxima linha.	L28
GOTO CkAllSwit		'Vai para a inicialização da rotina principal CkAllSwit	L29
Red:		'Nome da rotina que acende o LED vermelho usando um nível lógico ALTO.	L30
OUT1=1		'A saída P1 torna-se ALTA acendendo o LED vermelho.	L31
GOTO CkGreen		'Vai para a rotina CkGreen:	L32
Green:		'Nome da rotina que acende o LED verde usando um nível lógico ALTO.	L33
OUT2=1		'A saída P2 torna-se ALTA acendendo o LED verde.	L34
GOTO CkYellow		'Vai para a rotina CkYellow:	L35
Yellow:		'Nome da rotina que acende o LED amarelo usando um nível lógico ALTO.	L36
OUT3=1		'A saída P3 torna-se ALTA acendendo o LED amarelo.	L37
GOTO CkAllSwit		'Vai para a rotina CkAllSwit:	L38

Teste seus conhecimentos

RESUMO E REVISÃO DO CAPÍTULO

Resumo

1. A combinação de portas lógicas em circuitos lógicos combinacionais derivados a partir de expressões booleanas consiste em um conhecimento indispensável para a maioria dos técnicos e engenheiros.
2. Profissionais que lidam com eletrônica digital devem possuir conhecimentos sólidos acerca de símbolos de portas lógicas, tabelas verdades e expressões booleanas, devendo ser capazes de convertê-las entre si.
3. A expressão booleana em termos mínimos (na forma de soma de produtos) assemelha-se a expressão da Figura 4-46(a). A expressão booleana $A \cdot B + \overline{A} \cdot \overline{C} = Y$ seria representada pelo circuito da Figura 4-46(b).
4. O padrão de conexão das portas lógicas mostradas na Figura 4-46(b) é denominado circuito lógico AND-OR.
5. A expressão booleana em termos máximos (na forma de produto das somas) assemelha-se à expressão da Figura 4-46(c). A expressão booleana $(A + \overline{C}) \cdot (\overline{A} + B) = Y$ seria representada pelo circuito da Figura 4-46(d), sendo este um circuito lógico AND-OR.
6. Um mapa de Karnaugh é um método conveniente para simplificar expressões booleanas.
7. Circuitos lógicos AND-OR podem ser facilmente implementados utilizando apenas portas NAND, como mostra a Figura 4-47.
8. Seletores de dados consistem em um método simples existente em um encapsulamento único para muitos problemas lógicos. Seletores de dados com custo reduzido podem ser empregados quando se utiliza a técnica do dobramento.
9. Simulações computacionais podem realizar conversões entre expressões booleanas, tabelas verdades e diagramas lógicos de forma simples e precisa. As simulações também permitem a simplificação das expressões booleanas.
10. Dispositivos lógicos programáveis (PLDs) são soluções existentes em um encapsulamento

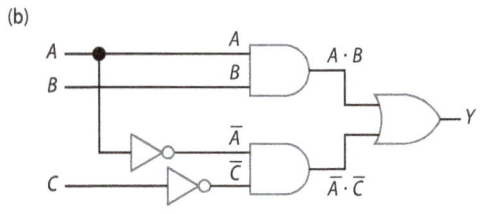

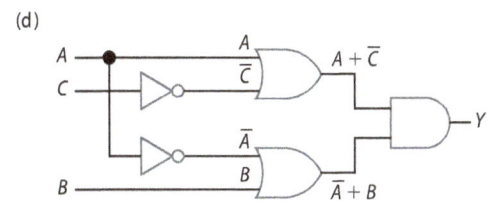

Figura 4-46 (a) Expressão em termos mínimos. (b) Circuito lógico AND-OR. (c) Expressão booleana em termos máximos. (b) Circuito lógico OR-AND.

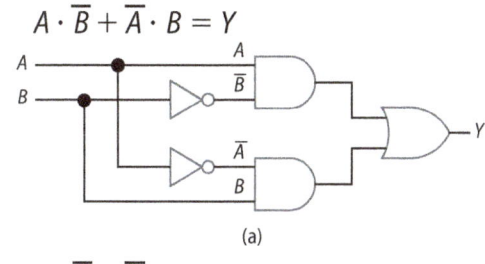

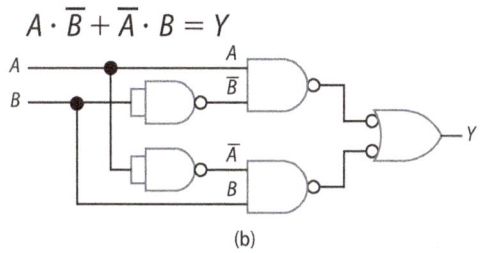

Figura 4-47 (a) Circuito lógico AND-OR. (b) Circuito lógico NAND-NAND equivalente.

único que possuem custo reduzido, sendo capazes de resolver muitos problemas lógicos complexos. Neste capítulo, PLDs simples foram empregados para resolver problemas lógicos combinacionais, embora possam ser aplicados em projetos lógicos sequenciais.

11. Os teoremas de De Morgan são úteis na conversão de expressões booleanas em termos mínimos para termos máximos e vice-versa.

12. Computadores representam expressões booleanas de forma distinta, de modo que a expressão $\overline{\overline{A} \cdot B} = Y$ corresponde a $(A'B)' = Y$.

13. Módulos BASIC Stamp são dispositivos baseados em microcontroladores que podem gerar muitas funções lógicas. São programados utilizando expressões booleanas, de modo que os programas são carregados no módulo BASIC Stamp a partir de um micromputador. Ao se desconectar o cabo serial que os interliga, o módulo BASIC Stamp executará o problema lógico.

14. A expressão booleana tradicional $\overline{A} \cdot \overline{B} + B \cdot C = Y$ seria representada em código PBASIC como Y=(~A&~B)|(B&C), de modo que sua função lógica correspondente seria desempenhada pelo módulo BASIC Stamp.

Questões de revisão do capítulo (Figura 4-48 à 4-54)

Questões de pensamento crítico

4.1 Uma expressão booleana em termos mínimos utiliza qual padrão de portas lógicas em sua implementação?

4.2 Uma expressão booleana em termos máximos utiliza qual padrão de portas lógicas em sua implementação?

4.3 Simplifique a expressão $\overline{A} \cdot \overline{B} \cdot \overline{C} \cdot \overline{D} \cdot + \overline{A} \cdot \overline{B} \cdot \overline{C} \cdot D + \overline{A} \cdot B \cdot \overline{C} \cdot \overline{D} \cdot + \overline{A} \cdot B \cdot \overline{C} \cdot D + A \cdot \overline{B} \cdot \overline{C} \cdot \overline{D} + A \cdot \overline{B} \cdot \overline{C} \cdot D + A \cdot \overline{B} \cdot C \cdot D = Y$.

4.4 Você acha que é possível desenvolver uma expressão em termos máximos (produto das somas) a partir de uma tabela verdade?

4.5 O mapa de Karnaugh mostrado na Figura 4-18(b) pode ser utilizado para simplificar expressões booleanas em termos mínimos ou máximos?

4.6 Um problema lógico com cinco variáveis pode ser resolvido utilizando um seletor de dados 1 de 16 empregando qual técnica?

4.7 Uma tabela verdade com seis variáveis possui quantas combinações?

4.8 Escreva expressão booleana $\overline{A} \cdot \overline{B} \cdot C + A \cdot B \cdot \overline{C} + A \cdot \overline{B} \cdot C = Y$ como se estivesse inserindo-a em um aplicativo computacional.

4.9 Escreva a expressão booleana em termos máximos para o diagrama da Figura 4-55.

4.10 Utilizando os teoremas de De Morgan (ou aplicativo de simulação de circuitos), escreva a expressão booleana em termos mínimos que descreve a função lógica do circuito da Figura 4-55. Dica: Utilize a expressão booleana em termos máximos desenvolvida na Questão 4-9.

4.11 Escreva a tabela verdade com três variáveis que desempenha a função lógica do circuito da Figura 4-55. Dica: Utilize a expressão booleana em termos máximos desenvolvida na Questão 4-10.

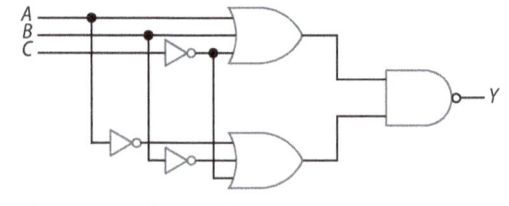

Figura 4-55 Circuito lógico.

Respostas dos testes

capítulo 5

Especificações de CIs e interfaceamento simples

Objetivos deste capítulo

» Determinar níveis lógicos TTL e CMOS utilizando diagramas de perfil de tensão.

» Analisar determinadas especificações de CIs TTL e CMOS, como tensões de entrada e de saída, margem de ruído, capacidade de corrente, *fan-in*, *fan-out*, atraso de propagação e consumo de energia.

» Citar diversas precauções que devem ser tomadas ao se projetar e lidar com CIs CMOS.

» Reconhecer diversas interfaces com chaves simples e utilizar circuitos antitrepidação em CIs TTL e CMOS.

» Analisar circuitos de interfaceamento para LEDs e lâmpadas incandescentes usando CIs TTL e CMOS.

» Desenhar circuitos de interfaceamento TTL-CMOS e CMOS-TTL.

» Descrever a operação de circuitos de interfaceamento para campainhas, relés, motores e solenoides utilizando CIs TTL e CMOS.

» Analisar circuitos de interfaceamento utilizando optoisoladores.

» Citar as características primárias e funções de um motor de passo.

» Descrever a operação de circuitos de acionamento de motores de passo.

» Utilizar termos como fornecimento de corrente e drenagem de corrente.

» Descrever sucintamente a operação de um servomotor utilizando a modulação por largura de pulso (PWM).

» Caracterizar a operação de um sensor de efeito Hall, bem com sua aplicação em um dispositivo chamado chave de efeito Hall.

» Demonstrar o interfaceamento entre uma chave de efeito Hall em coletor aberto com CIs TTL e CMOS, assim como o interfaceamento com LEDs.

» Demonstrar o interfaceamento simples usando o módulo microcontrolador BASIC Stamp.

» Encontrar problemas em um circuito lógico simples.

A força motriz impulsionando o uso cada vez mais intenso dos circuitos digitais é a disponibilidade de várias FAMÍLIAS LÓGICAS. Circuitos integrados em uma família lógica são projetados para serem interfaceados entre si facilmente. Por exemplo, pode-se conectar a saída de um dispositivo lógico TTL à entrada de outro sem a necessidade de componentes adicionais. Assim, o projetista pode ter certeza de que a conexão desses CIs é confiável. O interfaceamento entre famílias lógicas e CIs digitais com os dispositivos do "mundo real" é um pouco mais complexo. O INTERFACEAMENTO corresponde ao projeto de interconexões entre circuitos capazes de adaptar níveis de tensão e corrente, de modo a torná-los compatíveis. Engenheiros e técnicos que trabalham com circuitos digitais devem possuir conhecimentos básicos sobre técnicas de interfaceamento. A maioria dos circuitos digitais torna-se inútil sem a existência de uma interface adequada com os dispositivos do "mundo real".

» Níveis lógicos e margem de ruído

Em qualquer campo da eletrônica, a maioria dos técnicos e engenheiros começa a analisar um novo dispositivo considerando características como tensão, corrente, resistência ou impedância. Nesta seção, apenas as características de tensão serão estudadas.

» Níveis lógicos

Como um nível lógico 0 (BAIXO) e um nível lógico 1 (ALTO) são definidos? A Figura 5-1 mostra um inversor (como o CI 7404) da família lógica TTL. Os fabricantes especificam que a tensão de entrada BAIXA deve corresponder a um nível entre GND e 0,8 V para que o dispositivo opere adequadamente. Por outro lado, um nível ALTO corresponde a uma tensão entre 2,0 e 5,5 V. A região entre 0,8 V e 2,0 V é a área indefinida ou região indeterminada. Portanto, uma entrada de 3,2 V é ALTA, ao passo que uma entrada de 0,5 V é BAIXA. Uma entrada de 1,6 V encontra-se na região indefinida, que deve ser evitada para evitar a obtenção de resultados imprevisíveis na saída.

As saídas esperadas para o inversor TTL são mostradas à direita na Figura 5-1. Uma saída BAIXA típica é aproximadamente igual a 0,1 V. Uma saída ALTA típica pode corresponder a aproximadamente 3,5 V. Entretanto, considera-se que níveis de tensão a partir de 2,4 V podem ser saídas ALTAS, de acordo com a Figura 5-1. A saída ALTA depende apenas do valor da resistência de carga adotada na saída do dispositivo. Quanto maior for a corrente de carga, menor será a tensão de saída ALTA. A região não sombreada à direita da Figura 5-1 é a região indefinida para a tensão de saída, de modo que podem ocorrer inconsistências no circuito se a tensão de saída se encontrar na faixa entre 0,4 V e 2,4 V.

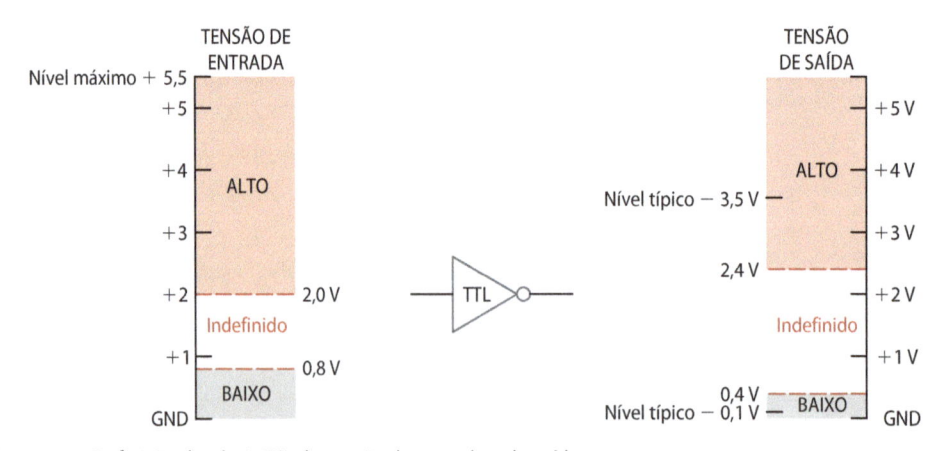

Figura 5-1 Definição de níveis TTL de tensão de entrada e de saída.

Os níveis lógicos ALTO e BAIXO definidos na Figura 5-1 são válidos para um dispositivo TTL. Por outro lado, essas tensões são diferentes para outras famílias lógicas.

As séries de famílias lógicas CMOS 4000 e 74C00 operam ao longo de uma ampla faixa da tensão de alimentação (de $+3$ a $+15$ V). A definição dos níveis ALTO e BAIXO para um inversor CMOS típico é dada na Figura 5-2(a). Uma tensão de alimentação de $+10$ V é considerada neste diagrama.

O inversor CMOS da Figura 5-2(a) reconhecerá qualquer tensão de entrada entre 70% e 100% de V_{DD} (nesse caso, igual a 10 V) como um nível ALTO. Da mesma forma, qualquer tensão entre 0% e 30% de V_{DD} será um nível BAIXO de entrada para as séries 4000 e 74C00.

As tensões de saída típicas para CIs CMOS são mostradas na Figura 5-2 (a). Estes valores praticamente se encontram nos limites de tensão da fonte de alimentação. Neste exemplo, uma saída ALTA corresponde a aproximadamente $+10$ V, enquanto uma saída BAIXA é representada por aproximadamente 0 V ou GND.

A série 74HC00, assim como as séries mais recentes 74AC00 e 74ACQ00, opera com tensões de alimentação mais baixas (de $+2$ a $+6$ V) que séries mais antigas de CIs CMOS como 4000 e 74C00. As características das tensões de entrada e saída são resumidas no diagrama de perfil de tensão da Figura 5-2(b). A definição dos níveis ALTO e BAIXO para a entrada e para a saída é praticamente a mesma para as séries 74HC00, 74AC00 e 74ACQ00, de forma semelhante às séries 4000 e 74C00. Isso pode ser compreendido a partir da comparação entre as figuras 5-2(a) e (b).

A série 74HCT00 e as séries mais recentes 74ACT00, 74ACTQ00, 74FCT00 e 74FCTA00 são projetadas para operar com tensões de alimentação de $+5$ V, de forma semelhante aos CIs TTL. A função dos CIs das séries 74HCT00, 74ACT00, 74ACTQ00, 74FCT00, 74FCTA00 é permitir o interfaceamento entre dispositivos TTL e CMOS. Esses CIs CMOS possuem o identificador "T" na nomenclatura, de modo que podem substituir muitos CIs TTL diretamente.

O diagrama do perfil de tensão para as séries de CIs CMOS 74HCT00, 74ACT00, 74ACTQ00, 74FCT00 e 74FCTA00 é mostrado na Figura 5-2(c). Note que a definição de níveis BAIXO e ALTO para a tensão de entrada é a mesma utilizada em CIs TTL bipolares convencionais, o que pode ser constatado a partir da comparação entre as Figuras 5-1 e 5-2(c). Os perfis de tensão de saída para todos os CIs CMOS são semelhantes. Em resumo, a série "T" de CIs CMOS possui características de tensão de entrada normalmente TTL e saída CMOS.

» Margem de ruído

As **VANTAGENS DOS CIs CMOS** que são citadas com mais frequência são o menor consumo de energia e maior imunidade a ruídos. A **IMUNIDADE A RUÍDOS** é a insensibilidade ou tolerância de um circuito a tensões indesejadas ou ruídos. Em circuitos digitais, esse termo também é conhecido como **MARGEM DE RUÍDO**.

As margens de ruído para famílias lógicas TTL e CMOS típicas são comparadas na Figura 5-3, onde se constata que a margem é muito maior para os CIs CMOS. Isto é, pode-se introduzir ruídos desejados de até 1,5 V na entrada CMOS sem que sejam obtidos resultados imprevisíveis.

RUÍDOS em sistemas digitais são tensões indesejáveis induzidas em cabos de conexão e trilhas de placas de circuito impresso que podem afetar os níveis lógicos de entrada, causando eventuais falhas de operação na saída.

Considere o diagrama da Figura 5-4. As regiões BAIXA, ALTA e indefinida correspondem a entradas TTL. Se a tensão de entrada real é 0,2 V, então a margem de segurança entre essa tensão e a região indefinida é 0,6 V (0,8 $-$ 0,2 $=$ 0,6 V). Essa diferença é denominada margem de ruído. Em outras palavras, é necessário que uma tensão superior a 0,6 V seja adicionada ao nível BAIXO para que a tensão de entrada seja levada à região indefinida.

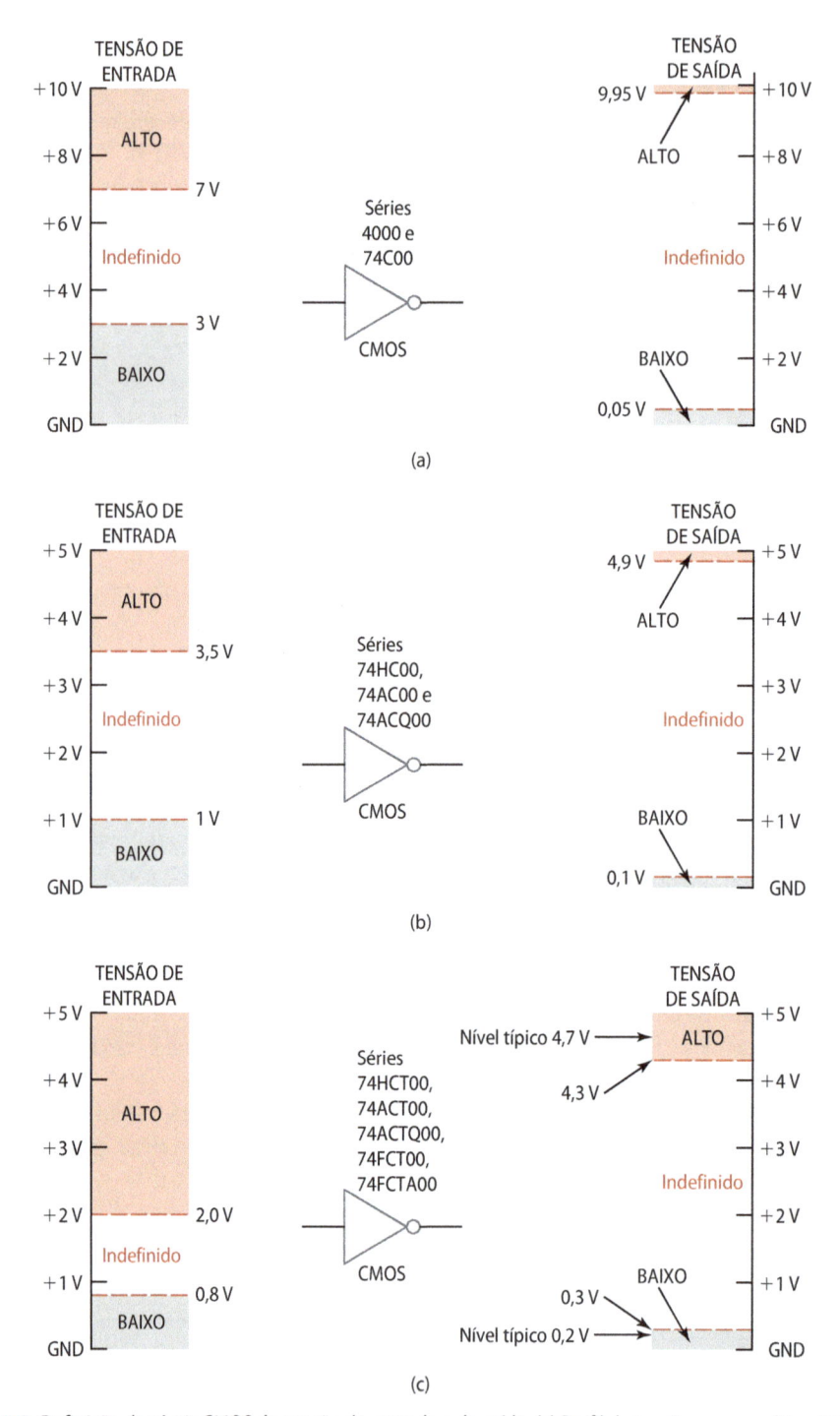

Figura 5-2 Definição de níveis CMOS de tensão de entrada e de saída. (a) Perfil de tensão para as séries 4000 e 74C00. (b) Perfil de tensão para as séries 74HC00, 74AC00 e 74ACQ00. (c) Perfil de tensão para as séries 74HCT00, 74ACT00, 74ACTQ00, 74FCT00 e 74FCTA00.

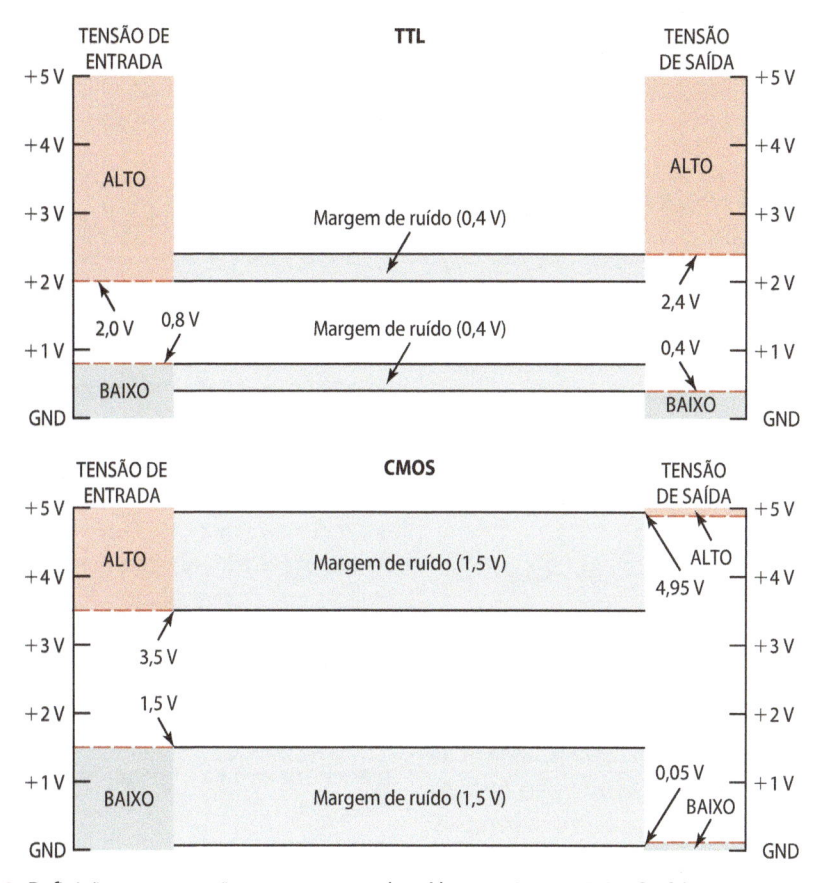

Figura 5-3 Definição e comparação entre margens de ruído para circuitos TTL e CMOS.

Na prática, a margem de ruído é ainda maior porque a tensão pode aumentar até o **LIMITE DE CHAVEAMENTO**, o que corresponde a 1,2 V na Figura 5-4. Considerando que a tensão BAIXA seja +0,2 V e que o limite de chaveamento seja +1,2 V, a margem de ruído real é 1 V (1,2−0,2=1 V).

O limite de chaveamento não é um valor absoluto confiável. Embora esteja contido na região indefinida, esse valor pode variar muito de acordo com o fabricante, a temperatura e a qualidade dos componentes. Por outro lado, os níveis lógicos são valores assegurados pelos fabricantes.

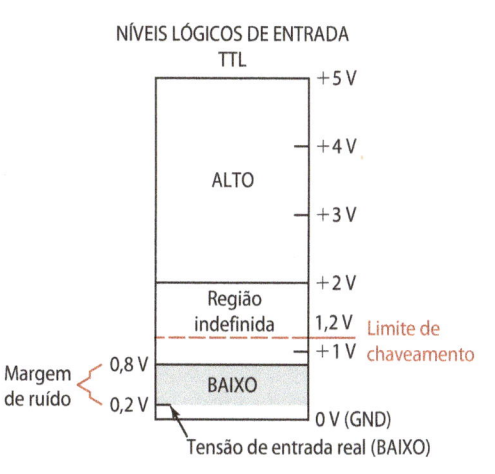

Figura 5-4 Níveis lógicos de entrada TTL com a representação do limite de chaveamento.

> **Teste seus conhecimentos**
>
> Acesse o site www.grupoa.com.br/tekne para fazer os testes sempre que passar por este ícone.

» Outras especificações de CIs digitais

Níveis lógicos digitais de tensão e margens de ruído foram estudados na última seção. Nesta seção, outras especificações importantes de CIs digitais serão apresentadas, como capacidade de corrente, *fan-out* e *fan-in*, atraso de propagação e dissipação de potência.

» Capacidade de corrente

Um transistor bipolar possui limites máximos de potência e corrente de coletor, o que é denominado CAPACIDADE DE CORRENTE. A indicação da capacidade de corrente na saída de um CI é denominada FAN-OUT, o que corresponde ao máximo número de entradas que podem ser acionadas pela saída da porta. Se o parâmetro *fan-out* para uma porta TTL padrão for igual a 10, isso significa que a saída de uma única porta pode acionar até 10 entradas de portas de uma mesma subfamília. Um valor típico de *fan-out* para CIs TTL padrão é igual a 10. Por outro lado, esse valor é igual a 20 em dispositivos TTL Schottky de baixa potência (LS-TTL, *Low-Power Schottky TTL*) e é aproximadamente igual a 50 para CIs da série CMOS 4000.

Outra forma que permite verificar as características de corrente consiste em analisar os parâmetros de carregamento de entrada e saída. O diagrama da Figura 5-5(a) apresenta um resumo das características de carregamento de entrada e saída para uma porta TTL padrão. Um porta TTL padrão é capaz de fornecer 16 mA quando a saída é BAIXA (I_{OL}) e 400 µA quando a saída é ALTA (I_{OH}). Esses valores parecem ser incompatíveis quando se examina o perfil do carregamento da entrada de uma porta TTL padrão. O carregamento de entrada (condições correspondentes ao pior caso) é apenas 40 µA quando a entrada é ALTA (I_{IH}) e 1,6 mA quando a entrada é BAIXA (I_{IL}). Isso significa que a saída de uma porta TTL padrão pode acionar 10 entradas (16 mA/1,6 mA = 10). Lembre-se que essas são as condições para o pior caso, e que em determinadas condições nas bancadas de teste reais essas correntes de carregamento na entrada poderão ser menores que as especificadas.

Um resumo das características de carregamento da entrada e da saída de diversas famílias populares de CIs digitais é mostrado na Figura 5-5(b). Observe que esse quadro contém informações bastante úteis, as quais serão utilizadas futuramente neste capítulo no interfaceamento de CIs TTL e CMOS.

Observe a ótima capacidade de carregamento de saída da série FACT de CIs CMOS na Figura 5-5(b). As melhores características de carregamento, o menor consumo de energia, a velocidade ótima e a grande imunidade a ruídos tornam essa série uma das mais utilizadas em projetos digitais modernos. A série mais recente de dispositivos lógicos TTL denominada FAST possui muitas características desejáveis que a tornam atrativa para o uso em projetos envolvendo tecnologia de ponta.

A carga representada por uma única porta em uma família de CIs é denominada FAN-IN. A coluna do carregamento de entrada na Figura 5-5(b) pode ser considerada como sendo o parâmetro *fan-in*. Note que esse parâmetro é diferente para cada tipo de família de CIs.

Considere o problema de interfaceamento da Figura 5-6(a). Deve-se então determinar se o inversor 74LS04 é capaz de acionar a porta NAND TTL com quatro entradas mostradas à direita.

Os perfis de tensão e corrente para portas LS-TTL e TTL padrão são mostrados na Figura 5-6(b). Em termos de características de tensão, todos os dispositivos da família TTL são compatíveis. A porta LS-TTL pode acionar 10 portas TTL padrão quando sua

Carregamento de Saída (TTL padrão)

+5 V
+4 V — ALTO — I_{OH} 400 µA
+3 V
+2 V
+1 V
GND — BAIXO — I_{OL} 16 mA

Carregamento de Entrada (TTL padrão)

+5 V
+4 V — I_{IH} 40 µA — ALTO
+3 V
+2 V
+1 V — I_{IL} 1,6 mA — BAIXO
GND

(a)

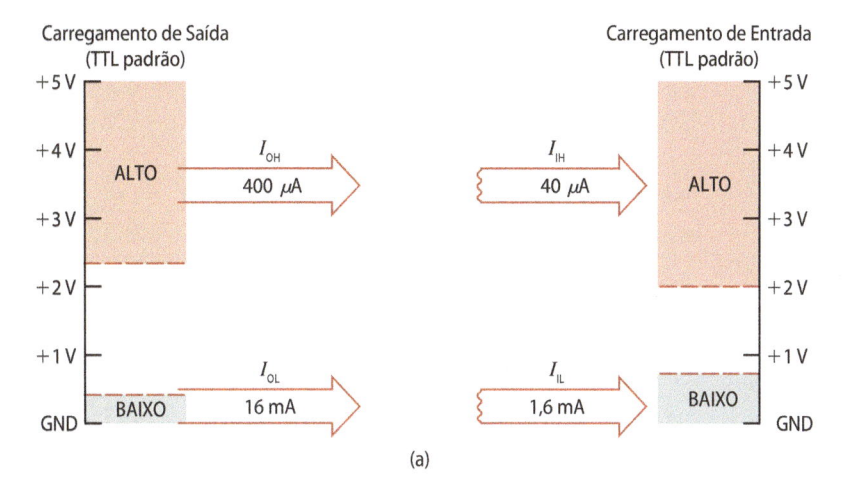

	Família de Dispositivos	Carregamento de Saída*	Carregamento de Entrada
TTL	TTL padrão	I_{OH} = 400 µA I_{OL} = 16 mA	I_{IH} = 40 µA I_{IL} = 1,6 mA
	Schottky de Baixa Potência	I_{OH} = 400 µA I_{OL} = 8 mA	I_{IH} = 20 µA I_{IL} = 400 µA
	Schottky de Baixa Potência Avançado	I_{OH} = 400 µA I_{OL} = 8 mA	I_{IH} = 20 µA I_{IL} = 100 µA
	Série FAST Schottky Avançada TTL, fabricada pelo empresa Fairchild	I_{OH} = 1 mA I_{OL} = 20 mA	I_{IH} = 20 µA I_{IL} = 0,6 mA
CMOS	Série 4000	I_{OH} = 400 µA I_{OL} = 400 µA	I_{in} = 1 µA
	Série 74HC00	I_{OH} = 4 mA I_{OL} = 4 mA	I_{in} = 1 µA
	Série FACT Avançada CMOS (AC/ACT/ACQ/ACTQ), fabricada pelo empresa Fairchild	I_{OH} = 24 mA I_{OL} = 24 mA	I_{in} = 1 µA
	Série FACT Avançada CMOS (FCT/FCTA), fabricada pela empresa Fairchild	I_{OH} = 15 mA I_{OL} = 64 mA	I_{in} = 1 µA

*Buffers e drivers podem possuir maior capacidade de fornecimento de corrente na saída

(b)

Figura 5-5 (a) Perfis TTL padrão de tensão e corrente. (b) Características de carregamento da saída e corrente de carga na entrada para as famílias lógicas TTL e CMOS selecionadas.

saída é ALTA (400 µA/40 µA=10). Entretanto, a porta LS-TTL pode acionar apenas cinco portas TTL padrão quando sua saída é BAIXA (8 mA/1,6 mA=5). Assim, pode-se dizer que o parâmetro *fan-out* para portas LS-TTL é igual a 5 quando estas forem utilizadas para acionar portas TTL padrão. Assim, o inversor LS-TTL da Figura 5-6(a) é realmente capaz de acionar as quatro entradas TTL padrão.

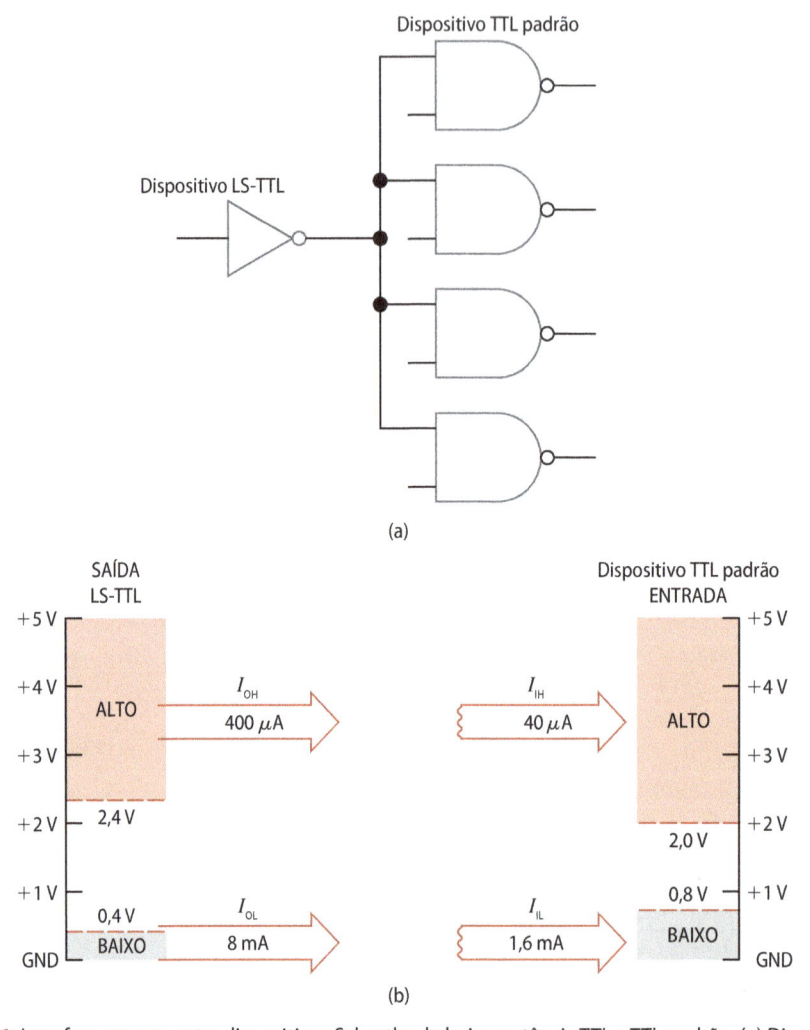

Figura 5-6 Interfaceamento entre dispositivos Schottky de baixa potência TTL e TTL padrão. (a) Diagrama lógico representando o interfaceamento. (b) Perfis de tensão e corrente considerados na solução do problema.

» Atraso de propagação

A velocidade ou rapidez na resposta a uma mudança nas entradas é uma condição importante a ser considerada em aplicações de alta velocidade de CIs digitais. Considere as formas de onda da Figura 5-7, onde a forma de onda superior mostra que a entrada de um inversor passa do nível BAIXO para ALTO, e depois do nível ALTO para baixo. A forma de onda da parte inferior mostra a resposta da saída às alterações na entrada. O pequeno atraso entre o momento em que a entrada é alterada e o instante de mudança de estado da saída é denominado atraso de propagação do inversor. Verifica-se que o atraso de propagação na transição de BAIXO para ALTO é distinto daquele existente na mudança de ALTO para BAIXO. ATRASOS DE PROPAGAÇÃO para um CI inversor TTL 7404 são mostrados na Figura 5-7(a).

O atraso de propagação típico para um inversor TTL padrão (como o CI 7404) é aproximadamente 12 ns para uma mudança de estado BAIXO-ALTO,

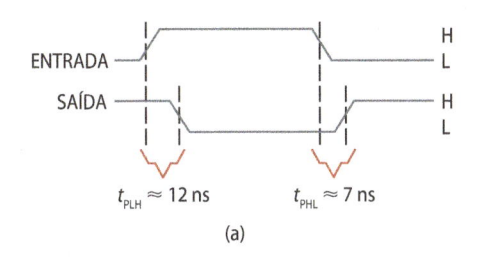

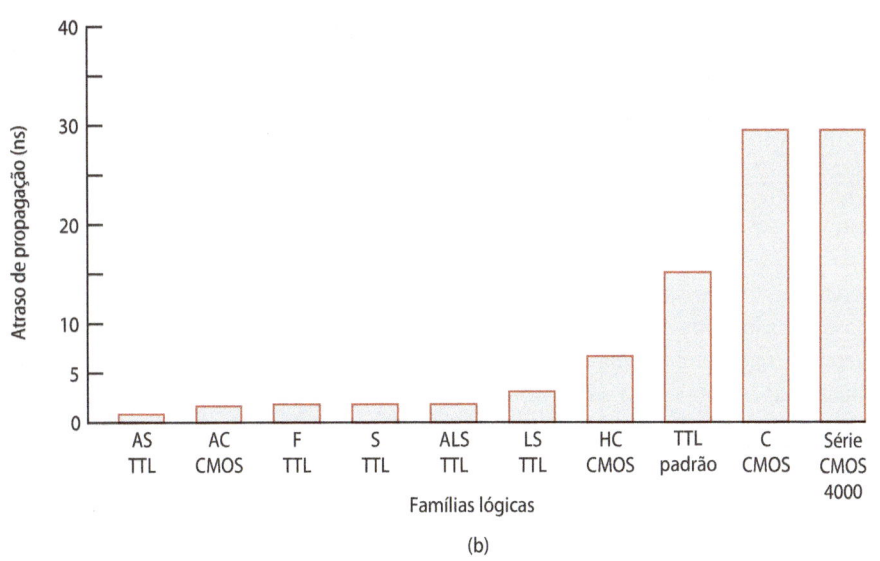

Figura 5-7 (a) Formas de onda mostrando os atrasos de propagação para um inversor TTL padrão. (b) Gráfico dos atrasos de propagação para famílias de CIs TTL e CMOS.

sendo de apenas 7 ns para uma mudança de estado ALTO-BAIXO.

A representação de atrasos de propagação mínimos é dada na Figura 5-7(b). Quanto menor o atraso de propagação de um CI, maior será sua velocidade. Note que os CIs AS-TTL (*Advanced Schottky TTL* – Schottky Avançado TTL) e AC-CMOS são os mais rápidos, com atrasos de propagação mínimos da ordem de 1 ns. As séries CMOS atraso e 74C00 mais antigas possuem os CIs mais lentos, com os maiores atrasos de propagação. Alguns CIs da série 4000 possuem atrasos de propagação superiores a 100 ns. No passado, CIs TTL eram considerados mais rápidos que suas contrapartes CMOS. Entretanto, atualmente, a SÉRIE **FACT CMOS** possui dispositivos tão rápidos quanto os melhores CIs TTL em termos de atraso de propagação ou velocidade de resposta. Para se obter uma operação extremamente rápida, as famílias à base da tecnologia ECT (*Emitter Coupled Logic* – LÓGICA EMISSOR ACOPLADO) e arsenieto de gálio devem ser utilizadas.

» Dissipação de potência

Geralmente, à medida que os atrasos de propagação diminuem e a velocidade aumenta, o consumo de energia e a geração de calor aumentam. Historicamente, um CI TTL padrão possui atrasos de propagação da ordem de 10 ns, comparados a atrasos de propagação entre 30 e 50 ns para a série CMOS 4000. Por outro lado, CIs da série 4000 consomem apenas 0,001 mW, enquanto CIs TTL padrão podem consumir potências de 10 mW. A dissipação de potência em CIs CMOS aumenta com a frequência. Assim, em 100 kHz, uma porta lógica da série 4000 pode consumir potência de 0,1 W.

O gráfico da velocidade em função da potência mostrado na Figura 5-8 compara diversas famílias modernas CMOS e TTL. O eixo vertical representa o atraso de propagação (velocidade) em nanossegundos, enquanto o eixo horizontal corresponde o consumo de potência (em miliwatts) para cada porta. Famílias com as melhores relações custo-benefício envolvendo velocidade e potência consumida encontram-se próximas ao extremo esquerdo do gráfico. Há alguns anos, engenheiros chegaram à conclusão que a família ALS (*Advanced Low-Power* Schottky TTL – dispositivos Schottky de baixa potência avançados) possuía o melhor compromisso entre velocidade e dissipação de potência. Entretanto, com a introdução mais recente de novas famílias, aparentemente a tecnologia FACT (*Fairchild Advanced CMOS Technology* – Tecnologia CMOS Avançada do fabricante Fairchild) represen-

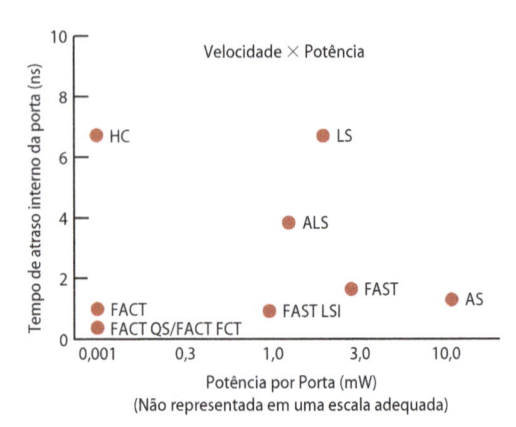

Figura 5-8 Velocidade *versus* potência para famílias lógicas TTL e CMOS selecionadas (Cortesia: National Semiconductor Corporation).

ta uma das melhores escolhas nesses termos. Entretanto, as famílias ALS e FAST (*Fairchild Advanced Schottky Technology* – Tecnologia Schottky Avançada do fabricante Fairchild) também representam opções adequadas.

Teste seus conhecimentos

CIs MOS e CMOS

CIs MOS

Transistores de efeito de campo à base de óxido semicondutor metálico são os componentes básicos de CIs MOS (*Metal Oxide Semiconductor* – Óxido Semicondutor Metálico). Devido a sua simplicidade, dispositivos MOS utilizam menor espaço em uma pastilha ou *chip* de silício. Portanto, um número maior de funções pode ser agregado em CIs MOS se comparados aos CIs bipolares como TTL. A tecnologia à base de óxido semicondutor metálico é muito utilizada em dispositivos LSI (*Large Scale Integration* – Integração em Grande Escala) e VLSI (*Very Large Scale Integration* – Integração em Escala Muito Grande) devido à densidade de compactação no *chip*. Microprocessadores, memórias e circuitos de *clock* são normalmente fabricados utilizando tecnologia MOS. Circuitos à base de óxido semicondutor metálico encontram-se disponíveis nas formas **PMOS** (MOS de canal P) ou **NMOS** (MOS de canal N). *Chips* à base de óxido semicondutor metálico são menores, consomem menor potência, possuindo maior margem de ruído e maior carregamento de saída que CIs bipolares. A principal desvantagem de dispositivos MOS reside na velocidade de atuação relativamente menor.

CIs CMOS

Dispositivos à base de ÓXIDO SEMICONDUTOR METÁLICO COM SIMETRIA COMPLEMENTAR (*Complementary Symmetry Metal Oxide Semiconductor* ou CMOS) utilizam os dispositivos MOS de canal N e P conectados entre si. CIs à base de óxido semicondutor metálico complementar são conhecidos pelo consumo de energia extremamente reduzido. A família de CIs CMOS também possui vantagens relacionadas ao baixo custo, simplicidade de projeto, dissipação de calor reduzida, ótima capacidade de carregamento de saída, ampla variação de tensão para representar os níveis lógicos e bom desempenho referente à margem de ruído. A maioria dos dispositivos CMOS opera ao longo de uma ampla faixa de tensões.

A principal desvantagem de muitos CIs CMOS é a menor velocidade se comparada ao CIs digitais bipolares, a exemplo dos dispositivos TTL. Além disso, deve-se adotar precauções adicionais ao se lidar com CIs CMOS, pois eles são sensíveis à eletricidade estática. Uma descarga estática ou tensão transitória em um circuito dessa natureza pode danificar as finas camadas de dióxido de silício no interior do *chip* CMOS. A camada de dióxido de silício age com um dielétrico em um capacitor e pode ser rompida diante da ocorrência dos fenômenos supracitados.

Ao se trabalhar com CIs CMOS, fabricantes recomendam a adoção dos seguintes cuidados para evitar sua danificação:

1. Armazenar CIs CMOS utilizando ESPUMA CONDUTIVA especial ou embalagens com blindagem estática.
2. Utilizar ferros de solda alimentados por baterias ao se trabalhar com CIs CMOS ou aterrar as pontas de instrumentos alimentados por tensões alternadas.
3. Modificar conexões ou remover CIs CMOS do circuito apenas quando a fonte de alimentação estiver desligada.
4. Manter os sinais de entrada em níveis inferiores à tensão de alimentação.
5. Sempre desconectar os sinais de entrada antes de desligar o circuito.
6. Conectar todos os terminais não utilizados à tensão positiva ou GND da forma que for mais conveniente (apenas as saídas CMOS não utilizadas podem permanecer desconectadas).

Sobre a eletrônica

Travas com memória

Os *chips* Intel utilizados em travas de segurança oferecem mais de 500 bilhões de combinações possíveis. Ainda que alguém tente abri-la, a trava é capaz de registrar o número de tentativas malsucedidas realizadas.

CIs CMOS FACT são mais tolerantes à eletricidade estática.

O consumo de energia extremamente reduzido em CIs CMOS torna sua utilização ideal em dispositivos alimentados por baterias sendo, portanto, empregadas em uma grande variedade de equipamentos portáteis.

Um dispositivo CMOS típico é mostrado na Figura 5-9. O transistor da parte superior é um MOSFET de canal P, enquanto um MOSFET de canal N é ilustrado na parte inferior. Ambos os transistores são MOSFETs com características melhoradas. Quando a tensão de entrada (V_{in}) é BAIXA, o MOSFET superior está em condução, enquanto o transistor inferior está desligado, de modo que a tensão de saída (V_{out}) é ALTA. Entretanto, se a tensão V_{in} é ALTA, o dispositivo inferior está ligado, ao passo que o dispositivo superior está desligado e, portanto, a tensão V_{out} é BAIXA. O arranjo da Figura 5-9 comporta-se como um inversor.

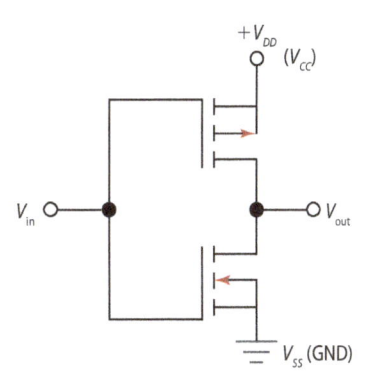

Figura 5-9 Estrutura CMOS utilizando MOSFETs de canal P e N em série.

Note na Figura 5-9 que o terminal V_{DD} é conectado a uma tensão positiva, sendo designada como V_{CC} (da mesma forma que em dispositivos TTL) por alguns fabricantes. A letra *"D"* em V_{DD} representa o terminal *dreno* do MOSFET. O terminal V_{SS} está conectado ao ponto terminal negativo da fonte de alimentação, também denominado GND (da mesma forma que em dispositivos TTL) por alguns fabricantes. A letra *"S"* em V_{SS} representa o terminal *fonte* (em inglês, *source*) do MOSFET. CIs CMOS normalmente operam com tensões de alimentação de 5 V, 6 V, 9 V ou 12 V.

A tecnologia CMOS é utilizada na fabricação de diversas famílias de CIs digitais, sendo que as mais populares são as **SÉRIES 4000**, 74C00, 74HC00 e FACT. A série 4000 é a mais antiga de todas, sendo que essa família disponibiliza todas as funções lógicas convencionais e ainda alguns dispositivos adicionais que não possuem contrapartes equivalentes em famílias TTL. Por exemplo, é possível produzir **PORTAS DE TRANSMISSÃO** ou **CHAVES BILATERAIS** com a tecnologia CMOS. Essas portas permitem a passagem de sinais em ambos os sentidos, assim como os contatos de um relé.

A **SÉRIE 74C00** é uma família lógica CMOS mais antiga que é equivalente aos dispositivos da série 7400 TTL em termos dos mesmos diagramas de pinos e funções lógicas. Por exemplo, um CI TTL 7400 é designado como sendo uma porta NAND quádrupla com duas entradas, da mesma forma que um CI CMOS 74C00.

A **SÉRIE 74HC00** foi criada para substituir a série 74C00, assim como muitos CIs da série 4000. Possui dispositivos equivalentes para ambas as séries 74C00 e 4000. Trata-se de uma família CMOS de alta velocidade com ótima capacidade de carregamento de saída, operando com tensões de alimentação variando entre 2 e 6 V.

A **SÉRIE FACT** (*Fairchild Advanced CMOS Technology Series*) inclui as subfamílias 74AC00, 74ACQ00, 74ACT00, 74ACTQ00, 74FCT00 e 74FCTA00. A série FACT possui CIs equivalentes para os CIs TTL da série 7400, sendo projetada para superar as famílias lógicas CMOS e a maioria das famílias lógicas bipolares existentes. Como foi mencionado anteriormente, a série FACT pode ser uma das melhores famílias disponíveis para os projetistas de circuitos digitais. O consumo de energia é pequeno mesmo em frequências menores (0.1 mW/porta a 1 MHz), o qual aumenta em frequências mais altas (>50 mW/porta a 40 MHz). Possui boa imunidade a ruídos, sendo que dispositivos "Q" possuem circuitos de supressão de ruídos. Dispositivos "T" trabalham com níveis lógicos tipicamente TTL. Os atrasos de propagação para a série FACT são muito pequenos [de acordo com a Figura 5-7(b)]. CIs FACT são bastante resistentes à eletricidade estática, suportando radiações que os tornam adequados para aplicações espaciais, médicas e militares. As capacidades de carregamento de saída de CIs da família FACT são excelentes [de acordo com a Figura 5-5(b)].

Teste seus conhecimentos

>> Interfaceamento de CMOS e TTL com chaves

Uma das formas mais comuns para inserir informações em um sistema digital consiste no uso de chaves ou um teclado. Pode-se considerar como exemplo os botões ou chaves de um relógio digital, as teclas de uma calculadora ou o teclado de um microcomputador. Esta seção apresentará diversos métodos para a inserção de dados em circuitos digitais TTL e CMOS.

Três interfaces simples com chaves são mostradas na Figura 5-10. Ao se apertar o botão na Figura 5-10(a), a entrada do inversor TTL será aterrada ou BAIXA. Ao liberar o botão da Figura 5-10(a), a chave é aberta. Agora, a entrada do inversor TTL pode "flutuar". Em dispositivos TTL, as entradas normalmente flutuam em um nível lógico ALTO.

Entradas flutuantes em CIs TTL não são confiáveis. A Figura 5-10(b) mostra uma pequena melhoria realizada no circuito da Figura 5-10(a), onde foi adicionado um resistor de 10 kΩ denominado RESISTOR PULL-UP, cujo propósito é aumentar a tensão de entrada para +5 V quando a chave é aberta. Ambos os circuitos das figuras 5-10 (a) e (b) representam chaves ativas-BAIXAS, as quais recebem esse nome porque as entradas se tornam BAIXAS apenas quando a chave é ativada.

Uma chave de entrada ativa-ALTA é mostrada na Figura 5-10(c). Quando a chave é ativada, a tensão +5 V é diretamente aplicada à entrada do inversor TTL. Quando a chave é desativada (aberta), a entrada é levada a um estado BAIXO por um RESIS-

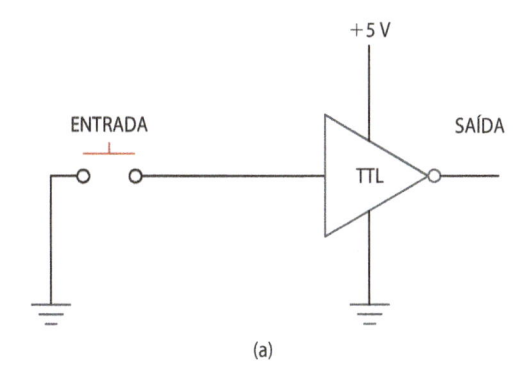

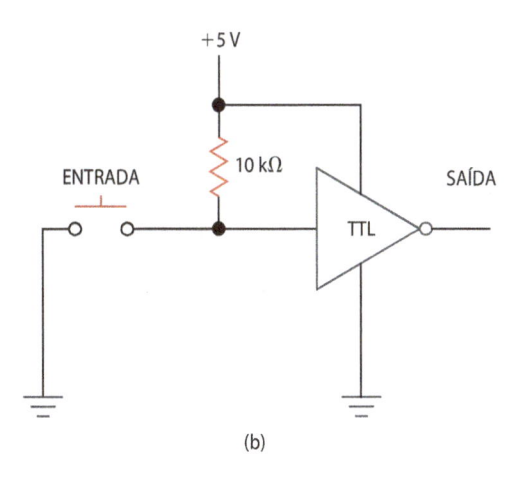

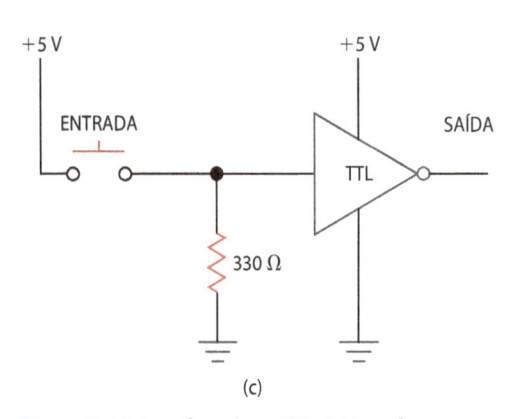

Figura 5-10 Interface chave-TTL. (a) Interface simples para uma chave ativa-BAIXA. (b) Interface simples para uma chave ativa-BAIXA usando um resistor *pull-up*. (c) Interface simples para uma chave ativa-ALTA usando um resistor *pull-down*.

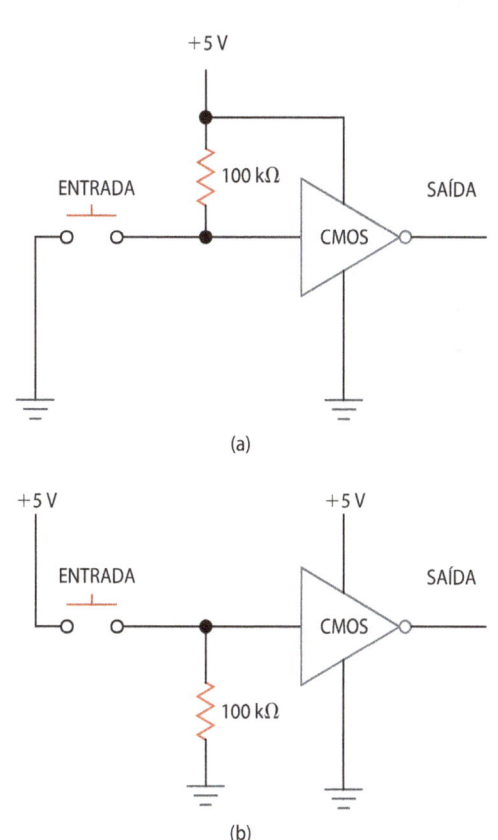

Figura 5-11 Interfaces chave-CMOS. (a) Interface simples para uma chave ativa-BAIXA usando resistor um *pull-up*. (b) Interface simples para uma chave ativa-ALTA usando resistor um *pull-down*.

» Especificações de CIs e interfaceamento simples capítulo 5

135

TOR PULL-DOWN, cujo valor é relativamente pequeno porque a corrente de entrada drenada por uma porta TTL padrão pode ser da ordem de 1,6 mA (veja a Figura 5-5(b)).

Dois circuitos de interfaceamento chave-CMOS são mostrados na Figura 5-11(a). O resistor *pull-up* de 100 kΩ aumenta a tensão para +5 V quando a chave de entrada está aberta. A Figura 5-11(b) mostra uma chave ativa-ALTA conectada a um inversor CMOS. O resistor *pull-down* de 100 kΩ leva a entrada do inversor CMOS a um nível próximo a GND quando a chave de entrada é aberta. O valor dos resistores *pull-up* e *pull-down* são muito maiores que aqueles utilizados nos CIs CMOS, pois as correntes de carga na entrada nos CIs TTL são muito maiores. O inversor CMOS da Figura 5-11 pode ser encontrado nas séries de CIs 4000, 74C00, 74HC00 e FACT.

» Antitrepidação da chave

Os circuitos de interfaceamento com chaves das figuras 5-10 e 5-11 funcionam bem em algumas aplicações, embora nenhuma delas possua circuito antitrepidação. O efeito da ausência desse circuito é demonstrado por meio da operação do contador

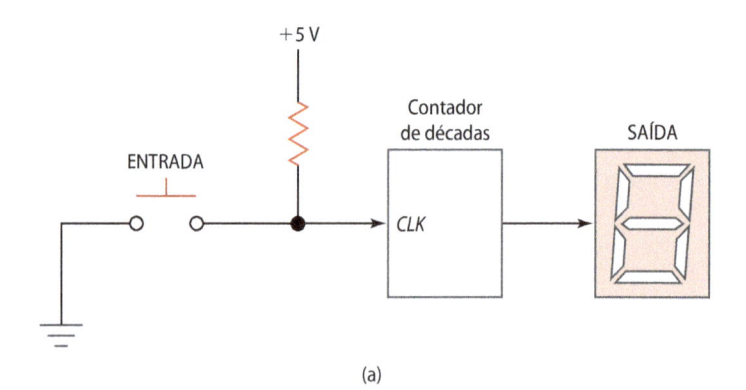

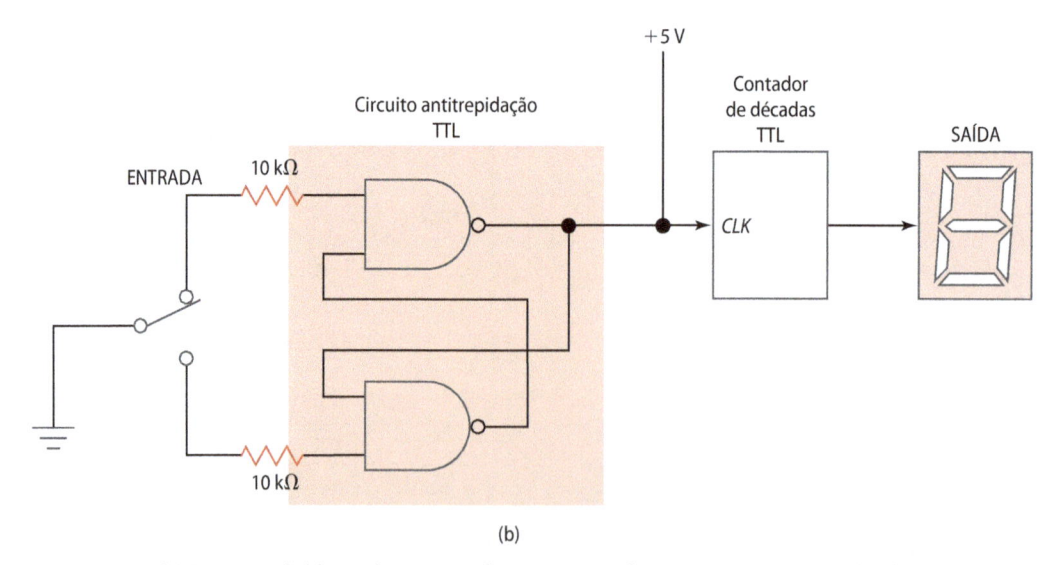

Figura 5-12 (a) Diagrama de blocos de uma interface entre uma chave e um sistema contador decimal. (b) Inclusão de um circuito antitrepidação para o funcionamento adequado do contador decimal.

mostrado na Figura 5-12(a). A cada vez que a chave é pressionada, o contador de década (0-9) aumenta o valor registrado em 1. Entretanto, na prática, o contador pode aumentar o valor registrado em 1, 2, 3 ou mais, ou seja, diversos pulsos são aplicados na entrada de *clock* (CLK) a cada vez que a chave é pressionada. Isso ocorre devido à trepidação da chave, sendo que esse fenômeno foi estudado no Capítulo 1.

Um CIRCUITO ANTITREPIDAÇÃO foi incluído no contador da Figura 5-12(b), o qual passará a registrar cada transição de nível ALTO-BAIXO como um único número. As portas NAND conectadas da forma mostrada na Figura 5-12(b) são às vezes chamadas de FLIP-FLOP ou LATCH RS. Esses dispositivos serão estudados posteriormente.

Diversos outros circuitos antitrepidação são mostrados na Figura 5-13. O arranjo simples da Figura 5-13(a) funcionará apenas com CIs CMOS mais lentos da série 4000. O CI CMOS 40106 é um tipo especial de inversor chamado de INVERSOR SCHMITT-TRIGGER, o qual possui uma "ação instantânea" quando há a mudança para o estado ALTO ou BAIXO. Esse inversor também é capaz de transformar um sinal com taxa de crescimento baixa (como uma onda senoidal) em uma onda quadrada.

O circuito antitrepidação da Figura 5-13(b) é capaz de acionar as séries de CIs CMOS 4000, 74HC00 ou FACT, bem como CIs TTL. Outro arranjo genérico é apresentado na Figura 5-13(c), capaz de acionar tanto entradas CMOS quanto TTL. O CI 7403 é do tipo NAND TTL em coletor aberto e requer o uso de resistores *pull-up* como mostra a Figura 5-13(c). Esses resistores permitem que a tensão de saída seja aproximadamente +5 V para um nível ALTO. PORTAS TTL EM COLETOR ABERTO são úteis quando dispositivos CMOS são acionados a partir de CIs TTL.

Outro circuito antitrepidação usando o versátil CI temporizador 555 é ilustrado na Figura 5-14. Quando a chave SW_1 é fechada (observe o ponto A na forma de onda), a saída muda do nível BAIXO para ALTO. Então, quando a chave SW_1 é aberta (observe o ponto B na forma de onda), a saída do CI 555 permanece ALTA durante um período de atraso (igual a aproximadamente 1 segundo para esse circuito), após o qual a saída finalmente muda do estado ALTO para BAIXO.

O período de atraso pode ser ajustado para o circuito da Figura 5-14 através do ajuste do valor da capacitância C_2. A redução desse valor também leva à redução do tempo de atraso na saída do CI 555. Por outro lado, o aumento da capacitância implicará o aumento do tempo de atraso.

Teste seus conhecimentos

≫ Interfaceamento de CMOS e TTL com LEDs

A maioria dos experimentos de laboratório que você irá desenvolver envolvendo CIs digitais requer a utilização de um dispositivo indicador de saída. O LED (*Light Emitting Diode* – DIODO EMISSOR DE LUZ) é perfeitamente adequado para essa função, porque opera em níveis reduzidos de tensão e corrente. A corrente máxima drenada por alguns LEDs é da ordem de 20 a 30 mA quando alimentados por aproximadamente 2 V. Um LED emitirá luz operando com tensões da ordem de 1,7 a 1,8 V e correntes de 2 mA.

≫ Interfaceamento CMOS-LED

O interfaceamento de CIs CMOS da série 4000 com LEDs indicadores é simples. A Figura 5-15(a-f) mostra seis exemplos possíveis. As figuras 5-15 (a) e (b) apresentam uma tensão de alimentação de +5 V para o CI CMOS, de modo que em tensões tão baixas não é necessária a utilização de resistores limitadores em série com os LEDs. Na Figura 5-15(a),

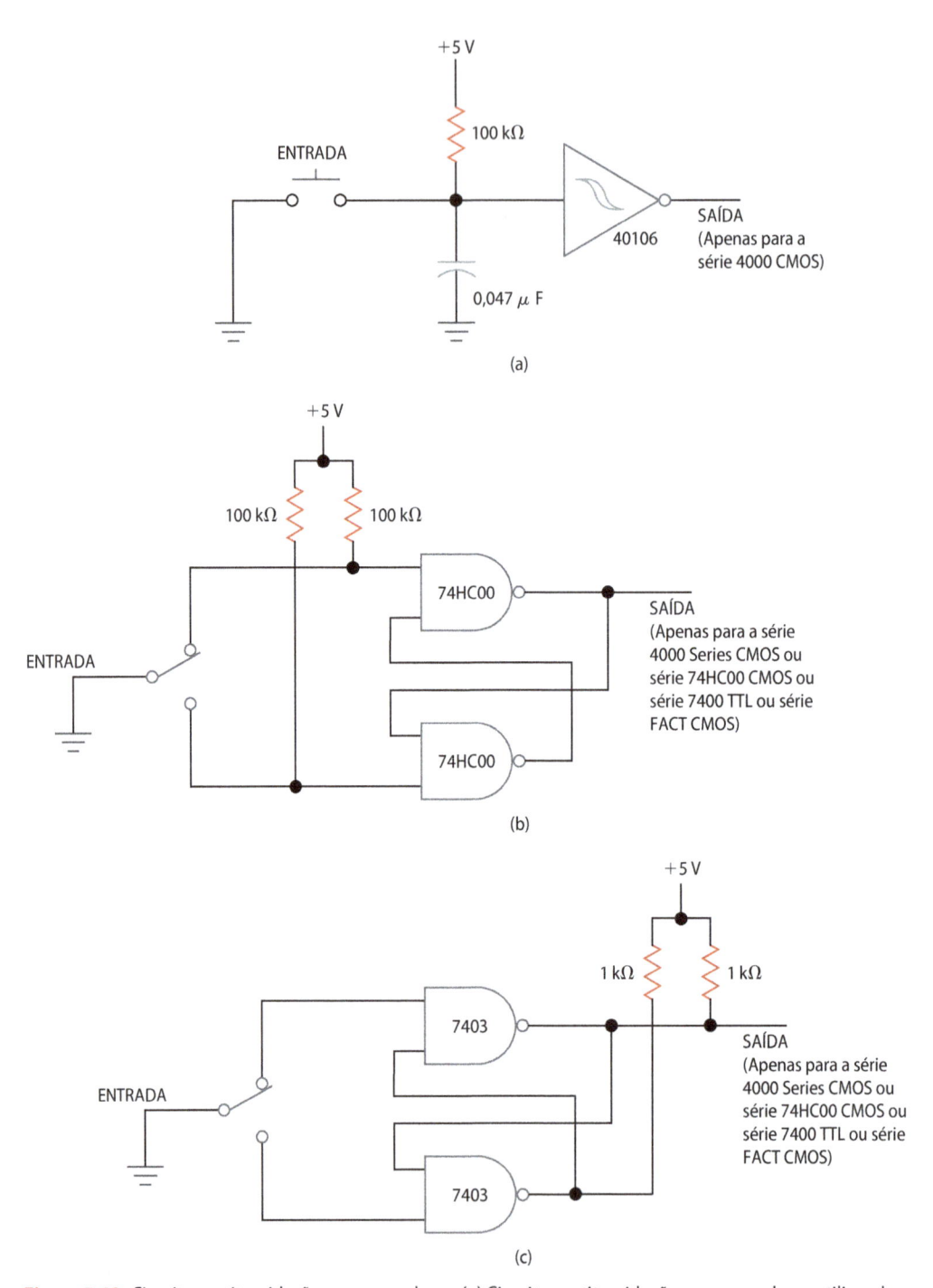

Figura 5-13 Circuitos antitrepidação para uma chave. (a) Circuitos antitrepidação para uma chave utilizando a série 4000. (b) Circuito antitrepidação genérico capaz de acionar entradas TTL ou CMOS. (c) Outro circuito antitrepidação genérico capaz de acionar entradas TTL ou CMOS.

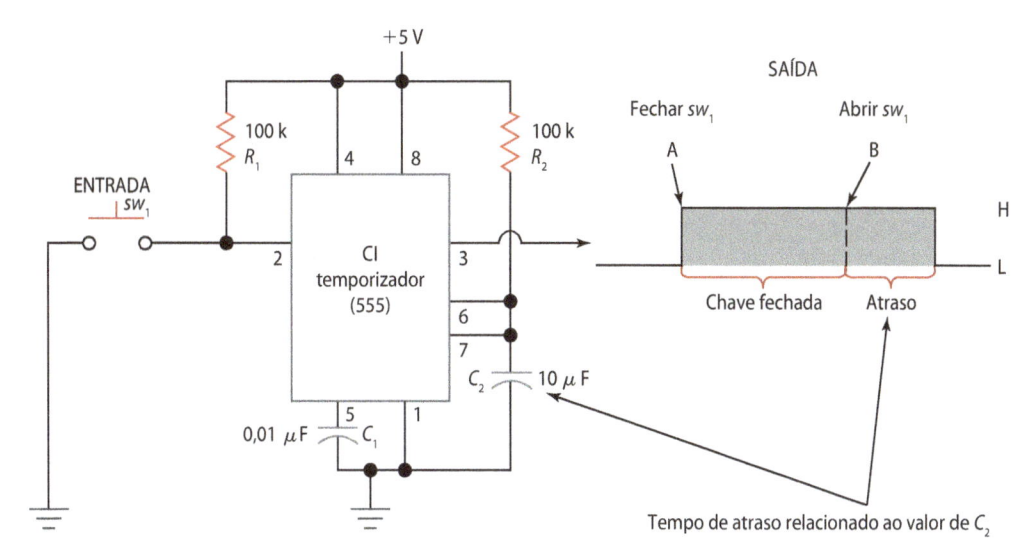

Figura 5-14 Circuito antitrepidação usando o CI temporizador 555.

quando a saída do inversor CMOS torna-se ALTA, o LED indicador acende. O oposto ocorre na Figura 5-15(b), onde um nível BAIXO na saída do inversor leva o LED a acender.

As Figuras 5-15(c) e (d) mostram CIs CMOS da série 4000 alimentados por tensões maiores (de $+10$ V a $+15$ V). Devido à tensão mais alta, um resistor limitador de corrente de 1 kΩ é inserido em série com o LED. Quando a saída do inversor CMOS na Figura 5-15(c) torna-se ALTA, o LED indicador acende. Entretanto, quando há um nível BAIXO na saída do inversor da Figura 5-14(d), o LED acende.

As figuras 5-15(e) e (f) mostram *buffers* utilizados no acionamento de LEDs, sendo que esses circuitos operam com tensões entre $+5$ V e $+15$ V. A Figura 5-15(e) apresenta o uso de um *buffer* inversor CMOS (a exemplo do CI 4049), enquanto a Figura 5-15(f) mostra o uso de um *buffer* não inversor (a exemplo do CI 4050). Em ambos os casos, um resistor limitador de corrente de 1 kΩ é inserido em série com o LED.

» Interfaceamento TTL-LED

Portas TTL padrão são normalmente utilizadas no acionamento de LEDs diretamente, sendo que dois exemplos são mostrados nas figuras 5-15(g) e (h).

Quando a saída do inversor CMOS na Figura 5-15(g) torna-se ALTA, a corrente circulará no LED, o qual emitirá luz. O LED da Figura 5-15(h) acenderá apenas quando a saída do inversor 7404 se tornar BAIXA. Os circuitos da Figura 5-15 não são recomendados em casos críticos, pois excedem as especificações de corrente de saída dos CIs. Entretanto, os circuitos da Figura 5-15 foram muito testados e funcionam perfeitamente como indicadores de saída simples.

» Fornecimento de corrente e drenagem de corrente

Ao se consultar a literatura técnica ou participar de discussões técnicas, o uso de termos como FORNECIMENTO DE CORRENTE e DRENAGEM DE CORRENTE é comum. Os conceitos envolvendo esses termos são ilustrados na Figura 5-16 por meio do uso de CIs TTL e CMOS no acionamento de LEDs.

Na Figura 5-16(a), a saída da porta AND TTL é ALTA, de modo que o LED acende. Nesse exemplo, dizemos que o CI funciona como uma fonte de corrente (considerando o SENTIDO CONVENCIONAL DA CORRENTE de $+$ para $-$). O fornecimento de corrente é mostrado no diagrama da Figura 5-16(a). A corrente parece circular a partir do CI para o circuito externo

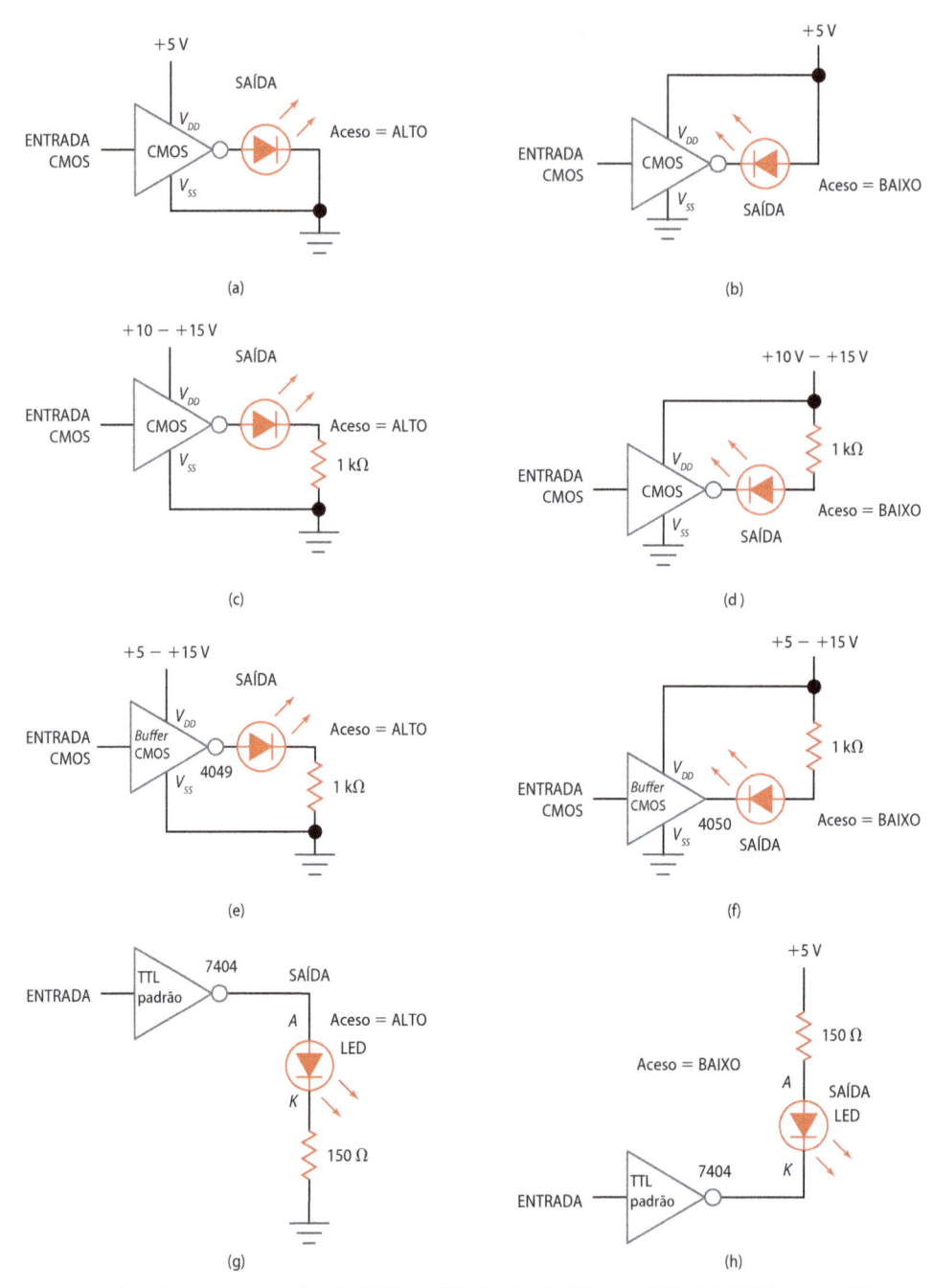

Figura 5-15 Interfacamentos simples CMOS-TTL e TTL-LED. (a) CMOS ativa-ALTA. (b) CMOS ativa-BAIXA. (c) CMOS ativa-ALTA com tensão de alimentação entre 10 e 15 V. (d) CMOS ativa-BAIXA com tensão de alimentação entre 10 e 15 V. (e) *Buffer* inversor CMOS utilizado no interfaceamento com o LED. (f) *Buffer* não inversor CMOS utilizado no interfaceamento com o LED. (g) Saída TTL ativa-ALTA. (h) Saída TTL ativa-BAIXA.

DRENAGEM DE CORRENTE é mostrada no diagrama da Figura 5-16(b), de modo que a corrente parece circular a partir da fonte de +5 V e através do circuito externo (composto pelo LED e resistor limitador) para o terminal de saída do CI NAND.

» Melhores circuitos indicadores de saída utilizando LEDs

Três projetos otimizados para circuitos indicadores de saída a LEDs são mostrados na Figura 5-17, sendo que cada um deles utiliza LEDs e pode ser usado tanto com CIs CMOS quanto TTL. O LED na Figura 5-17(a) acende quando a saída do inversor é ALTA. O LED na Figura 5-17(b) acende quando a saída do inversor é BAIXA. Note que o circuito da Figura 5-17(b) utiliza um transistor PNP em substituição a um transistor NPN.

Os circuitos das figuras 5-17(a) e (b) são combinados de modo a formar o arranjo da Figura 5-17(c). O LED vermelho (LED_1) acenderá quando a saída do inversor for ALTA. Durante esse período, LED_1 permanecerá apagado. Quando a saída do inversor é BAIXA, o transistor Q_1 é desligado, enquanto Q_2 é ligado. Assim, o LED verde (LED_2) permanecerá aceso enquanto a saída do inversor for BAIXA.

O circuito da Figura 5-18 utiliza uma lâmpada incandescente. Quando a saída do inversor se tornar ALTA, o transistor será ligado e a lâmpada acenderá. Quando a saída do inversor for BAIXA, a lâmpada não acenderá.

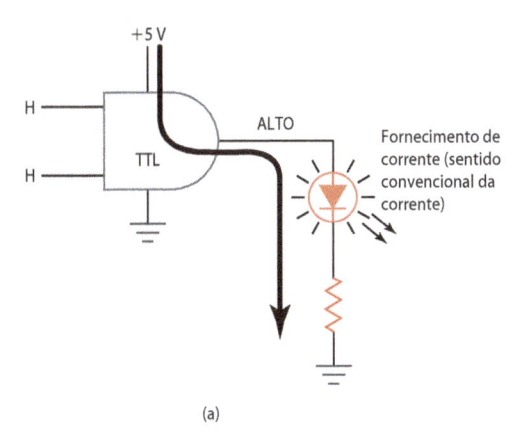

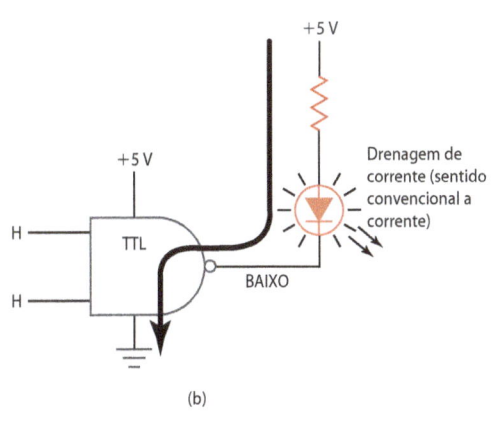

Figura 5-16 Simplificação de uma expressão booleana a partir de um mapa de Karnaugh.

(composto pelo LED e resistor limitador) e o terminal de terra.

Na Figura 5-16(b), a saída da porta AND TTL é BAIXA, de modo que o LED não acende. Nesse exemplo, dizemos que o CI funciona como uma carga. A

Teste seus conhecimentos

» Interfaceamento entre CIs TTL e CMOS

Níveis lógicos (tensões) CMOS e TTL são distintos entre si, como mostram os perfis de tensões existentes na Figura 5-20(a). Devido a tais diferenças, CIs CMOS e TTL não podem ser simplesmente conectados uns aos outros. Da mesma forma, os níveis de corrente são igualmente importantes e devem ser devidamente considerados por não serem os mesmos para os dois tipos de CIs.

Observe os perfis de tensão e corrente da Figura 5-20(a). Constata-se que a capacidade de fornecimento de corrente na saída para dispositivos TTL

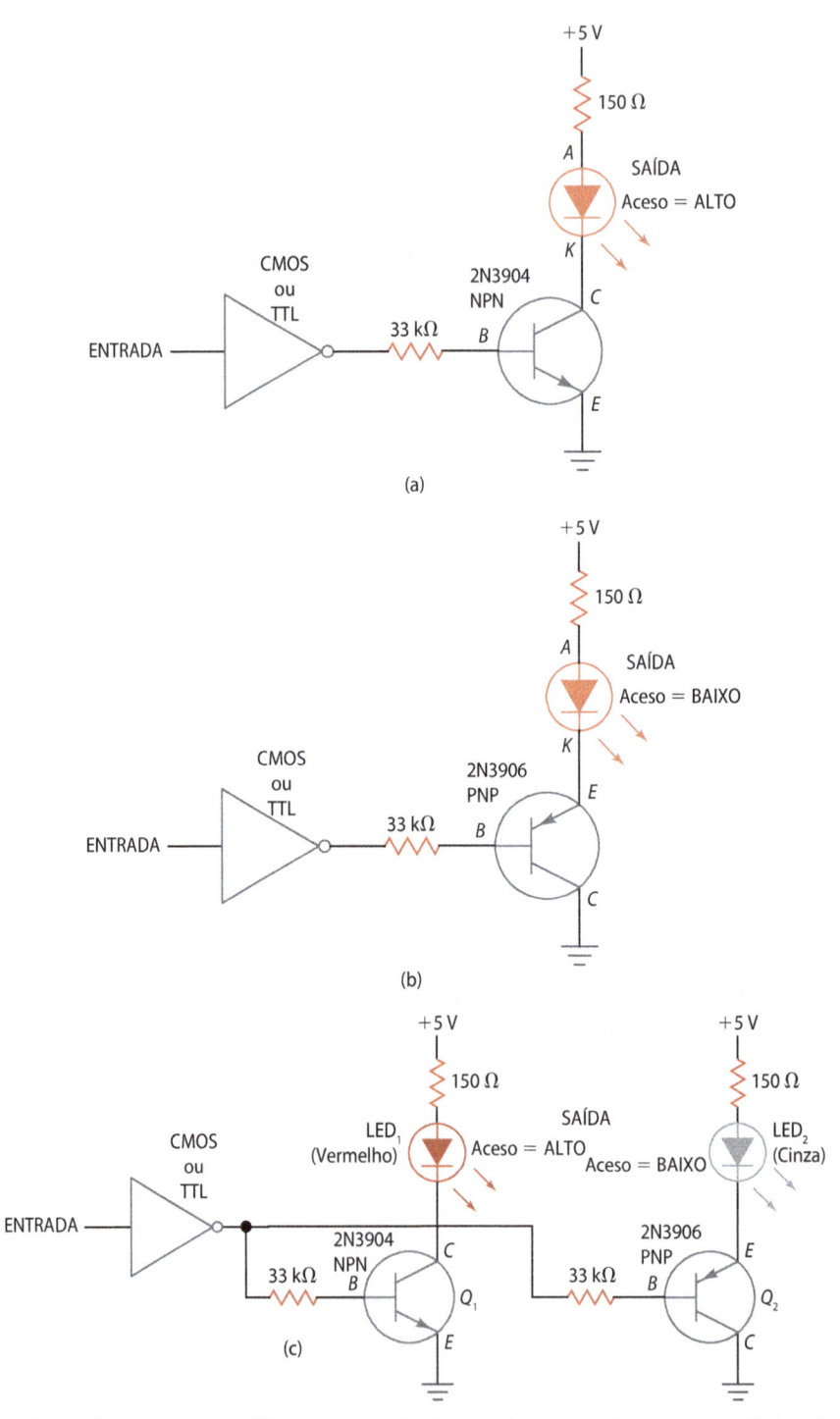

Figura 5-17 Interfaceamento com LEDs usando um circuito de acionamento de transistor. (a) Saída ativa-ALTA utilizando um transistor NPN. (b) Saída ativa-BAIXA utilizando um transistor PNP (ponteira lógica simplificada). (c) Circuito indicador ALTO-BAIXO (ponteira lógica simplificada).

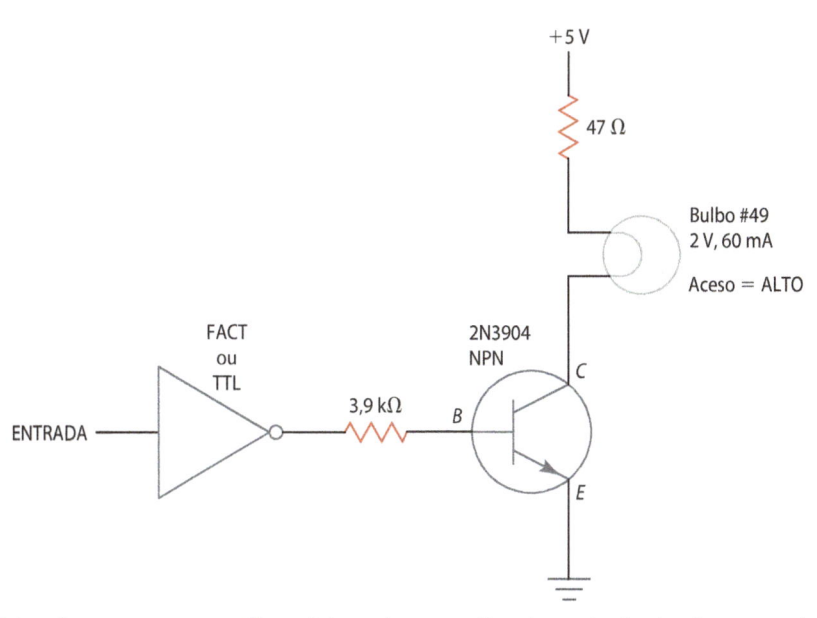

Figura 5-18 Interfaceamento com uma lâmpada incandescente utilizando um circuito de acionamento de transistor.

é suficiente para acionar entradas CMOS. Por outro lado, os perfis de tensão são incompatíveis. As saídas BAIXAS do CI TTL são compatíveis porque se encontram dentro da ampla faixa para a qual se define o nível BAIXO em dispositivos CMOS. Existe uma possível faixa de saídas ALTAS no CI TTL (2,4 a 3,5 V) que não se enquadra na faixa ALTA definida para CIs CMOS, de modo que essa incompatibilidade gera problemas, os quais podem ser resolvidos por meio da utilização de um RESISTOR PULL-UP entre as portas para elevar a saída ALTA da porta TTL padrão para um valor próximo a +5 V. Um circuito completo adequado para o interfaceamento entrre CIs TTL padrão e CMOS é mostrado na Figura 5-20(b). Observe que há o uso de um resistor *pull-up* de 1 kΩ. Esse circuito funciona perfeitamente no acionamento de CIs CMOS das séries 4000, 74HC00 e FACT.

Diversos outros tipos de INTERFACEAMENTO TTL-CMOS e CMOS-TTL utilizando uma fonte de alimentação de +5 V comum são descritos na Figura 5-21. A Figura 5-21(a) mostra os populares CIs LS-TTL acionando um tipo de porta CMOS qualquer, onde se observa o uso de um resistor *pull-up* de 2,2 kΩ para aumentar a saída TTL ALTA a um nível

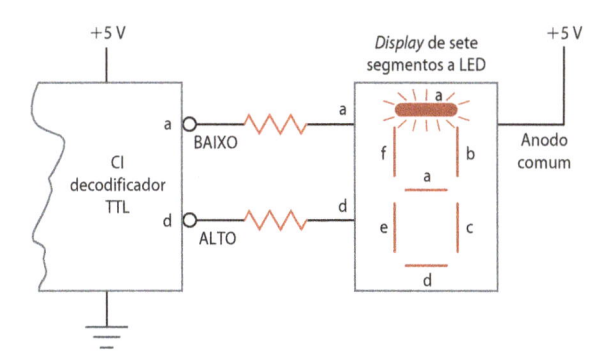

Figura 5-19 CI decodificador TTL acionando um *display* de sete segmentos a LED na configuração anodo comum.

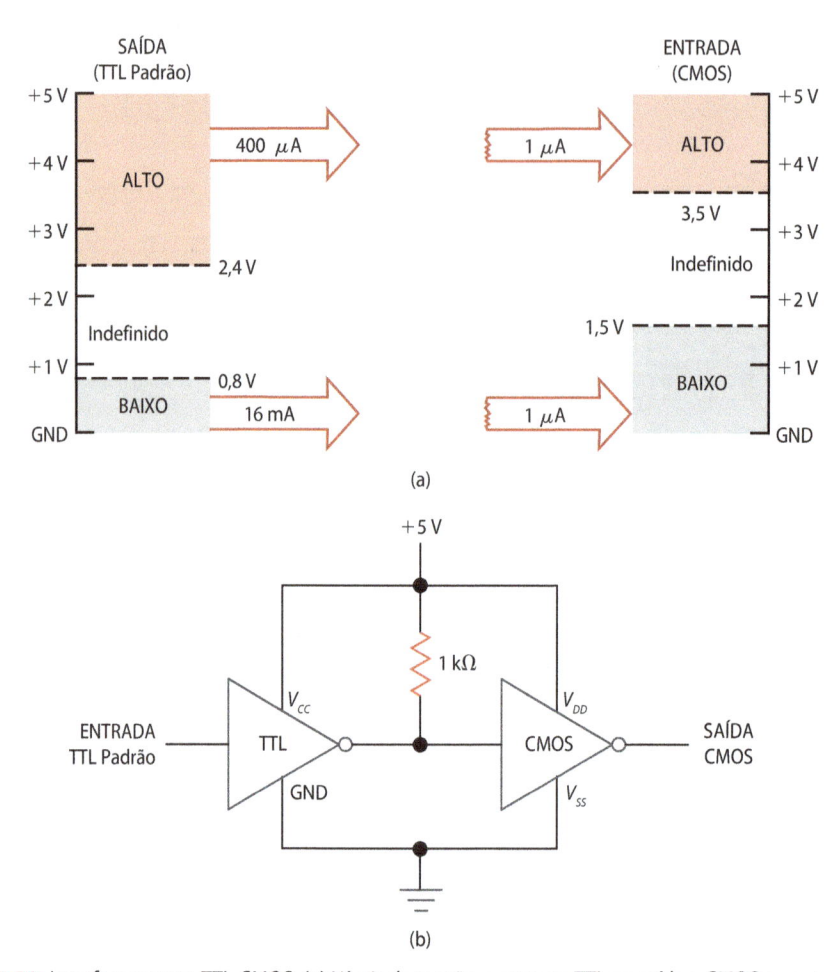

Figura 5-20 Interfaceamento TTL-CMOS. (a) Níveis de tensão e corrente TTL na saída e CMOS na entrada para análise da compatibilidade. (b) Interfaceamento TTL-CMOS usando um resistor *pull-up*.

próximo a +5 V. Desse modo, a saída TTL torna-se compatível com as características de tensão de entrada do CI CMOS.

Na Figura 5-21(b), um inversor CMOS (de uma série qualquer) aciona um inversor LS-TTL diretamente. CIs CMOS são capazes de acionar entradas LS-TTL e ALS-TTL (*Advanced low-power Schottky* – Schottky de baixa potência avançado). Por outro lado, a maioria dos CIs CMOS não é capaz entradas TTL padrão sem um interfaceamento adequado.

Os fabricantes tornaram o interfaceamento mais simples através da disponibilização de *buffers* especiais e CIs próprios. Um exemplo consiste no uso de um *buffer* não inversor 4050 na Figura 5-21(c), que fornece ao inversor CMOS uma capacidade de fornecimento de corrente na saída suficiente para acionar até duas entradas TTL.

O problema da incompatibilidade de tensão entre TLL (ou NMOS) e CMOS é resolvido na Figura 5-20 por um resistor *pull-up*. Outra forma para resolver esse problema é mostrada na Figura 5-21(d). A **SÉRIE DE CIs CMOS 74HCT00** é projetada especialmente para proporcionar uma interface adequada entre TTL (ou NMOS) e CMOS. Essa interface é implementada na Figura 5-21(d) utilizando-se o CI não inversor 74HCT34.

dispositivos TTL, CMOS, NMOS ou PMOS diretamente, como mostra a Figura 5-22(a). As características de tensão de saída não são compatíveis com as séries CMOS 74HC00, 74AC00 e 74ACQ00 e, portanto, um resistor *pull-up* é empregado na Figura 5-22(b) para elevar a saída TTL ALTA a um valor próximo à tensão de alimentação de +5 V. Fabricantes produzem portas CMOS tipo "T" que possuem o mesmo perfil de tensão de entrada de um CI TTL. Portas TTL podem acionar diretamente qualquer CI

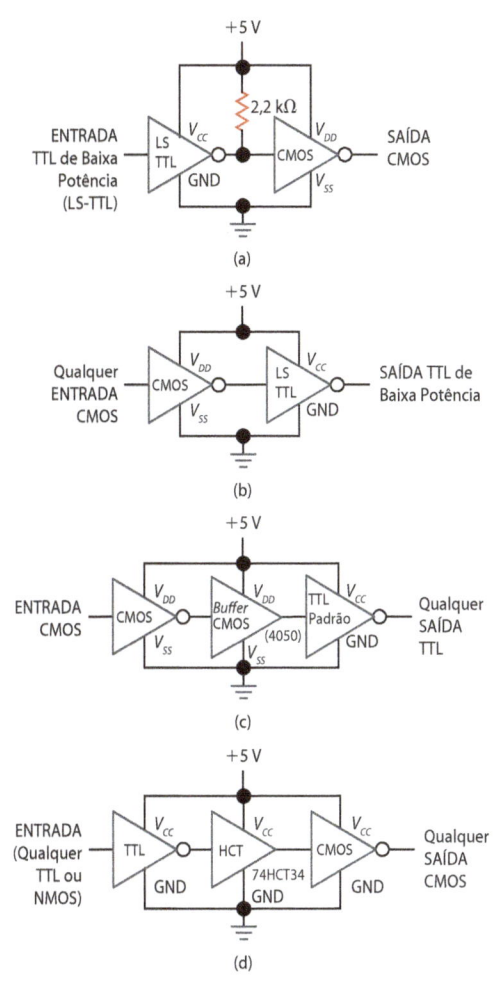

Figura 5-21 Interfaceamento entre TTL e CMOS utilizando uma mesma fonte de alimentação de +5 V. (a) Interfaceamento entre dispositivos Schottky de baixa potência TTL e CMOS usando um resistor *pull-up*. (b) Interfaceamento entre dispositivos CMOS e Schottky de baixa potência TTL. (c) Interfaceamento entre dispositivos CMOS e TTL padrão usando um CI *buffer* CMOS. (d) Interfaceamento entre dispositivos TTL e CMOS utilizando um CI da série 74HCT00.

A série de CIs CMOS 74HCT00 é muito utilizada no interfaceamento entre dispositivos NMOS e CMOS. As características de saída de dispositivos NMOS são praticamente as mesmas de dispositivos TTL.

A série moderna de **CIs CMOS FACT** possui excelentes características de fornecimento de corrente na saída, razão pela qual CIs FACT podem acionar

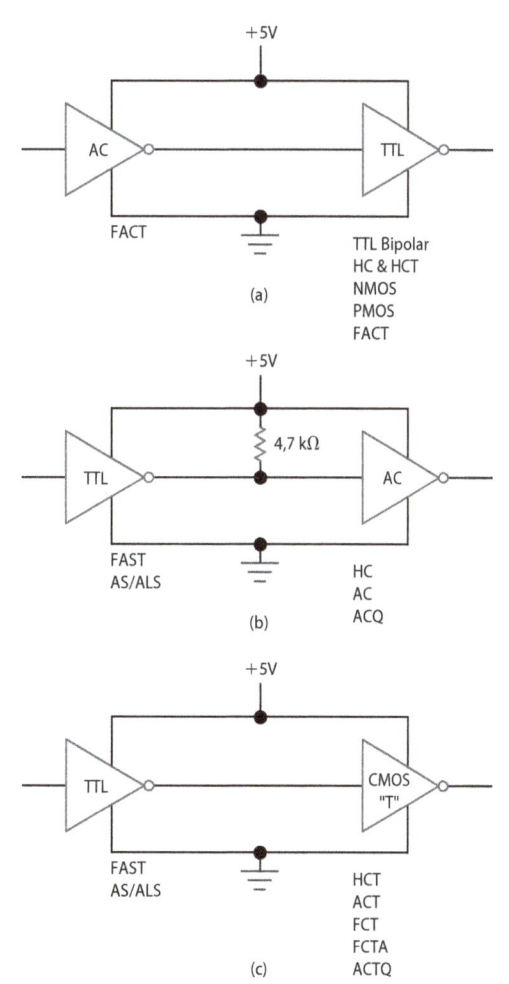

Figura 5-22 Interfacemento da série FACT com outras famílias. (a) Dispositivos FACT acionando a maioria das famílias TTL e CMOS. (b) Interfaceamento TTL-FACT usando um resistor *pull-up*. (c) Interfaceamento entre dispositivos TTL e CIs CMOS "T".

das séries 74HCT00, 74ACT00, 74FCT00, 74FCTA00 e 74ACTQ00, como mostra a Figura 5-22(c).

O interfaceamento de dispositivos CMOS com TTL requer a utilização de componentes adicionais quando cada um deles opera com uma fonte de alimentação distinta. A Figura 5-23 mostra três exemplos de interfaces TTL-CMOS e CMOS-TTL. Na Figura 5-23(a), tem-se um inversor TTL acionando um transistor NPN genérico. O transistor e os demais resistores convertem as saídas TTL com tensões mais baixas em tensões de entrada mais altas necessárias para a operação do inversor CMOS. A saída CMOS possui uma tensão que varia de um valor quase nulo até aproximadamente 10 V. A Figura 5-23(b) mostra um *buffer* inversor em coletor aberto e um resistor *pull-up* de 10 kΩ utilizado para compatibilizar tensões TTL mais baixas e tensões CMOS mais altas. Os CIs TTL 7406 e 7416 correspondem a dois *buffers* inversores em coletor aberto.

O interfaceamento de um inversor CMOS com tensão mais alta e um inversor CMOS com tensão mais baixa é mostrado na Figura 5-23(c). O **BUFFER CMOS** 4049 é utilizando entre os dispositivos CMOS e TTL. Observe que o *buffer* CMOS é alimentado pela tensão do CI TTL (+5 V) na Figura 5-23(c).

A verificação dos perfis de tensão (semelhantes aos da Figura 5-20) é um ponto de partida adequado para aprender sobre interfaceamentos ou

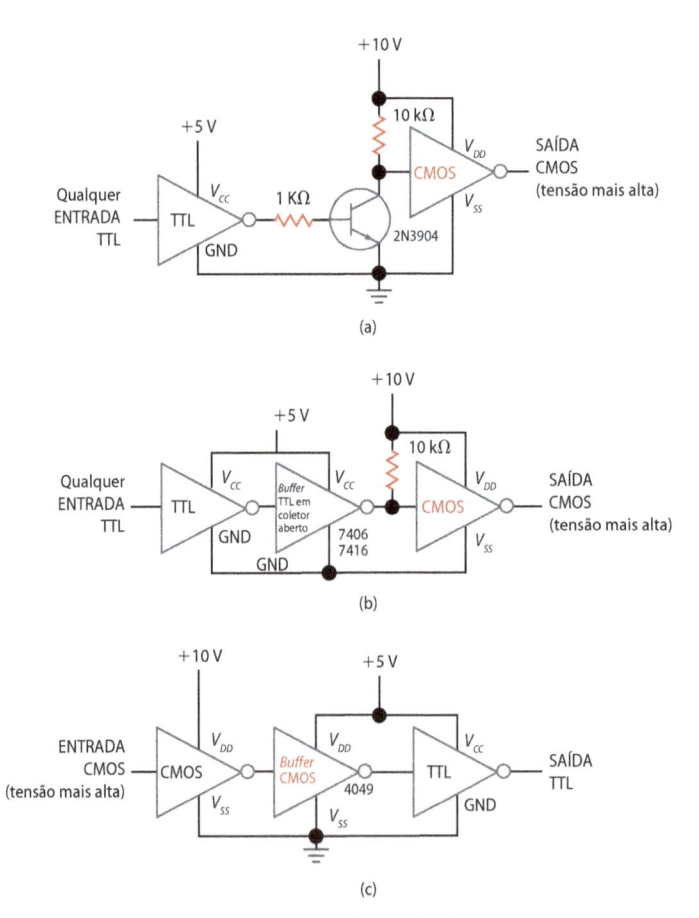

Figura 5-23 Interfaceamento entre TTL e CMOS usando fontes de alimentação distintas. (a) Interfaceamento TTL-CMOS usando um transistor. (b) Interfaceamento TTL-CMOS usando um *buffer* TTL em coletor aberto. (c) Interfaceamento CMOS-TTL usando um CI *buffer* CMOS.

projetá-los. Os catálogos disponibilizados pelos fabricantes também são muito úteis. Diversas técnicas são utilizadas no interfaceamento de diversas famílias lógicas, a exemplo de resistores *pull-up* e CIs especiais. Algumas vezes, não há a necessidade de utilizar componentes adicionais.

Teste seus conhecimentos

» Interfaceamento com campainhas, relés, motores e solenoides

O objetivo de muitos sistemas eletromecânicos é controlar um dispositivo de saída simples, o qual pode ser uma lâmpada, uma campainha, uma relé, um motor elétrico, um motor de passo ou um solenoide. O interfaceamento simples entre dispositivos lógicos e campainhas, relés, motores e solenoides será estudado nesta seção.

» Interfaceamento com campainhas

A CAMPAINHA PIEZOELÉTRICA é um dispositivo de sinalização moderno que consome uma corrente menor que as campainhas mais antigas. O circuito da Figura 5-24 mostra o interfaceamento necessário para acionar uma campainha piezoelétrica a partir de dispositivos lógicos digitais, onde um inversor TTL padrão ou CMOS aciona a campainha diretamente. A saída TTL padrão pode fornecer até 16 mA, enquanto uma saída FACT pode fornecer até 24 mA. A campainha piezoelétrica consome entre 3 e 5 mA quando emite sons. Note que a campainha possui marcação de polaridades. O diodo em paralelo existe para impedir que tensões transitórias sejam induzidas pela campainha no sistema.

A maioria das famílias lógicas é incapaz de acionar uma campainha diretamente. Assim, um transistor é incluído na saída do inversor da Figura 5-24(b) para acioná-la adequadamente. Quando a saída do inversor é ALTA, o transistor é ligado e a campainha soa. Por outro lado, quando a saída do inversor é BAIXA, o transistor é desligado e a campainha não é ativada. O diodo fornece proteção contra tensões transitórias. O circuito de interfaceamento da Figura 5-24(b) é adequando tanto em dispositivos CMOS quanto TTL.

» Interfaceamento com relés

Um RELÉ provê ótima isolação entre um dispositivo lógico e um circuito de alta tensão. A Figura 5-25 mostra como um inversor TLL ou CMOS pode ser interfaceado com um relé. Quando a saída do inversor é ALTA, o transistor é ligado e o relé é ativado. Nesse caso, os contatos normalmente abertos (NA) do relé são fechados. Quando a saída do inversor torna-se BAIXA, o transistor é cortado de modo que o relé é desativado, assumindo a posição dos contatos normalmente fechados (NF). O DIODO DE GRAMPEAMENTO em paralelo com o relé impede que picos de tensões sejam induzidos no sistema.

O circuito da Figura 5-26 utiliza um relé para isolar um motor elétrico de dispositivos lógicos. Note que o circuito lógico e o motor CC possuem fontes de alimentação distintas. Quando a saída do inversor é ALTA, o transistor é ligado e os contatos NA do relé permanecem fechados, de modo que o motor CC passa a funcionar. Quando a saída do inversor é BAIXA, o transistor é cortado e os contatos do relé retornam à posição NF e, portanto, o motor é desligado. O motor elétrico da Figura 5-26(a) possui movimento rotativo. Um solenoide é um dispositivo elétrico que produz movimento linear. Um solenoide é acionado por uma porta lógica na Figura 5-26(b), onde se constata a presença de fontes de alimentação distintas para os dispositivos. Esse circuito funciona de forma análoga ao arranjo da Figura 5-26(a).

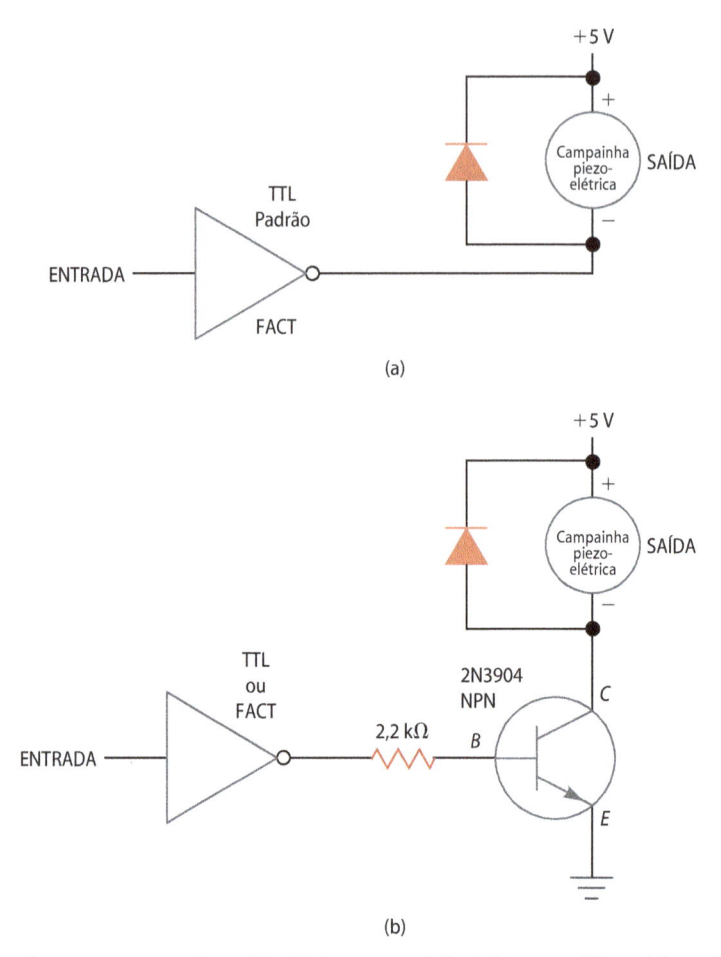

Figura 5-24 Interfaceamento entre dispositivo lógico e campainha. (a) Inversor TTL padrão ou FACT CMOS acionando uma campainha diretamente. (b) Inversor TTL ou FACT CMOS em interface com uma campainha usando um transistor.

Em suma, as características de tensão e corrente da maioria das campainhas, relés, motores e solenoides são estritamente diferentes daquelas existentes nos circuitos lógicos. A maioria dos dispositivos elétricos requer circuitos de interfaceamento especiais para acionar e isolá-los dos circuitos lógicos.

Teste seus conhecimentos

Optoisoladores

O relé da Figura 5-26 isola o circuito lógico de baixa tensão de dispositivos que operam em altas tensões/correntes como um solenoide ou um motor elétrico. *Relés eletromecânicos* possuem peso e volume elevados e custo elevado, mas são muito aplicados em controle e isolação. Relés eletromecânicos podem ocasionar o surgimento de picos de tensão indesejáveis devido à indutância

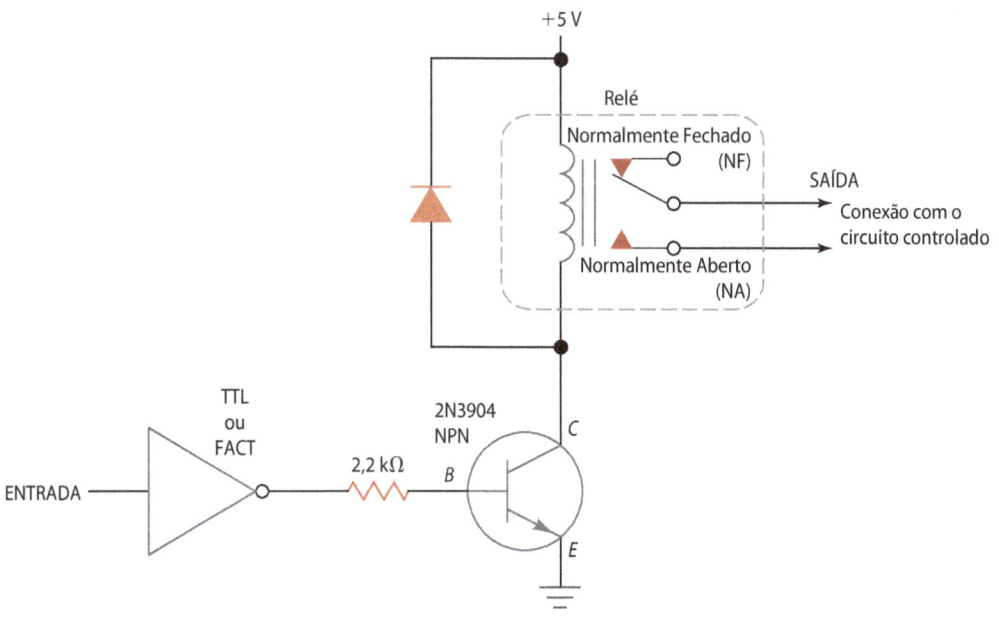

Figura 5-25 Interface entre dispositivos CMOS ou TTL e um relé usando um circuito com transistor.

da bobina e à atuação do dispositivo na abertura e fechamento dos contatos. Uma alternativa ao uso de relés em interfaceamentos com circuitos digitais reside no uso de OPTOISOLADORES ou optoacopladores. Um parente próximo do optoisolador é o relé de estado sólido.

Um optoisolador de baixo custo é mostrado na Figura 5-27. O optoisolador 4N25 emprega um diodo emissor de luz infravermelha à base de arsenieto de gálio acoplado a um fototransistor detector à base de silício, ambos encapsulados em um CI DIP com seis pinos. A Figura 5-27(a) mostra o diagrama do optoisolador 4N25 com a descrição de cada pino. No lado da entrada, o LED é normalmente ativado com uma corrente entre 10 e 30 mA. Quando isso ocorre, a luz ativa (liga) o fototransistor. Quando o LED não emite luz, o fototransistor permanece desligado, havendo uma alta resistência entre emissor e coletor.

Um circuito de teste simples utilizando o optoisolador 4N25 é mostrado na Figura 5-27 (b). O sinal digital proveniente da saída de um inversor TTL ou FACT aciona o diodo emissor de luz infravermelha diretamente. O circuito é projetado de modo que o LED é ativado quando a saída do inversor torna-se BAIXA, permitindo que o inversor drene uma corrente entre 10 e 20 mA. Quando o LED é ativado, a luz infravermelha brilha no interior do encapsulamento ativando o fototransistor. O transistor é ligado (havendo uma baixa resistência entre emissor e coletor), levando a tensão no coletor a um nível próximo a 0 V. Se a saída do inversor for ALTA, o LED não acenderá e o fototransistor NPN será desligado (havendo uma alta resistência entre emissor e coletor). A saída no coletor é elevada até aproximadamente +12 V (ALTA) pelo resistor *pull-up* de 10 kΩ. Nesse exemplo, note que o lado de entrada do circuito opera com +5 V, ao passo que o lado de saída é alimentado em +12 V. Em suma, os lados de entrada e de saída são isolados entre si. Quando o nível do pino 2 do optoisolador é BAIXO, a saída no coletor torna-se BAIXA. Os terminais de terra de ambas as fontes de alimentação não devem ser conectados de modo a promover a isolação entre os lados de baixa e alta tensão.

Uma aplicação simples de um optoisolador utilizado no interfaceamento entre um circuito TTL e uma campainha piezoelétrica é mostrada na Figura

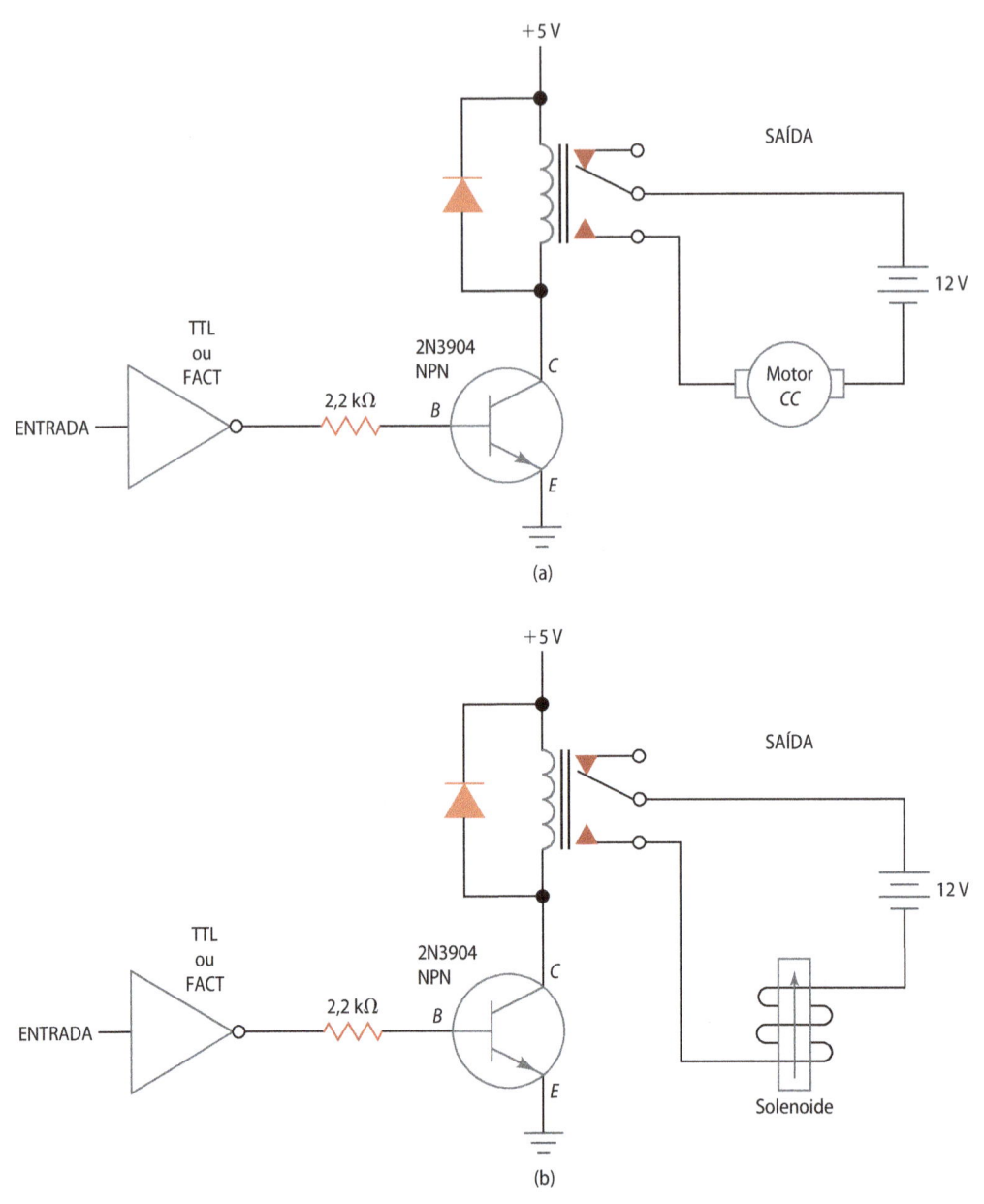

Figura 5-26 Utilização de um relé para isolar circuitos de alta tensão/corrente de circuitos digitais. (a) Interface envolvendo TTL ou CMOS e um motor elétrico. (b) Interface envolvendo TTL ou CMOS e um solenóide.

5-27(c). Nesse caso, o resistor *pull-up* é eliminado é removido porque o fototransistor NPN é utilizado para drenar uma corrente entre 2 e 4 mA quando estiver em condução. Um nível BAIXO na saída do inversor (pino 2 do optoisolador) ativa o LED, que por sua vez ativa o fototransistor.

Para controlar cargas de maior potência usando o optoisolador, pode-se adicionar um transistor de potência à saída de acordo com a Figura 5-27(d). Nesse exemplo, caso o LED seja ativado, o fototransistor será ligado. A saída do optoisolador (pino 5) torna-se BAIXA, desligando o transistor de potência.

A resistência do transistor de potência entre os terminais emissor e coletor é alta, desligando o motor CC. Quando a saída do inversor TTL é ALTA, o LED é desligado, assim como o fototransistor do optoisolador. A tensão no pino 5 torna-se positiva acionando o transistor de potência e, consequentemente, o motor CC funcionará.

Se o transistor de potência (ou outro semicondutor de potência como o triac) na Figura 5-27(d) for incluído com o optoisolador em um encapsulamen-

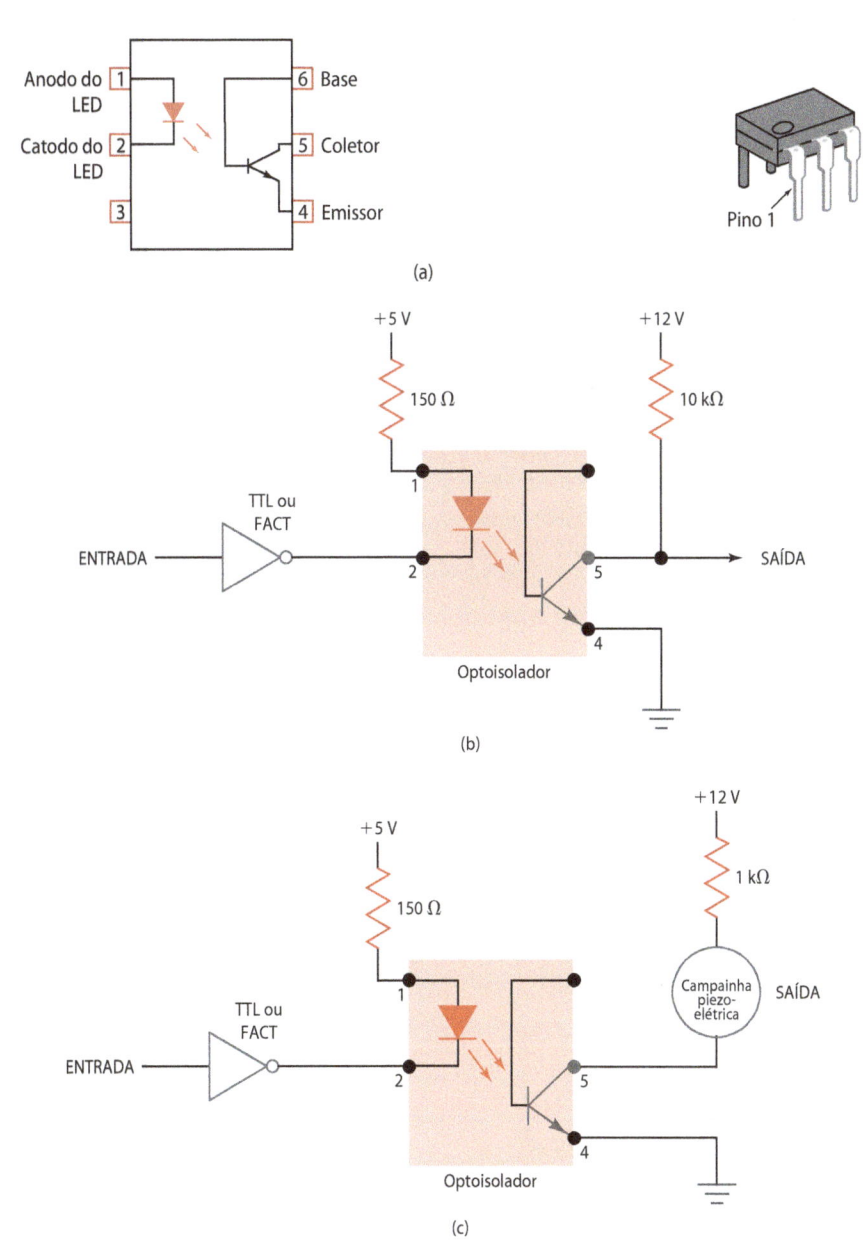

Figura 5-27 (a) Diagrama de pinos do optoisolador 4N25 e encapsulamento DIP com seis pinos. (b) Circuito optoisolador básico separando circuitos alimentados em +5 V e +12 V. (c) Optoisolador acionando uma campainha piezoelétrica.

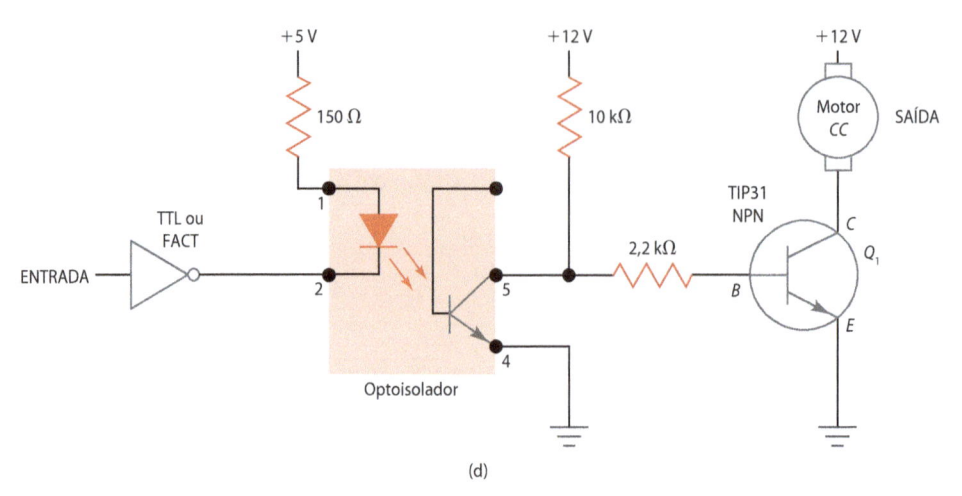

Figura 5-27 (*continuação*) (d) Optoisolador isolando circuito digital em baixa tensão de um circuito em alta tensão/corrente utilizando um motor.

to único, tem-se o dispositivo denominado RELÉ DE ESTADO SÓLIDO. Relés de estado sólido podem ser adquiridos para acionar uma ampla variedade de cargas alimentadas em corrente alternada ou corrente contínua. Por outro lado, o circuito de saída envolvendo um relé de estado sólido pode ser mais complexo que o arranjo da Figura 5-27(d).

Alguns exemplos de encapsulamento de relés de estado sólido são mostrados na Figura 5-28. O dispositivo menor na Figura 5-28(a) é próprio para montagem em placas de circuito impresso. Por outro lado, o relé de estado sólido da Figura 5-28(b) é capaz de operar em tensões e correntes mais elevadas e possui terminais para fixação com parafusos.

Em suma, é comum isolar circuitos digitais de alguns dispositivos que operam com tensões e correntes elevadas devido ao eventual surgimento de picos de tensão e ruído. Normalmente, relés eletromagnéticos são utilizados para isolação, mas optoisoladores e relés de estado sólido consistem em uma alternativa eficiente com menor custo agregado que pode ser empregada no interfaceamento com circuitos digitais. Um optoisolador típico mostrado na Figura 5-27(a) possui um diodo emissor de luz infravermelha que aciona um fototransistor. Ao se projetar uma interface utilizando a porta paralela de microcomputador, provavelmente serão utilizados optoisoladores entre os circuitos e o microcomputador*. As saídas e entradas de uma porta paralela operam com níveis de tensão TTL, de modo que uma isolação adequada deverá ser capaz de proteger o computador contra picos de tensão e ruídos.

Teste seus conhecimentos

» Interfaceamento com servomotores e motores de passo

O motor CC que foi mencionado anteriormente neste capítulo é um dispositivo que gira continuamente quando for devidamente alimentado por uma fonte de tensão. O controle do motor CC é do tipo liga-desliga, ou então o sentido de rotação

---
* N. de T.: Microcomputadores mais modernos não possuem portas paralelas conectadas às placas-mãe. Portas paralelas eram muito empregadas como uma interface entre computadores e dispositivos de saída típicos como impressoras. Com o advento da tecnologia *Plug and Play*, as portas paralelas foram prontamente substituídas por portas USB.

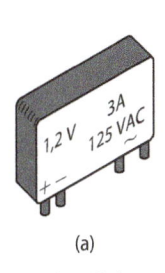

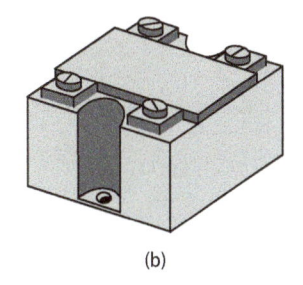

Figura 5-28 (a) Relé de estado sólido – pequeno encapsulamento para montagem em placa de circuito impresso. (b) Relé de estado sólido – encapsulamento grande.

pode ser invertido a partir da mudança do sentido de circulação da corrente. O controle de velocidade em um motor CC não é trivial, e tampouco o controle da posição angular. Quando as características de controle preciso de posicionamento e velocidade são necessárias, um motor CC não desempenha um papel adequado.

» Servomotor

Tanto o servomotor quanto o motor de passo podem mover-se até uma dada posição angular desejada e parar, permitindo também a reversão do sentido de rotação. O termo "servo" indica que a velocidade ou a posição angular pode ser controlada precisamente por uma malha que realimenta a saída na entrada. Servomecanismos mais comuns são dispositivos de custo reduzido utilizados em aeromodelos, carrinhos de controle remoto e alguns *kits* educacionais de robótica. Esses servomecanismos empregam motores CC com sistemas de engrenagens envolvendo circuitos eletrônicos, os quais respondem à aplicação de pulsos com larguras diferentes. Tais dispositivos utilizam um sistema de realimentação para garantir que o motor se desloque e permaneça na posição angular desejada, sendo que seu uso é bastante popular em brinquedos de forma geral. Normalmente, possuem três fios (sendo um deles correspondente à entrada e os demais utilizados na alimentação) e não são utilizados em rotação contínua.

A posição do eixo de saída em um servomecanismo é determinada pela largura ou duração do pulso de controle, a qual varia entre 1 e 2 ms. O conceito do controle de um servomotor é representado na Figura 5-29, onde o gerador de pulsos possui frequência constante de aproximadamente 50 Hz. A *largura de pulso* (ou *duração do pulso*) pode ser modificada pelo operador utilizando-se um potenciômetro ou um *joystick*. O motor associado a um sistema interno de engrenagens e o sistema de realimentação e controle responde à sequência de pulsos contínuos modificando a posição angular. Por exemplo, se a largura de pulsos é 1,5 ms, o eixo se move para a posição indicada na Figura 5-29(a). Se a largura de pulso é reduzida para 1 ms, o eixo de saída adota uma nova posição, movendo 90° em sentido horário, de acordo com a Figura 5-29(b). Finalmente, se a largura de pulso torna-se igual a 2 ms como na Figura 5-29(c), o eixo de saída permanece parado na posição indicada.

A mudança da duração do pulso é denominada *modulação por largura de pulso* (PWM – *pulse-width modulation*). No exemplo da Figura 5-29, o gerador de pulsos emite pulsos com frequência constante de 50 Hz, embora a largura dos pulsos possa ser devidamente ajustada.

Um exemplo da representação interna de um servomotor é apresentado na Figura 5-29(d). O servomecanismo é constituído de um motor CC e um sistema de engrenagens para redução de velocidade. A última engrenagem aciona o eixo de saída e também é conectada a um potenciômetro, o qual é responsável por fornecer uma amostra da posição angular na saída. A resistência variável do potenciômetro é realimentada no circuito de controle

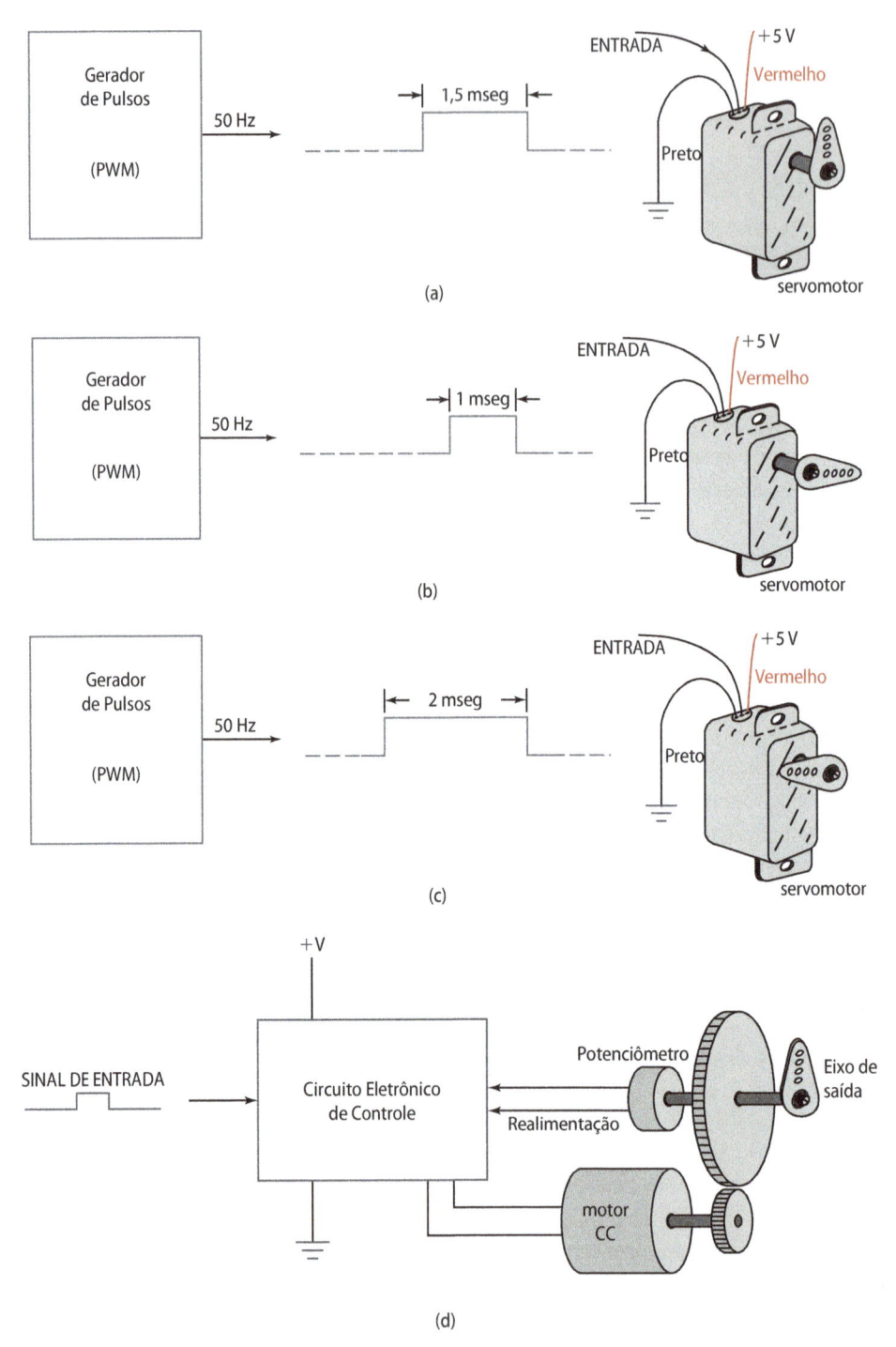

Figura 5-29 Controle da posição angular de um dispositivo servomotor utilizando modulação por largura de pulsos (PWM). (Observação: Alguns dispositivos servomotores giram no sentido oposto à medida que a largura de pulso aumenta.)

e compara continuamente a largura do pulso externo (entrada) com um pulso interno gerado por um circuito de disparo único. A largura do pulso interno é variada de acordo com a realimentação do sinal fornecido pelo potenciômetro.

Para o servomotor da Figura 5-29, considere que a largura do pulso externo é 1,5 ms e a largura do pulso interno é 1,0 ms. Após a comparação dos pulsos, o circuito de controle promove a rotação do eixo de saída no sentido anti-horário. A cada pulso externo de saída (50 vezes por segundo), o circuito de controle leva a uma pequena rotação do eixo de saída no sentido anti-horário até que a largura de ambos os pulsos seja 1,5 ms. Neste ponto, o eixo para na posição mostrada na Figura 5-29(a).

Ainda considerando o servomotor da Figura 5-29, suponha que a largura do pulso externo mude para 1,0 ms e que a largura do pulso interno obtida a partir do potenciômetro seja 1,5 ms. Após a comparação dos pulsos, o circuito de controle promove a rotação do eixo de saída no sentido horário. A cada pulso externo de saída (50 vezes por segundo), o circuito de controle leva a uma pequena rotação do eixo de saída no sentido horário até que a largura de ambos os pulsos seja 1,0 ms. Neste ponto, o eixo para na posição mostrada na Figura 5-29(b).

Quando as larguras de ambos os pulsos interno e externo são iguais para o servomotor da Figura 5-29, o motor CC permanece parado. Por exemplo, se as larguras dos pulsos supracitados são iguais a 2,0 ms, o eixo permanece parado na posição indicada na Figura 5-29(c).

Alguns servomecanismos possuem as características de rotação mostradas na Figura 5-29. Outros dispositivos possuem conexões internas de modo que um pulso curto (1 ms) provoca uma volta completa no sentido anti-horário, de forma distinta à rotação no sentido horário que ocorre na Figura 5-29(b). De forma análoga, um pulso longo (2 ms) provoca uma volta completa no sentido horário, de forma oposta ao que ocorre na Figura 5-29(c).

» Motor de passo

O motor de passo é capaz de se deslocar com um ângulo fixo sempre que um pulso de entrada for aplicado. Um motor de passo a quatro fios é mostrado na Figura 5-30(a), onde podem ser identificadas algumas características importantes do motor. O motor é projetado para operação com tensão 5 Vcc. Cada um dos dois enrolamentos (L1 e L2) possui resistência de 20 Ω. Utilizando a lei de Ohm, determina-se a corrente em cada enrolamento como sendo 0,25 A ou 250 mA ($I = V/R = 5/20 = 0,25$ A). O termo "2f" indica que se trata de um MOTOR DE PASSO BIFÁSICO ou bipolar (em oposição ao termo unipolar). Motores de passo bipolares normalmente possuem quatro fios que saem da carcaça, como mostra a Figura 5-30(a). Motores de passo unipolares podem possuir de cinco a oito fios saindo da carcaça. O rótulo no motor da Figura 5-30(a) indica que cada passo é igual a 18° (de modo que cada pulso de entrada provoca uma rotação de 18° no eixo do motor). Outras características relevantes são fornecidas no catálogo do fabricante, como dimensões, indutância dos enrolamentos e torque de retenção do motor. Um diagrama esquemático com a representação adequada dos enrolamentos pode ser incluído pelo fabricante, de forma semelhante ao da Figura 5-30(b). Note que há dois enrolamentos no diagrama esquemático do motor. A sequência de controle também é normalmente fornecida para o motor de passo.

A visualização interna de um motor de passo é apresentada na Figura 5-30(c), onde se verifica o *rotor imã permanente* acoplado ao eixo. Alguns motores de passo possuem um rotor de ferro leve cujo número de polos é diferente daquele do estator, sendo denominados MOTORES DE PASSO COM RELUTÂNCIA VARIÁVEL. Existem dois estatores na Figura 5-30(c) e é possível constatar a existência de vários polos. O número de polos em um único estator corresponde ao número de passos necessários para se completar uma revolução do motor de passo. Por exemplo, para um motor cujo passo é 18°, o número de passos que corresponde a uma revolução completa é:

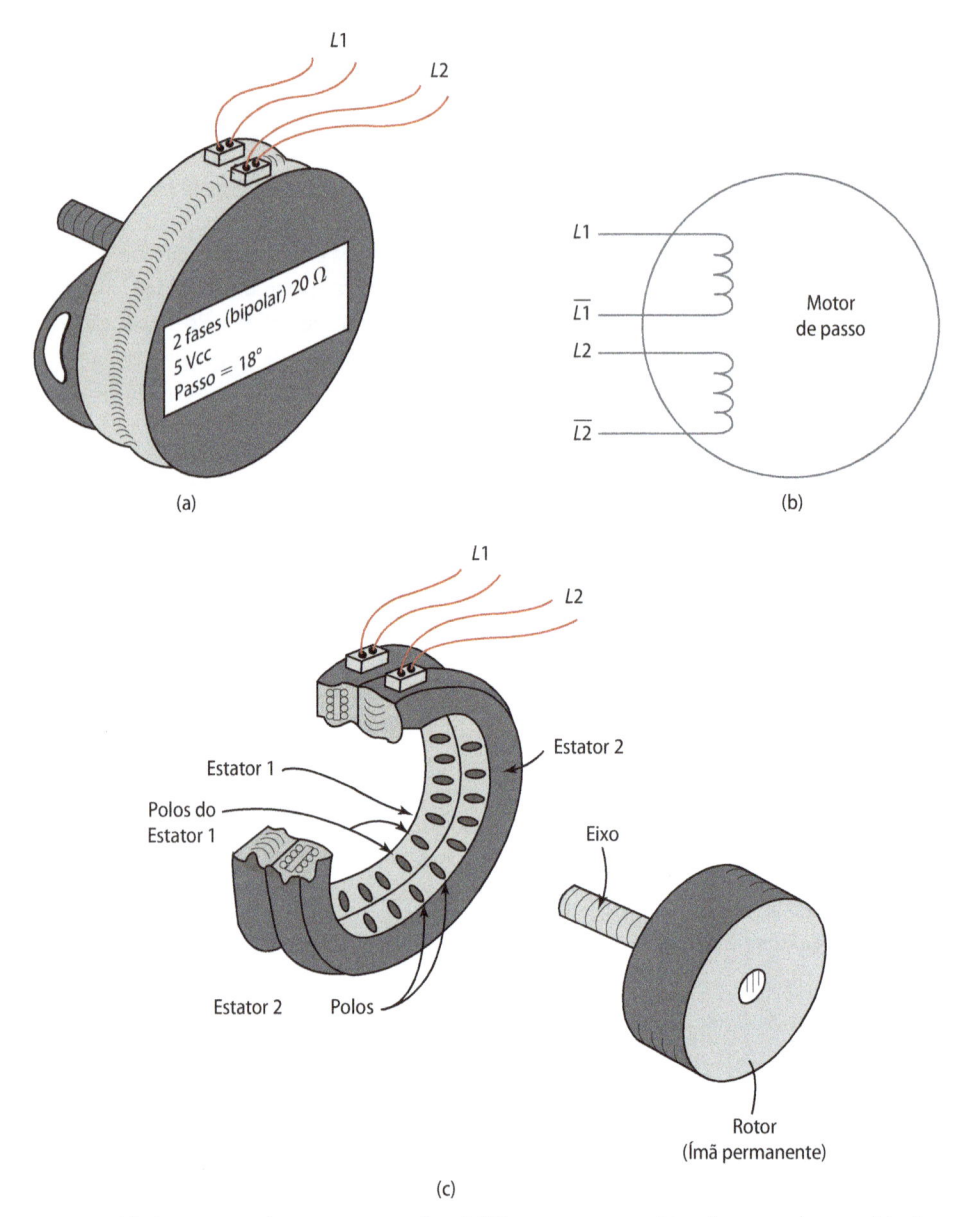

Figura 5-30 (a) Típico motor de passo a quatro fios. (b) Diagrama esquemático do motor de passo bipolar a quatro fios. (c) Vista expandida simples do motor de passo com ímã permanente.

Uma volta completa no círculo trigonométrico/ângulo de um único passo = Número de passos por volta.

360°/18° = 20 passos por volta.

Nesse exemplo, cada estator possui 20 polos visíveis. Note que os polos dos estatores 1 e 2 não estão alinhados entre si, mas sim deslocados em meio passo ou 9°. Motores de passo convencionais possuem ângulos de passo de 0,9°, 1,8°, 3,6°, 7,5°, 15° e 18°.

O motor de passo responde a uma sequência de controle padrão, a qual é representada para o motor bipolar na Figura 5-31(a). No primeiro passo, conecta-se o terminal *L*1 a aproximadamente +5 V, enquanto o terminal ($\overline{L1}$) é aterrado. De forma análoga, o terminal *L*2 é conectado a +5 V e o terminal ($\overline{L2}$) é aterrado. No passo 2, note que a polaridade da bobina *L*1/$\overline{L1}$ é invertida, de modo que a polaridade de *L*2/$\overline{L2}$ permanece a mesma, causando a rotação no sentido horário equivalente a um passo (18° para o motor do exemplo). No passo 3, a polaridade da bobina *L*2/$\overline{L2}$ é invertida, causando uma segunda rotação no sentido horário equivalente a um passo. No passo 4, apenas a polaridade de *L*1/$\overline{L1}$ é invertida, de modo que há uma terceira rotação no sentido horário que corresponde a um passo. Novamente no passo 1, a polaridade de *L*2/$\overline{L2}$ é invertida, de modo que ocorre uma quarta rotação no sentido horário. Mantendo-se a sequência dos passos 2, 3, 4, 1, 2, 3, o rotor continua se deslocando no sentido horário em 18° para cada passo.

Passo	L1	$\overline{L1}$	L2	$\overline{L2}$
1	1	0	1	0
2	0	1	1	0
3	0	1	0	1
4	1	0	0	1
1	1	0	1	0
2	0	1	1	0

Sequência de cima para baixo = Rotação no sentido horário

Sequência de baixo para cima = Rotação no sentido anti-horário

(a)

(b)

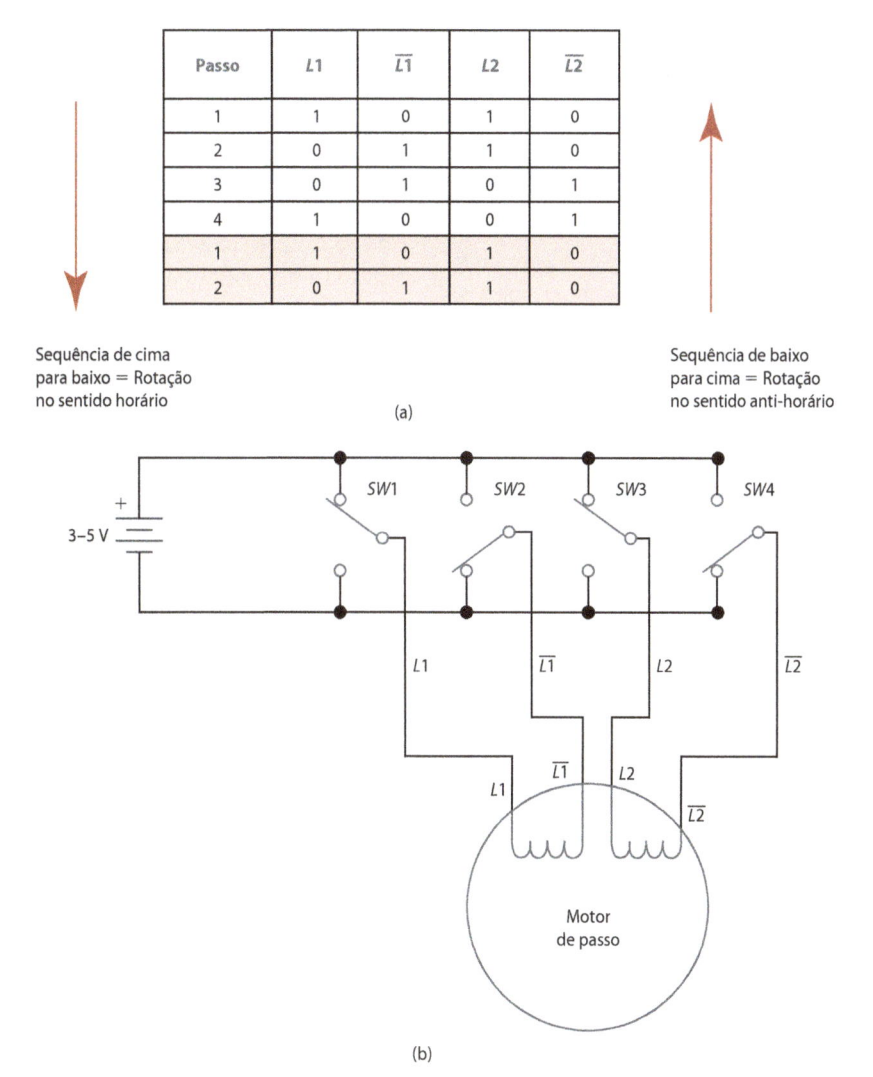

Figura 5-31 (a) Diagrama sequencial de controle do motor bipolar. (b) Circuito de teste de um motor de passo bipolar a quatro fios.

Para inverter o sentido de rotação do motor, deve-se inverter a sequência do quadro da Figura 5-31(a), seguindo os passos de baixo para cima. Suponha que se tenha o passo 2 localizado na parte inferior do quadro. Ao se deslocar para o passo 1, apenas a polaridade da bobina $L1/\overline{L1}$ é invertida e o motor gira um passo no sentido anti-horário. Agora, considerando o passo 4, apenas a polaridade da bobina $L2/\overline{L2}$ é invertida, de modo que o motor se desloca em 18° no sentido anti-horário. No passo 3, apenas a polaridade de $L1/\overline{L1}$ é invertida e o motor gira mais um passo no sentido anti-horário. A rotação no sentido anti-horário é mantida ao seguir a sequência 2, 1, 4, 3, 2, 1, 4, 3 e assim por diante.

Em suma, a rotação no sentido horário ocorre quando se adota a sequência de cima para baixo no quadro da Figura 5-31(a). Por outro lado, a rotação no sentido anti-horário é obtida quando se adota qualquer passo no quadro da Figura 5-31(a), seguindo então a sequência de baixo para cima. O motor de passo apresenta excelente desempenho no controle de posicionamento, como em leitores antigos de mídia magnética em computadores, impressoras, robôs, sistemas automatizados em geral e máquinas-ferramentas de controle numérico computadorizado. O motor de passo também pode ser utilizado em aplicações com rotação contínua onde o controle preciso de velocidade é importante. A rotação contínua em um motor de passo pode ser obtida mudando-se a sequência dos contatos rapidamente. Por exemplo, suponha que se deseje que a velocidade de rotação do motor da Figura 5-30(a) seja 600 rpm. Isso significa que o motor apresenta 10 rotações por segundo (600 rpm/60 s = 10 rps). Assim, a sequência de controle na Figura 5-31(a) deve ser alterada a uma frequência de 200 Hz (10 rotações/segundo × 20 passos por rotação = 200 Hz).

» Interfaceamento com o motor de passo

Considere o circuito simples da Figura 5-31(b) utilizado no teste de um motor de passo bipolar. As chaves com polo único e contato duplo são arranjadas de modo a fornecer as tensões definidas no passo 1 de acordo com a sequência de controle do quadro da Figura 5-31(a). À medida que são alteradas as tensões nos passos 2, 3, 4 e assim por diante, o motor se desloca no sentido horário. Ao se inverter a ordem de acordo com a sequência de baixo para cima na Figura 5-31(a), o motor passa a girar no sentido anti-horário. O circuito da Figura 5-31(b) não é muito prático, mas pode ser utilizado para o teste manual de um motor de passo.

Uma interface prática para acionamento de um motor bipolar existe na forma do CI MC3479 fabricado pela empresa Motorola. O diagrama esquemático da Figura 5-32(a) mostra como se deve conectar o CI a um motor de passo.

O CI MC3479 possui um circuito lógico que fornece a sequência de controle adequada para o acionamento de um motor de passo bipolar. O bloco de acionamento do motor possui uma capacidade de corrente de 350 mA por enrolamento. Cada passo do motor é mudado a partir de um único pulso positivo de *clock* aplicado à entrada CLK do CI (pino 7). Uma entrada de controle permite a determinação do sentido de rotação do motor. Um nível lógico 0 na entrada CW/CCW corresponde à rotação no sentido horário, enquanto um nível lógico 1 aplicado no pino 10 altera a rotação do motor para o sentido anti-horário.

O CI MC3479 ainda possui uma entrada denominada $\overline{Full}$-Half (Passo Pleno/Meio Passo), capaz de alterar operação do motor na forma de passos plenos ou meios passos. No modo passo pleno, o motor da Figura 5-30 desloca-se 18° para cada pulso único de *clock*. Em modo meio passo, o motor da Figura 5-30 desloca-se apenas a metade de um passo completo, isto é, 9° para cada pulso de *clock*. A sequência de controle para o CI MC3479 é dada pelo quadro da Figura 5-32(b). Observe que essa é estritamente a mesma sequência de controle empregada na Figura 5-31(a). A sequência de controle para a operação em modo meio passo é apresentada no quadro da Figura 5-32(c). Deve-se ressaltar que essas sequências de controle são padronizadas para motores bipolares ou bifásicos e são implementadas internamente no CI MC3479. O uso de CIs para

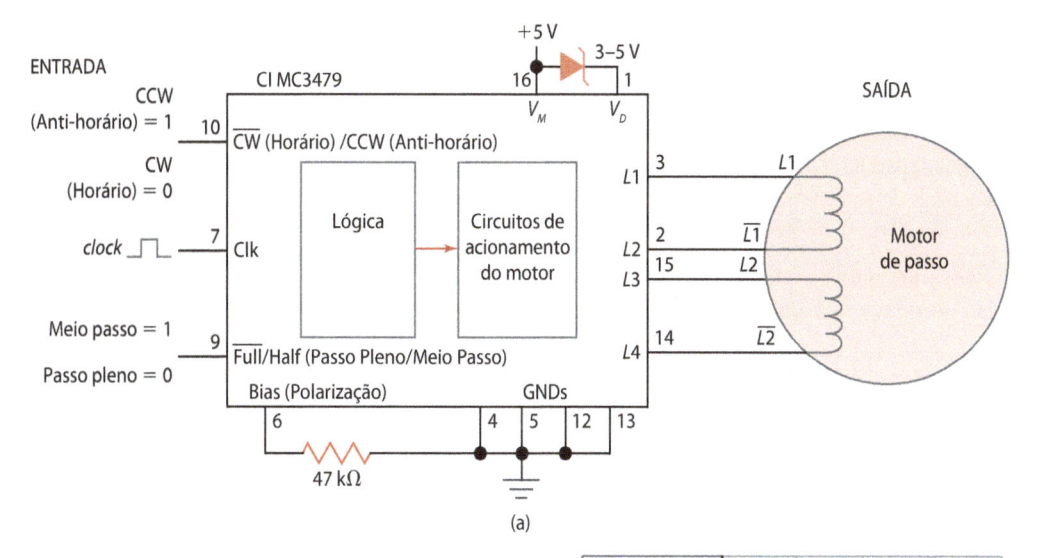

Figura 5-32 (a) Utilização do CI MC3479 para acionamento de um motor de passo bipolar. (b) Sequência de controle do CI MC3479 em modo de passo pleno. (c) Sequência de controle do CI MC3479 em modo de meio passo.

(b)

Passo	L1	L2	L3	L4
1	1	0	1	0
2	0	1	1	0
3	0	1	0	1
4	1	0	0	1
1	1	0	1	0
2	0	1	1	0

(c)

Passo	L1	L2	L3	L4
1	1	0	1	0
2	1	1	1	0
3	0	1	1	0
4	0	1	1	1
5	0	1	0	1
6	1	1	0	1
7	1	0	0	1
8	1	0	1	1
1	1	0	1	0
2	1	1	1	0
3	0	1	1	0
4	0	1	1	1

acionamento de motores de passo consiste na solução mais simples e com menor custo para gerar as sequências de controle adequadas, permitindo que os motores girem nos sentidos horário e anti-horário e operem nos modos de passo pleno ou meio passo. Os blocos existentes na Figura 5-32(a) são implementados internamente, de modo que motores com menor potência podem ser diretamente acionados pelo próprio CI MC3479.

Motores unipolares ou tetrafásicos possuem cinco ou mais fios que saem do motor. Existem CIs específicos capazes de gerar a sequência de controle adequada para esses motores, a exemplo do CI EDE1200 fabricado por E-LAB Engineering. Esse

capítulo 5 » Especificações de CIs e interfaceamento simples

159

CI possui muitas das características do CI MC3479, com exceção dos blocos próprios para o acionamento de motores. Transistores externos ou um CI adicional devem ser utilizados para acionar o motor unipolar juntamente com o CI EDE1200. As sequências de controle são distintas para motores unipolares (tetrafásicos) e bipolares (bifásicos).

Portanto, um motor CC de imã permanente simples é adequado para aplicações com rotação contínua. Por outro lado, servomecanismos (como os servomotores) são recomendados quando se deseja obter o posicionamento adequado do eixo. A modulação por largura de pulso (PWM) é a técnica empregada para deslocar o eixo até uma determinada posição angular. Motores de passo podem ser utilizados tanto para o controle de posicionamento quanto da rotação contínua.

Teste seus conhecimentos (Figura 5-33)

Utilizando sensores de efeito Hall

O *sensor de efeito Hall* é normalmente utilizado para solucionar problemas complexos de chaveamento. Sensores de efeito Hall consistem em dispositivos de sensoriamento ou chaves ativadas magneticamente, sendo imunes às condições ambientais e adequados para condições de funcionamento adversas. Sensores de efeito Hall operam adequadamente quando imersos em óleo e poeira, em altas ou baixas temperaturas, na presença ou ausência de iluminação e também em ambientes secos ou úmidos.

Diversos exemplos da utilização de sensores de efeito Hall em um automóvel moderno são apresentados na Figura 5-34. Sensores e chaves de efeito Hall também são empregados em diversas outras aplicações, como sistemas de ignição, sistemas de segurança, chaves limitadoras mecânicas, computadores, impressoras, leitores de disquetes, teclados, máquinas-ferramentas, detectores de posição e comutadores de motores CC sem escovas.

Muitos dos avanços da tecnologia automotiva dependem do uso de sensores com alta confiabilidade e exatidão que enviam dados para um computador central. Esses dados são então reunidos pelo computador, de modo que muitas funções relacionadas ao motor e outras partes do automóvel são controladas. O computador também reúne e armazena dados enviados por sensores a fim de serem utilizados pelo sistema de diagnóstico a bordo (OBD I – *On-board Diagnostics System* I, ou uma versão mais recente denominada OBD II). Apenas alguns dos muitos sensores existentes em um automóvel são do tipo efeito Hall.

Sensor de efeito Hall básico

O sensor de efeito Hall básico é um dispositivo semicondutor, como mostra a Figura 5-35(a). Uma tensão de alimentação (polarização) levará à circulação de uma corrente de polarização no sensor de efeito Hall. De acordo com a Figura 5-35(a), uma tensão é gerada pelo sensor quando há a presença de um campo magnético. A tensão Hall é proporcional à intensidade desse campo magnético. Por exemplo, se não há campo magnético, a tensão produzida na saída do sensor é nula. À medida que a intensidade do campo aumenta, a tensão Hall aumenta proporcionalmente. Em resumo, se o sensor de efeito Hall é inserido em uma região onde existe um campo magnético, a tensão de saída será diretamente proporcional à intensidade do campo. O efeito Hall foi descoberto por E. F. Hall em 1879.

A tensão de saída de um sensor de efeito Hall é baixa, de modo que esse sinal normalmente é amplificado. Um sensor de efeito Hall utilizando um amplificador CC e um regulador de tensão é representado na Figura 5-35(b). A tensão de saída é linear e proporcional à intensidade do campo magnético.

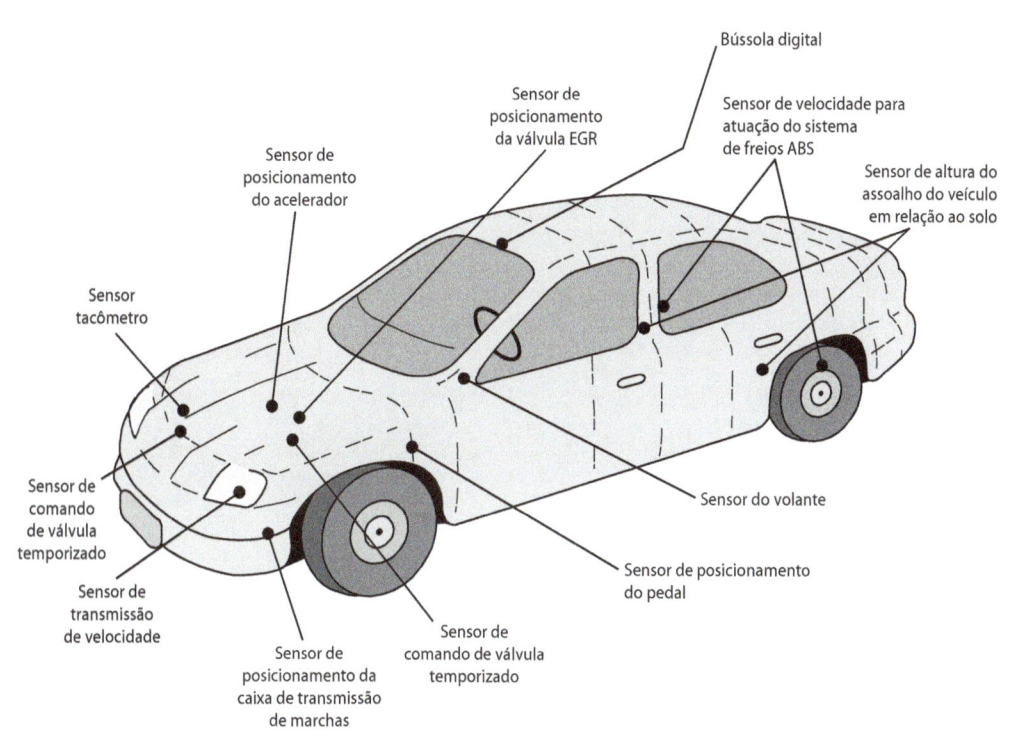

Figura 5-34 Sensores de efeito Hall utilizados em um automóvel moderno.

Chave de efeito Hall

Outros dispositivos baseados no efeito Hall são projetados para operarem como chaves. Uma chave de efeito Hall comercial é ilustrada na Figura 5-36, a qual corresponde ao modelo bipolar 3132 produzido pelo fabricante Allegro Microsystems, Inc. O encapsulamento com três terminais mostrado na Figura 5-36(a) mostra que os pinos 1 e 2 são utilizados na alimentação do dispositivo (+ para Vcc e − para o terminal de terra). O pino 3 corresponde à saída dessa chave, que não possui o problema de trepidação de contatos.

A representação dos pinos na Figura 5-36(a) é válida para a vista frontal da inscrição ou marcação existente no CI. Um diagrama de blocos que corresponde ao circuito interno da chave de efeito Hall 3132 é mostrado na Figura 5-36(b). Note que o sensor de efeito Hall é representado por um retângulo com um símbolo "X" marcado no interior.

Diversos outros componentes são incluídos para converter o dispositivo analógico em uma chave digital. O detector de limite Schmitt-*trigger* produz uma atuação instantânea sem trepidação de contatos necessária para o chaveamento digital, sendo a saída ALTA ou BAIXA. O transistor de saída em modo coletor aberto é incluído no CI para que seja possível fornecer até 25 mA para a carga.

As duas características mais importantes de um campo magnético são a intensidade e o sentido (considerando os polos norte e sul de um ímã). Essas características são utilizadas pela chave de efeito Hall 3132. Para demonstrar sua operação, observe o circuito da Figura 5-37(a) que inclui o CI 3132. Um LED indicador de saída associado a um resistor limitador de 150 Ω é incluído na saída do CI.

Na Figura 5-37(a), o polo sul do ímã está mais próximo do CI, de modo que o transistor NPN é polarizado. Assim, o pino 3 do CI assume um nível BAIXO e o LED acende.

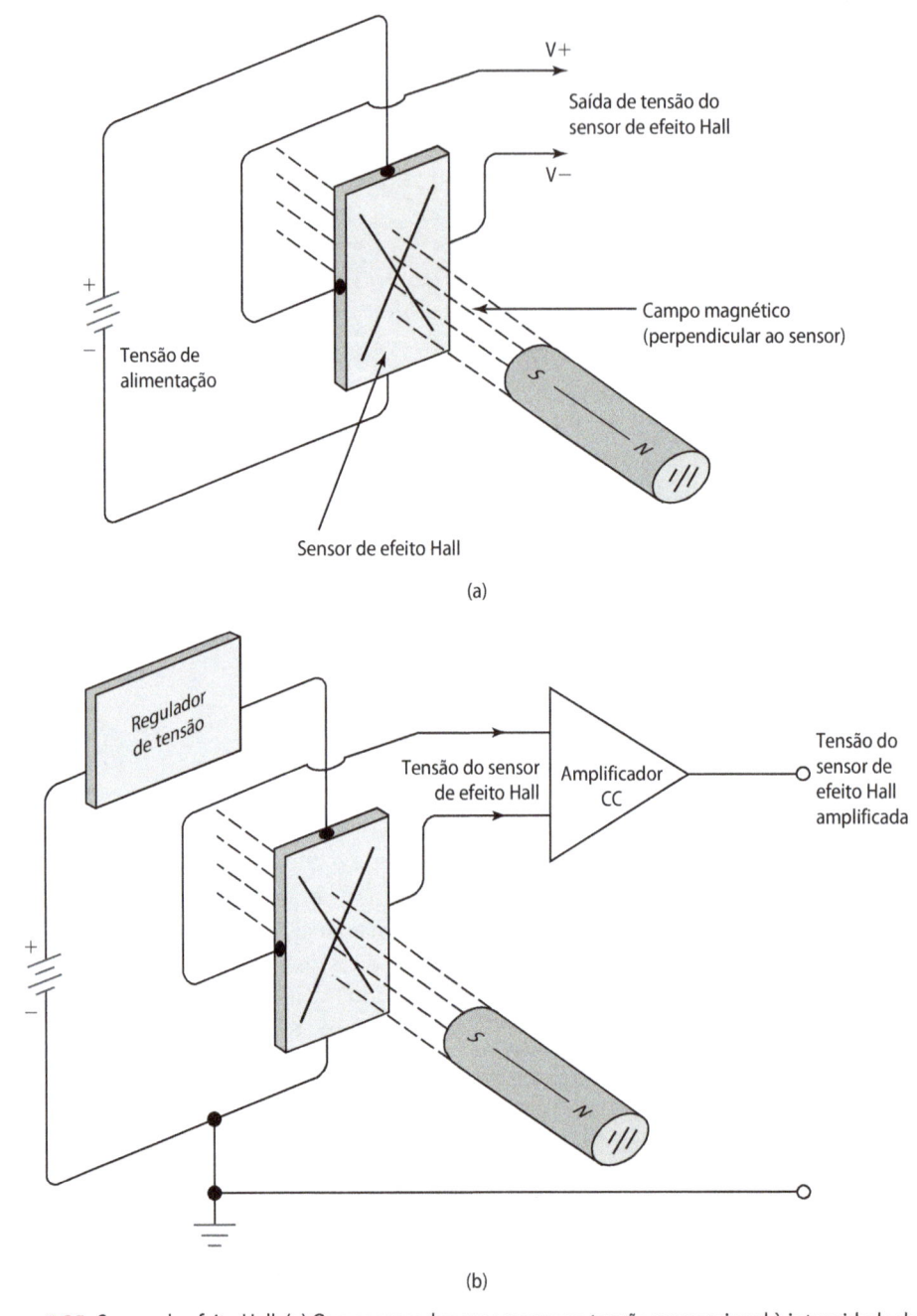

Figura 5-35 Sensor de efeito Hall. (a) O sensor produz uma pequena tensão proporcional à intensidade do campo magnético. (b) Utilização de um regulador de tensão e um amplificador CC para criar um sensor de efeito Hall mais eficiente.

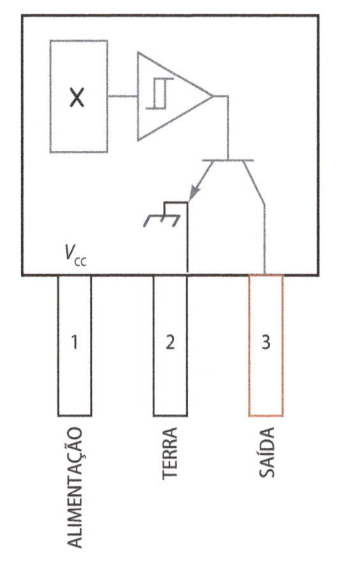

A pinagem é mostrada a partir do lado que possui a marcação.

(a)

(b)

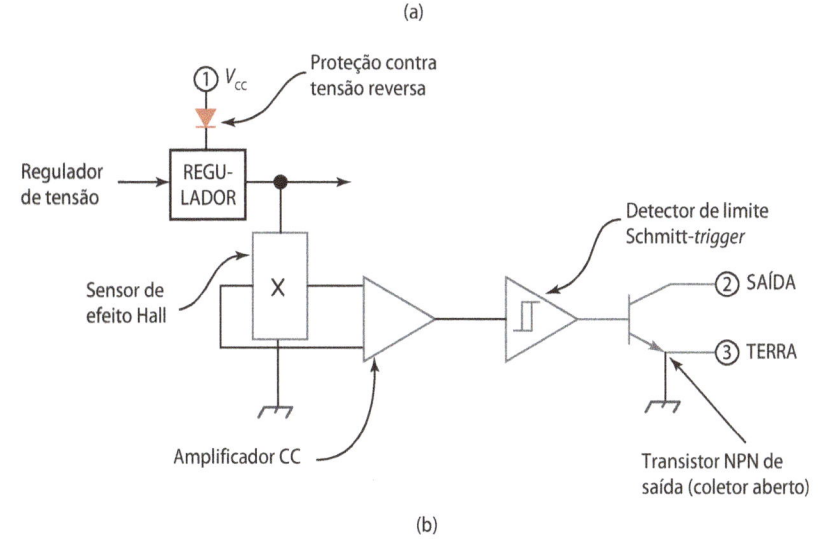

Figura 5-36 Chave de efeito Hall bipolar 3132 fabricada por Allegro Microsystems. (a) Diagrama de pinos. (b) Diagrama de blocos funcional.

Na Figura 5-37(b), o polo norte do ímã está mais próximo do CI, de modo que o transistor NPN é cortado. Assim, o pino 3 do CI assume um nível ALTO e o LED não acende.

A chave de efeito Hall 3132 é bipolar porque requer a utilização dos polos sul e norte de um ímã para que ocorra uma mudança de estado de ALTO para BAIXO. Existem também chaves de efeito Hall unipolares, que são ligadas e desligadas ao se aumentar e reduzir a intensidade do campo magnético, respectivamente, sem que haja mudança da polaridade. A chave de efeito Hall unipolar 3144 fabricada por Allegro Mycrosystems, Inc. possui o mesmo diagrama de pinos (Figura 5-36(a)) e representação

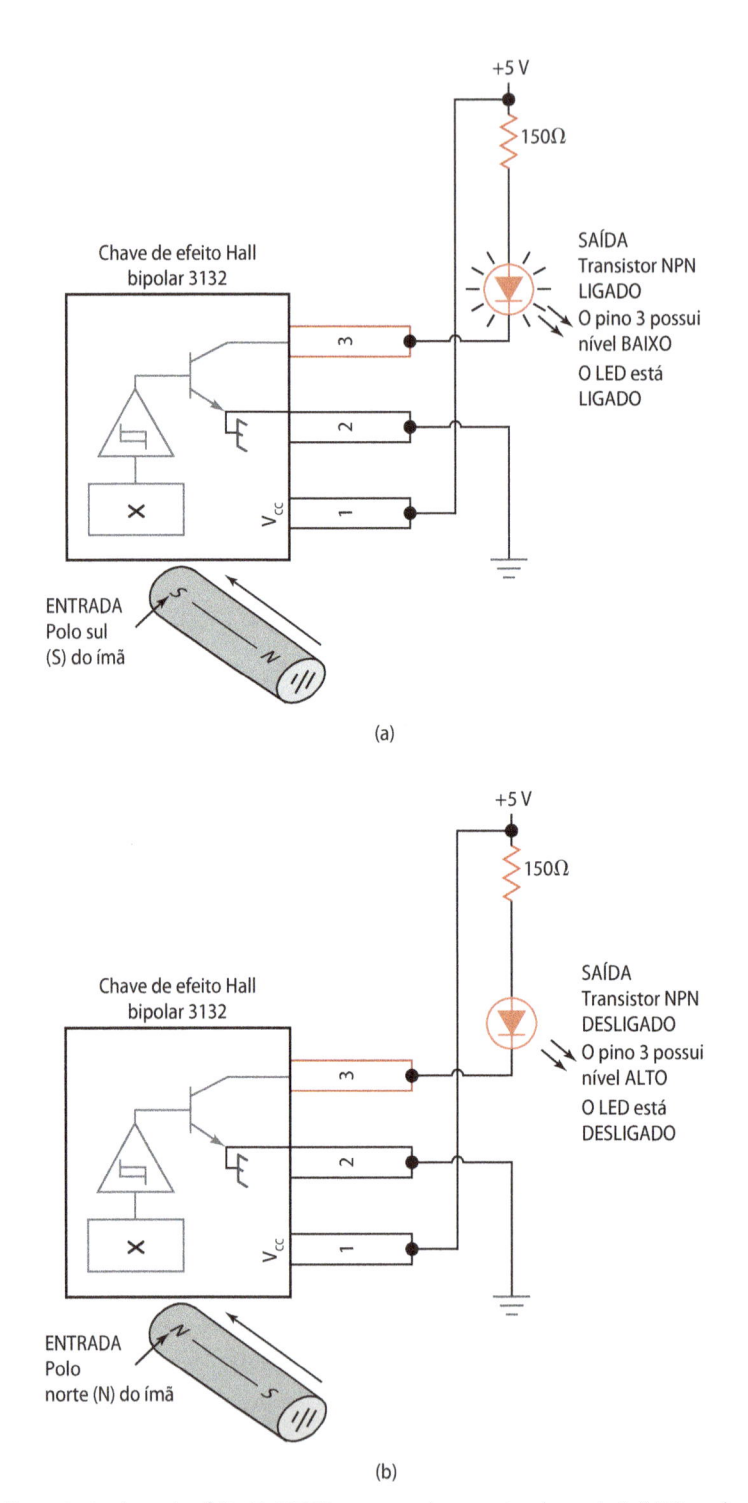

Figura 5-37 Controle da chave de efeito Hall 3132 com os polos opostos de um ímã. (a) Ligando a chave com o polo S. (b) Desligando a chave com o polo N.

por diagrama de blocos (Figura 5-36(a)) que a chave 3132. Possui saída com ação instantânea e também um transistor NPN na saída que consome 25 mA.

A chave de efeito Hall representada na Figura 5-38 possui um transistor de saída em coletor aberto. O interfaceamento de uma chave de efeito Hall com CIs digitais (TTL ou CMOS) requer o uso de um resistor *pull-up* como mostra a Figura 5-38. Valores típicos de resistência são 33 kΩ e 10 kΩ para CIs CMOS e TTL, respectivamente. A chave de efeito Hall na Figura 5-38 pode ser do tipo 3132 ou 3144.

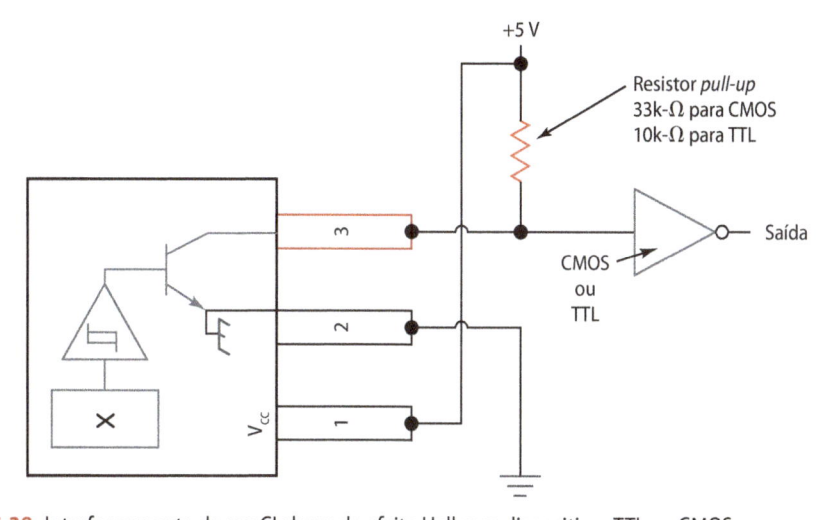

Figura 5-38 Interfaceamento de um CI chave de efeito Hall com dispositivos TTL ou CMOS.

» Sensoreamento de dentes de engrenagens

Outros dispositivos de chaveamento comuns que utilizam o efeito Hall são os CIs sensores de dentes de engrenagens, os quais empregam um ou mais sensores de efeito Hall e um ímã permanente. A representação de um IC e uma engrenagem é mostrada na Figura 5-39. O polo sul do ímã permanente produz um campo magnético que varia de acordo com a posição da engrenagem. Quando o dente de uma engrenagem se move e sua distância em relação ao sensor diminui, o campo se torna mais intenso e o sensor de efeito Hall atua. Sensores de dentes de engrenagens são normalmente usados em sistemas mecânicos como automóveis para medir a posição, rotação e a velocidade das engrenagens.

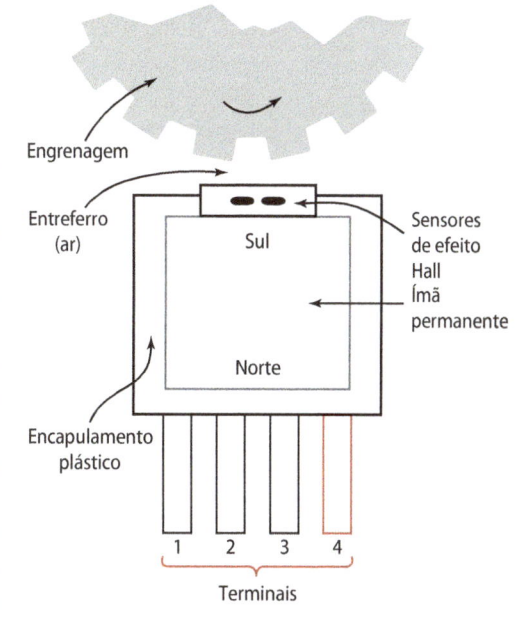

Figura 5-39 Sensor de efeito Hall para sistema de movimentação de dentes de uma engrenagem.

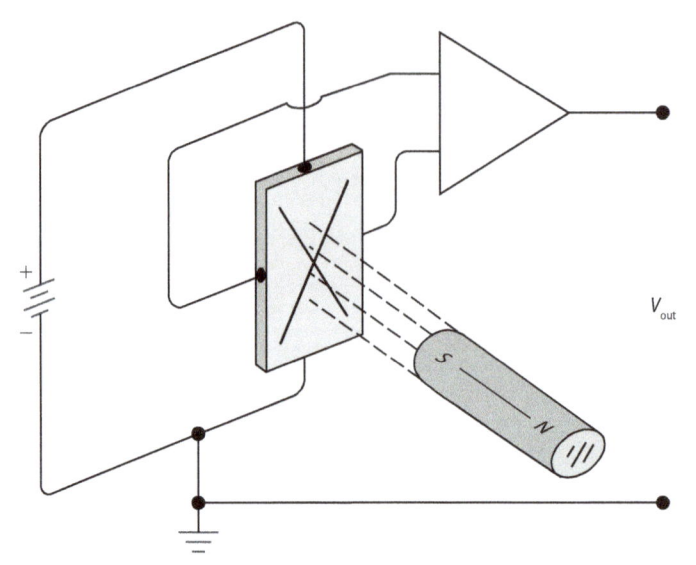

Figura 5-40 Sensor de efeito Hall.

Uma chave de efeito Hall não possui trepidação de contatos como ocorre em chaves mecânicas. Observa-se que o ímã não deve necessariamente tocar a superfície da chave de efeito Hall para que o dispositivo seja ligado ou desligado. Portanto, essas chaves livres de trepidação de contatos podem operar em condições adversas devido ao tamanho reduzido, robustez e baixo custo.

Teste seus conhecimentos

(a)   (b)

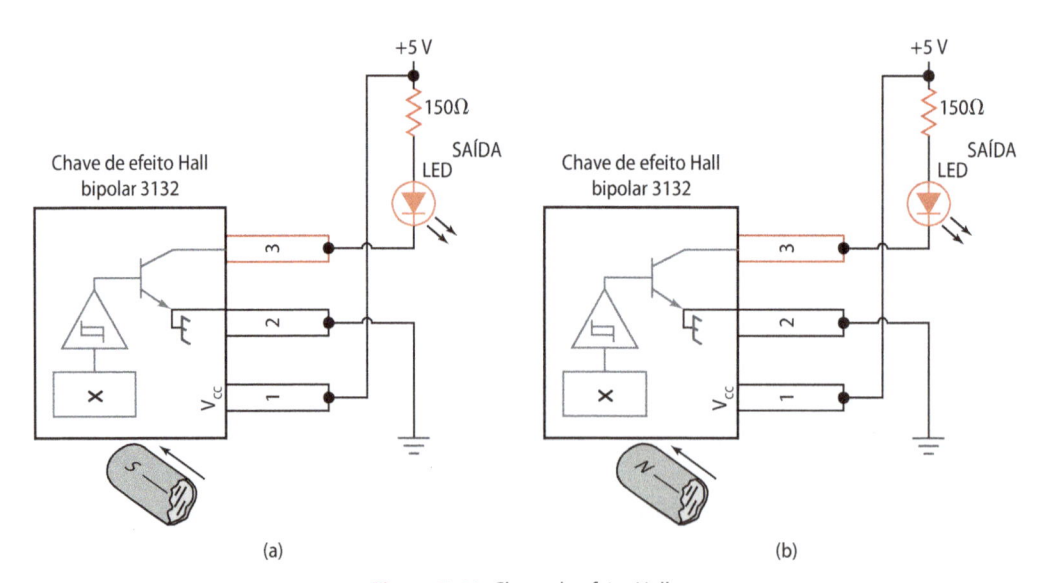

Figura 5-41 Chave de efeito Hall.

❯❯ *Encontrando problemas em circuitos digitais simples*

Um determinado fabricante de equipamento de testes afirma que três quartos de todas as falhas que ocorrem em circuitos digitais se devem à ocorrência de circuitos abertos na entrada ou na saída. A maioria dessas falhas pode ser localizada utilizando-se uma PONTEIRA LÓGICA.

Considere o circuito lógico combinacional montado na placa de circuito impresso da Figura 5-42(a). O manual do equipamento pode incluir um diagrama esquemático semelhante ao da Figura 5-42(b).

LISTA DE COMPONENTES
CI1   – 7400 porta NAND quádrupla com duas entradas
CI1   – 7432 porta OR quádrupla com duas entradas
LED1   – Diodo emissor de luz vermelha T-1-3/4
R_1 = resistor 1/2 W, 150 Ω, 10% de tolerância

(b)

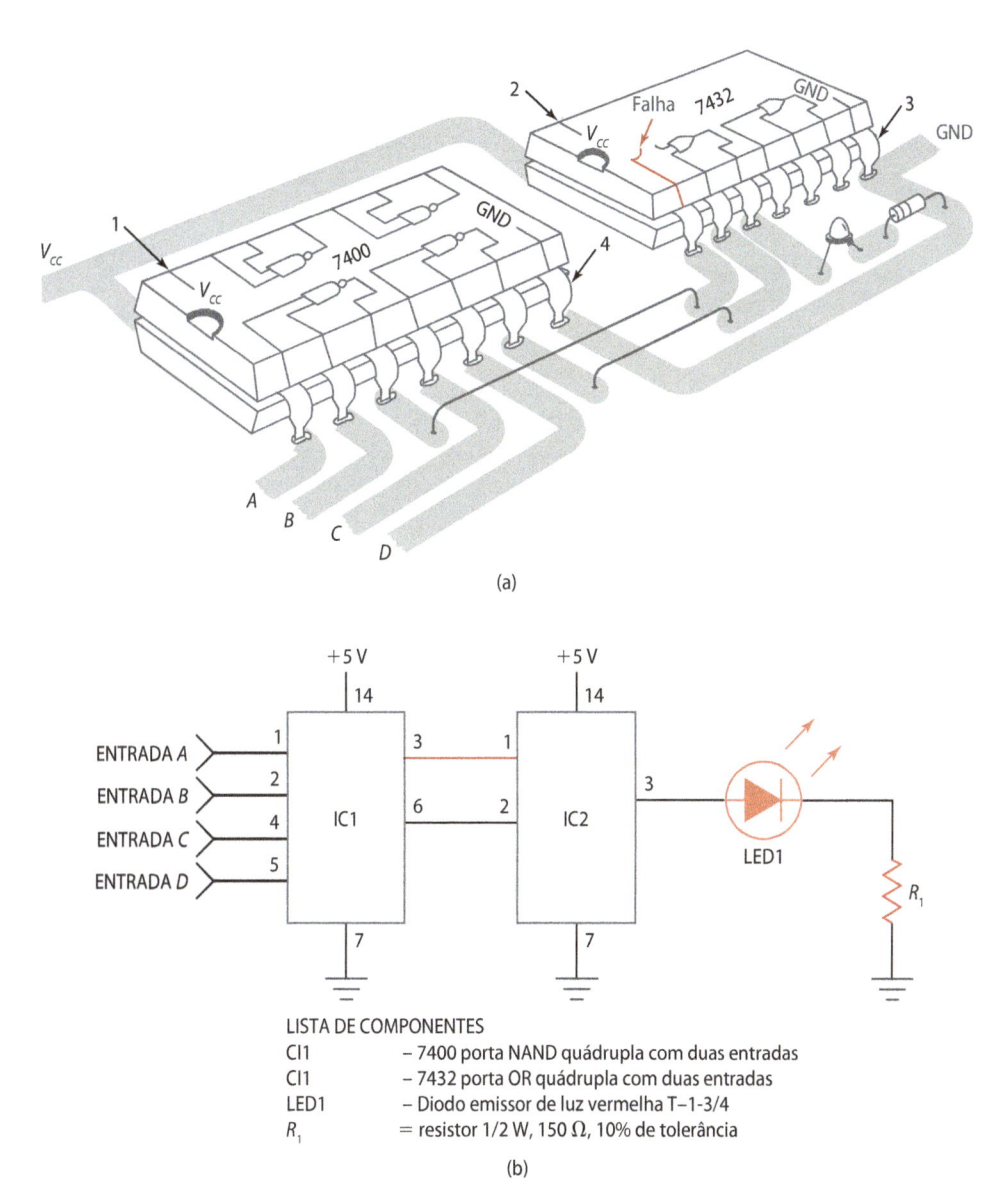

Figura 5-42 Busca de falhas em um circuito. (a) Teste de um circuito defeituoso montado sobre uma placa de circuito impresso. (b) Diagrama esquemático do circuito NAND com quatro entradas.

Observe o circuito e determine o diagrama lógico, a partir do qual é possível obter a expressão booleana e a tabela verdade correspondente. Nesse exemplo, você descobrirá que há duas portas NAND conectadas a uma porta OR, o que equivale a uma porta NAND com quatro entradas.

A falha no circuito da Figura 5-42(a) é mostrada na forma de um circuito aberto na entrada da porta OR. Agora, vamos analisar o circuito para descobrir como essa falha pode ser localizada.

1. Selecione o modo de operação TTL na ponteira lógica e ligue o equipamento.

2. Teste os nós 1 e 2 (observe a Figura 5-42(a)) Resultados: ambos possuem nível ALTO.

3. Teste os nós 3 e 4. Resultados: ambos possuem nível BAIXO. Conclusão: ambos os CIs possuem tensão de alimentação.

4. Teste a condição única da porta NAND com quatro entradas (sendo que as entradas *A*, *B*, *C* e *D* são ALTAS). Teste os pinos 1, 2, 4 e 5 do CI 7400. Resultados: todas as entradas são ALTAS, mas o LED ainda está aceso indicando nível ALTO. A condição única da porta NAND com quatro entradas apresenta problemas.

5. Teste as saídas das portas NAND nos pinos 3 e 6 do CI 7400. Resultados: ambas as saídas são BAIXAS. Conclusões: a portas NAND funcionam adequadamente.

6. Teste as entradas da porta OR nos pinos 1 e 2 do CI 7432. Resultados: ambas as entradas são BAIXAS. Conclusões: As entradas da porta OR nos pinos 1 e 2 estão corretas, a saída ainda apresenta problemas. Portanto, a porta OR está defeituosa e o CI 7432 deve ser prontamente substituído.

Teste seus conhecimentos

Interfaceamento com servomotores (módulo BASIC Stamp)

O uso de dispositivos programáveis é muito comum na eletrônica digital moderna. Esta seção apresentará o interfaceamento de um microcontrolador BASIC Stamp com um servomecanismo simples.

Revise a Seção Interfaceamento com servomotores e motores de passo que trata de servomotores. A operação de um servomotor é ilustrada na Figura 5-29. Note que é utilizada modulação por largura de pulso (PWM) para controlar a posição mecânica do eixo. Nesta seção, você aprenderá a programar um módulo microcontrolador BASIC Stamp 2 para desempenhar o mesmo papel do gerador de pulsos PWM das figuras 5-29(a), (b) e (c). Note na Figura 5-29 que as larguras de pulsos positivas para a rotação no sentido anti-horário, rotação no sentido horário e posicionamento central do eixo do motor são iguais a 2 ms, 1 ms e 1,5 ms, respectivamente.

Considere o servomotor conectado ao módulo BASIC Stamp 2 na Figura 5-43. Esse é um circuito de teste que permite que o motor (1) execute uma volta completa em sentido anti-horário, (2) execute uma volta completa no sentido horário e (3) posicione o eixo no ponto central.

O procedimento para a solução do problema lógico utilizando o módulo BASIC Stamp 2 é mostrado a seguir, incluindo os seguintes passos:

1. Observe a Figura 5-43. Conecte o servomotor à porta 14 do módulo BASIC Stamp 2. Observe as cores corretas para a alimentação do circuito (vermelha para V_{dd} e preta para V_{ss} ou GND).

2. Execute o programa editor de texto PBASIC (versão para o CI BS2) no computador e digite o código fonte do programa chamado '**Teste Servomotor 1**, conforme mostra o quadro a seguir.

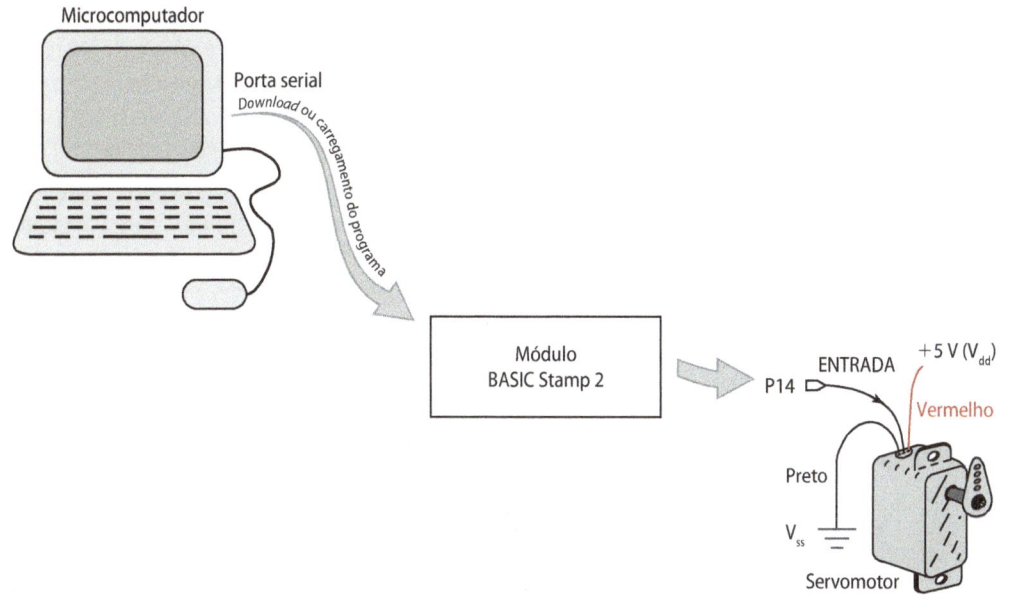

Figura 5-43 Teste de um servomotor conectado a um módulo BASIC Stamp 2.

'Teste Servomotor 1	'Título do programa (Figura 5-43)	L1
'Teste do Servomecanismo com três posições diferentes: sentido anti-horário, sentido horário e centralizada		L2
C VAR Word	'Declare A como uma variável de 16 bits	L3
FOR C=1 TO 75	'Início do laço, C=1 até 75	L4
PULSOUT 14, 1000	'Saída dos pulsos no pino 14 para 2 ms	L5
PAUSE 20	'Pausa de 20 segundos com saída BAIXA	L6
NEXT	'Retorna ao laço FOR caso C<75	L7
FOR C=1 TO 75	'Início do laço, C=1 até 75	L8
PULSOUT 14, 500	'Saída dos pulsos no pino 14 para 1 ms	L9
PAUSE 20	'Pausa de 20 segundos com saída BAIXA	L10
NEXT	'Retorna ao laço FOR caso C<75	L11
FOR C=1 TO 75	'Início do laço, C=1 até 75	L12
PULSOUT 14, 750	'Saída dos pulsos no pino 14 para 1,5 ms	L13
PAUSE 20	'Pausa de 20 segundos com saída BAIXA	L14
NEXT	'Retorna ao laço FOR caso C<75	L15
END		L16

3. Conecte um cabo serial interligando o computador à placa que contém o controlador BASIC STAMP 2 (a exemplo dos módulos didáticos da Parallax, Inc.).

4. Com o módulo BASIC STAMP 2 ativo, descarregue seu programa PBASIC a partir do computador usando o comando RUN.

5. Desconecte o cabo serial do computador e do módulo BS2.

6. Observe a rotação do eixo do servomotor. O programa PBASIC armazenado na memória EEPROM do módulo BASIC Stamp 2 será reiniciado sempre que o CI BS2 for ligado.

» Programa PBASIC – Teste Servomotor 1

Considere o programa PBASIC intitulado '**Teste Servomotor 1**. As linhas 1 e 2 começam com um apóstrofo ('). Isso quer dizer que todo o texto após esse caractere representa um comentário, normalmente utilizado para explicar funções do programa. Deve-se ressaltar que os comentários não são executados pelo microcontrolador. A linha 3 apresenta o código necessário para declarar uma variável que será futuramente utilizada no programa. Por exemplo, L3 corresponde a **C VAR Word**, ou seja, C é o nome de uma variável que armazenará uma palavra (16 *bits*). Assim, a variável C de 16 *bits* pode assumir valores decimais entre 0 e 65535.

As linhas 4-7 promovem a rotação do motor no sentido anti-horário. O laço FOR-NEXT será executado 75 vezes (C=1 até 75). O código **PULSOUT 14, 2000** na linha 5 gera um pulso com nível ALTO no pino 14 com duração de 2 ms (2 µs×1000=2000 µs=2 ms). Então, o pino 14 assume nível BAIXO após o pulso com duração de 2 ms. O código **PAUSE 20** (L6) permite que o pino 14 permaneça com nível BAIXO por 20 ms. Assim, o motor apresentará uma rotação completa no sentido anti-horário quando houver a primeira execução do laço FOR-NEXT (linhas 4-7).

As linhas 8-11 promovem a rotação do motor no sentido horário. O laço FOR-NEXT será executado 75 vezes (C=1 até 75). O código **PULSOUT 14, 500** na linha 9 gera um pulso com nível ALTO no pino 14 com duração de 1 ms (2 µs×500=1000 µs=1 ms). Então, o pino 14 assume nível BAIXO após o pulso com duração de 1 ms. O código **PAUSE 20** (L10) permite que o pino 14 permaneça com nível BAIXO por 20 ms. Assim, o motor apresentará uma rotação completa no sentido horário quando houver a primeira execução do laço FOR-NEXT (linhas 8-11).

As linhas 12-15 promovem o alinhamento central do eixo do motor. O laço FOR-NEXT será executado 75 vezes (C=1 até 75). O código **PULSOUT 14, 750** na linha 13 gera um pulso com nível ALTO no pino 14 com duração de 1,5 ms. Então, o pino 14 assume nível BAIXO após o pulso com duração de 1,5 ms (2 µs×750=1500 µs=1,5 ms). O código **PAUSE 20** (L14) permite que o pino 14 permaneça com nível BAIXO por 20 ms. Assim, o último laço FOR-NEXT (linhas 12-15) permitirá que o eixo do motor se desloque para a posição central. O código **END** indica o final da execução do programa.

O programa PBASIC '**Teste Servomotor 1** será executado uma vez quando o módulo BASIC Stamp 2 for ligado, sendo mantido na memória EEPROM do microcontrolador para utilização futura. Ao se desligar e ligar novamente o módulo BS2, o programa será reinicializado. Ao carregar um novo programa para o módulo BASIC Stamp, este será executado, enquanto o código antigo será apagado.

Teste seus conhecimentos

RESUMO E REVISÃO DO CAPÍTULO

Resumo

1. Interfaceamento consiste no projeto de circuitos intermediários existentes entre dispositivos, de modo que seja possível modificar níveis de tensão e corrente e torná-los compatíveis.
2. O interfaceamento entre dispositivos de uma mesma família lógica é simples, bastando conectar uma saída à entrada subsequente e assim por diante.
3. No interfaceamento entre dispositivos ou famílias lógicas com o "mundo exterior", as características de tensão e corrente são extremamente importantes.
4. Margem de ruído é a máxima tensão induzida indesejável que pode ser tolerada por uma família lógica. CIs à base de óxido semicondutor metálico complementar possuem maiores margens de ruído que as famílias TTL.
5. As características de *fan-in* e *fan-out* de um CI digital são determinadas pelas especificações de carregamento de corrente na entrada e na saída, respectivamente.
6. O atraso de propagação (velocidade) e o consumo de energia são características importantes das famílias de CIs digitais.
7. As famílias lógicas ALS-TTL, FAST (*Fairchild Advanced Schottky Technology*) e FACT (*Fairchild Advanced CMOS Technology*) são muito populares em virtude da combinação de fatores como baixo consumo de energia, alta velocidade e boa capacidade de carregamento de corrente. Famílias TTL e CMOS mais antigas ainda são muito utilizadas hoje.
8. A maioria dos CIs CMOS é sensível à eletricidade estática, requerendo manuseio e armazenamento adequados. Outras precauções incluem a desativação de sinais de entrada antes de desligar o CI e a aterramento de todas as entradas não utilizadas.
9. Chaves simples podem acionar dispositivos lógicos digitais utilizando resistores *pull-up* e *pull-down*. A trepidação de contatos é normalmente eliminada por meio de circuitos *latch*.
10. O acionamento de LEDs e lâmpadas incandescentes requer o uso de transistores.
11. A maioria dos interfaceamentos TTL-CMOS e CMOS-TTL requer alguns componentes adicionais como resistores *pull-up*, CIs de interfaceamento especial ou transistores.
12. O interfaceamento de dispositivos lógicos digitais com campainhas e relés normalmente requer o uso de um transistor. Motores elétricos e solenoides podem ser controlados por elementos lógicos utilizando-se um relé para isolá-los do circuito lógico.
13. Optoisoladores também são denominados optoacopladores. Relés de estado sólido consistem em uma variação dos optoisoladores. Optoisoladores são utilizados para isolar eletricamente circuitos digitais de outros arranjos que contêm motores ou dispositivos operando com altas tensões/correntes, que por sua vez podem ocasionar picos de tensão e ruídos.
14. Servomotores são utilizados no posicionamento angular do eixo de saída. Um gerador de pulsos PWM é utilizado para acionar servomotores, que possuem baixo custo.
15. Servomotores podem ser acionados por dispositivos programáveis como o módulo BASIC Stamp 2.
16. Motores de passo operam com corrente contínua e são úteis em aplicações onde se deseja o posicionamento angular preciso ou controle da velocidade do eixo de saída.
17. Motores de passo são classificados em bipolares (bifásicos) e unipolares (tetrafásicos). Outras características importantes são o

ângulo de passo, tensão, corrente, resistência da bobina e torque.
18. A utilização de CIs específicos é interessante para o interfaceamento e acionamento de motores de passo. O bloco lógico do CI gera a sequência de controle correta para acionar o motor.
19. Um sensor de efeito Hall é um dispositivo magneticamente acoplado utilizado em chaves de efeito Hall, as quais são classificadas em bipolares (requerendo a presença dos polos N e S de um ímã para serem ativadas) e unipolares (requerendo a presença de um polo S ou ausência de um campo magnético para serem ativadas).
20. Campos magnéticos externos são normalmente utilizados para ativar um sensor ou chave de efeito Hall. Sensores de dentes em engrenagens possuem sensores de efeito Hall e um ímã permanente no encapsulamento interno do CI. Sensores de dentes em engrenagens à base do efeito Hall são acionados pela presença de materiais ferrosos (com um dente de aço de uma engrenagem) próxima ao CI.
21. Cada família lógica possui sua própria definição de níveis lógicos ALTO e BAIXO. Ponteiras lógicas são utilizadas para testar esses níveis.

Questões de revisão do capítulo (Figura 5-44 à 5-48)

Questões de pensamento crítico

5-1 Como se pode definir o termo interfaceamento?
5-2 Como se pode definir o ruído em um sistema digital?
5-3 O que é o atraso de propagação de uma porta lógica?
5-4 Cite diversas vantagens dos dispositivos lógicos CMOS.
5-5 Observe a Figura 5-5(b). Uma única saída CMOS da série 4000 é capaz de acionar pelo menos quantas saída(s) LS-TTL?
5-6 Observe a Figura 5-43. Se a família A é do tipo TTL padrão e a família B é do tipo ACT-CMOS, o inversor é ou não é capaz de acionar as portas AND?
5-7 Observe a Figura 5-17(c). Explique a operação do circuito indicador de nível lógico ALTO-BAIXO.
5-8 Qual é o significado da letra "T" na nomenclatura de dispositivos CMOS (a exemplo de HCT, ACT, entre outros)?
5-9 Que dispositivo eletromecânico pode ser utilizado para isolar elementos operando em altas tensões (como motores e solenoides) de circuitos lógicos?
5-10 Um motor elétrico converte energia elétrica em qual movimento?
5-11 Qual é o dispositivo eletromecânico que converte energia elétrica em movimento linear?
5-12 Por que a série CMOS FACT é considerada por muitos engenheiros uma das melhores famílias lógicas para novos projetos?
5-13 Observe a Figura 5-25. Explique a ação do circuito quando a entrada do inversor é BAIXA.
5-14 Observe a Figura 5-26(a). Explique a ação do circuito quando a entrada do inversor é ALTA.
5-15 Um optoisolador pode evitar a transmissão de sinal de um dado sistema eletrônico para outro que opera com tensão distinta? Explique.
5-16 Observe a Figura 5-27(d). Explique a ação do circuito quando a entrada do inversor é BAIXA.
5-17 Se a resistência da bobina de um motor de passo de $+12\,V$ é $40\,\Omega$, qual é a corrente que circula na bobina?
5-18 Se um motor de passo é projetado para um ângulo de passo de 3,6°, quantos passos são necessários para uma volta completa do motor?
5-19 Por que dispositivos à base de efeito Hall como chaves e sensores de dentes de engrenagens são amplamente empregados em automóveis modernos?

5-20 Explique o que se entende por drenagem de corrente em uma porta lógica.

5-21 O que é a técnica PWM e como ela é utilizada no acionamento de um servomotor?

5-22 Observe a Figura 5-32(c). O que ocorre quando se percorre a sequência de controle de um moto de passo de cima para baixo? (Dica: considere o sentido da circulação da corrente nos enrolamentos.)

5-23 Observe a Figura 5-36(b). Qual o propósito do dispositivo Schmitt-*trigger* na chave de efeito Hall?

5-24 Observe a Figura 5-36(b). A saída transistor no CI é de que tipo?

5-25 Cite as diferenças entre a operação de chaves de efeito Hall bipolares e unipolares.

Respostas dos testes

capítulo 6

Codificadores, decodificadores e displays de sete segmentos

Utilizamos o código decimal para representar números. Circuitos eletrônicos digitais utilizam diversas representações de código binário. Muitos códigos especiais são empregados em eletrônica digital para representar números, letras, sinais de pontuação e caracteres de controle. Este capítulo dedica-se ao estudo dos diversos códigos normalmente utilizados em dispositivos eletrônicos digitais. Neste capítulo, serão apresentados vários tipos de codificadores e decodificadores que permitem realizar a conversão entre vários códigos.

Objetivos deste capítulo

» Identificar as características e aplicações dos diversos códigos utilizados.
» Converter números decimais em código BCD e vice-versa.
» Comparar números decimais com o código excesso 3, código Gray e código BCD 8421.
» Converter o código ASCII em letras e números, assim como converter caracteres em código ASCII.
» Demonstrar a codificação de um *display* de sete segmentos.
» Descrever a construção e as características importantes de *displays* de sete segmentos dos tipos LCD, a LEDs e fluorescentes a vácuo (VF).
» Descrever a operação de diversos decodificadores/*drivers* TTL e CMOS BCD para sete segmentos utilizados no acionamento de *displays* de sete segmentos dos tipos LCD, a LEDs e VF.
» Identificar falhas em um circuito decodificador/*driver* de sete segmentos defeituoso.

Em sistemas eletrônicos modernos, a codificação e a decodificação podem ser realizadas por meio de *hardware* ou programas de computador (*software*). Na linguagem da informática, criptografar significa codificar. Portanto, um codificador é um dispositivo eletrônico que converte um código decimal em outro criptografado (a exemplo do código binário), o qual não é não facilmente interpretável. De forma geral, codificar significa converter as informações de entrada em um código útil para circuitos digitais.

De forma análoga, decodificar significa converter um código em outro. De modo geral, um decodificador é um dispositivo lógico que converte um código criptografado em outro que é mais facilmente compreensível. Um exemplo de decodificação é a conversão de código binário em decimal.

>> Código BCD 8421

Como se representa o número decimal 926 na forma binária? Em outras palavras, como é possível converter 926 no número binário 1110011110? A conversão do número decimal em binário pode ser realizada por meio do processo das divisões sucessivas por 2, ilustrado na Figura 6-1.

Seguindo o procedimento supracitado, lembre-se que o número decimal 926 é inicialmente divido por 2, resultando em um quociente de 463 e um resto de 1. O resto se torna o *bit* menos significativo (LSB – *Least Significant Bit*), correspondendo à casa 1s). Em seguida, o primeiro quociente é dividido por 2, resultando em um novo quociente de 231 (463/2 = 231) e um resto de 1 (correspondendo ao *bit* da casa 2s). O processo é repetido continuamente até que o quociente se torne 1. Quando o quociente se iguala a 0, o procedimento é finalmente concluído. A análise da Figura 6-1 ajuda a recordar o processo das divisões sucessivas por 2, que foi abordado inicialmente no Capítulo 2.

O número binário 1110011110 não faz muito sentido para a maioria das pessoas. Um código que emprega o sistema binário de forma distinta do exemplo anterior é o código decimal codificado em binário 8421.

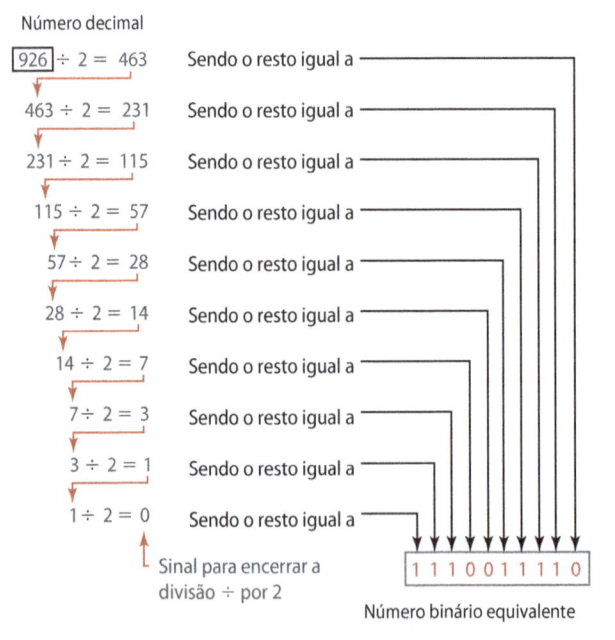

Figura 6-1 Conversão de um número decimal em binário utilizando o processo de divisões.

O número decimal 926 é convertido em código BCD 8241 na Figura 6-2(a). Assim, o número 926 corresponde a 1001 0010 0110 em código BCD 8421. Note na Figura 6-2(a) que cada grupo de quatro dígitos binários representa um dígito decimal. O grupo à direita (0110) representa a casa 1s. O grupo do meio (0010) representa a casa 10s no número decimal. Por fim, o grupo à esquerda (1001) corresponde à casa 100s no número decimal.

Suponha que seja dado o número BCD 8421 0001 1000 0111 0001. Qual é o número decimal correspondente? A Figura 6-2(b) mostra como é realizada a conversão do código BCD em um número decimal. Assim, tem-se que 0001 1000 0111 0001 é igual ao número decimal 1871. O código BCD 8421 não utiliza os números 1010, 1011, 1100, 1101, 1110 e 1111, que são considerados inválidos nesse caso.

O código BCD 8421 é muito utilizado em sistemas digitais. Como foi anteriormente mencionado, é comum referir-se ao código BCD 8421 simplesmente como "código BCD". Porém, devem-se tomar alguns cuidados, pois alguns códigos BCD possuem pesos diferentes para os valores lugares, a exemplo dos códigos 4221 e excesso 3. Se um *display* de sete segmentos for utilizado para a exibição de dígitos variando de 0 a 9, a escolha do código BCD é adequada.

	CENTENAS	DEZENAS	UNIDADES
Número decimal	9	2	6
Número codificado em BCD 8421	1001	0010	0110

(a)

	MILHARES	CENTENAS	DEZENAS	UNIDADES
Número codificado em BCD 8421	0001	1000	0111	0001
Número decimal	1	8	7	1

(b)

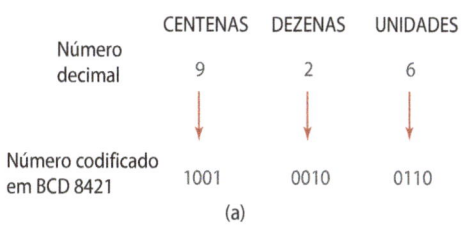

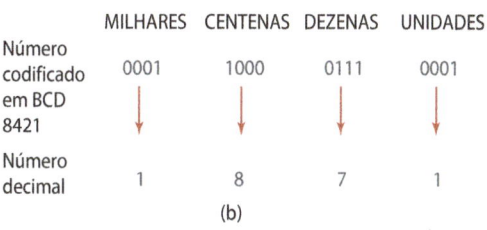

Figura 6-2 (a) Conversão de binário em código BCD 8421. (b) Conversão de um número BCD em decimal.

Teste seus conhecimentos (Figura 6-3)

Acesse o site **www.grupoa.com.br/tekne** para fazer os testes sempre que passar por este ícone.

›› Código excesso 3

BCD é um termo geral e normalmente se refere ao código BCD 8421. Entretanto, outro código do tipo BCD é o código EXCESSO 3. Para converter um número decimal na forma do código excesso 3, deve-se somar 3 a cada dígito do número decimal, convertendo o resultado no número binário correspondente. A Figura 6-4 mostra como o número decimal 4 é convertido no número excesso 3 0111. Alguns números decimais são convertidos nos respectivos números excesso 3 equivalentes na Tabela 6-1. Verifica-se que é mais difícil determinar qual é o número decimal correspondente simplesmente observando um número na forma excesso 3. Isso acontece porque nesse caso os dígitos binários não possuem pesos da mesma forma que no sistema binário e no código BCD 8421. O código excesso 3 é utilizado em alguns circuitos aritméticos porque é autocomplementar.

Os códigos 8421 e excesso 3 são apenas dois entre muitos códigos BCD utilizados em eletrônica digital. Entretanto, o código 8421 é certamente o mais popular.

Número decimal: 4 + 3 = 7 (Soma 3) → Conversão para número → 0111 (Número convertido no código excesso 3)

Figura 6-4 Conversão de um número decimal no código excesso 3.

Tabela 6-1 *Código Excesso 3*

Número decimal	Número em código excesso 3		
0			0011
1			0100
2			0101
3			0110
4			0111
5			1000
6			1001
7			1010
8			1011
9			1100
14		0100	0111
27		0101	1010
38		0110	1011
459	0111	1000	1100
606	1001	0011	1001
	Centenas	Dezenas	Unidades

Tabela 6-2 *Código Gray*

Número decimal	Número binário	Código BCD 8421		Código Gray
0	0000		0000	0000
1	0001		0001	0001
2	0010		0010	0011
3	0011		0011	0010
4	0100		0100	0110
5	0101		0101	0111
6	0110		0110	0101
7	0111		0111	0100
8	1000		1000	1100
9	1001		1001	1101
10	1010	0001	0000	1111
11	1011	0001	0001	1110
12	1100	0001	0010	1010
13	1101	0001	0011	1011
14	1110	0001	0100	1001
15	1111	0001	0101	1000
16	10000	0001	0110	11000
17	10001	0001	0111	11001

Teste seus conhecimentos

>> Código Gray

A Tabela 6-2 compara o CÓDIGO GRAY com alguns códigos que você já conhece. A característica mais importante do código Gray é que apenas um *bit* é modificado quando se conta de cima para baixo, de acordo com a Tabela 6-2. O código Gray não pode ser utilizado em circuitos aritméticos, sendo empregado nos dispositivos de entrada e saída em sistemas digitais. Pode-se constatar na Tabela 6-2 que o código Gray não pode ser classificado como um código do tipo BCD. Verifica-se ainda que é difícil realizar a conversão entre números decimais e código Gray e vice-versa. Existe uma técnica própria para realizar essa conversão, embora normalmente sejam utilizados circuitos eletrônicos para essa finalidade.

O código Gray, que foi criado por Frank Gray da companhia Bell Labs, é normalmente associado com a CODIFICAÇÃO ÓPTICA da posição angular de um eixo. Um exemplo simples da aplicação desse conceito é apresentado na Figura 6-5, onde um disco codificador é conectado a um eixo. As áreas mais claras do disco representam partes transparentes, ao passo que as áreas mais escuras são opacas. Uma fonte de luz (geralmente infravermelha) brilha a partir da parte superior do disco e dispositivos detectores de luz são posicionados logo abaixo. A rotação do disco é livre, mas as fontes e os detectores de luz permanecem em posições fixas.

No exemplo da Figura 6-5, a luz passa através das três áreas transparentes, ativando os três detectores de luz. Nesse exemplo, os detectores enviam

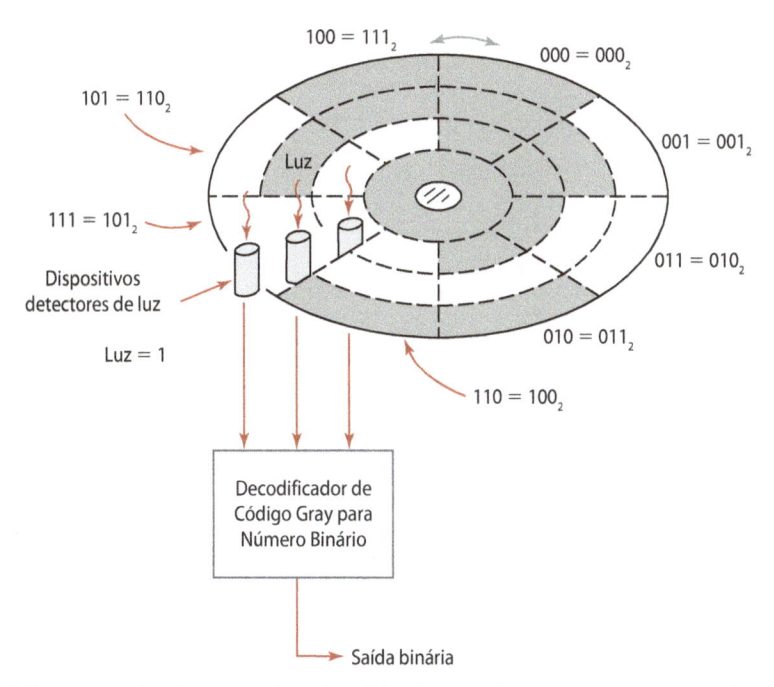

Figura 6-5 Código Gray utilizado em um disco decodificador para determinar a posição angular.

o código Gray 111 ao decodificador binário. Esse dispositivo converte o código Gray 111 no número binário 101. Como esse é um disco decodificador de posição de três *bits*, a resolução é apenas 1 de 8. O dispositivo é capaz de identificar uma mudança na posição angular a cada 45° (360°/8=45°). O disco decodificador da Figura 6-5 não é um dispositivo prático, mas serve para mostrar como se pode identificar o posicionamento do eixo utilizando o código Gray.

Atualmente, os códigos Gray e excesso 3 não são muito utilizados. Entretanto, os códigos foram descritos brevemente para deixá-lo ciente de que há muitos códigos utilizados em dispositivos digitais. Os códigos que serão mais encontrados são binário, BCD (8421) e ASCII.

www Teste seus conhecimentos

»» *Código ASCII*

O código ASCII é muito utilizado para o envio e o recebimento de informações de um microcomputador. O código padrão ASCII é um código de sete *bits* utilizado na transferência de dados a partir de teclados para computadores e impressoras. A abreviação ASCII corresponde a *American Standard Code for Information Interchange* (Código Americano Padrão para Intercâmbio de Informações).

A Tabela 6-3 mostra um resumo do código ASCII, o qual é utilizado para representar números, letras, sinais de pontuação e também caracteres de controle. Por exemplo, o código ASCII de sete *bits* 111 1111 representa a função DEL na parte de cima da tabela, que por sua vez corresponde a DELETE (apagar).

Qual é o código para "A" em ASCII? Procure o caractere A na parte de cima da Tabela 6-3. Assim, tem-se o código de sete *bits* 100 0001 correspondente a "A". Esse é o código enviado para a CPU do

Tabela 6-3 Código ASCII

							0	0	0	0	1	1	1	1
							0	0	1	1	0	0	1	1
							0	1	0	1	0	1	0	1
Bit 7	Bit 6	Bit 5	Bit 4	Bit 3	Bit 2	Bit 1								
			0	0	0	0	NUL	DLE	SP	0	@	P	\	p
			0	0	0	1	SOH	DC1	!	1	A	Q	a	q
			0	0	1	0	STX	DC2	"	2	B	R	b	r
			0	0	1	1	ETX	DC3	#	3	C	S	c	s
			0	1	0	0	EOT	DC4	$	4	D	T	d	t
			0	1	0	1	ENQ	NAK	%	5	E	U	e	u
			0	1	1	0	ACK	SYN	&	6	F	V	f	v
			0	1	1	1	BEL	ETB	'	7	G	W	g	w
			1	0	0	0	BS	CAN	(	8	H	X	h	x
			1	0	0	1	HT	EM	)	9	I	Y	i	y
			1	0	1	0	LF	SUB	*	:	J	Z	j	z
			1	0	1	1	VT	ESC	+	;	K	[	k	l
			1	1	0	0	FF	FS	,	<	L	\	l	l
			1	1	0	1	CR	GS	-	=	M	]	m	}
			1	1	1	0	SO	RS	.	>	N	∧	n	~
			1	1	1	1	SI	US	/	?	O	−	o	DEL

Funções de controle

NUL	Null	DLE	Sair do link de dados
SOH	Início do cabeçalho	DC1	Dispositivo de controle 1
STX	Início do texto	DC2	Dispositivo de controle 2
ETX	Fim do texto	DC3	Dispositivo de controle 3
EOT	Fim da transmissão	DC4	Dispositivo de controle 4
ENQ	Interrogar	NAK	Negativa de Confirmação
ACK	Confirmação	SYN	Caractere de inatividade síncrona
BEL	Campainha	ETB	Fim do bloco de transmissão
BS	Retorna um caractere	CAN	Cancelamento
HT	Tabulação horizontal (abandonar)	EM	Fim do meio ou média
LF	Adicionar linha	SUB	Substituição
VT	Tabulação vertical (abandonar)	ESC	Escape
FF	Próxima página	FS	Separador de arquivo
CR	Início da linha	GS	Separador de grupo
SO	Tecla Shift desativada	RS	Separador de registro
SI	Tecla Shift ativada	US	Separador de unidade
DEL	Apagar	SP	Espaço

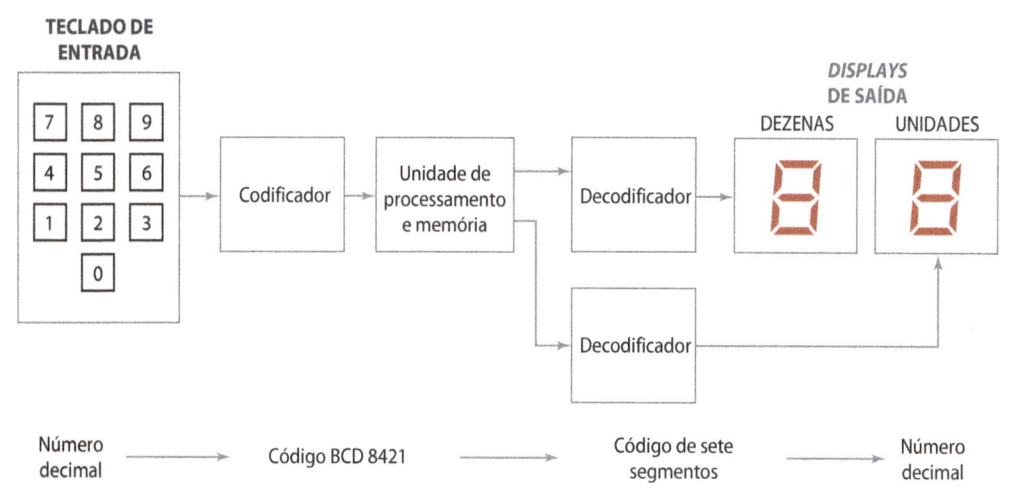

Figura 6-6 Exemplo de um sistema digital.

microcomputador quando a tecla "A" é pressionada em um teclado.

Deve-se tomar cuidado ao se utilizar a Tabela 6-3 em equipamentos específicos, pois os caracteres de controle mostrados nas regiões sombreadas podem possuir outros significados em dispositivos diversos. Entretanto, os caracteres de controle comuns como BEL (campainha), BS (retorno de caractere), LF (adicionar linha) e SP (espaço) são utilizados na maioria dos computadores. O significado exato dos códigos de controle ASCII deve ser consultado no manual do equipamento específico.

O código ASCII é do tipo ALFANUMÉRICO, isto é, pode representar tanto números quanto letras. Há diversos outros códigos alfanuméricos, como EBCDIC (*extended binary-coded decimal interchange code* – CÓDIGO DE INTERCÂMBIO DECIMAL CODIFICADO EM BINÁRIO EXTENDIDO), BAUDOT e HOLLERITH.

Teste seus conhecimentos

» Codificadores

Um sistema digital que utiliza um codificador é apresentado na Figura 6-6. Nesse sistema, o codificar deve converter a entrada decimal a partir do teclado em um código BCD 8421. Esse dispositivo é chamado de codificador de prioridade de 10 linhas para quatro linhas pelo fabricante. A Figura 6-7(a) representa o codificador na forma de diagrama de blocos. Se o número decimal 3 for digitado no teclado, então o circuito lógico interno gera o número BCD 0011, como mostra a figura.

Uma descrição mais detalhada do CODIFICADOR DE PRIORIDADE DE 10 LINHAS PARA QUATRO LINHAS é dada na Figura 6-7(b), onde é representado o CI 74147. Note que há círculos nas entradas (1 a 9) e nas saídas (*A* a *D*). Os círculos indicam que o decodificador de prioridade 71147 possui ENTRADAS E SAÍDAS ATIVAS-**BAIXAS**. A tabela verdade do decodificador de prioridade 71147 é apresentada na Figura 6-7(c). Note que apenas os níveis lógicos BAIXOS (indicados por L na tabela verdade) ativam a entrada apropriada. Os estados ativos das saídas desse CI também são BAIXOS. Note na última linha da tabela verdade da Figura 6-7(c) que o nível L (nível lógico 0) ativa apenas a saída *A* (que corresponde ao *bit* menos significativo do grupo de quatro *bits*).

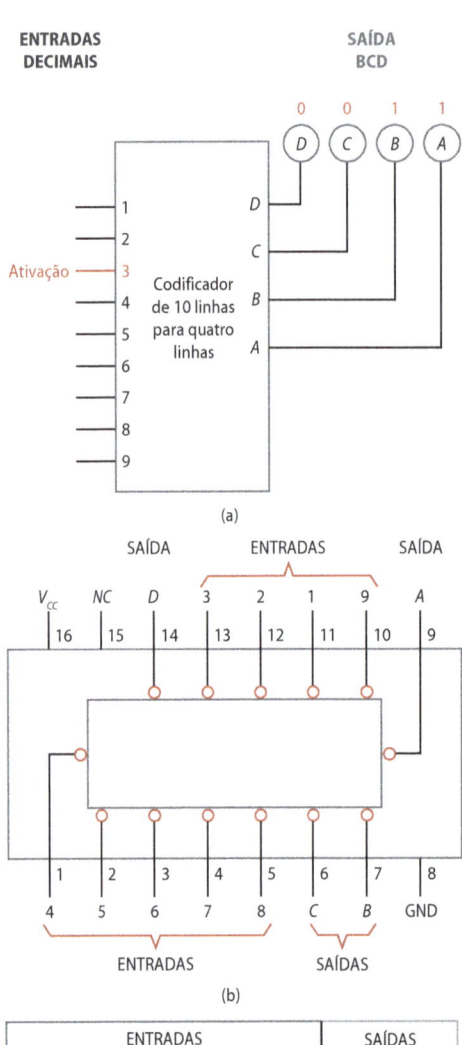

O CI TTL 74147 na Figura 6-7(c) possui encapsulamento DIP de 16 pinos. Internamente, o CI é composto de um circuito com aproximadamente 30 portas.

O CI codificador 74147 da Figura 6-7 possui uma característica de prioridade. Isso significa que, se duas entradas forem ativadas simultaneamente, apenas a entrada com o maior algarismo será codificada. Por exemplo, se as entradas 9 e 4 forem ativadas (nível BAIXO), então a saída será LHLL, representando o número decimal 9. Note que as saídas precisam ser complementadas (invertidas) para formar o número binário 1001.

Teste seus conhecimentos

>> Display *de sete segmentos a LEDs*

A tarefa de decodificação de linguagem de máquina em números decimais é mostrada no sistema da Figura 6-6. Um dispositivo de saída muito comum utilizado na exibição de números decimais é o *display* de sete segmentos. Os **sete segmentos de um display** são representados pelas letras *a* até *g* na Figura 6-8(a). Os *displays* que correspondem aos números decimais de 0 até 9 são mostrados na Figura 6-8(b). Por exemplo, se os segmentos *a*, *b* e *c* estiverem acesos, o número decimal 7 é exibido. Entretanto, se todos os segmentos permanecerem acesos, o número 8 será representado.

Diversos tipos de *display* de sete segmentos são mostrados na Figura 6-9. O *display* da Figura 6-9(a) se encaixa perfeitamente em um soquete DIP de 14 pinos. Outro *display* com dígito único é ilustrado na Figura 6-9(b), o qual pode ser conectado transversalmente em um soquete DIP mais largo. Por fim, o dispositivo da Figura 6-9(c) consiste em um *display* com múltiplos dígitos muito utilizado em relógios digitais.

O *display* de sete segmentos pode ser construído de forma que cada um dos segmentos consiste em

Figura 6-7 (a) Codificador de 10 linhas para quatro linhas. (b) Diagrama de pinos do CI codificador 74147. (c) Tabela verdade do CI codificador 74147.

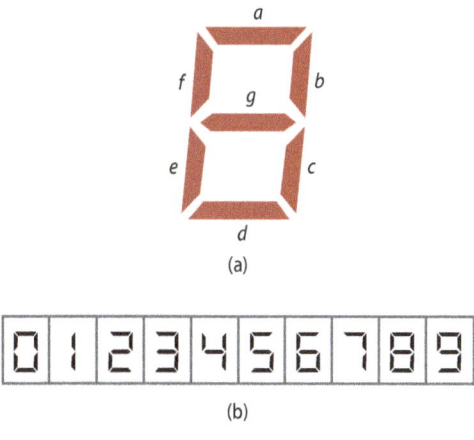

Figura 6-8 (a) Identificação dos segmentos. (b) Números decimais exibidos em um *display* de sete segmentos típico.

um filamento fino capaz de brilhar. Esse tipo de dispositivo é denominado DISPLAY INCANDESCENTE e é semelhante a uma lâmpada convencional. Outro tipo de *display* é o TUBO DE DESCARGA A GÁS, que opera em altas tensões e produz um brilho alaranjado. O DISPLAY FLUORESCENTE A VÁCUO (VF – *vacuum fluo-rescent*) produz um brilho azul-esverdeado quando aceso e opera em baixas tensões. O *display* de cristal líquido ou LCD (*Liquid Crystal Display* – DISPLAY DE CRISTAL LÍQUIDO) gera números na cor preta ou prateada. O *display* comum a LEDs possui brilho avermelhado quando está aceso.

Um LED (*light emitting diode* – diodo emissor de luz) simples é mostrado na Figura 6-10. A vista em corte do LED na Figura 6-10(a) mostra o pequeno diodo que usa um refletor para projetar a luz através da lente de plástico.

É importante considerar a marca existente na borda do LED na Figura 6-10(b) quando o dispositivo for utilizado. A marca de identificação mostra o terminal catodo do LED, que consiste basicamente na JUNÇÃO PN DE UM DIODO. Quando o

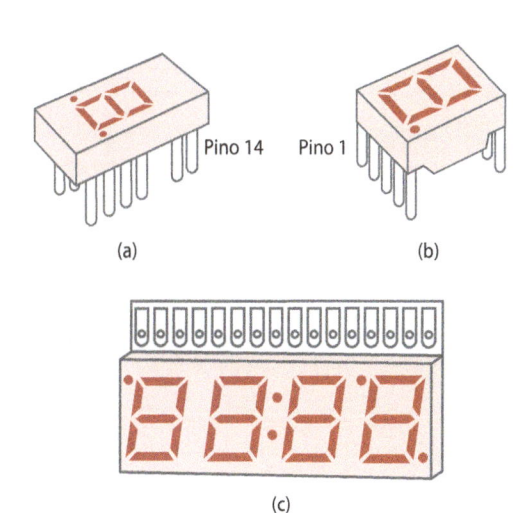

Figura 6-9 (a) *Display* de sete segmentos a LEDs com encapsulamento DIP. (b) *Display* com único dígito em um encapsulamento com 10 pinos. Os pinos são numerados no sentido anti-horário a partir do pino um considerando a vista superior do CI. (c) Encapsulamento com múltiplos dígitos.

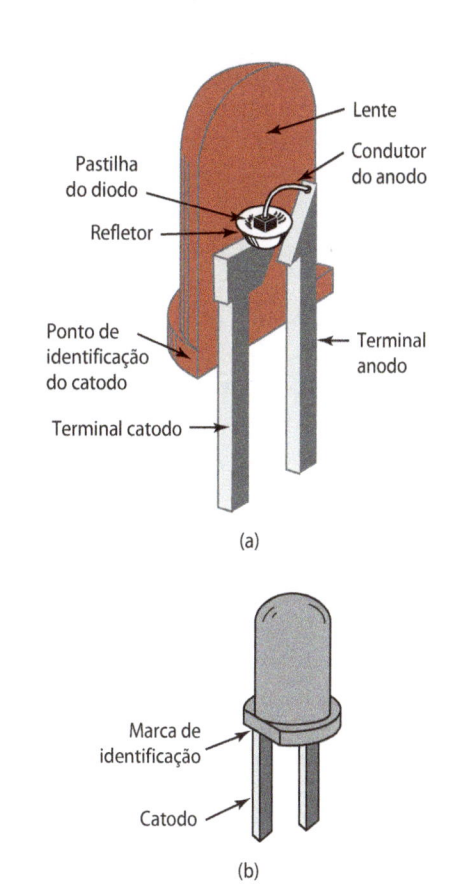

Figura 6-10 (a) Vista em corte de um diodo emissor de luz padrão. (b) Identificação do catodo em um LED.

» Codificadores, decodificadores e displays de sete segmentos capítulo 6

183

diodo é diretamente polarizado, a corrente circula através da junção PN e o LED acende, exibindo luz no encapsulamento plástico. Muitos LEDs são fabricados a partir de ARSENETO DE GÁLIO (GaAs) e outras substâncias semelhantes. Existem LEDs disponíveis nas cores vermelha, verde, laranja, azul e âmbar.

Um único LED é testado na Figura 6-11(a). Quando a chave (SW1) é fechada, a corrente flui a partir da fonte de alimentação de 5 V para o LED, que passa a acender. A resistência série limita a corrente em aproximadamente 20 mA, de modo que o LED seria danificado caso este componente não fosse utilizado. Normalmente, LEDs suportam tensões de 1,7 a 2,1 V em seus terminais quando estão acesos. Como se trata de um diodo, o LED considera a existência de polaridade. Assim, o catodo (K) deve ser conectado ao terminal negativo da fonte de alimentação. Por sua vez, o terminal anodo (A) deve ser conectado ao terminal positivo da fonte de alimentação.

Um DISPLAY DE SETE SEGMENTOS A LEDs é mostrado na Figura 6-11(b). Cada segmento (de *a* até *g*) contém um LED, de acordo com os sete símbolos. O *display* mostrado possui todos os anodos conectados entre si, de modo que do lado direito há um único terminal comum (anodo comum). As entradas à esquerda são conectadas a vários segmentos do *display*. O dispositivo da Figura 6-11(b) é chamado de *display* de sete segmentos na configuração ANODO COMUM. Há dispositivos disponíveis também na configuração CATODO COMUM.

Para compreender como os segmentos do *display* são ativados e permanecem acesos, considere o circuito da Figura 6-11(c). Se a chave *b* é fechada, a corrente flui da fonte de alimentação de 5 V para a conexão anodo comum, o resistor limitador do segmento *b* do LED e GND. Assim, apenas o segmento *b* será aceso.

Suponha que se deseje exibir o número decimal 7 no *display* da Figura 6-11(c). As chaves *a*, *b* e *c*

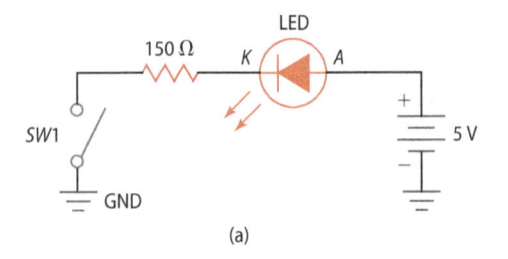

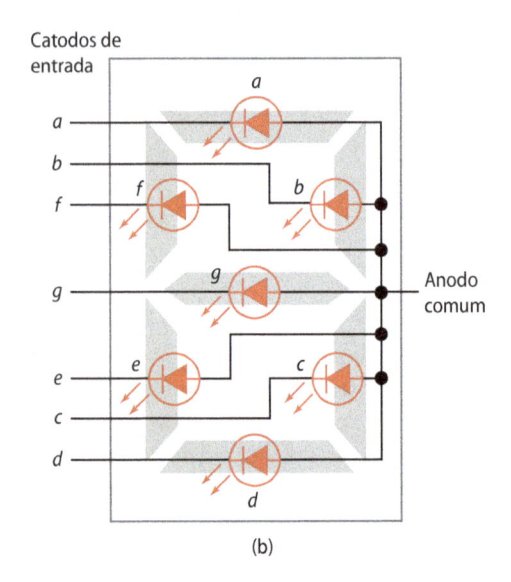

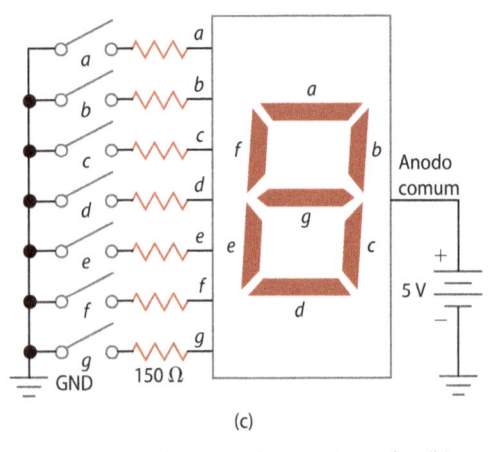

Figura 6-11 (a) Operação de um LED simples. (b) Diagrama representativo de um *display* de sete segmentos a LEDs na configuração anodo comum. (c) Acionamento de um *display* de sete segmentos a LEDs com chaves.

> **Sobre a eletrônica**
>
> **LEDs em semáforos**
> Um número cada vez maior de cidades e comunidades tem utilizado semáforos que contêm arranjos de diodos emissores de luz (LEDs) em substituição às lâmpadas incandescentes halógenas convencionais. As principais razões são:
> - LEDs possuem maior brilho e são capazes de iluminar toda a superfície.
> - LEDs possuem maior vida útil e menor custo.
> - LEDs consomem menos energia e podem, em muitos casos, ser alimentados por painéis solares fotovoltaicos.

são fechadas, de modo que os segmentos *a*, *b* e *c* permanecem acesos e o número 7 é exibido. De forma semelhante, para exibir o número decimal 5, deve-se fechar as chaves *a*, *c*, *d*, *f* e *g*. Assim, os respectivos segmentos serão aterrados e o número 5 aparece no *display*. Note que é necessária uma tensão GND (nível lógico BAIXO) para ativar os segmentos deste *display*.

Chaves mecânicas são utilizadas na Figura 6-11(c) para acionar o *display* de sete segmentos. Normalmente, os segmentos são alimentados por um CI, que é chamado de DRIVER. Na prática, o *driver* do *display* é encapsulado no mesmo CI do decodificador. Assim, o termo DECODIFICADOR/DRIVER DE SETE SEGMENTOS é normalmente utilizado.

Teste seus conhecimentos

Decodificadores

Um DECODIFICADOR, assim como um codificador, é um dispositivo conversor de códigos. A Figura 6-6 mostra dois decodificadores utilizados no sistema, os quais convertem o código BCD 8421 em um código que permite ao *display* de sete segmentos acender os segmentos corretos. Assim, um número decimal será exibido. A Figura 6-12 mostra o número BCD 0101 na saída do decodificador/*driver* BCD para sete segmentos. O decodificador ativa as saídas *a*, *c*, *d*, *f* e *g*, de modo a acender os segmentos mostrados na Figura 6-12. Assim, o número decimal 5 é exibido no *display*.

Existem decodificadores de vários tipos, como aqueles mostrados na Figura 6-13. Note que o mesmo diagrama de blocos é utilizado para os decodificadores dos códigos BCD, excesso 3 e Gray.

Existem outros decodificadores, como os conversores BCD, conversores BCD para binário, decodificadores de quatro para 16 linhas e decodificadores de duas para quatro linhas. Há outros codificadores existentes, como o conversor de decimal para octal e o codificador de prioridade de oito para três linhas.

Da mesma forma que os codificadores, decodificadores são CIRCUITOS COMBINACIONAIS que possuem diversas entradas e saídas. A maioria dos decodificadores possui de 30 a 50 portas. A maioria dos codificadores e dos decodificadores existe na forma de um encapsulamento único, de modo que dispositivos específicos podem ser fabricados a partir de dispositivos lógicos programáveis (PLDs).

A decodificação também pode ser realizada por meio de dispositivos programáveis flexíveis como os módulos BASIC Stamp. Esses módulos fabricados pela empresa Parallax possuem um microcontrolador e memória EEPROM associada.

Teste seus conhecimentos

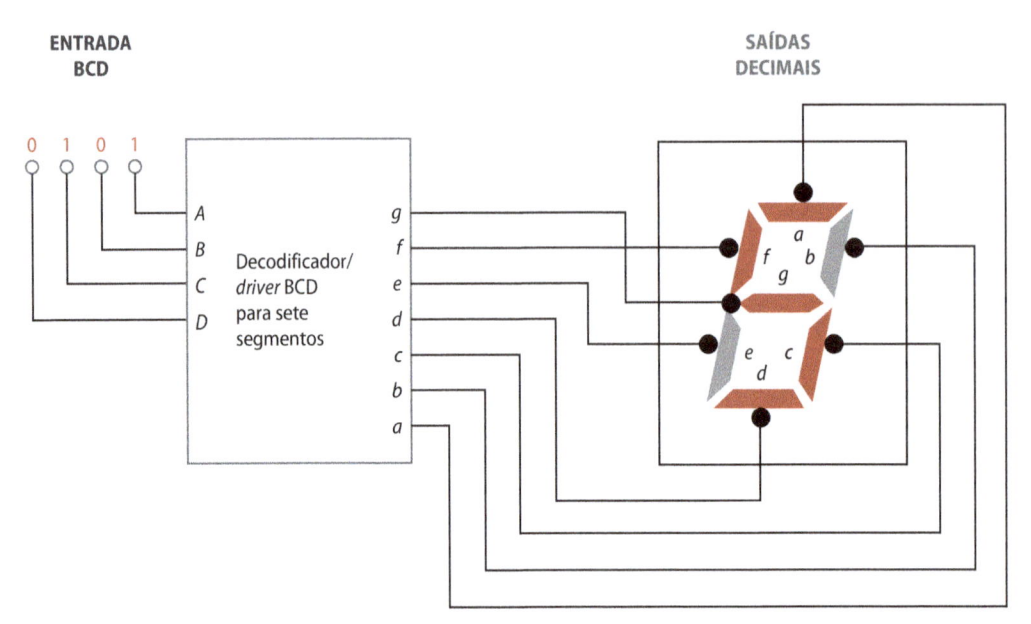

Figura 6-12 Decodificador acionando um *display* de sete segmentos.

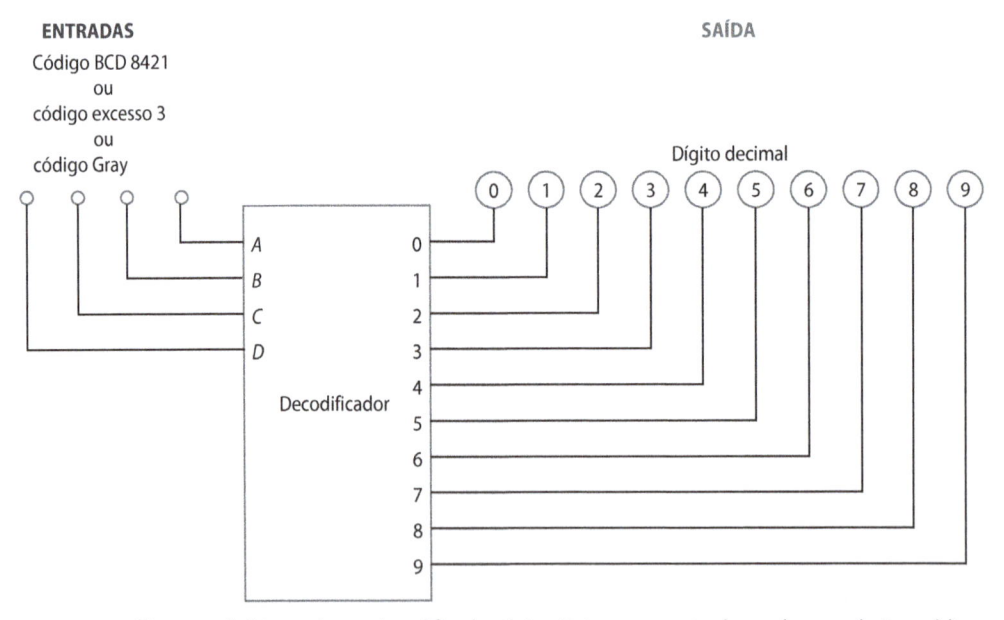

Figura 6-13 Diagrama de blocos de um decodificador típico. Note que as entradas podem ser do tipo código BCD 8421, código excesso 3 ou código Gray.

» Decodificadores/Driver BCD para sete segmentos

O símbolo lógico de um DECODIFICADOR/DRIVER BCD PARA SETE SEGMENTOS COMERCIAL DO TIPO TTL 7447A é mostrado na Figura 6-14(a). O número BCD que será decodificado é aplicado nas entradas *D*, *C*, *B* e *A*. Quando acionado com um nível BAIXO, a entrada de teste de lâmpada (LT) ativa todas as saídas (de *a* até *g*). Quando acionado com um nível BAIXO, a entrada de apagamento torna todas as saídas ALTAS, desligando todos os *displays*. Quando ativada por um nível BAIXO, a entrada de supressão de zeros (RBI) apaga o *display* apenas se ele contiver um zero. Quando a entrada RBI se torna ativa, o pino BI/RBO se torna a saída de supressão de zeros (RBO) e assume o nível BAIXO. Lembre-se que o termo "apagar" significa que nenhum dos LEDs permanecerá aceso.

As sete saídas do CI 7447A são do tipo ativas-BAIXAS. Em outras palavras, as saídas são normalmente ALTAS e assumem nível BAIXO quando são ativadas.

A operação detalhada do CI decodificador/*driver* 7447A é apresentada na tabela verdade fornecida pelo fabricante Texas Instruments e mostrada na Figura 6-14(b). Os números decimais gerados pelo decodificador 7447A são mostrados na Figura 6-14(c). Note que ENTRADAS BCD INVÁLIDAS (correspondentes aos números decimais 11, 12, 13, 14 e 15) geram saídas atípicas na Figura 6-14(c), que não possuem significado prático.

O CI decodificador/*driver* 7447A é normalmente conectado ao *display* de sete segmentos a LEDs na configuração anodo comum, sendo que esse circuito é representado na Figura 6-15. É extremamente importante que resistores de 150 Ω sejam inseridos entre o CI 7447A e o *display* de sete segmentos.

Considere que a entrada BCD do decodificador/*driver* 7447A na Figura 6-15 seja 0001 (LLLH), o que corresponde à segunda linha da tabela verdade da Figura 6-14(b). Essa combinação de entrada ativa os segmentos *b* e *c* do *display* de sete segmentos (as saídas *b* e *c* passam a assumir nível BAIXO) e o número decimal 1 é exibido. As duas entradas LT e

---

História da eletrônica

Douglas Engelbart

O dispositivo periférico de computador atualmente conhecido como *mouse* foi originalmente criado em 1963 por Douglas Engelbart, chamado de indicador de posição X-Y para um sistema de visualização. O *mouse* criado por Engelbart consistia em um circuito eletrônico acomodado em uma caixa de madeira com um botão vermelho e um fio de cobre com um conector na extremidade. Após se aposentar como funcionário do Instituto de Pesquisas Stanford, Engelbart desenvolveu um teclado com apenas cinco botões.

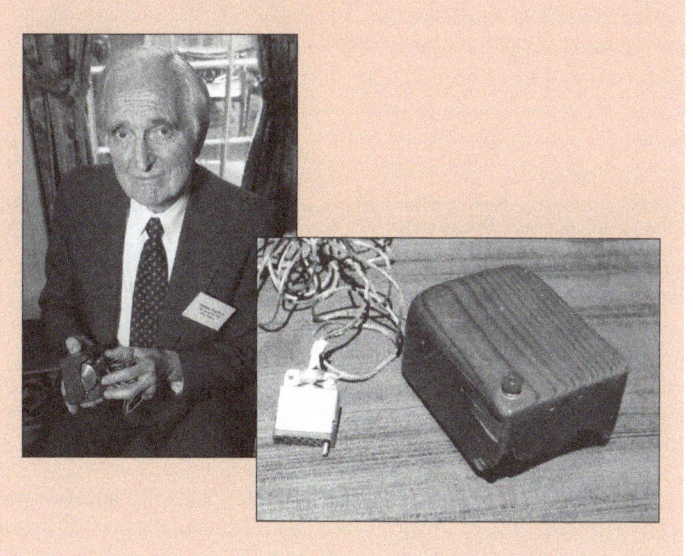

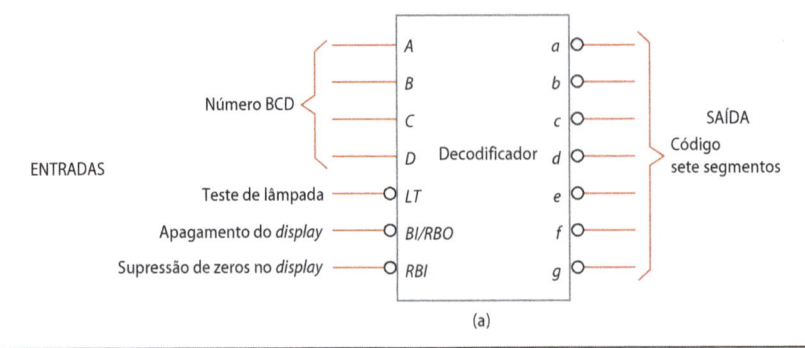

(a) Símbolo lógico

ENTRADAS:
- Número BCD: A, B, C, D
- Teste de lâmpada: LT
- Apagamento do *display*: BI/RBO
- Supressão de zeros no *display*: RBI

SAÍDA: Código sete segmentos (a, b, c, d, e, f, g)

(a)

Número decimal ou função	ENTRADAS						BI/BRO	SAÍDAS							Notas
	LT	RBI	D	C	B	A		a	b	c	d	e	f	g	
0	H	H	L	L	L	L	H	ON	ON	ON	ON	ON	ON	OFF	
1	H	X	L	L	L	H	H	OFF	ON	ON	OFF	OFF	OFF	OFF	
2	H	X	L	L	H	L	H	ON	ON	OFF	ON	ON	OFF	ON	
3	H	X	L	L	H	H	H	ON	ON	ON	ON	OFF	OFF	ON	
4	H	X	L	H	L	L	H	OFF	ON	ON	OFF	OFF	ON	ON	
5	H	X	L	H	L	H	H	ON	OFF	ON	ON	OFF	ON	ON	
6	H	X	L	H	H	L	H	OFF	OFF	ON	ON	ON	ON	ON	
7	H	X	L	H	H	H	H	ON	ON	ON	OFF	OFF	OFF	OFF	
8	H	X	H	L	L	L	H	ON	ON	ON	ON	ON	ON	ON	1
9	H	X	H	L	L	H	H	ON	ON	ON	OFF	OFF	ON	ON	
10	H	X	H	L	H	L	H	OFF	OFF	OFF	ON	ON	OFF	ON	
11	H	X	H	L	H	H	H	OFF	OFF	ON	ON	OFF	OFF	ON	
12	H	X	H	H	L	L	H	OFF	ON	OFF	OFF	OFF	ON	ON	
13	H	X	H	H	L	H	H	ON	OFF	OFF	ON	OFF	ON	ON	
14	H	X	H	H	H	L	H	OFF	OFF	OFF	ON	ON	ON	ON	
15	H	X	H	H	H	H	H	OFF	OFF	OFF	OFF	OFF	OFF	OFF	
BI	X	X	X	X	X	X	L	OFF	OFF	OFF	OFF	OFF	OFF	OFF	2
RBI	H	L	L	L	L	L	L	OFF	OFF	OFF	OFF	OFF	OFF	OFF	3
LT	L	X	X	X	X	X	H	ON	ON	ON	ON	ON	ON	ON	4

H = nível lógico ALTO, L = nível lógico BAIXO, X = condição irrelevante

Notas:
1. A entrada de apagamento (*BI*) deve ser mantida em aberto ou com nível lógico ALTO quando se deseja obter as funções de saída de 0 e 15. A entrada de supressão de zeros (*RBI*) deve ser mantida em aberto ou com nível lógico ALTO quando não se deseja suprimir um zero decimal.
2. Quando um nível lógico BAIXO é aplicado diretamente à entrada de apagamento (*BI*), todos os segmentos de saída estarão desligados independentemente dos níveis existentes em quaisquer outras entradas.
3. Quando a entrada de supressão de zeros (*RBI*) e as entradas A, B, C e D possuírem um nível BAIXO e a entrada de teste de lâmpada for ALTA, todos os segmentos de saída são desativados e a saída de supressão de zeros (*RBO*) se torna BAIXA (condição de resposta).
4. Quando a entrada de apagamento/saída de supressão de zeros (*BI/RBO*) for mantida em aberto ou com nível lógico ALTO, um nível BAIXO é aplicado na entrada de teste de lâmpada (*LT*) e todos os segmentos de saída serão ativados.

(b)

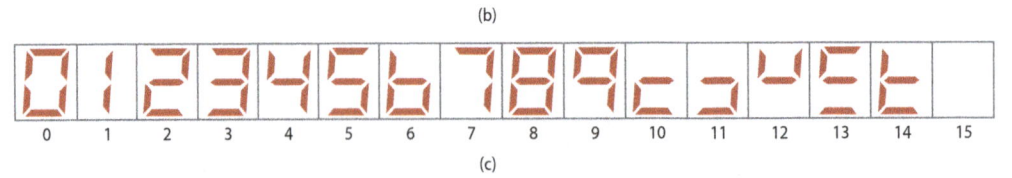

(c) Leitura do display para valores de 0 a 15.

Figura 6-14 (a) Símbolo lógico do CI decodificador 7447A TTL. (b) Tabela verdade do CI decodificador 7447A (Cortesia de Texas Instruments, Inc.). (c) Formato das leituras em um *display* de sete segmentos utilizando o CI decodificador 7447A.

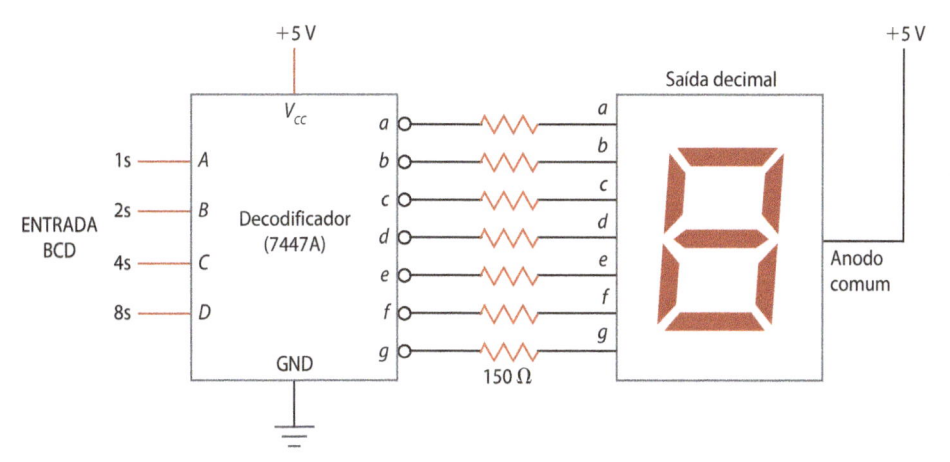

Figura 6-15 Conexão de um decodificador 7447A a um *display* de sete segmentos.

BI não são mostradas na Figura 6-15. Quando não estão conectadas, assume-se que essas entradas "flutuam" em nível ALTO e estão desabilitadas no circuito. Na prática, considera-se que essas entradas devem ser conectadas a +5 V para que efetivamente possuam nível ALTO.

Em muitas aplicações, a exemplo de calculadoras e caixas registradoras, os ZEROS À ESQUERDA DO NÚMERO MOSTRADO NÃO DEVEM SER EXIBIDOS. O circuito da Figura 6-16 mostra a utilização do CI 7447A acionando os *displays* de uma caixa registradora. O *display* com seis dígitos do exemplo mostra

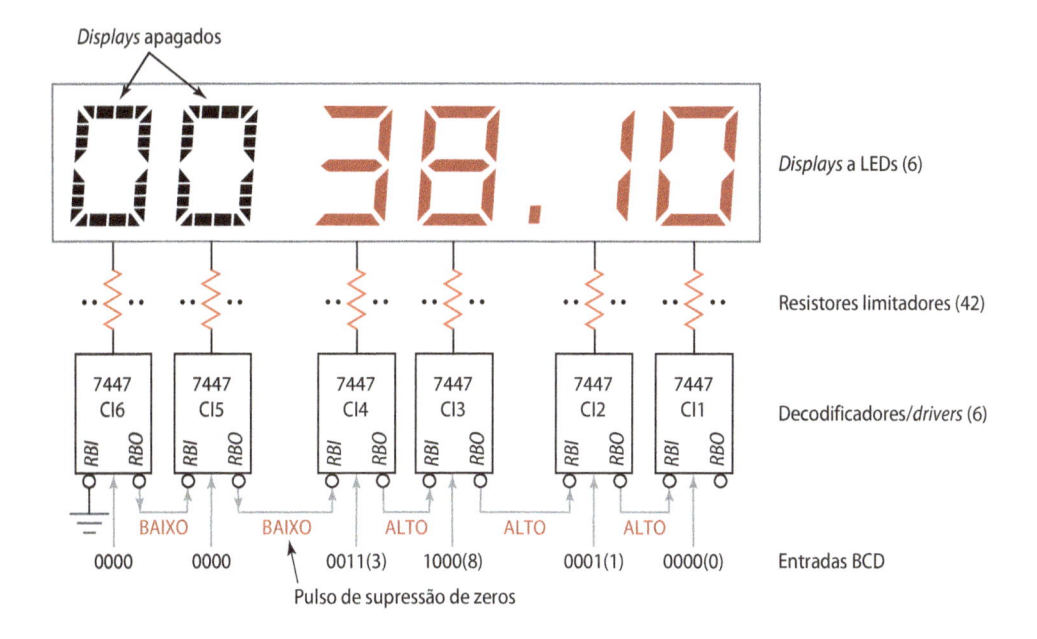

Figura 6-16 Utilização da entrada de supressão de zeros (RBI) do decodificador/*driver* para suprimir os zeros à esquerda do *display* digital.

como os zeros à esquerda podem permanecer apagados ao se utilizar o CI 7447A.

Os valores das entradas nos seis decodificadores são mostrados na parte inferior da Figura 6-16. Nesse caso, a entrada BCD é 0000 0000 0011 1000 0001 0000 (correspondendo a 003810 no sistema decimal). Os dois zeros à esquerda permanecem apagados, de modo que o *display* representa o valor 38,10. Os dois *displays* à direita permanecem desativados quando as entradas RBI e RBO de cada CI 7447A são conectadas entre si, como mostra a Figura 6-16.

Analisando-se a figura a partir da esquerda, verifica-se que a entrada RBI do CI6 é aterrada. A partir da análise da tabela verdade do decodificador CI 7447A na Figura 6-14(b), constata-se que todos os segmentos do *display* permanecem desligados quando a entrada RBI possui nível BAIXO e todas as entradas BCD são BAIXAS. Além disso, aplica-se um nível BAIXO na saída RBO, a qual por sua vez é conectada à entrada RBI do CI5.

Considerando que a entrada BCD no CI5 é 0000 e que a entrada RBI permanece BAIXA, o *display* permanece apagado. Aplica-se um nível BAIXO à saída RBO do CI5, à qual é conectada à entrada RBI do CI4. Mesmo que haja um nível BAIXO nessa entrada, o CI4 não apaga o *display* porque a entrada BCD é 0011. A saída RBO do CI4 permanece ALTA, a qual é conectada ao CI3.

Surge uma dúvida sobre o *display* localizado na extrema direita da Figura 6-16. A entrada BCD do CI1 é 0000_{BCD} e um dígito 0 aparece no *display*. Nesse caso, o zero não permanece apagado porque a entrada RBI deste CI não é ativada (RBI=ALTA). A primeira linha da tabela verdade da Figura 6-14(b) mostra que o decodificador/*driver* 7447A exibirá o dígito zero quando a entrada RBI é ALTA.

Teste seus conhecimentos (Figura 6-17)

›› Displays *de cristal líquido*

O LED normalmente gera luz, quando na verdade o *display* LCD (*liquid crystal display* – *display* de cristal líquido) controla a luz disponível. *Displays* LCD tornaram-se muito populares devido ao baixo consumo de energia. O dispositivo também é adequado para uso em ambientes iluminados diretamente pela luz do sol ou onde há grande intensidade luminosa. O multímetro digital (MD) da Figura 6-18 utiliza um *display* LCD moderno.

O *display* LCD é adequado para exibição de caracteres mais complexos que o sistema de numeração decimal. O dispositivo da Figura 6-18 possui escalas analógicas para a leitura de grandezas elétricas, assim como saída digital. Na prática, diversos outros símbolos poderão ser exibidos no *display* do MD, como pode ser efetivamente constatado na Figura 6-18.

›› *Display* LCD monocromático

A construção de um *display* LCD é mostrada na Figura 6-19, sendo que esse arranjo é denominado DISPLAY LCD DE EFEITO DE CAMPO. Quando um segmento é energizado por uma onda quadrada de baixa frequência, o segmento LCD assume cor preta e se torna escuro, enquanto o restante da superfície permanece brilhante. O segmento *e* é energizado na Figura 6-19, de modo que os segmentos não energizados permanecem praticamente invisíveis.

O segredo do funcionamento do *display* LCD é o cristal líquido ou LÍQUIDO NEMÁTICO, o qual é inserido entre duas placas de vidro. Uma tensão CA é aplicada no líquido nemático, entre os segmentos metalizados superiores e as camadas metalizadas inferiores. Quando inserido no campo magnético gerado pela tensão CA, o líquido nemático transmite luz diretamente e o segmento energizado aparece na cor preta em uma tela com fundo prateado.

O *display* LCD de efeito de campo com líquido nemático utiliza um filtro polarizador nas partes superior e inferior do *display*, como mostra a Figura 6-19. A camada inferior e os segmentos são conectados internamente aos terminais do *display* LCD. Apenas dois dos vários contatos existentes são mostrados na Figura 6-19.

» Acionando o *display* LCD

O número decimal 7 é mostrado no *display* LCD da Figura 6-20. O decodificador/*driver* BCD para sete segmentos à esquerda possui uma entrada BCD 0111, o que ativa as saídas *a*, *b* e *c* do decodificador (*a*, *b* e *c* possuem nível ALTO no exemplo). As demais saídas possuem nível BAIXO (*d*, *e*, *f* e *g* possuem nível BAIXO no exemplo). A onda quadrada com frequência de 100 Hz é aplicada à camada inferior do *display*, sendo que esse sinal também é aplicado a cada uma das portas XOR CMOS utilizadas no acionamento do *display* LCD. Note que as portas XOR fornecem uma forma de onda invertida quando são ativadas (*a*, *b* e *c* e as portas XOR são ativadas). Os dois sinais defasados em 180° apli-

Figura 6-18 Multímetro digital (MD) utilizando *display* de cristal líquido.

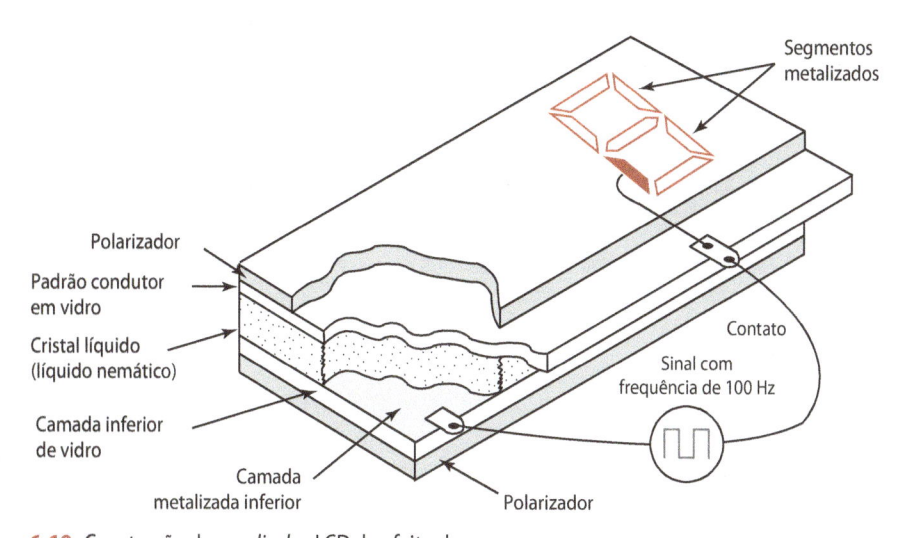

Figura 6-19 Construção de um *display* LCD de efeito de campo.

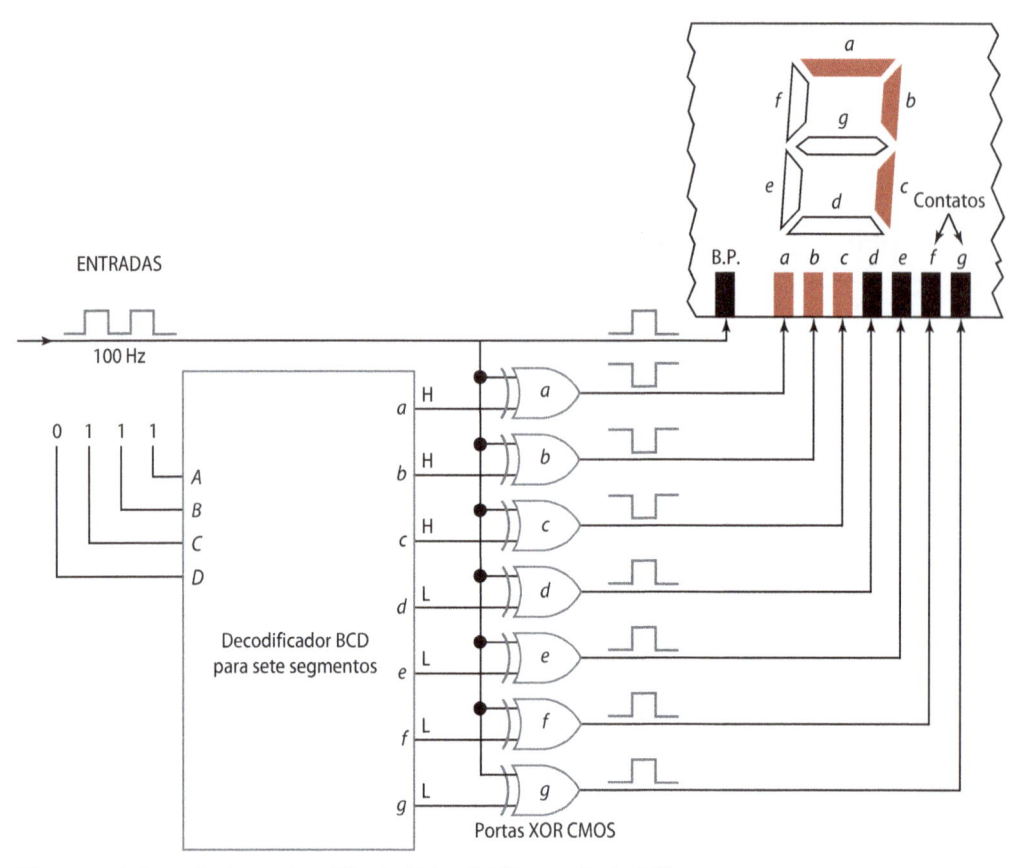

Figura 6-20 Conexão de um decodificador/*driver* CMOS a um *display* LCD.

cados na camada inferior e em *a*, *b* e *c* escurecem essas áreas do *display* LCD. Os sinais em fase aplicados em *d*, *e*, *f* e *g* não ativam esses segmentos, que permanecem quase invisíveis.

As portas XOR utilizadas para acionar o *display* LCD na Figura 6-20 são do tipo CMOS. Portas XOR TTL não são utilizadas porque geram um pequeno nível CC ou tensão CC de *offset* nos terminais do líquido nemático no *display* LCD. Essa tensão CC aplicada no líquido nemático é capaz de danificar o *display* LCD rapidamente.

Na prática, o decodificador e as portas XOR da Figura 6-20 são normalmente incluídos em um único CI CMOS. A forma de onda quadrada pode possuir uma frequência variando entre 30 e 200 Hz. *Displays* de cristal líquido são sensíveis a baixas temperaturas, de modo que em temperaturas abaixo de zero a exibição de caracteres no *display* torna-se lenta. Entretanto, a vida útil longa e o consumo de energia extremamente reduzido tornam esses dispositivos ideais para aplicações onde a alimentação ocorre por meio de baterias ou células solares.

» Displays LCD comerciais

A Figura 6-21 mostra dois exemplos de *displays* LCD monocromáticos. Note que ambos os dispositivos possuem pinos para soldagem em placas de circuito impresso. No laboratório, esses *displays* LCD também podem ser utilizados em matrizes de contatos, o que deve ser feito com extremo cuidado devido à fragilidade dos pinos. Em muitos laboratórios, você encontrará esses *displays* solda-

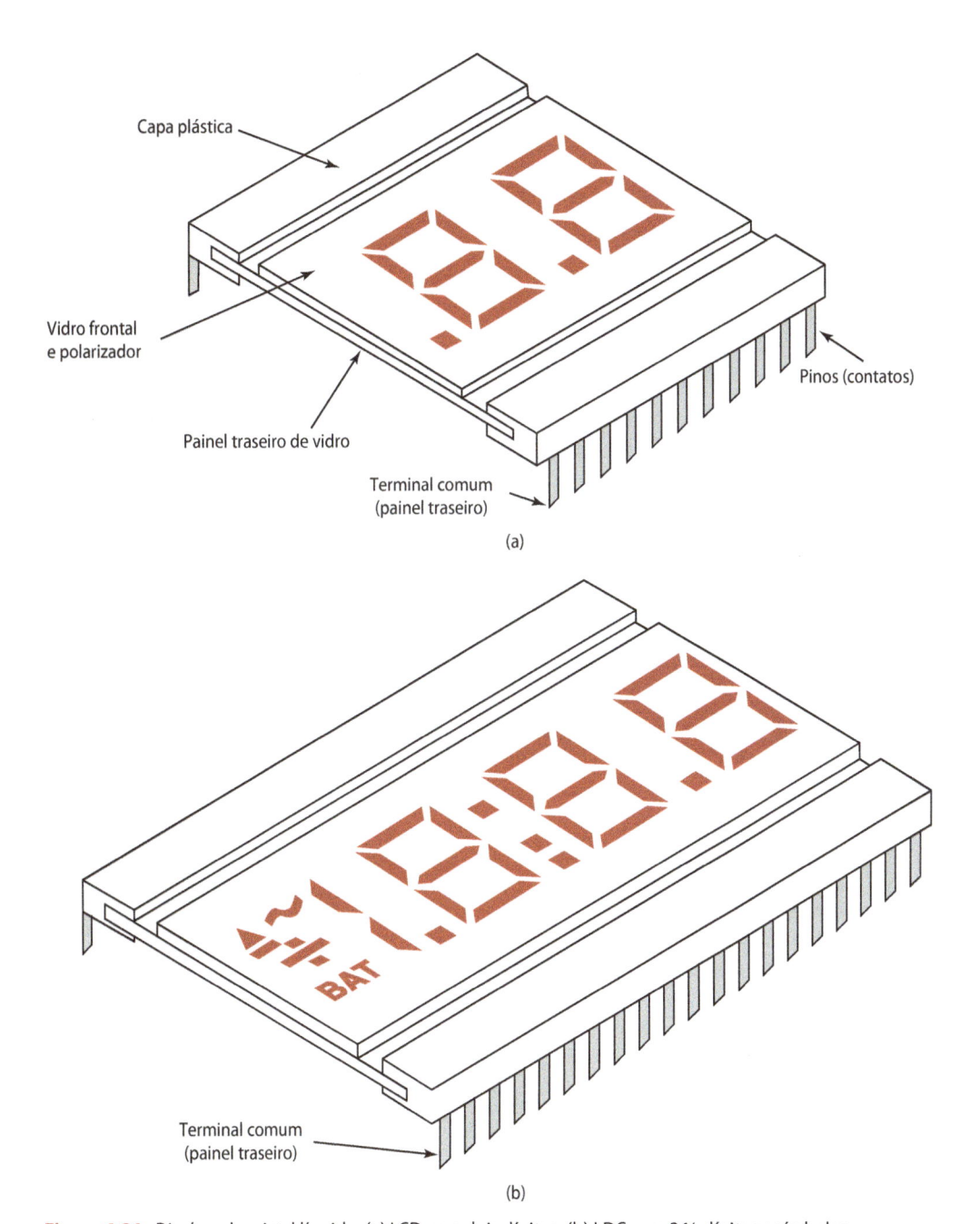

Figura 6-21 *Displays* de cristal líquido. (a) LCD com dois dígitos. (b) LDC com 3 ½ dígitos e símbolos.

dos em placa de circuito impresso com conectores apropriados.

Um *display* LCD de sete segmentos com dois dígitos é representado na Figura 6-21(a). Note que são utilizadas duas camadas de vidro. Como essas camadas são muito finas, deve-se tomar cuidado para não dobrar ou deixar o *display* LCD cair no chão. Note que há duas bordas plásticas com pinos em cada lado do painel traseiro de vidro. Apenas o pino comum é marcado. Cada segmento e a vírgula decimal possuem um pino de conexão nesse encapsulamento.

Outro *display* LCD monocromático é mostrado na Figura 6-21(b), o qual possui capacidade de exibição de caracteres mais complexos como símbolos. Esse dispositivo existe na forma de um encapsulamento de 40 pinos. Todos os segmentos, vírgulas decimais e símbolos são atribuídos a um dado pino. Apenas o pino comum é marcado no encapsulamento, de modo que folhas de dados dos fabricantes devem ser consultadas para determinar a função própria de cada pino.

Displays LCD de baixo custo são baseados na TECNOLOGIA DE EFEITO DE CAMPO NEMÁTICO TORCIDO, que podem ser construídos de forma semelhante ao dispositivo da Figura 6-19. *Displays* LCD monocromáticos simples podem ser utilizados na exibição de gráficos de barras (como no MD da Figura 6-18), mapas, formas de onda, mapeamento de lagos e determinação da posição de peixes e em dispositivos como GPSs (*Global Positioning System* – Sistema de Posicionamento Global).

» Displays LCD coloridos

Muitos televisores e monitores de computadores coloridos utilizam a tecnologia de tubos a vácuo existente em tubos de raios catódicos (CRT – *Cathode Ray Tube*). Monitores CRT possuem baixo custo e exibem excelente desempenho, sendo capazes de exibir cores com alto brilho e resoluções elevadas, sem as desvantagens associadas ao elevado peso e volume e alto consumo de energia.

Displays LCD coloridos são normalmente empregados em computadores alimentados por baterias como *notebooks*. Mesmo nos chamados computadores de mesa (*desktop*), os monitores LCD coloridos tem substituído plenamente suas contrapartes do tipo CRT. *Displays* LCD coloridos são normalmente classificados como *displays* LCD de matriz passiva ou DISPLAYS LCD DE MATRIZ ATIVA (AMLCD – *Active Matrix Liquid Crystal Displays*), sendo que estes últimos dispositivos são mais recentes e possuem maior custo. Os *displays* AMLCD são mais rápidos, possuindo maior brilho e ângulo de visão se comparados aos *displays* de matriz passiva.

A representação simplificada de um *display* LCD de matriz ativa é mostrada na Figura 6-22. De forma análoga aos dispositivos monocromáticos, há polarizadores nas partes superior e inferior. O *display* LCD de matriz ativa possui líquido nemático (cristal líquido) prensado entre duas camadas, de forma semelhante ao *display* de matriz passiva. Na camada inferior ao líquido nemático, há TRANSISTORES DE FILME FINO que podem ser ligados ou desligados individualmente, funcionando como janelas que podem ser abertas ou fechadas, respectivamente. Pense em cada transistor de filme fino como um pixel na tela computador, que representa o menor ponto que pode permanecer aceso ou apagado em um monitor CRT ou LCD. Deve-se ressaltar que um monitor pode possuir diversos milhões de pixels na tela. O diagrama da Figura 6-22 representa apenas uma pequena seção da tela do monitor. Para colorir os pequenos pontos de luz, filtros de cores são incluídos na tela da Figura 6-22. Filtros nas cores vermelha, verde e azul são utilizados na geração de todas as demais cores quando misturadas devidamente. Monitores de computadores apresentam alto brilho porque possuem uma iluminação de fundo incluída na tela LCD de matriz ativa.

Deve-se compreender que a Figura 6-22 apresenta apenas o conceito da utilização da tecnologia de transistores de filme fino (TFT – *Thin Film Technology*) em *displays* LCD de matriz ativa, de modo que a representação exata do diagrama pode variar em dispositivos reais.

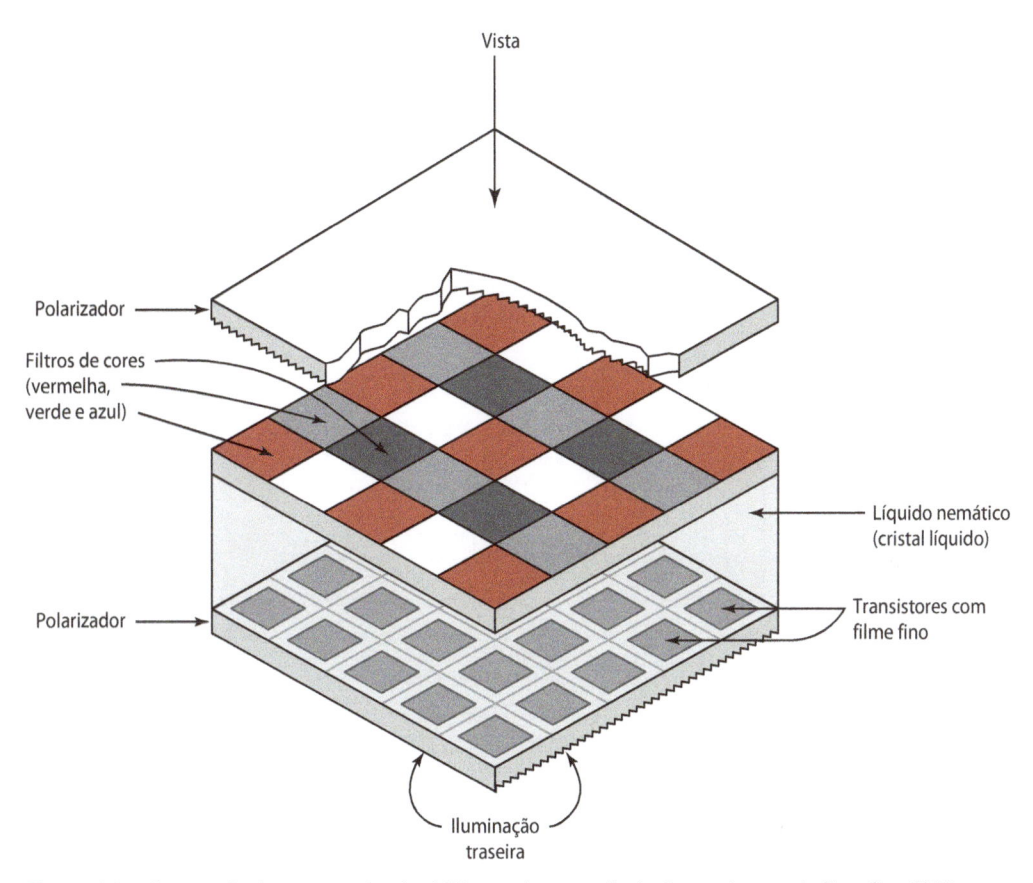

Figura 6-22 Construção de uma matriz ativa LCD usando a tecnologia de transistores de filme fino (TFT).

Teste seus conhecimentos (Figura 6-23)

» Utilização de dispositivos CMOS para acionar displays LCD

O diagrama de blocos de um sistema decodificador/*driver* LCD é mostrado na Figura 6-24(a), onde a entrada é do tipo BCD 8421. O decodificador BCD para sete segmentos opera de forma ao CI 7447A estudado anteriormente. Note que a saída do decodificador na Figura 6-24(a) representa um código de sete segmentos. O último bloco existente antes do *display* é o *driver*. Os *drivers* e o painel traseiro devem ser acionados por uma onda quadrada de 100 Hz. Na prática, o *latch*, o decodificador e o *driver* LCD existem em um único CI CMOS. Os CIs modelo 74HC4543 ou 4543 são descritos pelos fabricantes como circuitos do tipo LATCH/DECODIFICADOR/DRIVER PARA DISPLAYS **LCD**.

O diagrama esquemático para um único *driver* LCD é representado na Figura 6-24(b), onde o CI 74HC4543 é utilizado. A entrada BCD 8421 corresponde a 0011 (dígito decimal 3), a qual é decodificada na forma de código de sete segmentos. Um sinal de *clock* de 100 Hz é aplicado ao painel traseiro do LCD e a entrada Ph (*Phase* – Fase) do CI 74HC4543. Os sinais de acionamento nesse exemplo são representados para cada

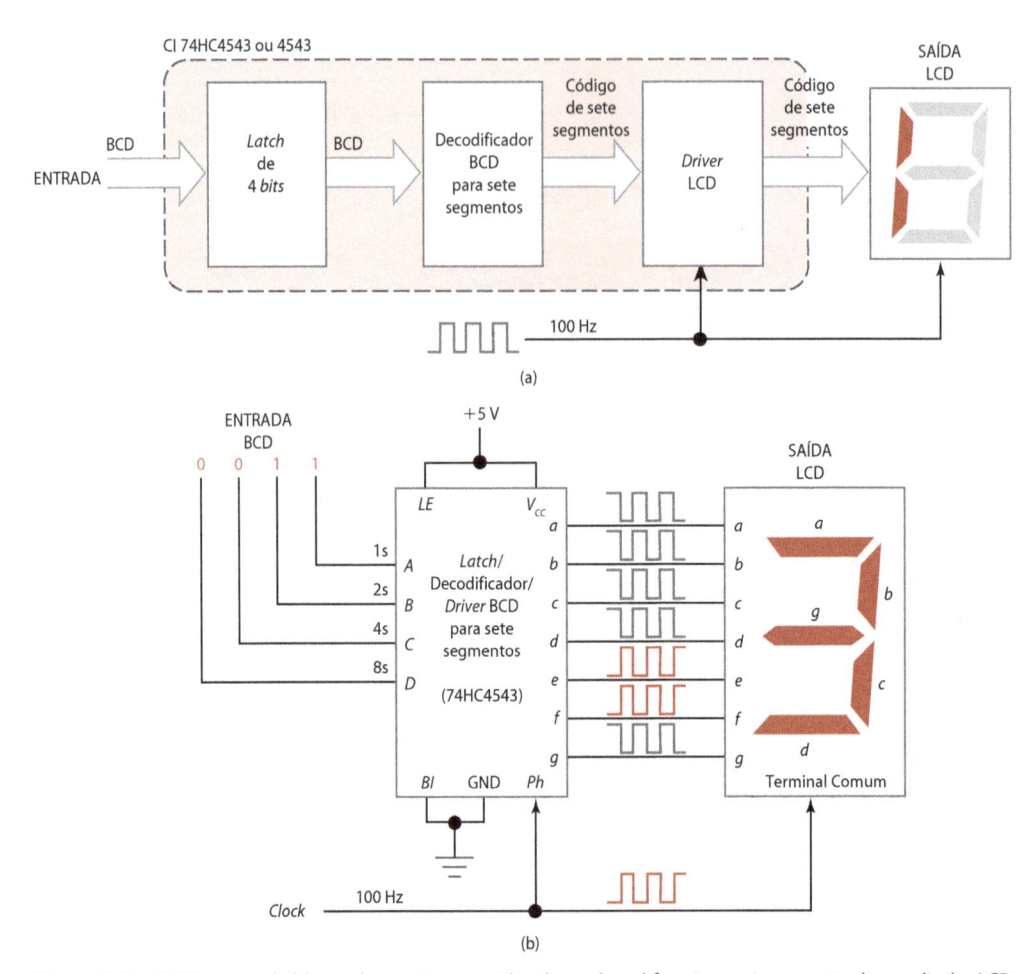

Figura 6-24 (a) Diagrama de blocos de um sistema utilizado na decodificação e acionamento de um *display* LCD de sete segmentos. (b) Utilização de um CI CMOS 74HC4543 para decodificação e acionamento do *display* LCD.

segmento do *display* LCD. Note que apenas sinais fora de fase acionarão um dado segmento. Por outro lado, sinais em fase (como aqueles aplicados aos segmentos *e* e *f*) não acionarão os segmentos do *display* LCD.

O **diagrama de pinos do CI 74HC4543** é mostrado na Figura 6-25(a), sendo que informações detalhadas sobre seu funcionamento são apresentadas na tabela verdade da Figura 6-25(b). Na saída da tabela verdade, a letra "H" significa que o segmento está ativo, enquanto a letra "L" indica que o segmento está desligado. O formato do número decimal gerado pelo decodificador é mostrado na Figura 6-25(c). O decodificador 74HC4543 forma os dígitos 6 e 9 de forma distinta que o decodificador TTL 7474A estudado anteriormente. Compare a Figura 6-25(c) com a Figura 6-14(c) para constatar tais diferenças.

Teste seus conhecimentos (Figura 6-26)

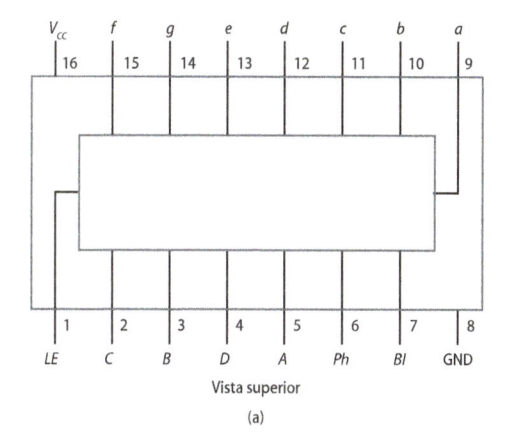

Tabela verdade

ENTRADAS							SAÍDAS							
LE	BI	Ph*	D	C	B	A	a	b	c	d	e	f	g	Display
X	H	L	X	X	X	X	L	L	L	L	L	L	L	Apagado
H	L	L	L	L	L	L	H	H	H	H	H	H	L	0
H	L	L	L	L	L	H	L	H	H	L	L	L	L	1
H	L	L	L	L	H	L	H	H	L	H	H	L	H	2
H	L	L	L	L	H	H	H	H	H	H	L	L	H	3
H	L	L	L	H	L	L	L	H	H	L	L	H	H	4
H	L	L	L	H	L	H	H	L	H	H	L	H	H	5
H	L	L	L	H	H	L	H	L	H	H	H	H	H	6
H	L	L	L	H	H	H	H	H	H	L	L	L	L	7
H	L	L	H	L	L	L	H	H	H	H	H	H	H	8
H	L	L	H	L	L	H	H	H	H	H	L	H	H	9
H	L	L	H	L	H	L	L	L	L	L	L	L	L	Apagado
H	L	L	H	L	H	H	L	L	L	L	L	L	L	Apagado
H	L	L	H	H	L	L	L	L	L	L	L	L	L	Apagado
H	L	L	H	H	L	H	L	L	L	L	L	L	L	Apagado
H	L	L	H	H	H	L	L	L	L	L	L	L	L	Apagado
H	L	L	H	H	H	H	L	L	L	L	L	L	L	Apagado
L	L	L	X	X	X	X	**							**
†	†	H	†				Inverso das combinações de saída mostradas acima							Mesma visualização mostrada acima

X = condição irrelevante
† = mesmas combinações mostradas acima
* = para obter leituras em *displays* de cristal líquido, deve-se aplicar uma onda quadrada ao pino Ph
** = depende do código BCD aplicado anteriormente quando o pino LE possuía nível ALTO

(b)

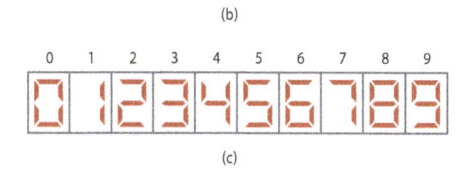

Figura 6-25 CI *Latch*/Decodificador/*Driver* BCD para sete segmentos 74HC4543. (a) Diagrama de pinos. (b) Tabela verdade. (c) Formato dos dígitos apresentados pelo CI decodificador 74HC4543.

›› Displays *fluorescentes a vácuo*

O **display fluorescente a vácuo** (VF – *Vacuum Fluorescent*) é um parente dos antigos tubos a vácuo do tipo triodo, cujo símbolo é representado na Figura 6-27(a). Os três terminais são denominados **placa (P), grade (G) e catodo (K)**, sendo que este último também é denominado **filamento** ou **aquecedor**. A placa também é chamada de *anodo*.

O catodo/aquecedor é um filamento fino de tungstênio revestido com um material como óxido de zinco. O catodo fornece elétrons quando aquecido. A grade consiste em uma tela de aço inoxidável. A placa pode ser considerada como um "coletor de elétrons" na válvula triodo.

Considere que o catodo (K) da válvula triodo da Figura 6-27(a) esteja aquecido e cede ou libera elétrons no vácuo que cerca o catodo. Então, considere que o terminal grade (G) seja positivo. Assim, os elétrons serão atraídos pela grade. Agora, considerando que a placa (P) seja positiva, os elétrons serão atraídos da grade para esse terminal. Finalmente, tem-se que o triodo conduz corrente fluindo do anodo para o catodo.

A condução da válvula triodo pode ser interrompida de duas formas. Primeiro, basta tornar a grade levemente negativa (enquanto a placa permanece po-

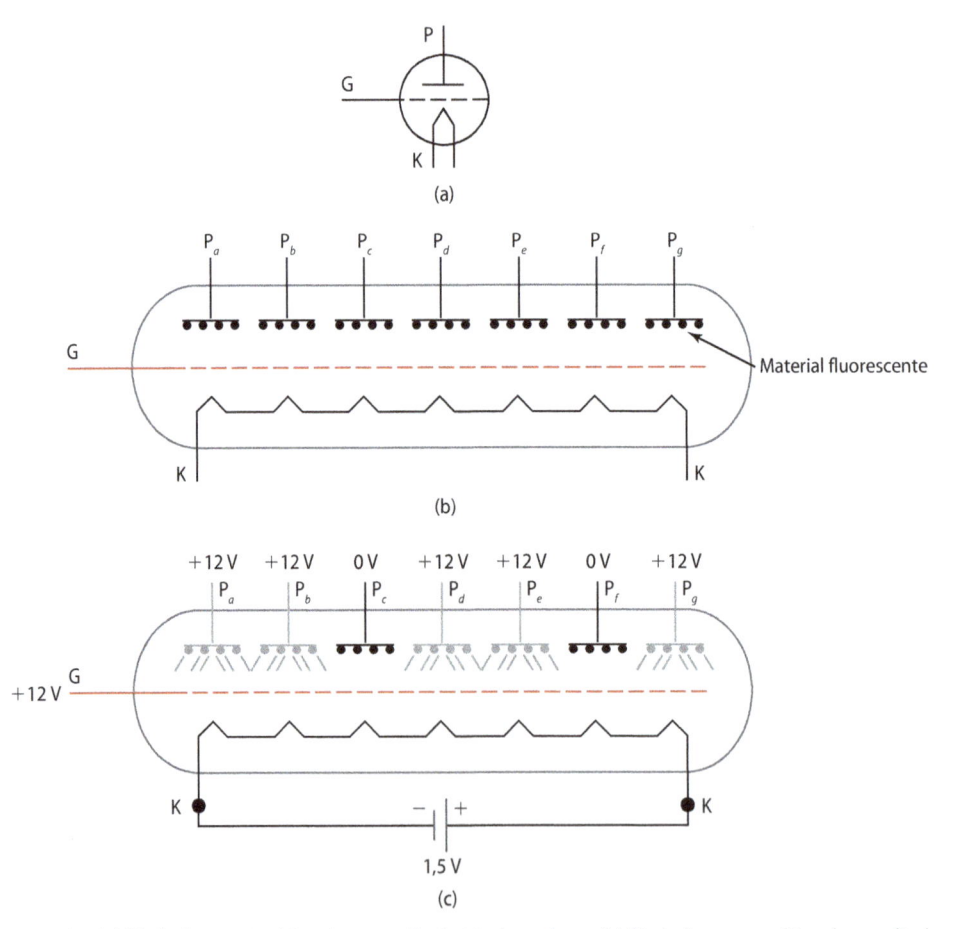

Figura 6-27 (a) Símbolo esquemático de uma válvula triodo a vácuo. (b) Símbolo esquemático de um *display* VF com único dígito. (c) Acendimento das placas em um *display* VF.

sitiva). Assim, os elétrons serão repelidos, os quais não circularão através da grade para a placa. De outra forma, pode-se manter a grade positiva e reduzir a tensão na placa a zero. Logo, a placa não atrairá elétrons e a válvula triodo não conduzirá a corrente.

O símbolo da Figura 6-27(b) representa um único dígito de um *display* VF. Note que há um único catodo (K), uma única grade (G) e sete placas (de P_a a P_g). Cada uma das sete placas é revestida com **material fluorescente à base de óxido de zinco**. Os elétrons que atingem o material fluorescente geram um brilho azul-esverdeado. As sete placas no diagrama esquemático da Figura 6-27(b) representam os sete segmentos de um *display* numérico normal. Note que todo o dispositivo é incluído em um invólucro de vidro onde existe vácuo.

Um único *display* de sete segmentos é mostrado na Figura 6-27(c). O catodo (aquecedor) é alimentado por corrente CC nesse caso, +12 V são aplicados ao terminal grade (G). Duas placas (P_c e P_f) estão aterradas, sendo que as demais possuem tensão de +12 V aplicadas em seus terminais. A alta tensão positiva aplicada nas cinco placas (P_a, P_b, P_d, P_e e P_g) atrai os elétrons, de modo que passam exibir um brilho azul-esverdeado à medida que são atingidas por essas partículas.

Na prática, as placas do *display* VF possuem a forma de segmentos de um número ou outros formatos. A Figura 6-28(a) mostra um arranjo físico contendo os terminas de anodo, grade e placa. Note que as placas possuem a forma de sete segmentos no *display*. A tela acima dos segmentos representa a gra-

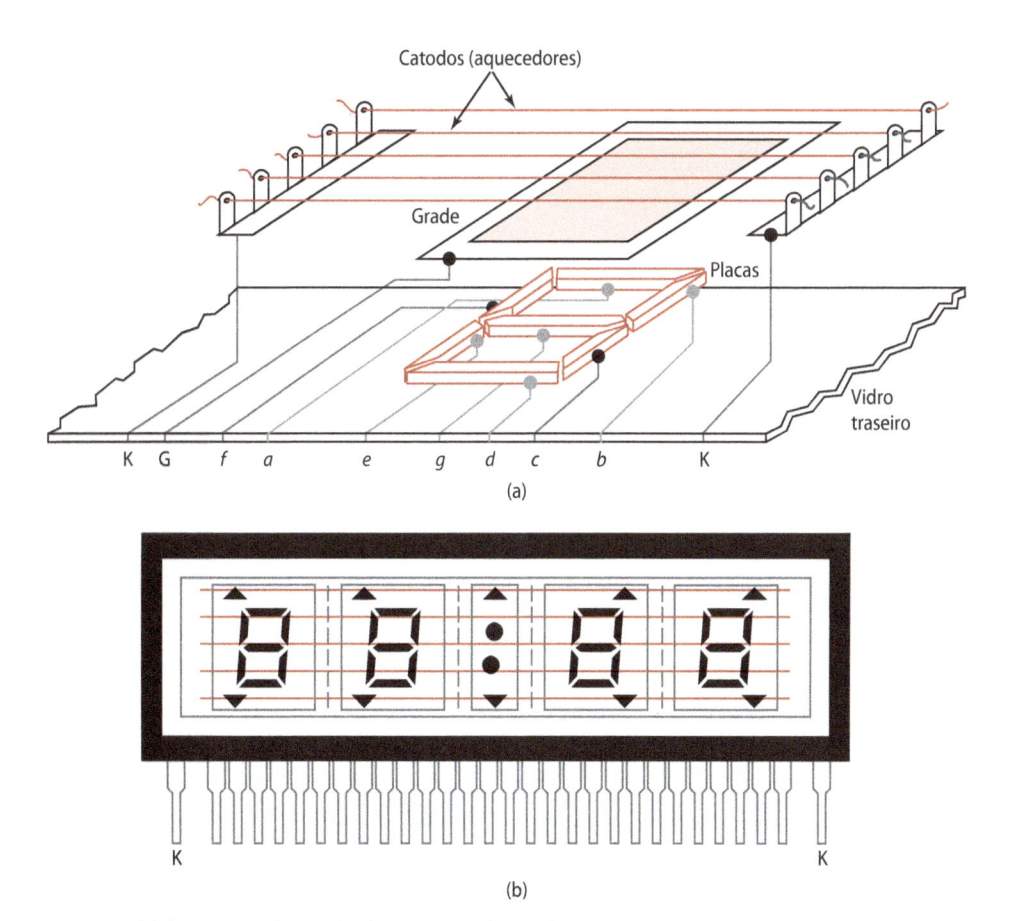

Figura 6-28 (a) Construção de um *display* VF típico. (b) *Display* VF comercial de quatro dígitos.

de. Os catodos (filamentos ou aquecedores) estão localizados acima da grade. Cada segmento, grade ou catodo possui uma saída ao lado do tubo de vidro vácuo selado. O *display* VF mostrado na Figura 6-28(a) é representado considerando uma vista superior. Os catodos que possuem condutores finos e a grade são praticamente invisíveis. Os segmentos acesos (placas) são exibidos na tela (grade).

Um *display* VF comercial é representado na Figura 6-28(b), contendo quatro *displays* numéricos de sete segmentos, uma vírgula e 10 símbolos na forma de triângulo. Os componentes internos na maioria dos *displays* VF são visíveis através do invólucro de vidro, a exemplo dos catodos (filamentos ou aquecedores) que são mostrados na figura. Em um dispositivo comercial, esses terminais são constituídos de condutores muito finos e são de difícil visualização. As grades são mostradas em cinco seções e cada uma delas pode ser acionada individualmente. Finalmente, as placas revestidas de material fluorescente formam os segmentos numéricos, vírgulas e outros símbolos.

Displays fluorescentes a vácuo são fabricados utilizando uma tecnologia mais antiga, mas tem sido intensamente utilizados hoje. Isso se deve ao fato de tais dispositivos operarem com tensões e potências reduzidas, além de possuírem vida útil extremamente longa e resposta rápida. Podem representar cores variadas (com o uso de filtros), são confiáveis e possuem baixo custo. *Displays* fluorescentes a vácuo são compatíveis com a família de CIs CMOS 4000, sendo muito empregados em automóveis, videocassetes, aplicações residenciais de forma geral e relógios digitais.

Teste seus conhecimentos (Figuras 6-29 e 6-30)

» *Acionamento de um display VF*

As tensões necessárias para a operação de *displays* VF são um pouco maiores que aquelas utilizadas em *displays* a LED ou LCD. Esse fato torna os *displays* VF compatíveis com CIs CMOS, sendo que a série CMOS 4000 é capaz de operar com tensões de até 18 V.

O diagrama esquemático de um circuito decodificador/*driver* BCD é mostrado na Figura 6-31. Nesse exemplo, o número 1001_{BCD} é convertido no dígito decimal 9 exibido no *display*. O arranjo emprega o **CI LATCH/DECODIFICADOR/DRIVER BCD** para sete segmentos 4511. As conexões *a*, *b*, *c*, *f* e *g* possuem nível ALTO (+12 V), enquanto apenas *d* e *e* possuem nível BAIXO.

A fonte de alimentação de +12 V é diretamente conectada à grade na Figura 6-31. O circuito do catodo (filamento ou aquecedor) possui um resistor limitador (R_1) para manter a corrente nos aquecedores em níveis seguros. A fonte de +12 V também é empregada na alimentação do CI CMOS decodificador/*driver* 4511. Observe as conexões no CI 4511, onde o pino V_{DD} é conectado a +12 V, enquanto o pino V_{SS} é aterrado.

O diagrama de pinos, a tabela verdade e os formatos dos números para o CI CMOS 4511 são mostrados na Figura 6-32. Na Figura 6-32(a), tem-se a vista superior do CI CMOS 4511 DIP de 16 pinos. Internamente, esse CI é arranjado de forma semelhante ao CI 74HC4543. Os blocos *latch*, decodificador e *driver* encontram-se na área sombreada do diagrama da Figura 6-24(a).

A tabela verdade da Figura 6-32(b) mostra sete entradas para o CI decodificador/*driver* 4511. As entradas de dados BCD são denominadas *D*, *C*, *B* e *A*. A entrada $\overline{LT}$ representa o teste de lâmpada. Quando ativadas por um nível BAIXO (linha 1 da tabela verdade), todas as saídas tornam-se ALTAS e todos os segmentos do *display* são acesos. A entrada $\overline{BI}$ permite o apagamento do *display*. Quando $\overline{BI}$ é ativada com um nível BAIXO, todas as saídas tornam-se BAIXAS e todos os segmentos *display* são apagados. A entrada LE (*Latch Enable* – Habi-

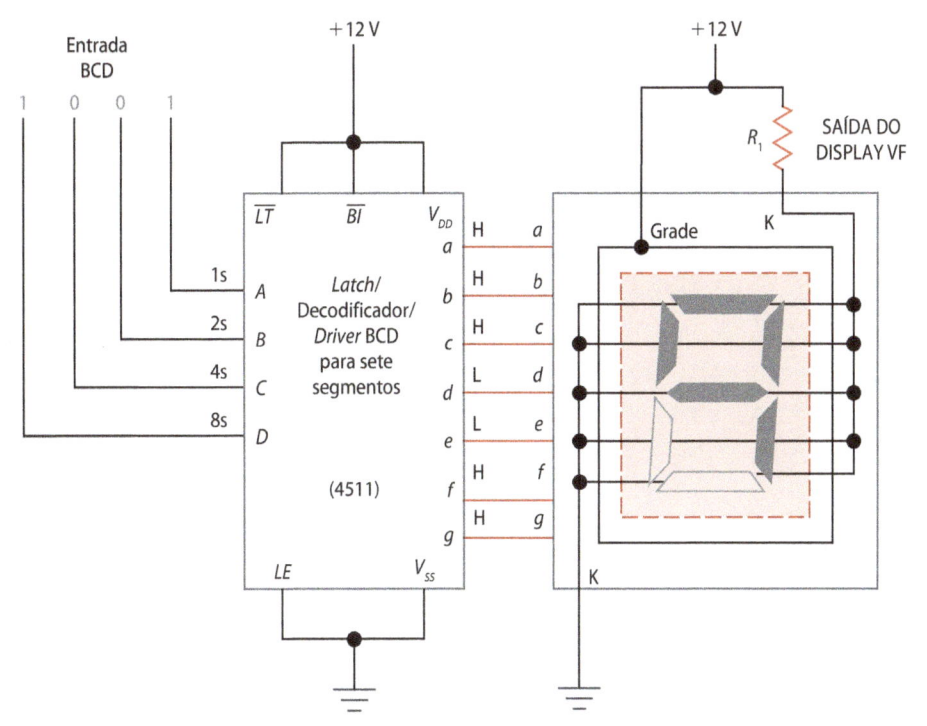

Figura 6-31 Acionamento de um *display* VF utilizando um CI CMOS 4511.

litar Bloqueio) pode ser utilizada como um dispositivo de memória para manter dados exibidos no *display* quando os níveis na entrada BCD mudam. Se *LE*=0, os dados são transmitidos através do CI 4511. Por outro lado, se *LE*=1, então os últimos dados existentes nas entradas de dados (*D*, *C*, *B* e *A*) são bloqueados e mantidos no *display*. As entradas *LE*, $\overline{BI}$ e $\overline{LT}$ estão desabilitadas no circuito da Figura 6-31.

Agora, observe o lado direito que representa a saída na tabela verdade da Figura 6-32. No CI 4511, um nível ALTO ou 1 corresponde a uma saída ativa. Em outras palavras, uma saída 1 liga o segmento correspondente no *display*. De outra forma, o nível 0 implica um segmento apagado no *display*.

O formato dos dígitos gerados pelo CI codificador BCD para sete segmentos 4511 é mostrado na Figura 6-32(c). Note o formato específico dos dígitos 6 e 9.

Teste seus conhecimentos (Figura 6-33)

» Encontrando problemas em um circuito decodificador

Considere o circuito decodificador BCD para sete segmentos da Figura 6-34. Há um problema que impede que o segmento *a* do display acenda. Inicialmente, checa-se o circuito visualmente. Então, verifica-se se o CI está excessivamente aquecido. As tensões V_{CC} e GND são verificadas com um voltímetro ou uma ponteira lógica. Nesse exemplo, o resultado dos testes supracitados não levou à localização do problema. Além disso, o fio de conexão

```
         ___
    1 |  U  | 16
  B --|     |-- V_DD
    2 |     | 15
  C --|     |-- f
    3 |     | 14
 LT̄ --|     |-- g
    4 |     | 13
 BĪ --|     |-- a
    5 |     | 12
 LE --|     |-- b
    6 |     | 11
  D --|     |-- c
    7 |     | 10
  A --|     |-- d
    8 |     |  9
 V_SS-|_____|-- e
```

Vista superior

(a)

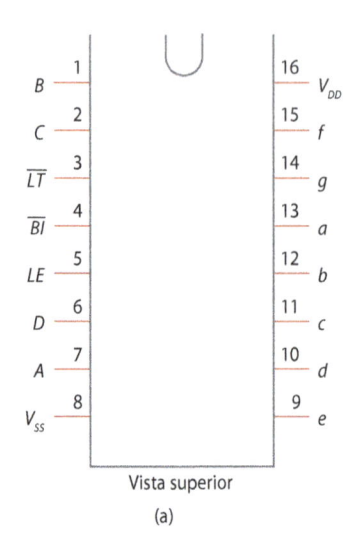

Tabela verdade

ENTRADAS							SAÍDAS							
LE	B̄Ī	L̄T̄	D	C	B	A	a	b	c	d	e	f	g	Display
X	X	0	X	X	X	X	1	1	1	1	1	1	1	8
X	0	1	X	X	X	X	0	0	0	0	0	0	0	
0	1	1	0	0	0	0	1	1	1	1	1	1	0	0
0	1	1	0	0	0	1	0	1	1	0	0	0	0	1
0	1	1	0	0	1	0	1	1	0	1	1	0	1	2
0	1	1	0	0	1	1	1	1	1	1	0	0	1	3
0	1	1	0	1	0	0	0	1	1	0	0	1	1	4
0	1	1	0	1	0	1	1	0	1	1	0	1	1	5
0	1	1	0	1	1	0	0	0	1	1	1	1	1	6
0	1	1	0	1	1	1	1	1	1	0	0	0	0	7
0	1	1	0	0	0	0	1	1	1	1	1	1	1	8
0	1	1	1	0	0	1	1	1	1	0	0	1	1	9
0	1	1	1	0	1	0	0	0	0	0	0	0	0	
0	1	1	1	0	1	1	0	0	0	0	0	0	0	
0	1	1	1	1	0	0	0	0	0	0	0	0	0	
0	1	1	1	1	0	1	0	0	0	0	0	0	0	
0	1	1	1	1	1	0	0	0	0	0	0	0	0	
0	1	1	1	1	1	1	0	0	0	0	0	0	0	
1	1	1	X	X	X	X	*	*	*	*	*	*	*	*

X = condição irrelevante
* Depende do código BCD aplicado durante a transição de LE do nível 0 para 1.

(b)

```
 0 1 2 3 4 5 6 7 8 9
```

(c)

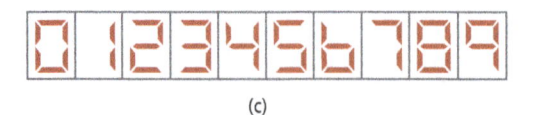

Figura 6-32 CI CMOS *latch*/decodificador/*driver* BCD para sete segmentos 4511. (a) Diagrama de pinos. (b) Tabela verdade. (c) Formato dos dígitos quando se utiliza o CI decodificador 4511.

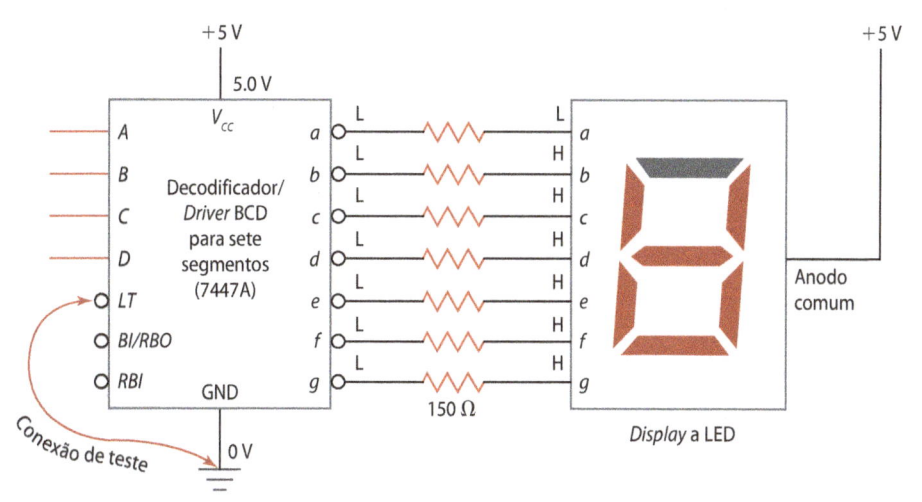

Figura 6-34 Busca de falhas em um circuito decodificador-*display* a LEDs defeituoso.

Sobre a eletrônica

Sensores de sobriedade

Carros modernos "inteligentes" possuem um volante eletrônico que interage com a transpiração da palma da mão do condutor e verifica o conteúdo de álcool ingerido. O carro não pode ser ligado se o condutor estiver embriagado ou usando luvas.

temporária que aterra a entrada LT no CI 7447A deveria acender todos os segmentos, sendo que o dígito decimal 8 seria exibido. Ainda assim, o segmento *a* não acende. A ponteira lógica é utilizada na verificação os níveis lógicos nas saídas (*a* a *g*) do decodificador 7447A. Constata-se que todas as saídas são BAIXAS na Figura 6-34, sendo que essa é a condição necessária para o funcionamento correto. Em seguida, os níveis lógicos nos terminais dos resistores que são conectados ao *display* são verificados. Verifica-se então que todos os níveis são ALTOS, exceto na conexão que corresponde ao segmento defeituoso, persistindo um nível BAIXO nesse caso. O padrão BAIXO e ALTO na Figura 6-34 indica uma queda de tensão em cada um dos seis resistores da parte de baixo. As indicações de nível BAIXO em ambos os terminais do resistor locali-zado na parte superior (segmento *a*) indicam que há um circuito aberto no segmento *a* do *display* de sete segmentos, o qual provavelmente encontra-se defeituoso. Assim, todo o *display* deve ser substituído, ainda que um único segmento apresente problemas. A substituição do componente deve considerar a utilização de um *display* a LEDs na configuração anodo comum com um mesmo diagrama de pinos. Após a troca do componente, deve-se analisar o circuito novamente.

No circuito da Figura 6-35, todos os segmentos do *display* permanecem apagados. Inicialmente, checa-se as tensões V_{CC} e GND com uma ponteira lógica, onde se constata que os valores medidos estão corretos de acordo com a Figura 6-35. A conexão temporária de teste que interliga a entrada LT ao terminal GND deve permitir que todos os segmentos sejam acesos, mas isso não ocorre e o problema inicial persiste. A ponteira lógica mostra que há ocorrência de níveis ALTOS indevidos em todas as saídas (*a* a *g*) do CI 7447A. Assim, essas tensões são medidas com o auxílio de um MD, obtendo-se o valor de 4,65 V. Ao se tocar a parte superior do CI, constata-se que o componente está excessivamente aquecido. Isso representa um **curto-circuito interno** no CI 74447A, o qual deve ser prontamente substituído. Após a troca do componente, deve-se analisar novamente o circuito.

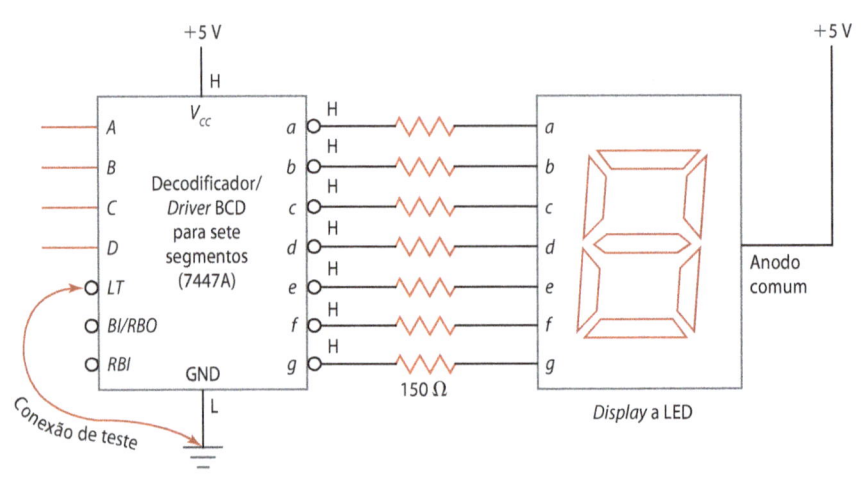

Figura 6-35 Busca de falhas em um circuito decodificador defeituoso onde *display* a LEDs está apagado.

Nesse exemplo, o técnico se esqueceu de utilizar inicialmente técnicas de observação básicas. Um simples toque no encapsulamento do CI DIP poderia sugerir que o componente encontrava-se defeituoso. Note que o nível ALTO existente no pino V_{CC} não fornece o diagnóstico do problema.

A tensão encontrava-se em 4,65 V em vez do nível habitual de 5,0 V. Nesse caso, a leitura do voltímetro forneceu uma pista sobre a provável origem do problema. Isto é, a ocorrência de um curto-circuito interno causava uma redução na tensão de alimentação a 4,65 V.

Teste seus conhecimentos

RESUMO E REVISÃO DO CAPÍTULO

Resumo

1. Muitos códigos são utilizados em dispositivos digitais. Deve-se conhecer propriamente os códigos decimal, binário, octal, hexadecimal, BCD 8421, excesso 3, Gray e ASCII.
2. A conversão entre códigos é essencial para profissionais que trabalham com eletrônica digital. A Tabela 6-4 pode auxiliá-lo nesse processo de conversão.
3. O código alfanumérico mais popular é o código ASCII de sete *bits*, muito utilizado no interfaceamento entre o teclado e tela de um microcomputador.
4. Tradutores ou conversores eletrônicos são denominados codificadores e decodificadores. Circuitos lógicos complexos são encapsulados na forma de CIs. A decodificação também pode ser implementada utilizando dispositivos programáveis como PLDs ou módulos microcontroladores.
5. *Displays* de sete segmentos são muito populares em aplicações onde é necessária a exibição de dígitos numéricos. Os *displays* a LEDs (diodos emissores de luz), LCD (cristal líquido) e VF (fluorescente a vácuo) são bastante utilizados na prática.
6. O decodificador/*driver* BCD para sete segmentos é um dispositivo de decodificação típico que converte código de máquina BCD em números decimais. Esses números são exibidos em *displays* a LEDs, LCD ou VF.

Tabela 6-4

Número decimal	Número binário	Códigos BCD 8421		Excesso 3	Código Gray
0	0000		0000	0011	0000
1	0001		0001	0100	0001
2	0010		0010	0101	0011
3	0011		0011	0110	0010
4	0100		0100	0111	0110
5	0101		0101	1000	0111
6	0110		0110	1001	0101
7	0111		0111	1010	0100
8	1000		1000	1011	1100
9	1001		1001	1100	1101
10	1010	0001	0000	0100 0011	1111
11	1011	0001	0001	0100 0100	1110
12	1100	0001	0010	0100 0101	1010
13	1101	0001	0011	0100 0110	1011
14	1110	0001	0100	0100 0111	1001
15	1111	0001	0101	0100 1000	1000
16	10000	0001	0110	0100 1001	11000
17	10001	0001	0111	0100 1010	11010
18	10010	0001	1000	0100 1011	11011
19	10011	0001	1001	0100 1100	11010
20	10100	0010	0000	0101 0011	11110

Questões de revisão do capítulo (Figuras 6-36 à 6-39)

Questões de pensamento crítico

6-1 Converta os seguintes números BCD 8421 em números binários.
   a. 0011 0101
   b. 1001 0110
   c. 0111 0100

6-2 À medida que se realiza uma dada contagem em código Gray, que importante característica pode ser percebida?

6-3 Observe a Figura 6-6. Se o CI decodificador é do tipo 4511 e o circuito opera com tensão de alimentação de 12 V, então provavelmente os *displays* de saída são de que tipo?

6-4 Observe a Figura 6-7. Por que a saída do codificador de 10 linhas para quatro linhas 74147 possui saída 0111 quando as entradas 2 e 7 são ativadas simultaneamente?

6-5 Qual é o propósito do CI TTL 7447A e com que tipo de *display* de sete segmentos esse dispositivo é compatível?

6-6 O CI decodificador TTL 7447A contém 44 portas e é considerado um circuito lógico de que tipo? O decodificador 7447A possui quantas entradas ativas-ALTAS, entradas ativas-BAIXAS e saídas ativas-BAIXAS?

6-7 Determine o nível lógico (ALTO ou BAIXO) existente em cada uma das conexões de supressão de zeros *A* a *E* na Figura 6-37.

6-8 Observe a Figura 6-38. Cite três funções do CI CMOS 75HC4543.

6-9 Por quais razões um projetista pode escolher *displays* VF para aplicações automotivas?

6-10 A critério de seu instrutor, utilize um aplicativo computacional próprio para a simulação de circuitos elétricos e eletrônicos e (1) desenhe o circuito lógico da Figura 6-40, (2) gere a tabela verdade desse circuito lógico e (3) determine se esse é um decodificador de código Gray para código binário ou um decodificador de código binário para código Gray.

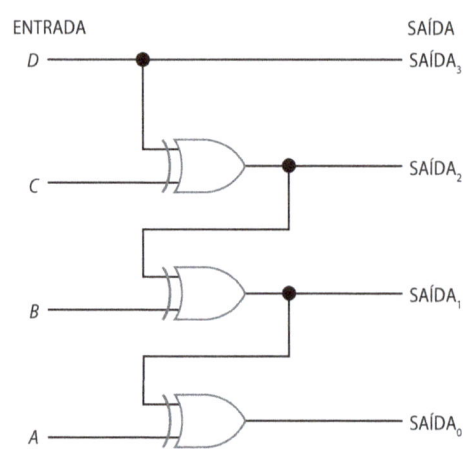

Figura 6-40 Circuito lógico.

6-11 A critério de seu instrutor, utilize um aplicativo computacional próprio para a simulação de circuitos elétricos e eletrônicos (como Electronics Workbench® ou MultiSIM®) para (a) desenhar o circuito decodificador binário-decimal mostrado na Figura 6-41, (b) testar a operação do circuito decodificador e (c) mostrar a operação desse circuito por meio da simulação para seu instrutor.

Respostas dos testes

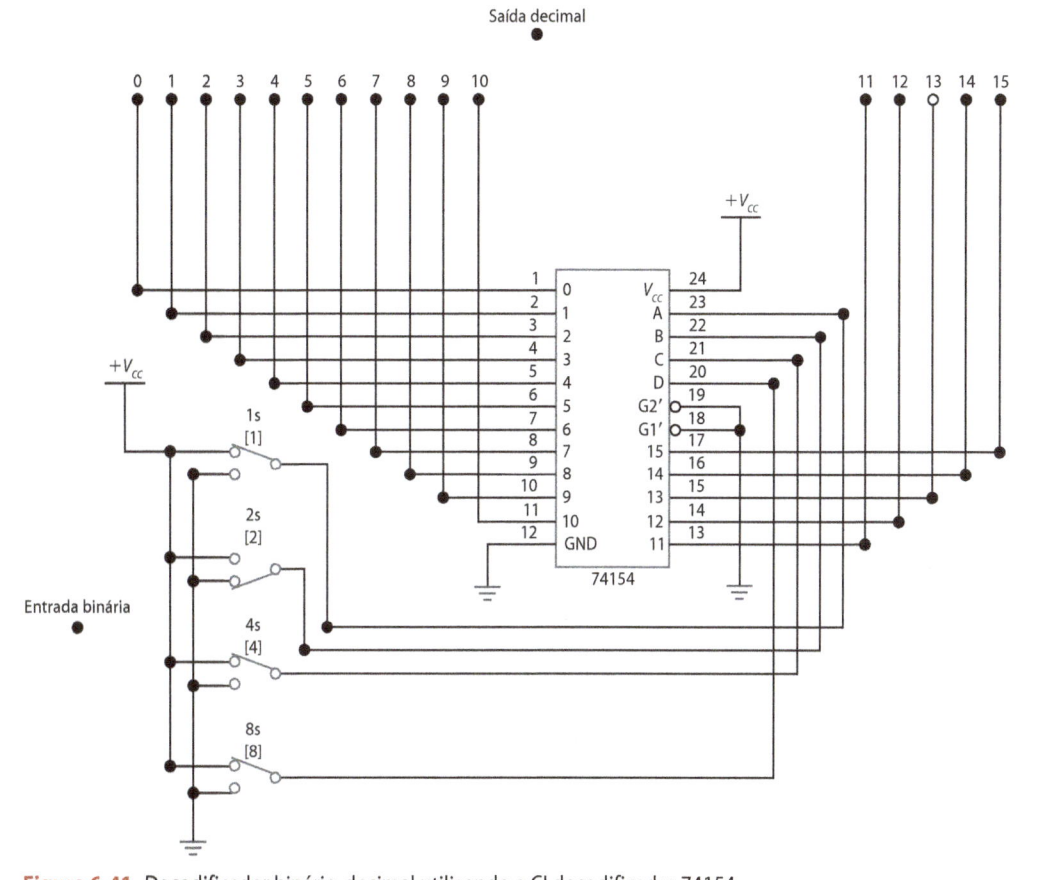

Figura 6-41 Decodificador binário-decimal utilizando o CI decodificador 74154.

capítulo 7

Flip-flops

Engenheiros classificam circuitos lógicos em dois grupos. Trabalhamos anteriormente com **CIRCUITOS COMBINACIONAIS** utilizando portas AND, OR e NOT. O outro grupo de circuitos lógicos consiste nos **CIRCUITOS SEQUENCIAIS**, os quais envolvem temporização e dispositivos de memória. O dispositivo básico para a construção de um circuito combinacional é a porta lógica. Por sua vez, o *flip-flop* (FF) é o dispositivo básico empregado na implementação de circuitos sequenciais. Nos capítulos posteriores, os *flip-flops* serão conectados entre si para formar circuitos contadores, registradores de deslocamento e vários dispositivos de memória.

Objetivos deste capítulo

>> Memorizar o diagrama de blocos e explicar o funcionamento de cada entrada e saída de diversos tipos de *flip-flops*.

>> Utilizar tabelas verdades para determinar o modo de operação e as saídas de um *flip-flop*.

>> Interpretar diagramas de formas de onda em *flip-flops* para determinar o modo de operação, saídas e o modo de disparo.

>> Discorrer sobre a organização e utilização de um *latch* de quatro *bits* e prever a operação deste CI.

>> Classificar *flip-flops* como síncronos e assíncronos e comparar o disparo das unidades síncronas.

>> Descrever a operação de dispositivos Schmitt *trigger* e citar suas aplicações.

>> Comparar símbolos tradicionais com a nova representação IEEE/ANSI para *flip-flops*.

❯❯ O flip-flop R-S

O símbolo lógico do FLIP-FLOP R-S é mostrado na Figura 7-1. Note que o dispositivo possui duas entradas chamadas S e R, enquanto as duas saídas são representadas por Q e $\overline{Q}$ (pronuncia-se "Q barra" ou "não Q"). Nos *flip-flops*, as saídas são sempre opostas ou COMPLEMENTARES. Em outras palavras, se a saída Q for 1, a saída $\overline{Q}$ será 0, e vice-versa. O símbolo do *flip-flop* R-S na Figura 7-1 utiliza os termos *normal* e *complementar* para as saídas. As letras S e R à esquerda do símbolo normalmente se referem às entradas *set* (inicializar) e *reset* (reinicializar).

O *flip-flop* R-S também pode ser chamado de *latch* R-S. O termo *latch* refere-se à sua utilização como um dispositivo de memória temporário. Um *latch* semelhante ao *flip-flop* R-S da Figura 7-1 é capaz de armazenar um *bit* de informação.

A Tabela 7-1 mostra a operação detalhada do *flip-flop* R-S. Quando as entradas R e S são ambas 0, ambas as saídas tornam-se 1. Essa é a chamada condição proibida do *flip-flop* e não deve ser utilizada. A segunda linha da tabela verdade mostra que quando S é 0 e R é 1, a saída Q assume o nível lógico 1, sendo essa a CONDIÇÃO DE INICIALIZAÇÃO. A terceira linha mostra que quando R é 0 e S é 1, a saída Q é reinicializada para 0, sendo essa a CONDIÇÃO DE REINICIALIZAÇÃO. A linha 4 da tabela verdade mostra ambas as entradas S e R com níveis lógicos 1. Essa é a condição estática ou de repouso, sendo que as saídas Q e $\overline{Q}$ permanecem em seus respectivos estados complementares anteriores. Nesse caso, assume-se a CONDIÇÃO DE MANUTENÇÃO.

A partir da Tabela 7-1, observa-se que é necessário um nível lógico 0 para ativar a inicialização (inicialização de Q em 1). Além disso, deve-se empregar um nível lógico 0 para ativar a reinicialização ou limpeza* (limpar Q para 0). Como é necessário um nível lógico 0 para habilitar ou ativar o *flip-flop*, o símbolo lógico da Figura 7-1 possui círculos inversores nas entradas S e R, indicando que as entradas de inicialização e reinicialização são ativadas por um nível lógico 0.

Flip-flops R-S podem ser adquiridos na forma de um único CI ou podem ser construídos a partir de portas lógicas, de acordo com a Figura 7-2. As portas NAND formam o *flip-flop* R-S, operando de acordo com a tabela verdade representada na Tabela 7-1.

Muitos DIAGRAMAS DE TEMPORIZAÇÃO ou FORMAS DE ONDA são utilizados em circuitos lógicos sequenciais. Esses diagramas representam os níveis de tensão e os intervalos de tempo de duração dos pulsos, de forma semelhante ao que é verificado em um osciloscópio. A escala horizontal representa o tempo, enquanto a escala vertical corresponde à tensão. A Figura 7-3 mostra as formas de onda nas entradas (R e S) e nas saídas (Q e $\overline{Q}$) de um *flip-flop* R-S. A parte inferior do diagrama corresponde às linhas da tabela verdade apresentada na Tabela 7-1. A forma de onda Q mostra as condições de inicialização e reinicialização da saída, de modo que os níveis lógicos (0, 1) são marcados à direita da figura. Diagramas semelhantes aos da Figura 7-3 são

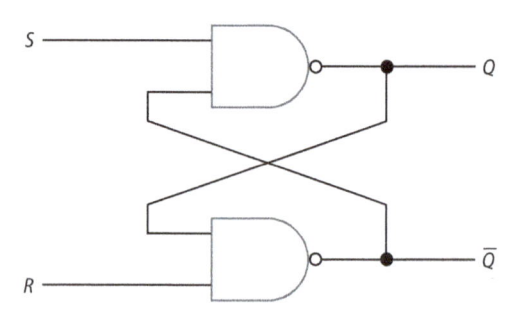

Figura 7-2 Implementação de um *flip-flop* R-S a partir de portas NAND.

_____
* N. de T.: Os termos limpar e reinicializar são sinônimos quando utilizados na descrição de circuitos lógicos sequenciais.

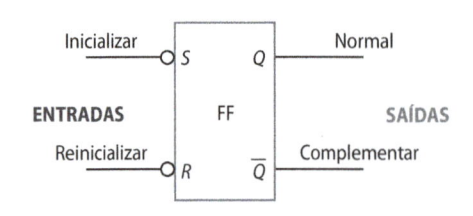

Figura 7-1 Símbolo lógico de um *flip-flop* R-S.

Tabela 7-1 *Tabela verdade de um* flip-flop *R-S*

Modo de operação	Entradas		Saídas		Efeito na saída Q
	S	R	Q	$\overline{Q}$	
Proibido	0	0	1	1	Proibida – Não deve ser utilizada
Inicializar	0	1	1	0	Para inicializar Q em 1
Reinicializar	1	0	0	1	Para reinicializar Q para 0
Manutenção	1	1	Q	$\overline{Q}$	Depende do estado anterior

muito comuns em circuitos sequenciais. Analise o diagrama detalhadamente e verifique que ele realmente corresponde a um tipo de tabela verdade.

Lembre-se que há três tipos de multivibradores (MVs): monoestáveis, biestáveis e astáveis. O *flip-flop* R-S é um tipo de MV biestável e é também conhecido como *latch*, sendo que essa nomenclatura é usual em catálogos e folhas de dados de CIs. Um *latch* é um dispositivo binário de memória fundamental para manter ou armazenar dados. *Latches* são normalmente organizados em grupos de quatro, oito ou com um número maior de *bits* na forma de registradores. Um registrador de oito *bits* corresponde a um grupo de oito *latches* que armazenam um *byte* de informação. Lembre-se que *flip-flops* R-S foram anteriormente utilizados em circuitos antitrepidação de chaves.

Existem versões comerciais de *flip-flops* R-S, a exemplo do CI *latch* quádruplo $\overline{S} - \overline{R}$ 74LS279, que contém quatro *latches* semelhantes ao da Figura 7-2. Posteriormente neste capítulo, o *latch* de quatro *bits* 7475/74LS75/74HC75 será estudado detalhadamente.

Neste ponto, devem-se recordar pontos importantes. Qual é o símbolo lógico e a tabela verdade do *flip-flop* R-S? Quais são os quatro modos de operação do *flip-flop* R-S?

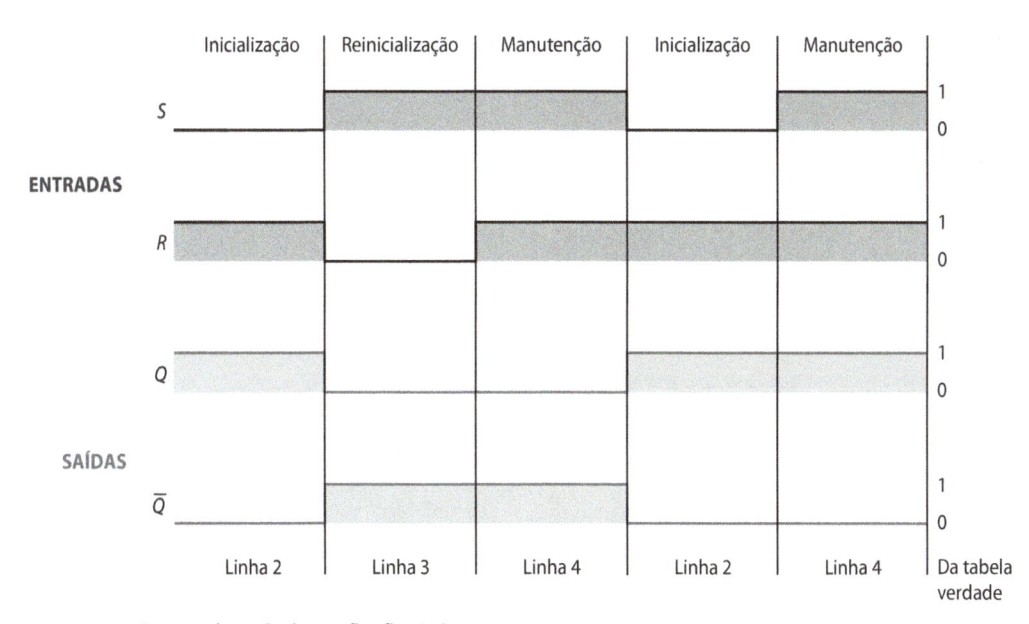

Figura 7-3 Formas de onda de um *flip-flop* R-S.

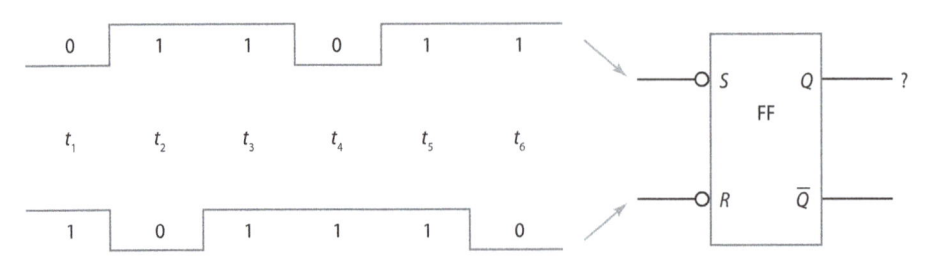

Figura 7-4 Sequência de pulsos para o *flip-flop* R-S mencionado no enunciado das questões do Teste.

Teste seus conhecimentos

Acesse o site www.grupoa.com.br/tekne para fazer os testes sempre que passar por este ícone.

❯❯ Flip-flop *R-S controlado por* clock

O símbolo lógico do FLIP-FLOP R-S CONTROLADO POR CLOCK é mostrado na Figura 7-5. Note que esse símbolo é semelhante ao do *flip-flop* R-S, exceto pela existência de uma entrada adicional CLK (*clock*). A Figura 7-6 apresenta a operação do *flip-flop* R-S controlado por *clock*, sendo que a ENTRADA CLK encontra-se na parte superior do diagrama. Note que o pulso de *clock* (1) não afeta a saída Q quando as entradas S e R assumem nível lógico 0. O *flip-flop* encontra-se em modo estático ou de manutenção quando o pulso de *clock* assume nível 1. Na posição de pré-ajuste de S, a entrada S (inicialização) passa a possuir nível 1, mas a saída Q ainda não se torna 1. A borda crescente do pulso de *clock* 2 permite que Q se torne 1. Os pulsos 3 e 4 não afetam a condição da saída Q. Durante o pulso 3, o *flip-flop* encontra-se em modo de inicialização, e durante o pulso 4 o *flip-flop* assume o modo de manutenção. Então, a entrada R é pré-ajustada em 1. Na borda crescente do pulso de *clock* 5, a saída Q é reinicializada (ou limpa) para 0. O *flip-flop* encontra-se em modo de reinicialização durante os pulsos 5 e 6. Durante o pulso de *clock* 7, o *flip-flop* está em modo de manutenção,

Sobre a eletrônica

Coração de vidro

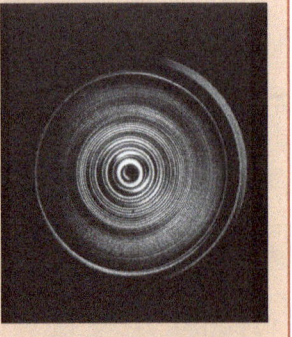

Pré-formas são componentes utilizados no início da construção de guias de luz empregados em fibra ótica. Em uma pré-forma, é possível visualizar círculos concêntricos de vidro sobrepostos uns aos outros. No início, possuem diâmetro de cerca de meia polegada*. Ao final, o núcleo central e os anéis adjacentes são inseridos sobre a fibra ao longo de vários quilômetros, sendo que sua espessura não é maior que a de um fio de cabelo.

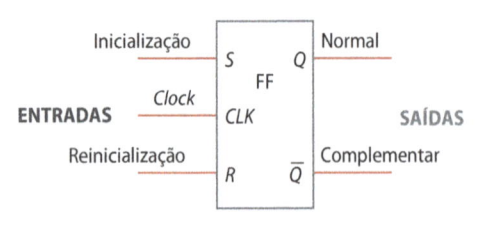

---

* N. de T.: A polegada é uma unidade de comprimento usada no sistema imperial de medidas britânico. Uma polegada corresponde a 2,54 centímetros.

Figura 7-5 Símbolo lógico de um flip-flop R-S síncrono.

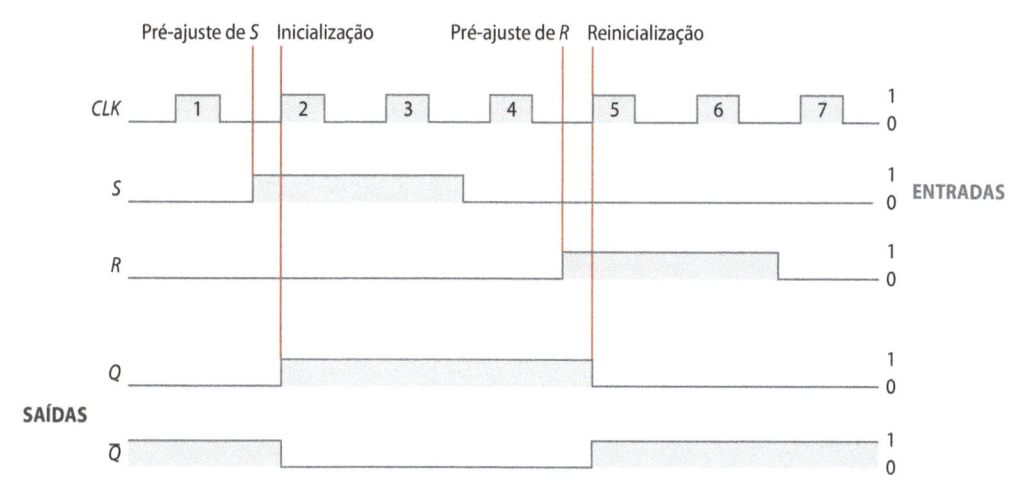

Figura 7-6 Formas de onda de um *flip-flop* R-S síncrono.

de modo que a saída normal (*Q*) permanece no nível 0.

Note que as saídas do *flip-flop* R-S controlado por *clock* mudam de estado apenas durante um pulso de *clock*. Diz-se que o *flip-flop* opera de forma síncrona e em conjunto com o sinal de *clock*. A operação síncrona é muito importante em muitos circuitos digitais, onde cada degrau deve ocorrer em uma dada ordem.

Outra característica importante do *flip-flop* R-S controlado por *clock* reside no fato de que as saídas permanecem no mesmo estado quando o dispositivo é inicializado ou reinicializado, mesmo que as entradas sejam modificadas. Essa é uma CARACTERÍSTICA DE MEMÓRIA, que é extremamente importante em circuitos digitais. Esse fato torna-se evidente durante o modo de operação em manutenção. No diagrama da Figura 7-6, o *flip-flop* encontra-se em modo de manutenção durante os pulsos de *clock* 1, 4 e 7.

A Figura 7-7(a) mostra a tabela verdade do *flip-flop* R-S controlado por *clock*. Note que apenas as três linhas de cima da tabela são utilizadas na prática, enquanto a condição da linha inferior é denominada proibida e deve ser evitada. Observe que as entradas S e R do *flip-flop* R-S são ativas-ALTAS. Assim, é necessário um nível ALTO na entrada S enquanto R=0 para que a saída Q seja inicializada em 1.

A Figura 7-7(b) mostra o diagrama esquemático de um *flip-flop* R-S controlado por *clock*. Note que duas portas AND são incluídas nas entradas do *flip-flop* R-S convencional para que a característica de controle por *clock* seja agregada ao dispositivo.

É importante lembrar que as características de memória existentes em *flip-flops* justificam a ampla utilização de tecnologia digital em dispositivos eletrônicos modernos. Recomenda-se que você teste a operação de *flip-flops* R-S e R-S controlados por *clock* em aplicativos de simulação computacional ou mesmo utilizando CIs em matrizes de contatos. A utilização de *flip-flops* em laboratório certamente o auxiliará a compreender melhor seu funcionamento.

Teste seus conhecimentos (Figura 7-8)

Modo de operação	ENTRADAS			SAÍDAS		Efeito na saída Q
	CLK	S	R	Q	$\overline{Q}$	
Manutenção	⎍	0	0	Não há alteração	Não há alteração	
Reinicialização	⎍	0	1	0	1	Reinicializado ou limpo para 0
Inicialização	⎍	1	0	1	0	Inicializado em 1
Proibido	⎍	1	1	1	1	Proibido – Não deve ser utilizado

(a)

(b)

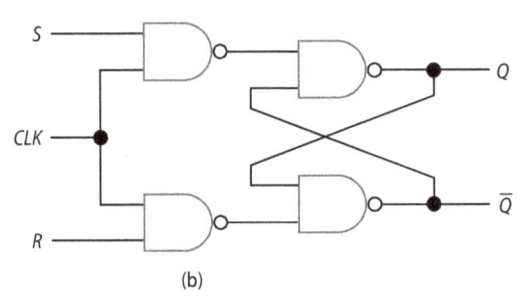

Figura 7-7 (a) Tabela verdade de um *flip-flop* R-S síncrono. (b) Implementação de um *flip-flop* R-S síncrono utilizando portas NAND.

›› *O flip-flop D*

O símbolo lógico do **FLIP-FLOP D** é mostrado na Figura 7-9(a), que possui apenas uma entrada de dados (*D*) e uma entrada de *clock* (CLK). A saídas são denominadas *Q* e $\overline{Q}$. O *flip-flop* D também é por vezes denominado **FLIP-FLOP COM ATRASO**, sendo que o termo "atraso" descreve o que acontece com os dados ou a informação na entrada *D*. Um dado (representado por um nível lógico 0 ou 1) na entrada *D* sofre atraso de um pulso de *clock* até chegar à saída *Q*. A tabela verdade simplificada do *flip-flop* D é mostrada na Figura 7-9(b). Note que a saída *Q* assume o mesmo nível da entrada *D* após um pulso de *clock* (de acordo com a coluna Q_{n+1}).

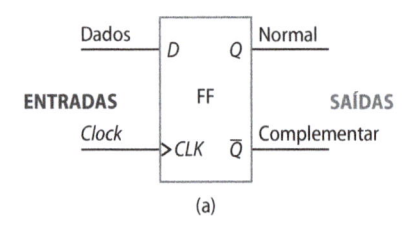

(a)

Entrada	Saída
D	Q_{n+1}
0	0
1	1

(b)

Figura 7-9 *Flip-flop* D. (a) Símbolo lógico. (b) Tabela verdade simplificada.

Um *flip-flop* D pode ser implementado a partir da associação de um *flip-flop* R-S controlado por *clock* e um inversor, de acordo com a Figura 7-10. Na prática, normalmente será utilizado um CI que corresponde a um *flip-flop* D. A Figura 7-11(a) mostra um *flip-flop* D comercial típico. Duas entradas adicionais (*PS* – Pré-ajuste) e *CLR* (Limpar ou Reinicializar) foram incluídas no *flip-flop* D da Figura 7-11(a). A entrada *PS* ajusta a saída Q em 1 quando é ativada por um nível lógico 0. A entrada *CLR* limpa a condição da saída Q para 0 quando é ativada por um nível lógico 0. As entradas *PS* e *CLR* se sobrepõem aos estados existentes nas en-

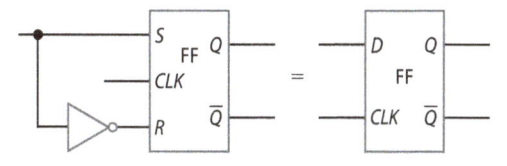

Figura 7-10 Implementação de um *flip-flop* D.

tradas *D* e *CLK*, as quais operam da mesma forma que no *flip-flop* D da Figura 7-9.

Note que foi incluído um pequeno triângulo na entrada CLK representada no símbolo do CI da Figura 7-11(a), ou seja, o *flip-flop* é DISPARADO PELA BORDA. Durante a operação síncrona, o disparo pela borda

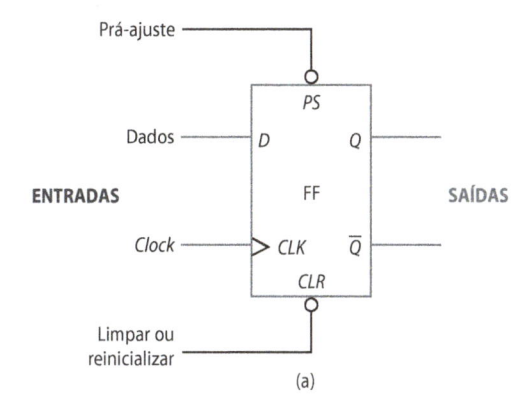

Modo de operação	ENTRADAS				SAÍDAS	
	Assíncrona		Síncrona			
	PS	CLR	CLK	D	Q	$\overline{Q}$
Inicialização assíncrona	0	1	X	X	1	0
Reinicialização assíncrona	1	0	X	X	0	1
Proibido	0	0	X	X	1	1
Inicialização	1	1	↑	1	1	0
Reinicialização	1	1	↑	0	0	1

0 = BAIXO
1 = ALTO
X = Irrelevante
↑ = transição de pulso de *clock* do nível BAIXO para ALTO

(b)

Figura 7-11 (a) Símbolo lógico de um *flip-flop* D comercial. (b) Tabela verdade do *flip-flop* D 7474.

transfere o *bit* de dado existente na entrada *D* para a saída *Q* justamente quando há a transição positiva (do nível BAIXO para o nível ALTO) do pulso de *clock*. Diz-se então que o CI *flip-flop* D 7474 é disparado pela borda positiva.

A tabela verdade detalhada do CI FLIP-FLOP D 7474 é apresentada na Figura 7-11(b). Lembre-se que as entradas assíncronas (não síncronas) *PS* e *CLR* sobrescrevem os estados das entradas síncronas. Nas primeiras três linhas da tabela verdade da Figura 7-11(b), as entradas assíncronas efetivamente controlam o *flip-flop* D. Os estados das entradas síncronas (*D* e *CLK*) são irrelevantes e representados por "X" na tabela. A condição proibida na linha 3 deve ser evitada.

Quando ambas as entradas assíncronas (*PS*=1 e *CLR*=1) estão desabilitadas, o *flip-flop* D pode ser inicializado e reinicializado por meio das entradas *D* e *CLK*. As últimas duas linhas da tabela verdade utilizam um pulso de *clock* para transferir dados da entrada *D* para a saída *Q* do *flip-flop*. Assim, tem-se a OPERAÇÃO SÍNCRONA. Note que este *flip-flop* utiliza a transição de nível BAIXO para ALTO do pulso de *clock* para transferir dados da entrada *D* para a saída *Q*.

Flip-flops D são circuitos lógicos sequenciais amplamente utilizados como dispositivos temporários de memória. *Flip-flops* D são conectados entre si na criação de REGISTRADORES DE DESLOCAMENTO e REGISTRADORES DE ARMAZENAMENTO. Lembre-se que o *flip-flop* D apresenta um atraso equivalente a um pulso de *clock* ao repassar os dados para a saída *Q*, sendo assim denominado *flip-flop* com atraso. *Flip-flops* D também são chamados *flip-flops* com dados (em inglês, *data*) ou *latches* tipo D. Existem *flip-flops* D na forma de CIs TTL e CMOS, a exemplo dos modelos 74HC74, 74AC74, 74FCT374, 74HC273, 74AC273, 4013 e 40174. *Flip-flops* D são muito populares, sendo que há mais de 50 tipos de CIs diferentes comercialmente disponíveis nas famílias TTL e CMOS.

Teste seus conhecimentos (Figura 7-12)

❯❯ *O flip-flop J-K*

O FLIP-FLOP J-K possui todas as características dos dispositivos anteriormente estudados, sendo que seu símbolo lógico é mostrado na Figura 7-13(a). As entradas *J* e *K* são as entradas de dados, enquanto *CLK* representa a entrada de *clock*. As saídas *Q* e $\overline{Q}$ representam as saídas normal e complementar existentes nos *flip-flops*, respectivamente. A tabela verdade de um *flip-flop* J-K é representada na Figura 7-13(b). Quando as entradas *J* e *K* são ambas 0, o *flip-flop* encontra-se em modo de manutenção, de modo que as entradas não influenciam os estados das saídas. As saídas "mantêm" o último estado existente.

As linhas 2 e 3 da tabela verdade mostram as condições de inicialização e reinicialização para a saída *Q*. A linha 4 representa a condição de mudança de estado do *flip-flop* J-K. Quando ambas as entradas *J* e *K* são 1, pulsos de *clock* contínuos ligam e desligam a saída repetidamente. Essa ação liga-desliga é denominada MUDANÇA DE ESTADO.

O símbolo lógico do *flip-flop* J-K TTL 7476 é mostrado na Figura 7-14(a), onde há duas entradas assíncronas (pré-ajuste e reinicialização). As entradas síncronas são representadas por *J*, *K* e a entrada de *clock*. As saídas *Q* (normal) e $\overline{Q}$ (complementar) convencionais também são mostradas. A tabela verdade detalhada do *flip-flop* J-K 7476 é representada na Figura 7-14(b). Lembre-se que as entradas assíncronas (como *PS* e *CLR*) se sobrepõem aos estados das entradas síncronas, as quais são ativadas nas primeiras três linhas da tabela verdade. As condições das entradas síncronas são irrelevantes (sobrescritas) nas três primeiras linhas da tabela. Assim, um símbolo "X" é utilizado nas entradas *J*, *K* e *CLK*. A condição proibida ocorre quando ambas as entradas assíncronas são ativadas simultaneamente, o que deve ser evitado.

Modo de operação	ENTRADAS			SAÍDAS		
	CLK	J	K	Q	$\overline{Q}$	Efeito na saída Q
Manutenção	⎍	0	0	Não há alteração		Não há alteração – desabilitado
Reinicialização	⎍	0	1	0	1	Reinicializado ou limpo para 0
Inicialização	⎍	1	0	1	0	Incializado em 1
Mudança de estado	⎍	1	1	Mudança de estado		Muda para o estado o oposto

(b)

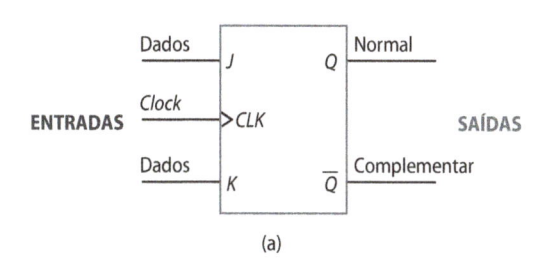

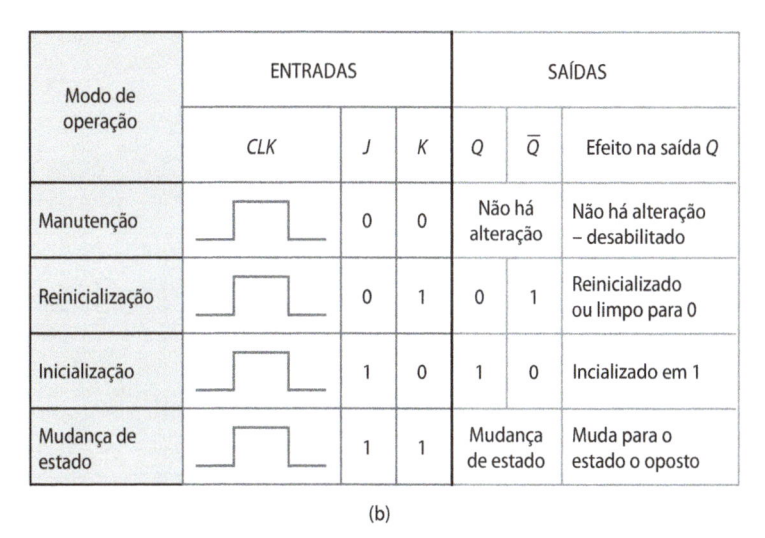

Figura 7-13 *Flip-flop* J-K. (a) Símbolo lógico. (b) Tabela verdade.

Quando ambas as entradas assíncronas (*PS* e *CLR*) são desativadas com um nível lógico 1, as entradas síncronas podem ser ativadas. As quatro linhas da parte inferior da tabela na Figura 7-14(b) mostram os modos de operação do *flip-flop* J-K 7476 denominados manutenção, reinicialização, inicialização e mudança de estado. Note que o *flip-flop* J-K 7476 utiliza todo o pulso para transferir dados das entradas *J* e *K* para as saídas *Q* e $\overline{Q}$.

Um segundo modelo comercial de *flip-flop* J-K é o CI TTL-LS 74LS112, cujo símbolo lógico é ilustrado na Figura 7-15(a). Esse *flip-flop* J-K possui duas entradas assíncronas ativas-BAIXAS (pré-ajuste e reinicialização). As entradas de dados são denominadas *J* e *K*. A entrada *CLK* possui um círculo seguido de um símbolo ">" no interior do bloco, ou seja, o *flip-flop* 74LS112 possui DISPARO POR BORDA NEGATIVA. Em outras palavras, o *flip-flop* é ativado quando ocorre uma transição de nível ALTO para BAIXO no pulso de *clock*. O CI também possui as saídas normal (*Q*) e complementar ($\overline{Q}$) usuais.

O diagrama de pinos do CI de 16 pinos com encapsulamento DIP é mostrado na Figura 7-15(b). Note que o CI 74LS112 possui dois *flip-flops* J-K com entradas assíncronas (*PS* e *CLR*) e saídas complementares (*Q* e $\overline{Q}$). O CI 74LS112 também se encontra disponível na forma de outros tipos de encapsulamento.

A tabela verdade do *flip-flop* J-K 74LS112 é apresentada na Figura 7-15(c). O CI possui os mesmos modos de operação que o modelo 7476. As três primeiras linhas da tabela mostram que entradas assíncronas (*PS* e *CLR*) se sobrepõem às condições das entradas síncronas (*J*, *K* e *CLK*). Note que as entradas assíncronas são ativas-BAIXAS. As últimas quatro linhas da tabela verdade descrevem os modos de manutenção, reinicialização, inicialização e mudan-

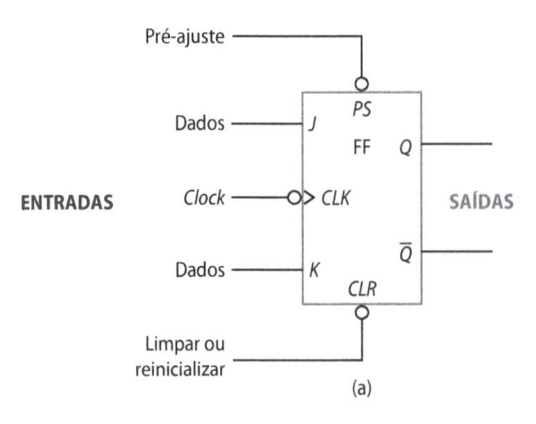

```
                Pré-ajuste ─────────┐
                                    │
                                   ╱ PS
                  Dados ──── J ┌────┴────┐
                               │   FF   Q ├──
    ENTRADAS    Clock ────▷ CLK│         │      SAÍDAS
                               │        Q̄ ├──
                  Dados ──── K └────┬────┘
                                   CLR
                                    │
                Limpar ou ──────────┘
                reinicializar
                          (a)
```

Modo de operação	ENTRADAS					SAÍDAS	
	Assíncrona		Síncrona				
	PS	CLR	CLK	J	K	Q	Q̄
Inicialização assíncrona	0	1	X	X	X	1	0
Reinicialização assíncrona	1	0	X	X	X	0	1
Proibido	0	0	X	X	X	1	1
Manutenção	1	1	⎍	0	0	Não há alteração	
Reinicialização	1	1	⎍	0	1	0	1
Inicialização	1	1	⎍	1	0	1	0
Mudança de estado	1	1	⎍	1	1	Muda para o estado o oposto	

0 = BAIXO
1 = ALTO
X = Irrelevante
⎍ = Pulso de *clock* positivo

(b)

Figura 7-14 (a) Símbolo lógico de um *flip-flop* J-K comercial. (b) Tabela verdade do *flip-flop* J-K 7476.

ça de estado. As entradas CLK acionam o *flip-flop* durante a transição de nível ALTO para BAIXO do pulso de *clock*. Essa mudança é denominada disparo pela borda negativa. A última linha da tabela verdade da Figura 7-15(c) representa o modo de mudança de estado. Quando as entradas assíncronas estão desabilitadas (PS=1, CLR=1) e ambas as entradas de dados são ALTAS (J=1, K=1), cada pulso de *clock* acarretará mudança nas saídas para os respectivos estados complementares. Por exemplo, a saída Q assume níveis ALTO, BAIXO, ALTO, BAIXO, de acordo com a repetição dos pulsos de *clock*. Essa é uma característica bastante útil na construção de circuitos como CONTADORES.

Flip-flops J-K são utilizados em muitas aplicações, especialmente em contadores, sendo que esses dispositivos existem em praticamente em todos os sistemas digitais.

Em resumo, o *flip-flop* J-K é considerado "universal", pois possui a característica especial da capacidade de mudança de estado, tornando-o extremamente útil na implementação de contadores. Quando o *flip-flop* J-K é utilizado no modo de mudança de estado, é denominado FLIP-FLOP T (em inglês, *toggle*). *Flip-flops* J-K existem na forma de CIs TTL e CMOS, sendo que componentes típicos são representados pelos modelos 74HC76, 74AC109 e 4027.

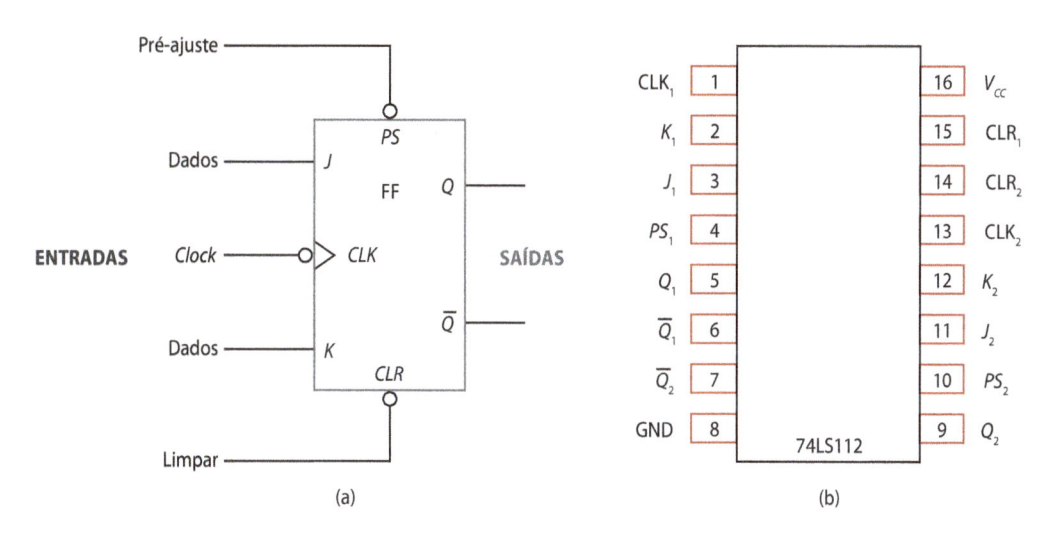

Modo de operação	ENTRADAS					SAÍDAS	
	Assíncrona		Síncrona				
	PS	CLR	CLK	J	K	Q	$\overline{Q}$
Inicialização assíncrona	0	1	X	X	X	1	0
Reinicialização assíncrona	1	0	X	X	X	0	1
Proibido	0	0	X	X	X	1	1
Manutenção	1	1	↓	0	0	Não há alteração	
Reinicialização	1	1	↓	0	1	0	1
Inicialização	1	1	↓	1	0	1	0
Mudança de estado	1	1	↓	1	1	Muda para o estado o oposto	

0 = BAIXO
1 = ALTO
X = Irrelevante
↓ = transição de pulso de *clock* de ALTO para BAIXO

(c)

Figura 7-15 CI *flip-flop* J-K 74LS112. (a) Símbolo lógico. (b) Diagrama de pinos. (c) Tabela verdade.

Teste seus conhecimentos (Figuras 7-16 e 7-17)

» CIs Latches

Considere o diagrama de blocos do sistema digital da Figura 7-18(a). Pressione e segure a tecla correspondente ao número decimal 7 no teclado. Verifica-se que um dígito 7 é exibido no *display* de sete segmentos. Ao liberar a tecla 7, o número deixa de ser exibido. Naturalmente, deve-se utilizar um DISPOSITIVO DE MEMÓRIA para manter o código BCD correspondente a 7 nas entradas do decodificador. Um dispositivo que funciona com uma memória *buffer* temporária é denominado

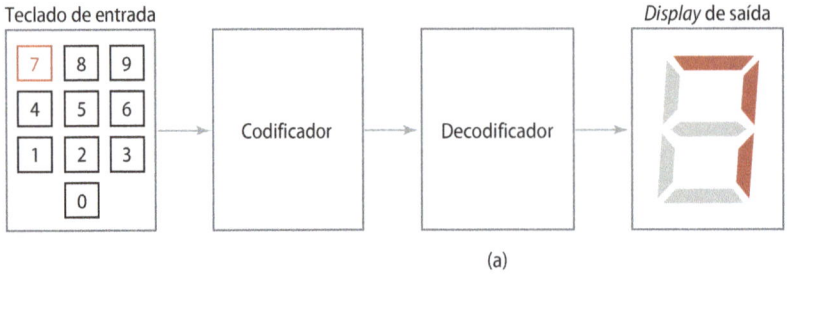

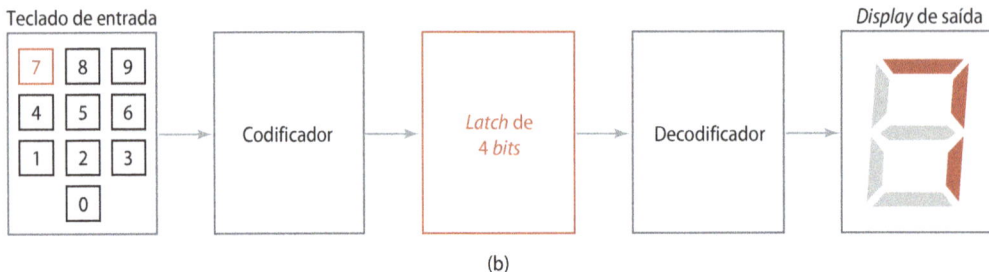

Figura 7-18 Sistema eletrônico codificador-decodificador. (a) Sem *buffer* de memória. (b) Com *buffer* de memória (*latch*).

latch. Um LATCH de quatro *bits* é acrescentado no circuito da Figura 7-18(b), de modo que o número 7 continua sendo exibido no *display* quando a tecla correspondente é pressionada e liberada no teclado.

O termo "*latch*" refere-se a um dispositivo de armazenamento digital, sendo que o FLIP-FLOP D representa um exemplo típico. Entretanto, muitos outros tipos de *flip-flops* são utilizados no armazenamento de dados.

Sobre a eletrônica

Eletrônica automotiva embarcada
A empresa Alpine Electronics desenvolveu um sistema de navegação baseado em DVD que utiliza sistemas de posicionamento global para facilitar a localização e deslocamento dos condutores de veículos. Utilizando um leitor de DVD e uma tela de cristal líquido, o sistema apresenta mapas com as rotas traçadas, sendo que instruções são dadas por uma voz que orienta o motorista ao longo do caminho adotado. Assim, é possível traçar a rota mais curta ou rápida, ou ainda localizar o caixa eletrônico do banco mais próximo.

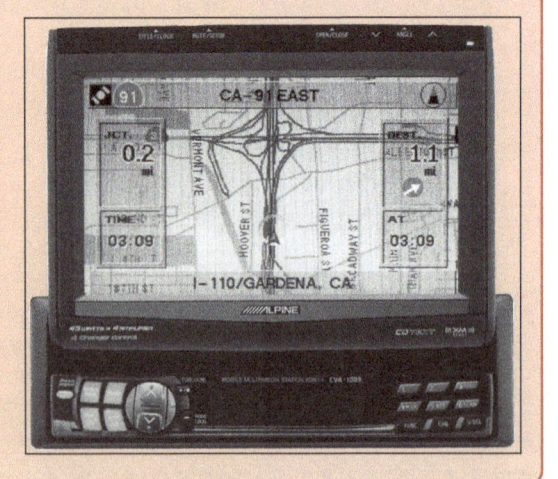

Figura 7-19 (a) Símbolo lógico para o *latch* transparente de quatro *bits* 7475. (b) Tabela verdade para o *latch* D 7475.

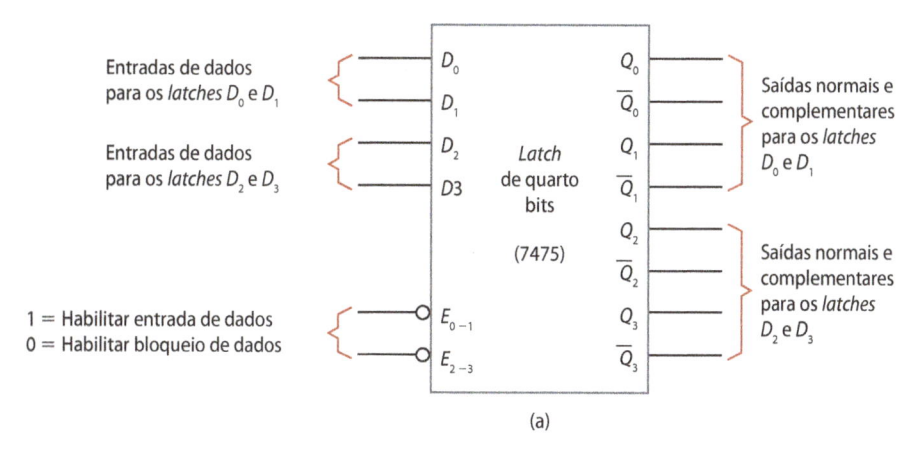

Modo de operação	ENTRADAS		SAÍDAS	
	E	D	Q	$\overline{Q}$
Transferência de dados ativada	1	0	0	1
	1	1	1	0
Dados bloqueados	0	X	Não há alteração	

0 = BAIXO
1 = ALTO
X = Irrelevante

Muitos *latches* na forma de CIs foram desenvolvidos por diversos fabricantes. O diagrama lógico do LATCH TRANSPARENTE DE QUATRO BITS TTL 7475 é apresentado na Figura 7-19(a), o qual possui quatro *flip-flops* D em um único encapsulamento. A entrada de dados D_0 e as saídas normal Q e complementar $\overline{Q}$ formam o primeiro *flip-flop*. A entrada de ativação (E_{0-1}) é semelhante à entrada de *clock* no *flip-flop* D. Quando E_{0-1} é ativada, os dados em ambas as entradas D_0 e D_1 são transferidos para as respectivas saídas.

Uma tabela verdade simplificada para o CI *latch* 7475 é mostrada na Figura 7-19(b). Se a entrada de ativação possui nível lógico 1, os dados são transferidos da entrada D para as saídas Q e $\overline{Q}$ sem o atraso correspondente a um pulso de *clock*. Por exemplo, se $E_{0-1}=1$ e $D_1=1$, então a saída Q_1 seria inicializada em 1 e a saída $\overline{Q}$ seria reinicializada em 0 na ausência de um pulso de *clock*. No modo de ativação

Sobre a eletrônica

Memória holográfica
Um sistema holográfico de armazenamento de dados utiliza feixes de raios laser para gravar hologramas em cristais. Utilizando esse método, é possível armazenar milhares de páginas contendo informações em um espaço do tamanho de uma moeda. Essa informação pode ser acessada de forma dez vezes mais rápida do que em outros métodos convencionais de armazenamento de dados.

de dados, as saídas Q assumem os mesmos níveis das respectivas entradas D no *latch* 7475.

Considere a última linha da tabela verdade na Figura 7-19(b). Quando a entrada de ativação assume nível 0, o CI 7475 entra em MODO DE BLOQUEIO DE DADOS. Os dados armazenados em Q permanecem os mesmos ainda que haja mudanças na entrada D. O CI 7475 é chamado de *latch* transparente porque as saídas normais assumem os mesmos estados das respectivas entradas D quando a entrada de ativação é ALTA. Note que as entradas D_0 e D_1 do CI 7475 são controladas pela entrada de ativação E_{0-1}, enquanto a entrada E_{2-3} controla o par de *flip-flops* D_2 e D_3.

O *flip-flop* pode ser utilizado para manter ou bloquear dados, sendo que o dispositivo é denominado *latch* nesse caso. *Flip-flops* possuem muitas outras aplicações, a exemplo de CONTADORES, REGISTRADORES DE FREQUÊNCIA, UNIDADES DE ATRASO e DIVISORES DE FREQUÊNCIA.

Existem *latches* em todas as famílias lógicas, sendo que exemplos típicos de CIs CMOS são 4042, 4099, 74HC75 e 74HC373. Algumas vezes há *latches* implementados no interior de outros CIs, a exemplo dos *latches*/decodificadores/*drivers* BCD para sete segmentos 4511 e 4543.

Uma das principais vantagens de circuitos digitais sobre suas contrapartes analógicas é a disponibilidade de dispositivos de fácil utilização. O *latch* é o dispositivo de memória mais elementar utilizado na eletrônica digital, sendo que praticamente todos os equipamentos digitais empregam tal componente.

Teste seus conhecimentos

» *Disparo de* flip-flops

Os *flip-flops* foram anteriormente classificados como síncronos ou assíncronos. FLIP-FLOPS SÍNCRONOS são dispositivos que possuem entrada de *clock*. Foi visto que os *flip-flops* R-S controlados por *clock* D e J-K operam de forma síncrona com o sinal de *clock*.

Ao consultar folhas de dados de diversos fabricantes, encontram-se os termos *disparo pela borda* e *mestre/escravo* aplicados a muitos *flip-flops* síncronos. A Figura 7-20 mostra dois *flip-flops* disparados pela borda no instante da mudança de estado. No pulso de *clock* 1, a borda positiva é identificada. A segunda forma de onda mostra como o FLIP-FLOP DISPARADO PELA BORDA POSITIVA muda de estado sempre que surge um pulso onde há a mudança de estado de nível BAIXO para ALTO (pulsos 1 a 4). No pulso 1 da Figura 7-20, a borda negativa do pulso também é represen-

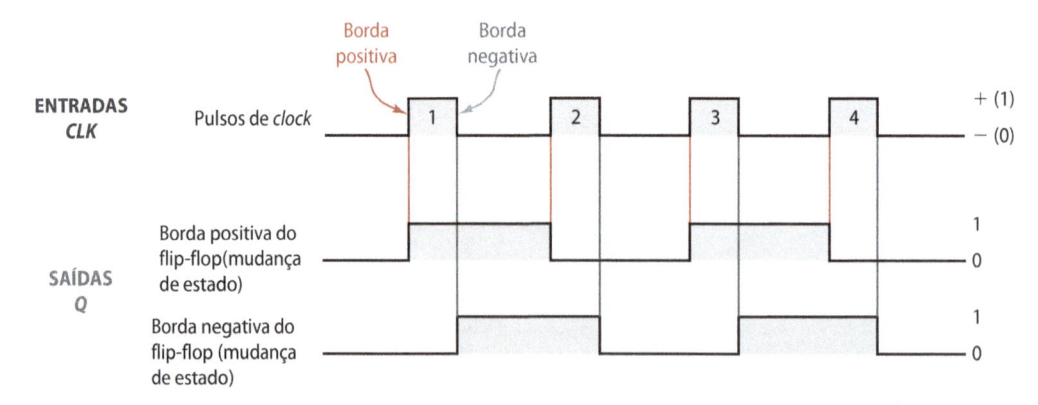

Figura 7-20 Formas de onda para *flip-flops* disparados pela borda positiva e borda negativa.

tada. A forma de onda na parte inferior da figura mostra a mudança de estado de um **FLIP-FLOP DISPARADO PELA BORDA NEGATIVA**. Note que o estado muda sempre que sempre que há uma transição de nível ALTO para BAIXO (pulsos 1 a 4). Note o tempo de disparo que corresponde ao intervalo compreendido entre as bordas positiva e negativa dos pulsos. Esse parâmetro é especialmente importante em algumas aplicações.

É comum representar o tipo de disparo de um *flip-flop*. O símbolo lógico do *flip-flop* D com disparo pela borda positiva é mostrado na Figura 7-21(a). Note a utilização de um pequeno símbolo ">" próximo à entrada CLK no interior do retângulo. O símbolo ">" indica que os dados são transferidos para a saída na borda do pulso. O símbolo lógico de um *flip-flop* D disparado pela borda negativa é mostrado na Figura 7-21(b). O círculo inversor incluído na entrada de *clock* mostra que o disparo ocorre na borda negativa do pulso de *clock*. Finalmente, o símbolo lógico de um *latch* típico é representado na Figura 7-21(c). Note a ausência do símbolo ">" próximo à entrada de ativação (que é semelhante à entrada de *clock*). Isso significa que esse componente não é disparado pela borda. De forma semelhante ao *flip-flop* R-S, o *latch* D é considerado assíncrono. Lembre-se que a saída normal (Q) do *latch* D assume o mesmo estado da respectiva entrada (D) quando a entrada de ativação (E) possui nível ALTO. Os dados são bloqueados quando a entrada de ativação possui nível BAIXO. Diversos fabricantes utilizam a letra "G" para representar esta entrada.

Outro forma de disparo de *flip-flops* consiste na operação mestre/escravo. O **FLIP-FLOP J-K MESTRE/ESCRAVO** utiliza todo o pulso (bordas positiva e negativa) para disparar o dispositivo. A Figura 7-22 mostra o disparo de um *flip-flop* mestre/escravo. O pulso 1 possui quatro posições (*a* a *d*) representadas na forma de onda. As seguintes sequências de operação existem em cada ponto do pulso de *clock*:

- Ponto *a*: borda crescente – isola a entrada da saída.
- Ponto *b*: borda crescente – insere informações a partir das entradas J e K.
- Ponto *c*: borda decrescente – desabilita as entradas J e K.
- Ponto *d*: borda decrescente – transfere informações da entrada para a saída.

Uma característica muito interessante do *flip-flop* mestre-escravo é mostrada durante o pulso 2 na Figura 7-22. Note que as saídas estão desabilitadas no início do pulso 2. Durante um curto intervalo de tempo, as entradas J e K assumem a posição de mudança de estado (ponto *e*) e depois são desabilitadas. O *flip-flop* J-K mestre/escravo "recorda" a mudança de estado das entradas J e K e efetivamente promove uma mudança no ponto *f* da forma de onda. Essa característica de memória é verificada apenas quando o pulso de *clock* é ALTO (nível lógico 1).

O disparo mestre/escravo tornou-se obsoleto com o surgimento de *flip-flops* disparados pela borda. Por exemplo, o *flip-flop* mestre-escravo 7476 foi substituído pelo dispositivo 74LS76, sendo que ambos possuem o mesmo diagrama de pinos e as mesmas funções. Por outro lado, o CI 74LS76 utiliza o disparo pela borda negativa.

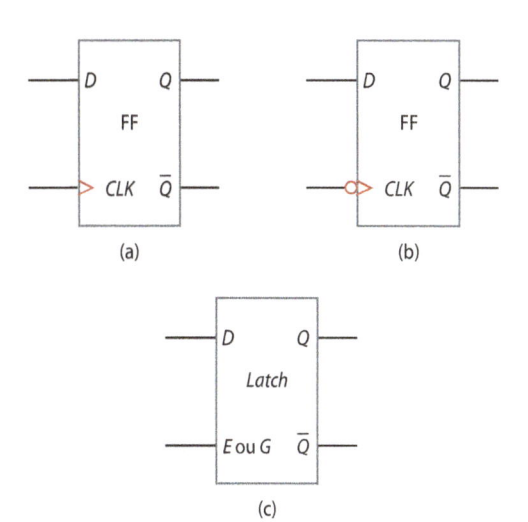

Figura 7-21 (a) Símbolo lógico de um *flip-flop* D disparado pela borda positiva. (b) Símbolo lógico de um *flip-flop* D disparado pela borda negativa. (c) Símbolo lógico de um *latch* D.

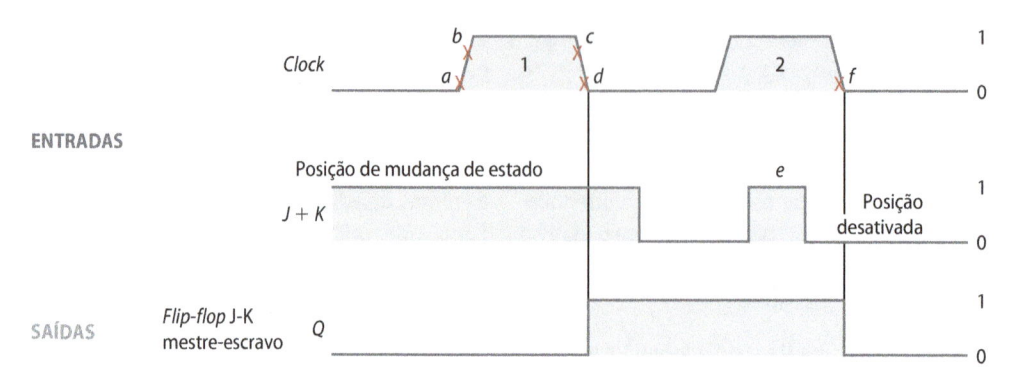

Figura 7-22 Acionamento de um *flip-flop* J-K mestre-escravo.

Teste seus conhecimentos

›› *Schmitt* trigger

Circuitos digitais utilizam preferencialmente formas de onda com TEMPOS DE SUBIDA E DESCIDA PEQUENOS. A forma de onda à direita do inversor na Figura 7-23 é um exemplo de um sinal digital adequado. A onda quadrada possui bordas verticais, onde há mudanças de estado L-H e H-L praticamente instantâneas e os tempos de subida e descida são desprezíveis.

A forma de onda à esquerda do símbolo inversor na Figura 7-23 possui tempos de subida e descida consideráveis. Essa forma de onda é inadequada para a utilização em contadores, portas lógicas e outros circuitos digitais. Nesse exemplo, o INVERSOR SCHIMITT TRIGGER é utilizado para gerar a forma de onda quadrada. Esse processo é denominado CONDICIONAMENTO DE SINAL, sendo que essa é uma aplicação típica desse tipo de dispositivo.

O perfil de tensão de um inversor TTL típico (CI 7404) é apresentado na Figura 7-24(a). O LIMITE DE CHAVEAMENTO do CI é importante, o qual nesse caso se encontra na região indefinida. Deve-se ressaltar que o limite de chaveamento varia para cada CI. A Figura 7-24(a) mostra que o limite de chaveamento de um CI 7404 típico é $+1,2$ V. Em outras palavras, a saída muda de ALTO para BAIXO quando a tensão aumenta até $+1,2$ V. Entretanto, quando a tensão se torna menor que $+1,2$ V, a saída muda do estado BAIXO para ALTO. A maioria das portas lógicas convencionais possui um único limite de chaveamento quando a tensão cresce (de um nível BAIXO para ALTO) ou decresce (de um nível ALTO para BAIXO).

O perfil de tensão de um CI INVERSOR SCHMITT TRIGGER TTL 7414 é representado na Figura 7-24(b). Note que os limites de chaveamento são distintos quando a tensão aumenta ($V+$) e diminui ($V-$). O perfil de tensão mostra que o limite de chaveamento é 1,7 V quando a tensão de entrada aumenta ($V+$). Entretanto, o limite de chaveamento é 0,9 V quando a tensão de entrada diminui ($V-$). A diferença entre esses limites (1,7 V e 0,9 V) é deno-

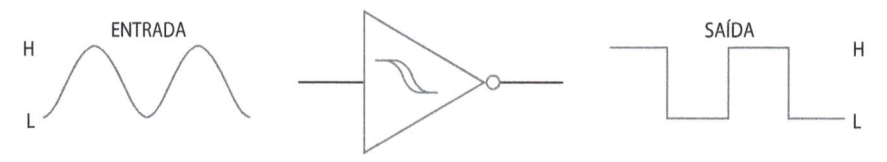

Figura 7-23 Schmitt-*trigger* utilizado na obtenção de uma forma de onda quadrada.

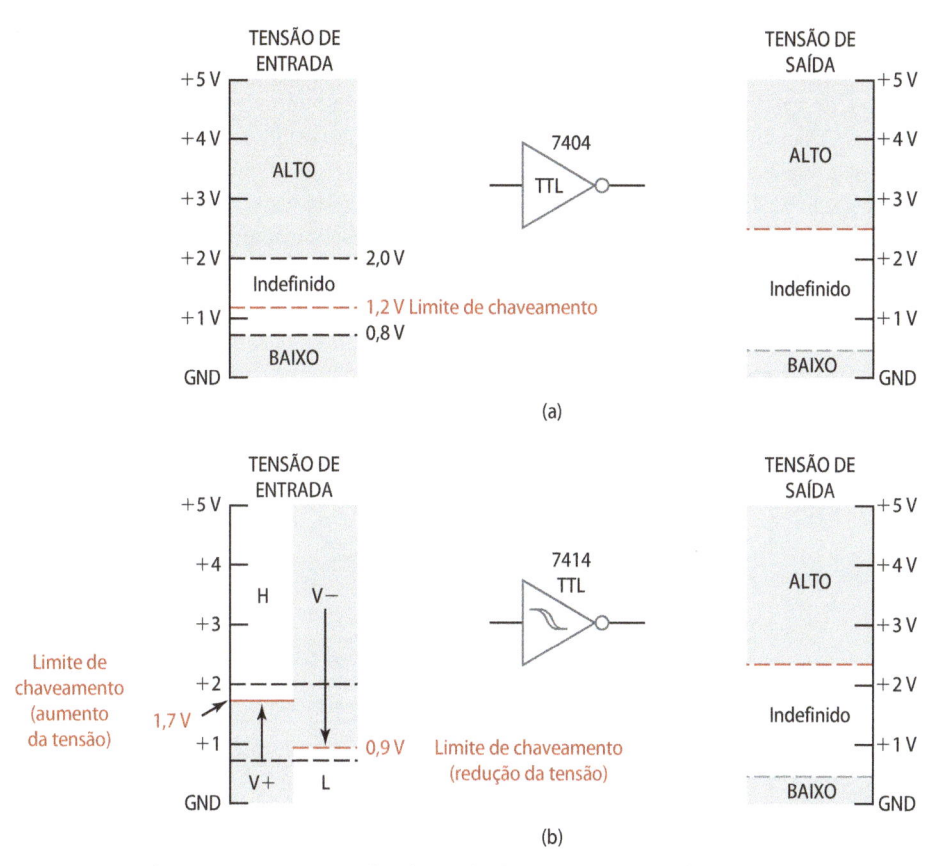

Figura 7-24 (a) Perfis de tensão TTL contendo o limite de chaveamento. (b) Perfis de tensão para o CI Schmitt--trigger TTL contendo os limites de chaveamento.

minada **HISTERESE**. A histerese permite um aumento da imunidade a ruído e auxilia o inversor Schmitt trigger na conversão de formas de onda quadrada com tempos de subida pequenos.

Inversores Schmitt trigger existem na forma de CIs CMOS, a exemplo dos modelos 40106, 4093, 74HC14 e 74AC14.

Uma das características de um multivibrador biestável (ou flip-flop) reside no fato de as saídas assumirem níveis ALTOS ou BAIXOS. Quando ocorre uma mudança de estado (de um nível BAIXO para ALTO ou de um nível ALTO para BAIXO), isso ocorre rapidamente de modo que as saídas não entram na região indefinida. Essa ação rápida que ocorre na saída também é uma característica dos inversores Schmitt trigger.

Teste seus conhecimentos

≫ Símbolos lógicos IEEE

Os símbolos de *flip-flops* que foram apresentados anteriormente são ditos tradicionais, sendo reconhecidos pela maioria dos profissionais que trabalham com eletrônica digital. As folhas de dados dos fabricantes incluem tanto os símbolos tradicionais quanto a nova representação utilizada pelo IEEE.

A tabela da Figura 7-25 mostra os símbolos tradicionais para *flip-flops* e *latches* que foram mostrados ao longo deste capítulo comparados à representação utilizada pelo IEEE. Todos os símbolos lógicos IEEE são retangulares e incluem o número do CI imediatamente acima do símbolo. Retângulos menores mostram o número de dispositivos em duplicata que existe no encapsulamento. Note

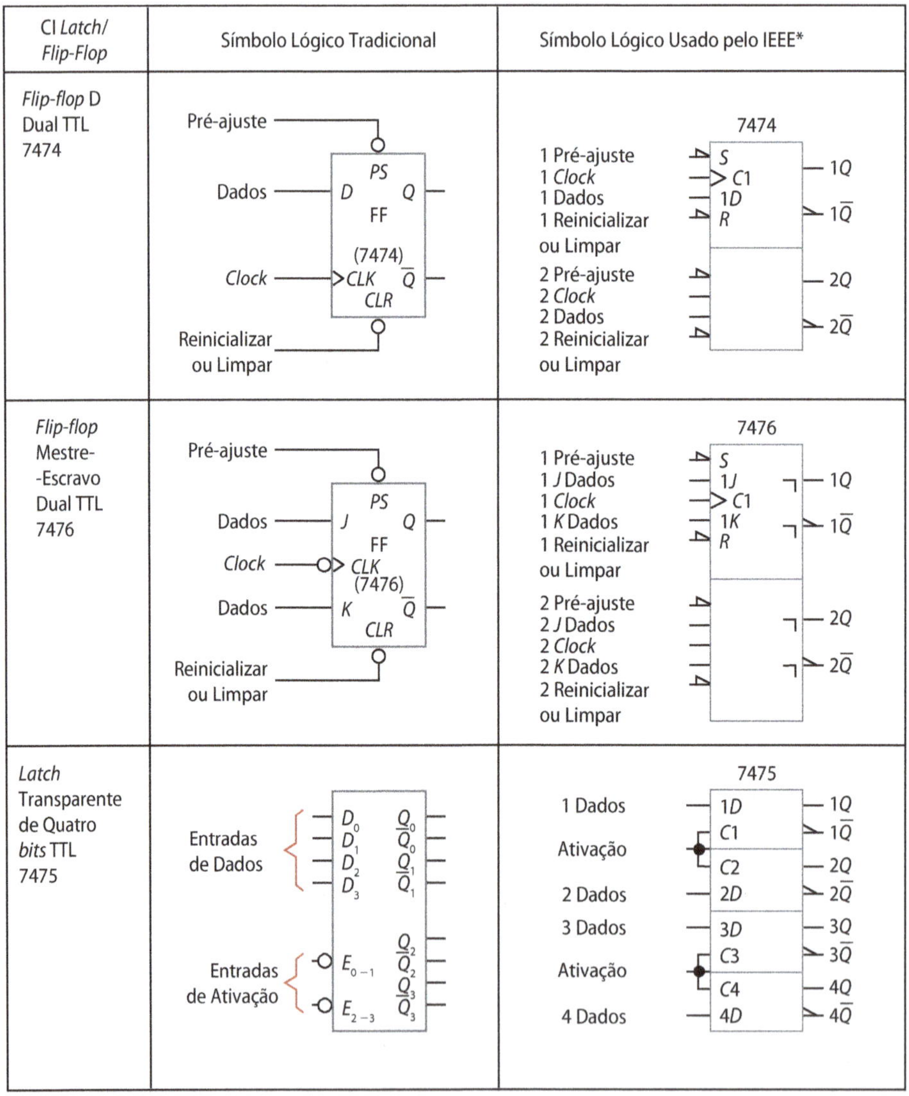

CI *Latch*/ *Flip-Flop*	Símbolo Lógico Tradicional	Símbolo Lógico Usado pelo IEEE*
Flip-flop D Dual TTL 7474		
Flip-flop Mestre--Escravo Dual TTL 7476		
Latch Transparente de Quatro *bits* TTL 7475		

*Norma IEEE Std. 91-1984

Figura 7-25 Comparação entre símbolos tradicionais e padrão IEEE para diversos *flip-flops*.

que todas as entradas estão à esquerda do símbolo IEEE, enquanto as saídas estão localizadas à direita.

O símbolo do *flip-flop* D 7474 apresenta quatro entradas, denominadas "*S*" (inicialização), ">*C1*" (disparo pela borda positiva do pulso de *clock*), "*1D*" (dados) e "*R*" (reinicialização). Os triângulos nas entradas *S* e *R* no símbolo IEEE do CI 7474 as identifica como entradas ativas-ALTAS. Verifica-se que as saídas do CI estão à direita do símbolo lógico sem a existência de marcas de identificação internas. As saídas $\overline{Q}$ possuem triângulos indicando que essas são saídas ativas-BAIXAS. As marcas no interior do símbolo IEEE são padronizadas, enquanto o uso de marcações externas varia entre os diversos fabricantes.

Considere o símbolo lógico IEEE para o *flip-flop* J-K mestre/escravo dual 7476 da Figura 7-25. As entradas internas são marcadas como "*S*" (iniciali- zação), "*1J*" (dados *J*), "*C1*" (*clock*), "*1K*" (dados *K*) e "*R*" (reinicialização). O número "7476" localizado acima do símbolo identifica o tipo específico de CI. As marcas próximas às saídas *Q* e $\overline{Q}$ correspondem às representações específicas do IEEE para o disparo por pulso. O símbolo lógico IEEE do CI 7476 mostra que há duas entradas ativas-BAIXAS (*S* e *R*) e uma única saída ativa-BAIXA em cada *flip-flop* J-K. Esses terminais são marcados com um pequeno triângulo retângulo. Essa representação é repetida imediatamente abaixo indicando que há dois *flip-flops* idênticos no CI 7476.

O símbolo lógico IEEE padrão para o *latch* transparente de quatro *bits* também é mostrado na Figura 7-25. Note que há quatro retângulos representando os quatro *latches* tipo D no encapsulamento. As quatro saídas $\overline{Q}$ são marcadas com pequenos triângulos.

Teste seus conhecimentos

RESUMO E REVISÃO DO CAPÍTULO

Resumo

1. Circuitos lógicos são classificados em combinacionais ou sequenciais. Circuitos lógicos combinacionais utilizam portas AND, OR e NOT e não possuem característica de memória. Circuitos lógicos sequenciais utilizam *flip-flops* e agregam características de memória.
2. *Flip-flops* são conectados entre si para formar contadores, registradores e dispositivos de memória.
3. As saídas dos *flip-flops* são opostas ou complementares.
4. A tabela da Figura 7-26 mostra um resumo dos *flip-flops* básicos.
5. Os diagramas de temporização (formas de onda) são utilizados para descrever a operação de dispositivos sequenciais.
6. *Flip-flops* existem na forma de dispositivos disparados pela borda ou na configuração mestre/escravo. *Flip-flops* podem ser disparados por pulsos ou pelas bordas.
7. *Flip-flops* especiais denominados *latches* são muito utilizados em muitos circuitos digitais como *buffers* de memória temporários.

Circuito	Símbolo Lógico	Tabela verdade				Características Importantes
Flip-flop R-S	S, R entradas; Q, Q̄ saídas (FF)	S	R	Q		*Latch* R-S Flip-flop *set-reset* (inicialização--reinicialização) (Assíncrono)
		0	0		Proibido	
		0	1	1	Inicialização	
		1	0	0	Reinicialização	
		1	1		Manutenção	
Flip-flop R-S síncrono	S, CLK, R entradas; Q, Q̄ saídas (FF)	CLK	S	R	Q	(Síncrono)
		⎍	0	0	Manutenção	
		⎍	0	1	0 Reinicialização	
		⎍	1	0	1 Inicialização	
		⎍	1	1	Proibido	
Flip-flop D	D entrada, CLK entrada; Q, Q̄ saídas (FF)	CLK	D	Q		Flip-flop com atraso Flip-flop de dados (Síncrono)
		↑	0	0		
		↑	1	1		
		↑ = transição de pulso de *clock* do nível BAIXO para ALTO				
Flip-flop J-K	J, CLK, K entradas; Q, Q̄ saídas (FF)	CLK	J	K	Q	Flip-flop mais universal dentre todos os tipos existentes (Síncrono)
		↓	0	0	Manutenção	
		↓	0	1	0 Reinicialização	
		↓	1	0	1 Inicialização	
		↓	1	1	Mudança de estado	
		↓ = transição de pulso de clock do nível ALTO para BAIXO				

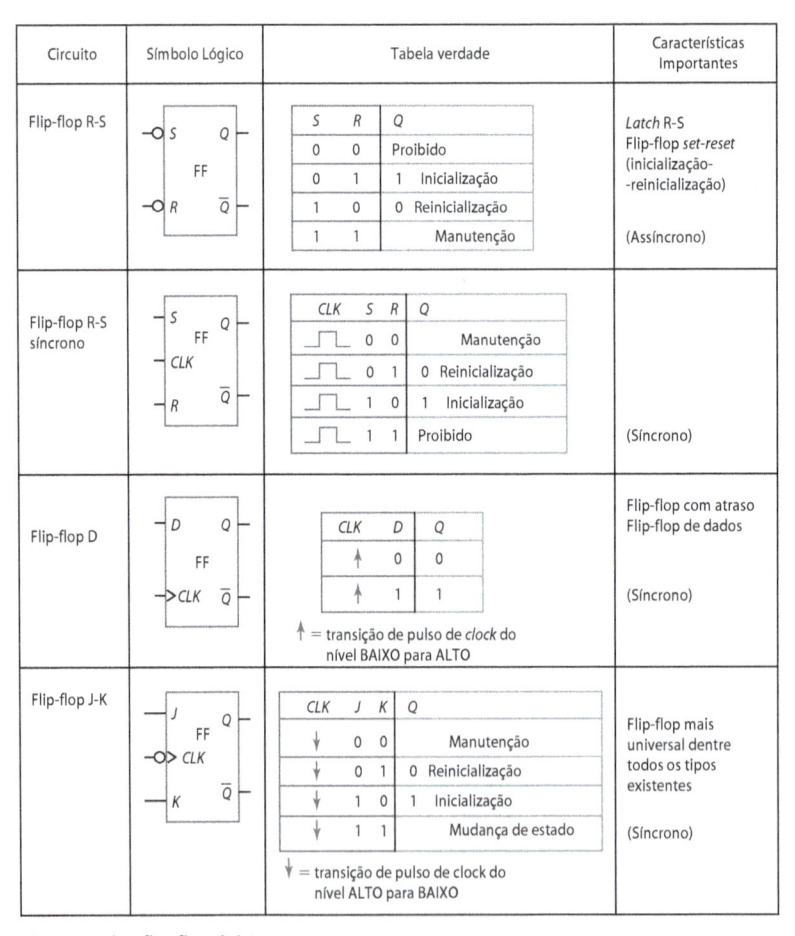

Figura 7-26 Resumo dos *flip-flops* básicos.

8. Inversores Schmitt *trigger* são dispositivos especiais utilizados no condicionamento de sinais.

9. A Figura 7-25 apresenta a comparação entre os símbolos lógicos convencionais e padrão IEEE utilizados na representação de *flip-flops* e *latches*.

Questões de revisão do capítulo (Figuras 7-27 à 7-29)

Questões de pensamento crítico

7-1 Cite dois termos sinônimos para descrever um *flip-flop* R-S.

7-2 Explique as diferenças entre dispositivos síncronos e assíncronos.

7-3 Desenhe os símbolos lógicos tradicionais e IEEE de um *flip-flop* D (CI 7474) e de um *flip-flop* J-K (CI 7476).

7-4 Observe a Figura 7-3. Note que a linha 4 é mostrada duas vezes na parte inferior da figura. Por que a saída Q é 0 no primeiro caso e 1 no segundo caso, sendo que ambas as entradas R e S possuem nível 1 nas duas situações?

7-5 Explique como o *flip-flop* J-K 74LS112 é disparado.

7-6 Qual é a diferença fundamental entre circuitos lógicos combinacionais e sequenciais?

7-7 Cite diversos tipos de dispositivos que podem ser implementados a partir de *flip-flops* J-K.

7-8 Explique por que dispositivos Schmitt *trigger* tendem a converter sinais em formas de onda quadradas com tempos de subida pequenos.

7-9 A critério de seu instrutor, utilize um aplicativo computacional próprio para a simulação de circuitos elétricos e eletrônicos para (1) desenhar o circuito lógico representativo de um *flip-flop* mostrado na Figura 7-30; (2) testar a operação do dispositivo; (3) construir a tabela verdade para o *flip-flop* (de forma semelhante à Tabela 7-1) mencionando os modos de operação de "inicialização", "reinicialização", "manutenção" e "proibido"; e (4) determinar se o circuito se comporta como um *flip-flop* R-S ou J-K.

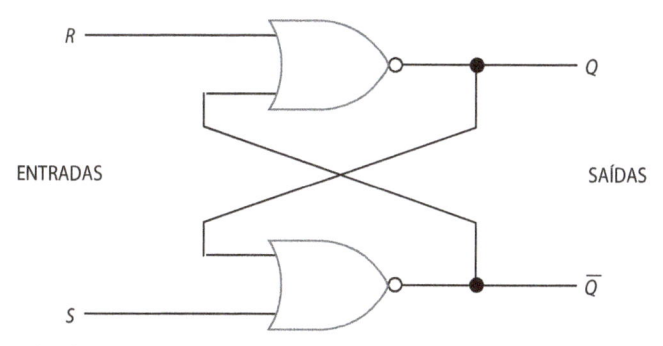

Figura 7-30 Circuito flip-flop.

7-10 A critério de seu instrutor, utilize um aplicativo computacional próprio para a simulação de circuitos elétricos e eletrônicos para (1) desenhar o circuito lógico mostrado na Figura 7-31 utilizando um *flip-flop* J-K genérico com disparo pela borda negativa, (b) testar a operação do circuito para determinar sua função (como somador, contador ou registrador de deslocamento) e (c) apresente os resultados da simulação para seu instrutor.

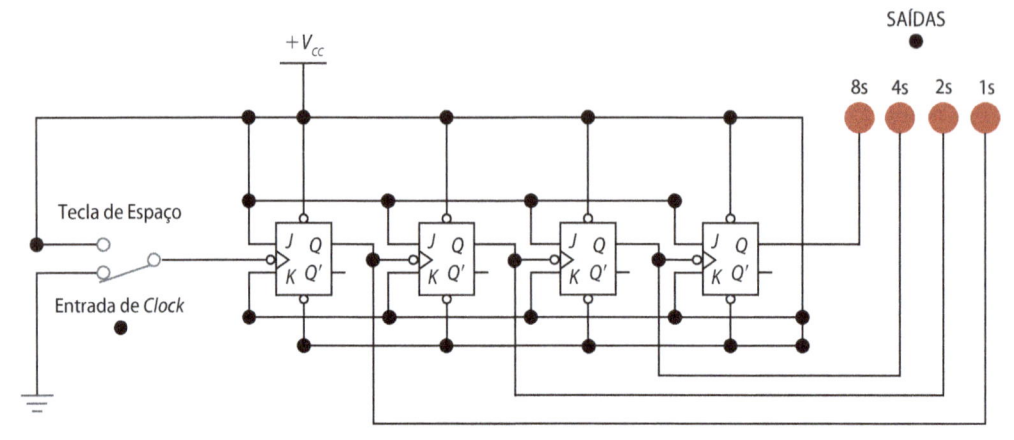

Figura 7-31 Circuito demonstrativo da aplicação de *flip-flops* J-K.

Respostas dos testes

capítulo 8

Contadores

Praticamente todos os sistemas digitais utilizam diversos contadores. O papel desse dispositivo é realizar a contagem de eventos ou intervalos de tempo, sendo capaz de enumerá-los em sequência. Contadores também desempenham outras funções, como divisão de frequência, endereçamento e funcionamento como unidade de memória. Este capítulo apresenta diversos tipos de contadores e suas respectivas aplicações. *Flip-flops* são conectados entre si para gerar circuitos capazes de realizar a contagem. Devido à intensa utilização dos contadores, diversos fabricantes disponibilizam contadores na forma de CIs. Existem muitos contadores em todas as famílias TTL e CMOS, sendo que alguns CIs contêm outros dispositivos como condicionadores de sinais, latches e *displays* multiplexados.

Objetivos deste capítulo

- Desenhar o circuito de um contador assíncrono utilizando *flip-flops* J-K.
- Analisar a operação de contadores mod-3 a mod-8.
- Compreender o princípio de operação e desenhar o circuito de um divisor de frequência.
- Interpretar folhas de dados de diversos circuitos contadores TTL e CMOS.
- Prever a operação de um CI comparador de magnitude de quatro *bits* a partir de sua tabela verdade.
- Analisar a operação de um jogo eletrônico do tipo "adivinhe o número" contendo um *clock*, um contador e um comparador de magnitude de quatro *bits*.
- Determinar a saída de vários tipos de contadores com base nos estados das entradas.
- Compreender e explicar os detalhes de um sistema contador acionador por um sensor ótico.
- Interpretar a folha de dados de um CI contador BCD de três dígitos que possui *latches* internos e *display* multiplexado.
- Analisar a utilização de um contador BCD de três dígitos para contar o número de rotações do eixo de um motor utilizando um sensor de efeito Hall de entrada.
- Adaptar o contador BCD utilizando sensor de efeito Hall para projetar um tacômetro experimental.
- Encontrar falhas em um circuito contador assíncrono defeituoso.

>> Contadores assíncronos

A contagem em números binários e decimais é ilustrada na Figura 8-1. Com quatro casas binárias (*D*, *C*, *B* e *A*), é possível contar de 0000 a 1111 (0 a 15 no sistema decimal). Note que a coluna *A* corresponde ao valor lugar 1s, ou ao *bit* menos significativo (LSB – *Least Significant Bit*). O uso do termo LSB é bastante comum. A coluna *D* representa o valor lugar 8s, ou o *bit* mais significativo (MSB – *Most Significant Bit*), sendo este também um termo usual. Note que o valor lugar 1s muda de estado mais frequentemente que os demais. Se um contador for projetado para contar de 0000 a 1111, é necessário um dispositivo que possui 16 estados de saída diferentes: o contador módulo-16 ou mod-16. O módulo de um contador corresponde ao número de estados distintos que o contador deve assumir para completar um ciclo de contagem.

Contagem binária				Contagem decimal
D	C	B	A	
8s	4s	2s	1s	
0	0	0	0	0
0	0	0	1	1
0	0	1	0	2
0	0	1	1	3
0	1	0	0	4
0	1	0	1	5
0	1	1	0	6
0	1	1	1	7
1	0	0	0	8
1	0	0	1	9
1	0	1	0	10
1	0	1	1	11
1	1	0	0	12
1	1	0	1	13
1	1	1	0	14
1	1	1	1	15

Figura 8-1 Sequência de contagem de um contador eletrônico de 4 *bits*.

Um contador mod-16 utilizando quatro *flip-flops* J-K é representado na Figura 8-2(a). Todos os *flip-flops* J-K encontram-se em modo de mudança de estado (entradas *J* e *K* com nível 1). Considere que as saídas sejam reinicializadas para 0000. Quando o pulso 1 é aplicado na entrada de *clock* (CLK) do *flip-flop* 1 (FF 1), há uma mudança de estado (na borda negativa) e o *display* exibe o número 0001. O pulso de *clock* 2 acarreta uma nova mudança de estado no FF 1, retornando o nível da saída *Q* a 0, e consequentemente FF 2 muda para o estado 1. O *display* agora exibe o número 0010. A contagem continua, sendo que a saída de cada *flip-flop* aciona o dispositivo seguinte na borda negativa do pulso. Observe novamente a Figura 8-1 e verifique a coluna *A* (Coluna 1s) deve mudar de estado a cada contagem. Isso significa que o FF 1 na Figura 8-2(a) deve mudar de estado a cada pulso. FF 2 muda de estado com a metade da frequência de FF1, de acordo com a coluna *B* na Figura 8-1. Cada *bit* mais significativo da Figura 8-1 passa a mudar de estado menos frequentemente.

A contagem do contador mod-16 é mostrada até o número decimal 10 (número binário 1010) por meio de formas de onda na Figura 8-2(b). A entrada *CLK* é mostrada na linha superior. O estado de cada *flip-flop* (FF 1, FF 2, FF 3, FF 4) é mostrado nas formas de onda seguintes. A contagem binária é mostrada ao longo da parte inferior do diagrama.

Note as linhas verticais na Figura 8-2(b), que mostra que o pulso de *clock* dispara apenas FF 1. Por sua vez, FF 1 dispara FF 2, FF 2 dispara FF 3 e assim por diante. Como cada *flip-flop* afeta o próximo, é necessário um determinado intervalo de tempo para que todos os dispositivos em cascata sofram mudanças de estado. Por exemplo, no ponto *a* do pulso 8 da Figura 8-2(a), note que o pulso de *clock* dispara FF 1, que passa a assumir o nível 0. Por sua vez, FF 2 é disparado, que muda do estado 1 para 0. Isso então causa a mudança de estado de FF 3, que passa de 1 a 0. Quando a saída *Q* de FF 3 se torna 0, FF 4 é disparado, mudando de 0 para 1. Verifica-se que a mudança de estados é uma reação em cadeia que promove a oscilação dos

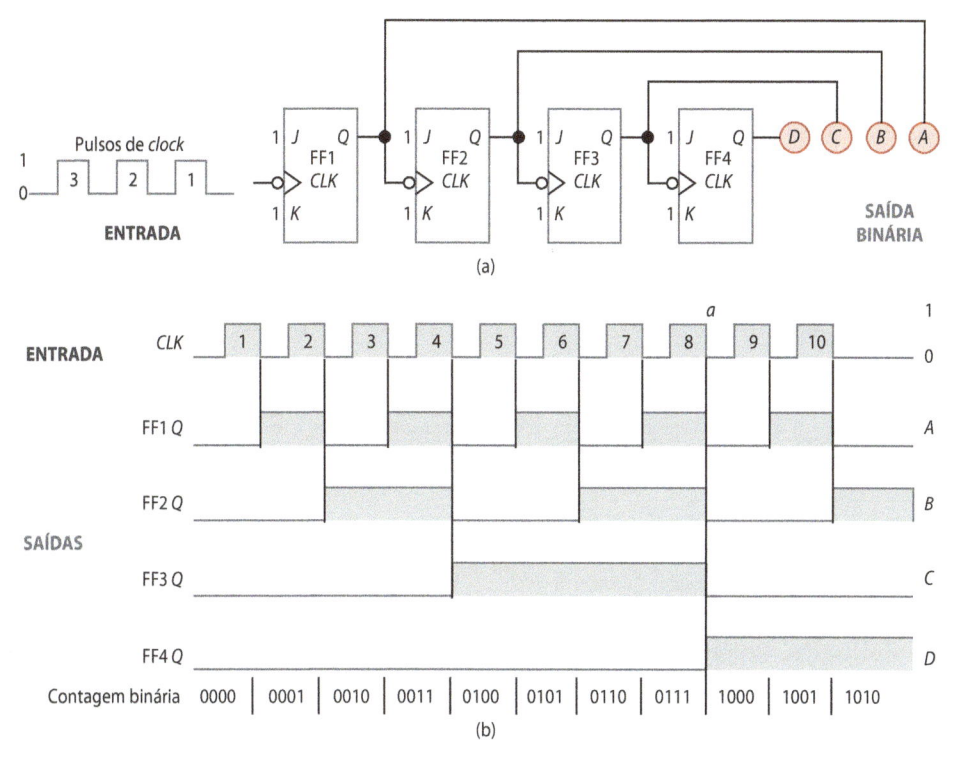

Figura 8-2 Contador mod-16. (a) Diagrama lógico. (b) Formas de onda.

estados no contador. Por essa razão, esse dispositivo é denominado contador assíncrono ou com ondulação.

O contador estudado na Figura 8-2 pode ser descrito como um contador com ondulação, mod-16, de quatro *bits* ou assíncrono. Todos esses termos são sinônimos que descrevem uma característica do contador. Os termos ondulação e assíncrono indicam que todos os *flip-flops* não são disparados ao mesmo tempo. A descrição mod-16 indica o número de estados que o contador assume ao longo de um ciclo de contagem completo. O termo quatro *bits* representa o número de dígitos binários que existe na saída do contador.

Teste seus conhecimentos (Figura 8-3)

Acesse o site www.grupoa.com.br/tekne para fazer os testes sempre que passar por este ícone.

» Contadores assíncronos mod-10

A sequência de contagem de um contador mod-10 varia de 0000 a 1001 (0 a 9 no sistema decimal), como pode ser verificado na Figura 8-1. Esse contador mod-10 possui quatro valores lugares: 8s, 4s, 2s e 1s. É necessária a conexão de quatro *flip-flops* na forma de um contador assíncrono, como mostra a Figura 8-4. Deve-se adicionar uma porta NAND ao contador assíncrono para limpar todos os *flip-flops* em zero imediatamente após a contagem do número 1001 (9). Observa-se a Figura 8-1 para determinar qual é o próximo número após 1001,

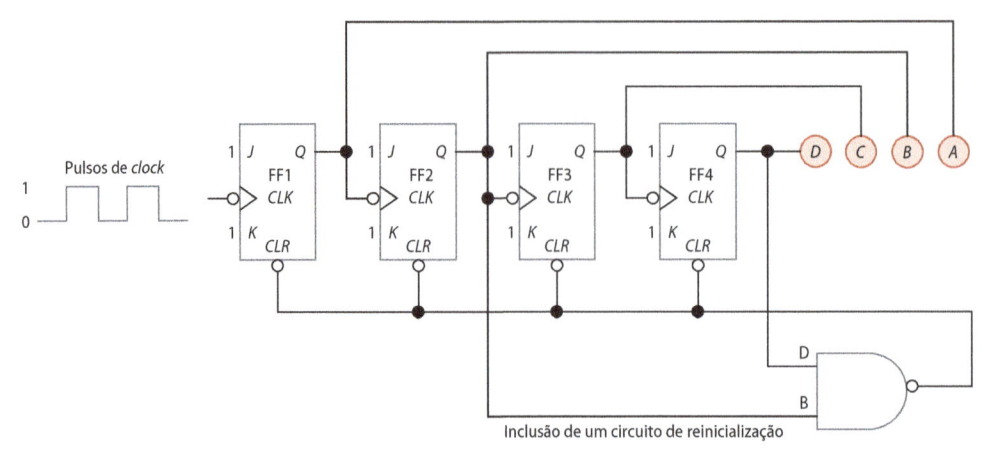

Figura 8-4 Diagrama lógico para um contador assíncrono mod-10.

constatando-se que este corresponde a 1010 (número decimal 10). Então, os dois valores 1 deste número devem ser aplicados às entradas de uma porta NAND, como mostra a Figura 8-4. Assim, a porta NAND leva o *flip-flop* novamente a 0000. O contador então é capaz de iniciar a contagem de 0000 a 1001 novamente. Diz-se que a porta NAND reinicializa o *flip-flop*, de forma que é possível obter outros contadores com módulos distintos. A Figura 8-4 representa um contador mod-10, também chamado de *contador de década*.

Contadores assíncronos podem ser implementados discretamente a partir de *flip-flops*. Entretanto, fabricantes disponibilizam CIs que possuem quatro *flip-flops* em um único encapsulamento. Alguns CIs contadores incluem também a porta NAND de reinicialização, semelhante àquela utilizada na Figura 8-4.

Teste seus conhecimentos (Figura 8-5)

>> Contadores síncronos

Nos contadores assíncronos previamente estudados, cada *flip-flop* não muda de estado de forma sincronizada com o pulso de *clock*. Para algumas aplicações em alta frequência, é necessário que todos os estágios do contador sejam disparados simultaneamente. Nesse caso, o dispositivo é denominado *contador síncrono*.

Um contador síncrono é representado na Figura 8-6(a), sendo que esse diagrama corresponde a um contador de três *bits* (mod-8). Inicialmente, note as conexões das entradas *CLK*. O pulso de *clock* é diretamente aplicado às entradas *CLK* de todos os *flip-flops*. Diz-se que essas entradas estão conectadas em paralelo. A Figura 8-6(b) fornece a sequência de contagem desse contador. A coluna *A* representa a casa 1s e o FF 1 realiza a contagem nesse caso. A coluna *B* representa a casa 2s, sendo que a contagem é realizada por FF 2. Na coluna *C*, tem-se a casa 4s, onde a contagem é realizada por FF 3.

Vamos analisar a sequência de contagem deste contador mod-8 observando a Figura 8-6(a) e (b).

> Pulso 1, linha 2:
> Ação do circuito: cada *flip-flop* é acionado pelo pulso.
> > Apenas FF 1 muda de estado porque apenas este dispositivo possui níveis 1 aplicados às entradas *J* e *K*.

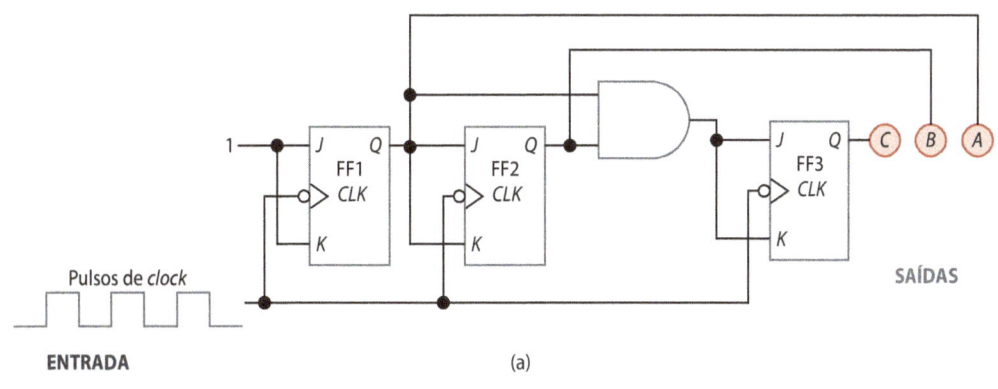

LINHA	NÚMERO DE PULSOS DE CLOCK	SEQUÊNCIA DE CONTAGEM BINÁRIA			CONTAGEM DECIMAL
		C	B	A	
1	0	0	0	0	0
2	1	0	0	1	1
3	2	0	1	0	2
4	3	0	1	1	3
5	4	1	0	0	4
6	5	1	0	1	5
7	6	1	1	0	6
8	7	1	1	1	7
9	8	0	0	0	0

(b)

Figura 8-6 Contador síncrono de três *bits*. (a) Diagrama lógico. (b) Sequência de contagem.

Resultado na saída: 001 (número decimal 1).

Pulso 2, linha 3:
  Ação do circuito: cada *flip-flop* é acionado pelo pulso.
    Dois *flip-flops* mudam de estado porque possuem níveis 1 aplicados às respectivas entradas J e K.
    FF 1 e FF 2 mudam de estado.
    FF 1 muda do nível 1 para 0.
    FF 2 muda do nível 0 para 1.
  Resultado na saída: 010 (número decimal 2).

Pulso 3, linha 4:
  Ação do circuito: cada *flip-flop* é acionado pelo pulso.
    Apenas um *flip-flop* muda de estado.
    FF 1 muda do nível 0 para 1.
  Resultado na saída: 011 (número decimal 3).

Pulso 4, linha 5:
  Ação do circuito: cada *flip-flop* é acionado pelo pulso.
    Todos os *flip-flops* mudam para o estado oposto.
    FF 1 muda do nível 1 para 0.
    FF 2 muda do nível 1 para 0.
    FF 3 muda do nível 0 para 1.
  Resultado na saída: 100 (número decimal 4).

Pulso 5, linha 6:
  Ação do circuito: cada *flip-flop* é acionado pelo pulso.
    Apenas um *flip-flop* muda de estado.

FF 1 muda do nível 0 para 1.
Resultado na saída: 101 (número decimal 5).

Pulso 6, linha 7:
Ação do circuito: cada *flip-flop* é acionado pelo pulso.
Dois *flip-flops* mudam de estado.
FF 1 muda do nível 1 para 0.
FF 2 muda do nível 0 para 1.
Resultado na saída: 110 (número decimal 6).

Pulso 7, linha 8:
Ação do circuito: cada *flip-flop* é acionado pelo pulso.
Apenas um *flip-flop* muda de estado.
FF 1 muda do nível 0 para 1.
Resultado na saída: 111 (número decimal 7).

Pulso 8, linha 9:
Ação do circuito: cada *flip-flop* é acionado pelo pulso.
Todos os *flip-flops* mudam de estado.
FF 1 muda do nível 1 para 0.
FF 2 muda do nível 1 para 0.
FF 3 muda do nível 1 para 0.
Resultado na saída: 000 (número decimal 0).

Agora, a explicação sobre o funcionamento do contador síncrono de três *bits* foi concluída. Note que os *flip-flops* J-K são utilizados no modo de mudança de estado (J e K com nível 1) ou de manutenção (J e K com nível 0).

Contadores síncronos são encontrados mais frequentemente na forma de CIs, disponíveis nas formas TTL e CMOS.

Teste seus conhecimentos

>> *Contadores decrescentes*

Até o momento, foram utilizados contadores para a realização de contagens crescentes (0, 1, 2, 3, 4, …). Por outro lado, às vezes a contagem decrescente (9, 8, 7, 6, 5, …) é necessária, sendo que essa função é desempenhada por um contador decrescente.

O diagrama lógico de um *contador assíncrono decrescente mod-8* é apresentado na Figura 8-7(a), sendo que a sequência de contagem nesse caso é dada na Figura 8-7(b). Note a semelhança do contador da Figura 8-7(a) com o dispositivo mostrado na Figura 8-2(a). A única diferença reside na conexão da saída Q de FF 1 à entrada CLK de FF 2, bem como à conexão da saída Q de FF 2 à entrada CLK de FF 3, sendo que isso ocorre em um contador crescente. No contador decrescente, a entrada $\overline{Q}$ de um dado *flip-flop* é conectada à entrada CLK do dispositivo seguinte. Note que o contador decrescente possui uma entrada de pré-ajuste (PS) para reajustar o contador no número 111 (número decimal 7) quando uma nova contagem decrescente se inicia. FF 1 corresponde ao valor lugar 1s (coluna *A*) do contador. FF 2 representa o valor lugar 2s (coluna *B*) do contador. Por fim, o valor lugar 8s é representado por FF 3 (coluna *C*).

Teste seus conhecimentos (Figura 8-8)

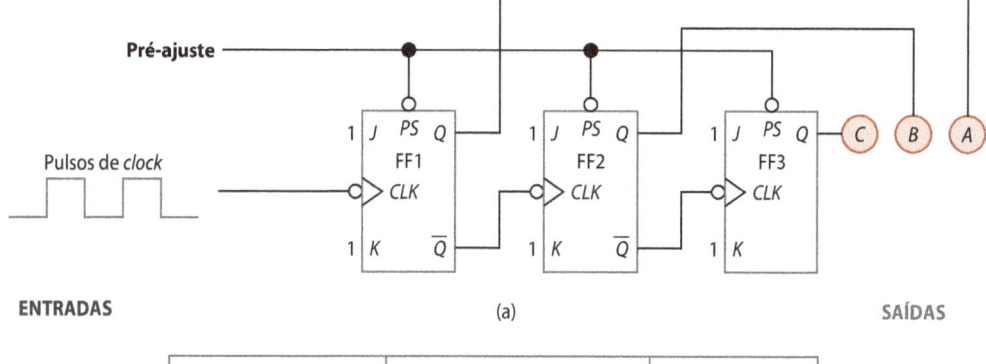

Figura 8-7 Contador assíncrono decrescente de três *bits*. (a) Diagrama lógico. (b) Sequência de contagem.

NÚMERO DE PULSOS DE CLOCK	SEQUÊNCIA DE CONTAGEM BINÁRIA			CONTAGEM DECIMAL
	C	B	A	
0	1	1	1	7
1	1	1	0	6
2	1	0	1	5
3	1	0	0	4
4	0	1	1	3
5	0	1	0	2
6	0	0	1	1
7	0	0	0	0
8	1	1	1	7
9	1	0	0	6

» Contadores com parada automática

O contador decrescente da Figura 8-7(a) realiza uma contagem contínua, isto é, a numeração se inicia em 111, 110 e assim por diante. Entretanto, em algumas aplicações deseja-se que o contador pare quando uma dada sequência é finalizada. A Figura 8-9 mostra como é possível parar um contador decrescente da Figura 8-7 no número 000. Por sua vez, a sequência de contagem é mostrada na Figura 8-7(b). Adiciona-se uma porta OR para aplicar um nível lógico 0 as entradas *J* e *K* de FF 1 quando a contagem nas saídas *C*, *B* e *A* chega a 000. A entrada de pré-ajuste deve ser desabilitada (*PS* em nível 0) novamente para iniciar a contagem em 111 (número decimal 7).

Contadores crescentes ou decrescentes podem ser parados em qualquer número utilizando uma porta lógica ou uma combinação desses dispositivos. A saída da porta é realimentada nas entradas *J* e *K* do primeiro *flip-flop* do contador assíncrono. Os níveis lógicos 0 inseridos nas entradas *J* e *K* de FF 1 na Figura 8-9 permitem que o dispositivo opere em modo de manutenção. Assim, o FF 1 para de mudar de estado, interrompendo a contagem em 000.

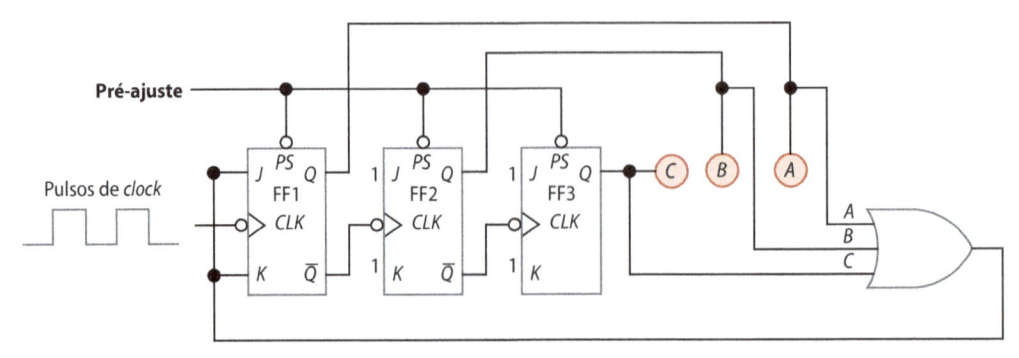

Figura 8-9 Contador assíncrono decrescente de três *bits* com característica de parada automática.

Teste seus conhecimentos

›› Contadores operando como divisores de frequência

Uma aplicação comum e interessante de contadores consiste na divisão de frequência. Um exemplo de um sistema simples utilizando um divisor de frequência é mostrado na Figura 8-10. Pode-se utilizar uma frequência de entrada de 60 Hz adotando-se uma forma de onda senoidal proveniente da rede CA (convertida em uma onda quadrada). O circuito deve dividir a frequência por 60, sendo que a saída será de um pulso por segundo (1 Hz). Esse é um circuito temporizador em segundos.

O diagrama de blocos de um contador de década é representado na Figura 8-11(a). As formas de onda na entrada CLK e no valor lugar 8s (Q_D) são apresentadas na Figura 8-11(b). Note que são necessários 30 pulsos de entrada para produzir três pulsos na saída. Utilizando a divisão, sabe-se que 30÷3 = 10. A saída Q_D do contador de década da Figura 8-11(a) é um contador divisor por 10. Em outras palavras, a frequência em Q_D é igual a apenas um décimo da frequência de entrada na entrada do contador.

Se o contador de década (contador divisor por 10) da Figura 8-10 e um contador mod-6 (contador divisor por 6) forem conectados em série, obtém-se o circuito divisor por 60 mencionado na Figura 8-10. Esse dispositivo é mostrado na Figura 8-12, onde uma onda quadrada de 60 Hz é aplicada na entrada do contador divisor por 6, resultando em uma onda de 10 Hz na saída. A onda de 10 Hz é então aplicada à entrada do contador divisor por 10, fornecendo uma onda de 1 Hz na saída.

Você já sabe que contadores são utilizados como divisores de frequência em diversos dispositivos digitais temporizados, como relógios de pulso e relógios existentes nos painéis dos automóveis. A divisão de frequência também é empregada em contadores de frequência, osciloscópios e receptores de TV.

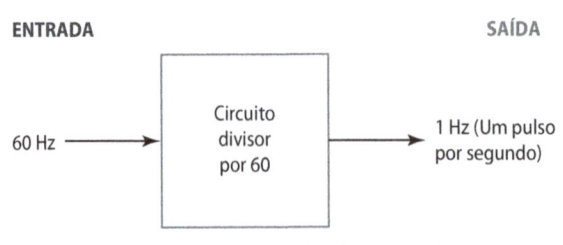

Figura 8-10 Sistema temporizador de 1 segundo.

ENTRADA

Clock

Contador de Década

SAÍDAS

Q_D — D
Q_C — C
Q_B — B
Q_A — A

CLK

(a)

ENTRADA CLK 0 1 2 3 4 5 6 7 8 9 0 1 2 3 4 5 6 7 8 9 0 1 2 3 4 5 6 7 8 9

SAÍDA Q_D

(b)

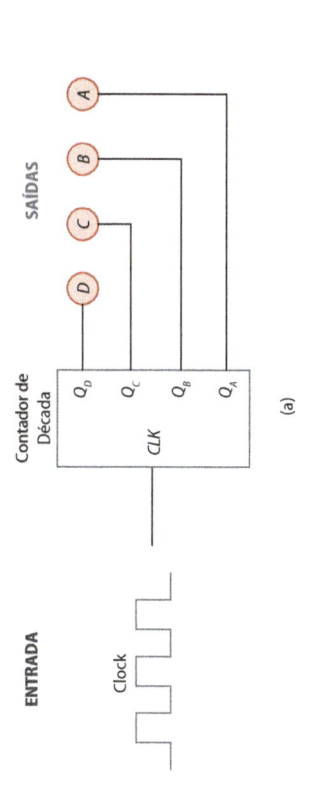

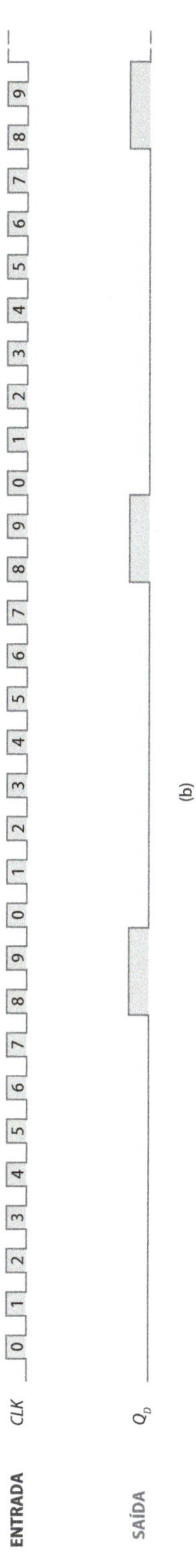

Figura 8-11 Contador de década utilizado como um contador divisor por 10. (a) Diagrama lógico. (b) Formas de onda.

capítulo 8 » Contadores

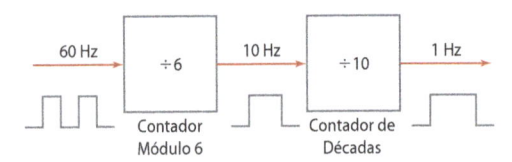

Figura 8-12 Circuito divisor por 60 prático utilizado como um temporizador de 1 segundo.

Teste seus conhecimentos

» CIs contadores TTL

Catálogos de fabricantes contêm uma ampla lista de dispositivos contadores. Esta seção descreve apenas dois tipos representativos de CIs TTL dessa natureza.

» Contador de quatro *bits* 7493

O contador de quatro *bits* TTL 7493 é mostrado em detalhes na Figura 8-13. O diagrama de blocos da Figura 8-13(a) mostra que o CI 7493 possui quatro *flip-flops* J-K utilizados na forma de um contador assíncrono. Observando esse circuito cuidadosamente, verifica-se que os três *flip-flops* mais abaixo na figura são conectados internamente na forma de um contador assíncrono de três *bits*. A saída Q_B é conectada à entrada de *clock* do *flip-flop* J-K de baixo. De forma semelhante, a saída Q_C é conectada à entrada de *clock* do *flip-flop* J-K mostrado na parte inferior do circuito. Verifica-se ainda que o *flip-flop* no topo da figura não possui sua saída Q_A internamente conectada ao *flip-flop* J-K ao próximo *flip-flop* localizado imediatamente abaixo. Para utilizar o CI 7493 como um contador assíncrono de 4 *bits* (mod-16), deve-se conectar externamente a Q_A à entrada B, que representa a entrada CLK do segundo *flip-flop*. A sequência de contagem do CI 7493 utilizado como um contador assíncrono de quatro *bits* é reproduzida na Figura 8-13(c). Considere as entradas J e K de cada *flip-flop*, as quais devem ser permanentemente mantidas em esta-

Sobre a eletrônica

Observando as estrelas

Um telescópio computadorizado poderoso utiliza um feixe laser que funciona como uma "estrela-guia", refletindo a atmosfera a partir da qual o telescópio pode localizar as estrelas verdadeiras. O telescópio utiliza a reflexão como um ponto focal. Um espelho muito fino direcionado ao ponto focal possui 127 atuadores conectados em sua parte traseira, capazes de ajustar as partes de minutos do espelho de 50 a 100 vezes por segundo por meio do computador. Dessa forma, a turbulência do ar não afeta a claridade.

do ALTO para que os *flip-flops* operem em modo de mudança de estado. Note que as entradas de *clock* denotam que os CI 7493 utiliza o disparo pela borda negativa.

Lembre-se que uma porta NAND de duas entradas é utilizada na Figura 8-4 para converter um contador mod-16 em um contador de década. A Figura 8-13(a) mostra que a porta lógica supracitada existe internamente no CI 7493, sendo que $R_{0(1)}$ e $R_{0(2)}$ correspondem a suas respectivas entradas. A tabela de reinicialização/contagem da Figura 8-13(d) mostra que o contador 7493 será reinicializado quando ambas as entradas $R_{0(1)}$ e $R_{0(2)}$ forem ALTAS. Quando uma ou todas as entradas de inicialização forem BAIXAS, a contagem será iniciada. Se as entradas $R_{0(1)}$ e $R_{0(2)}$ estiverem desconectadas, assumirão nível flutuante ALTO, enquanto o CI 7493 estará em modo de reinicialização e não iniciará a contagem. Note que a entrada B na Figura 8-13(d)

(a) DIAGRAMA DE BLOCOS

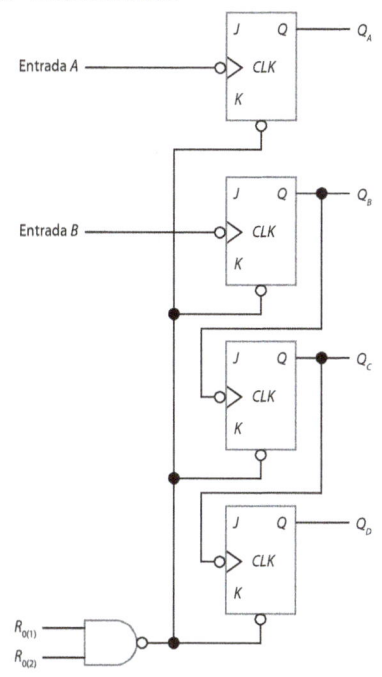

(b) CONFIGURAÇÃO DOS PINOS

As entradas J e K sem conexão são mostradas apenas para fins de referência, sendo funcionais com níveis lógicos altos.

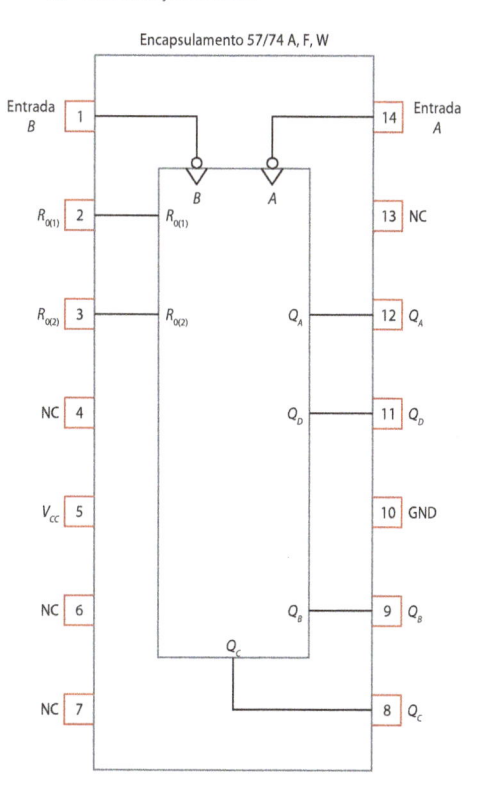

(c) SEQUÊNCIA DE CONTAGEM

Contagem	Saída			
	Q_D	Q_C	Q_B	Q_A
0	L	L	L	L
1	L	L	L	H
2	L	L	H	L
3	L	L	H	H
4	L	H	L	L
5	L	H	L	H
6	L	H	H	L
7	L	H	H	H
8	H	L	L	L
9	H	L	L	H
10	H	L	H	L
11	H	L	H	H
12	H	H	L	L
13	H	H	L	H
14	H	H	H	L
15	H	H	H	H

A saída Q_A é conectada à entrada B.

(d) TABELA COM AS FUNÇÕES REINICIALIZAÇÃO/CONTAGEM

ENTRADAS DE REINICIALIZAÇÃO		SAÍDA			
$R_0(1)$	$R_0(2)$	Q_D	Q_C	Q_B	Q_A
H	H	L	L	L	L
L	X	Contagem			
X	L	Contagem			

Notas:
A. A saída Q_A é conectada à entrada B para a realização da contagem BCD (ou binária).
B. A saída Q_D é conectada à entrada A para a realização da contagem biquinária.
C. H=nível ALTO, L=nível BAIXO, X=condição irrelevante.

Figura 8-13 CI contador binário de quatro *bits* (7493). (a) Diagrama de blocos. (b) Configuração dos pinos. (c) Sequência de contagem. (d) Tabela com as funções de reinicialização/contagem.

denota a utilização do CI 7493 como contador biquinário, de modo que se deve conectar a saída Q_D a Q_A, onde Q_A representa o *bit* mais significativo. O sistema de numeração biquinário é utilizado em ábacos manuais e sorobans.

O contador assíncrono de quatro *bits* 7493 é encapsulado na forma de um CI DIP de 14 pinos, como mostra a Figura 8-13(b). Note a localização incomum dos terminais GND (pino 10) e V_{CC} (pino 5) no CI 7493, os quais normalmente se encontram nas extremidades da maioria dos CIs.

» Contador de década crescente/decrescente 74192

Um segundo CI contador TTL é representado na Figura 8-14, isto é, o CI contador de década crescente/decrescente 74192. Leia a descrição fornecida pelo fabricante do CI na Figura 8-14(a). Como o CI 74192 é um contador síncrono e possui muitas funções, trata-se de um dispositivo muito complexo, como mostra o diagrama lógico reproduzido na Figura 8-14(b). O contador 74192 é encapsulado na forma de um CI DIP de 16 pinos ou SIP de 20 pinos para montagem em superfície. As configurações dos pinos de ambos os tipos de encapsulamento são representadas na Figura 8-14(c), sendo que é apresentada uma vista superior. Note a localização incomum do pino 1 no encapsulamento SIP.

O diagrama de formas de onda na Figura 8-14(d) mostra diversos modos de operação do CI contador 74192, dentre os quais é possível citar a limpeza, pré-ajuste (carga), contagem crescente e contagem decrescente. A entrada de limpeza (*CLR*) do CI 74192 é ativa-ALTA, enquanto a entrada de carga é ativa-BAIXA. Outros modelos semelhantes de contadores síncronos crescentes/decrescentes são os CIs 74LS192 e 74HC192.

Até o momento, provavelmente você já descobriu que nem todas as funções do CI 74912 são utilizadas em algumas aplicações. A Figura 8-15(a) mostra o CI 7492 utilizado como um contador mod-8. Observe novamente a Figura 8-13 e note que diversas entradas e uma saída não são utilizadas. A Figura 8-15(b) representa a aplicação do CI 74192 como um contador de década decrescente. Seis entradas e duas saídas não são utilizadas nesse circuito. Diagramas lógicos simplificados semelhantes aos da Figura 8-15 são mais comuns que os diagramas complexos ilustrados na Figura 8-13(a) e Figura 8-14(b).

Teste seus conhecimentos (Figura 8-16)

» CIs contadores CMOS

Fabricantes de CIs CMOS disponibilizam uma vasta gama de modelos de contadores. Esta seção descreve apenas dois tipos de contadores CMOS.

» Contador binário de quatro *bits* 74HC393

Os diagramas da Figura 8-17 representam o CI contador assíncrono binário de quatro *bits* dual 74HC393, sendo que um diagrama de funções (semelhante a um diagrama lógico) é dado na Figura 8-17(a). Note que o CI possui dois contadores assíncronos binários de quatro *bits*. A tabela na Figura 8-17(b) fornece as respectivas nomenclaturas e funções de cada pino de entrada e saída do CI 74HC393 Note que as entradas de *clock* são denominadas $\overline{CP}$, em vez do termo *CLK* utilizado anteriormente. As nomenclaturas dos pinos variam entre os diversos fabricantes, de modo que se deve consultar a folha de dados do CI para obter as informações corretas sobre seu funcionamento.

Cada contador de quatro *bits* no CI 74HC393 consiste em quatro *flip-flops* T, sendo que esse termo é empregado para representar qualquer *flip-flop* ope-

(a) DESCRIÇÃO

Este circuito monolítico é um contador síncrono reversível (crescente/decrescente), cuja complexidade é equivalente a 55 portas lógicas. A operação síncrona ocorre acionando-se todas as entradas de *clock* dos *flip-flops* simultaneamente, de modo que as saídas mudem coincidentemente entre si de acordo com a lógica utilizada. Esse modo de operação elimina os picos de contagem na saída que normalmente são associados aos contadores assíncronos (por ondulação).
As saídas dos quatro *flip-flops* mestre-escravo mudam de estado através de uma transição de nível BAIXO para ALTO em qualquer entrada do contador (*clock*).
Todos os quatro contadores são totalmente programáveis, ou seja, cada saída pode ser pré-ajustada em qualquer nível inserindo-se os dados desejados nas entradas de dados quando a entrada de carga é BAIXA. A saída mudará de acordo com as entradas de dados independentemente dos pulsos de contagem. Isso permite que os contadores sejam utilizados como divisores de módulo N apenas modificando o tamanho da contagem por meio das entradas de pré-ajuste.
Uma entrada de reinicialização pode ser utilizada, levando todas as saídas a um nível BAIXO quando se aplica um nível ALTO na mesma. Essa função é independente das condições das entradas de contagem e carga. As entradas de apagamento, reinicialização e carga utilizam *buffers* que permitem o aumento da capacidade de fornecimento de corrente, de modo que é necessário um número menor de circuitos de acionamento de *clock* para palavras longas.
Esses contadores são projetados de modo a serem conectados em cascata entre si sem a necessidade do uso de circuitos externos. Ambas as saídas "empresta 1" e "vai 1" permitem que sejam implementadas as funções de contagem crescente e decrescente. A saída "empresta 1" produz um pulso igual à entrada de contagem decrescente quando o contador chega a zero. De forma análoga, a saída "vai 1" produz um pulso com mesma largura da entrada de contagem crescente quando o valor máximo é atingido. Os contadores podem ser facilmente conectados em cascata conectando-se as saídas "empresta 1" e "vai 1" às entradas de contagem decrescente e crescente do contador seguinte, respectivamente.

(b) DIAGRAMA LÓGICO

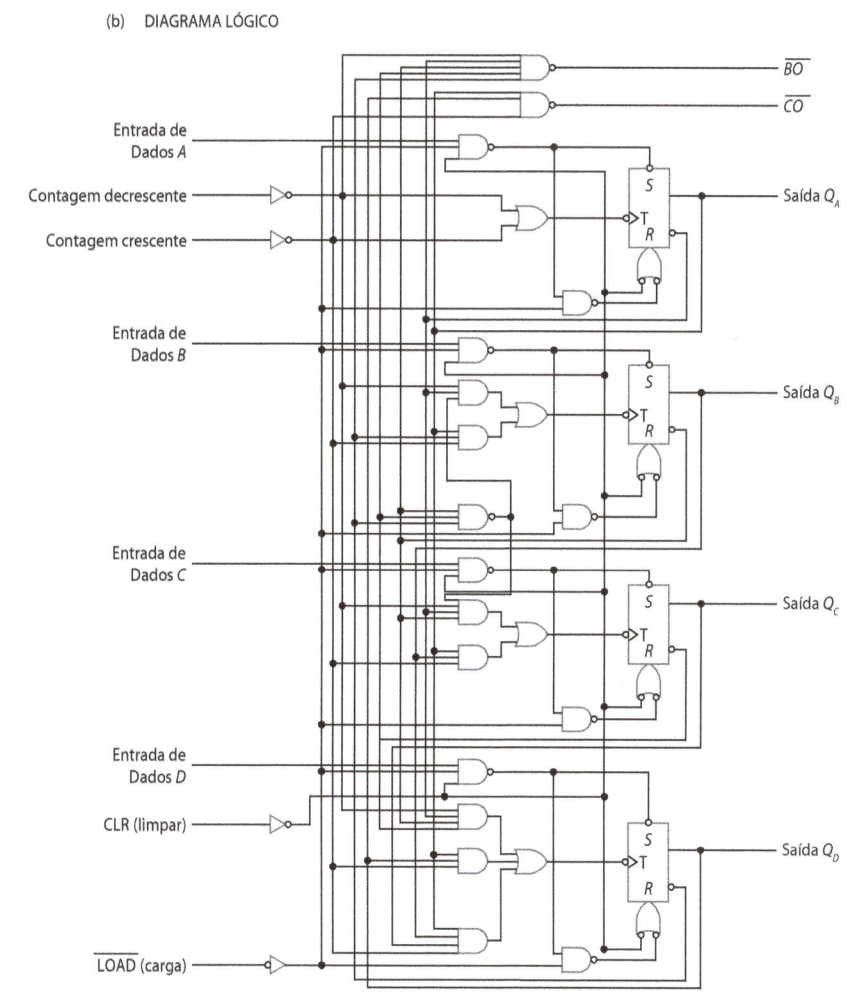

Figura 8-14 CI contador de década crescente/decrescente síncrono (74192). (a) Descrição. (b) Diagrama lógico.

(c) CONFIGURAÇÕES DOS PINOS

(Vista superior)

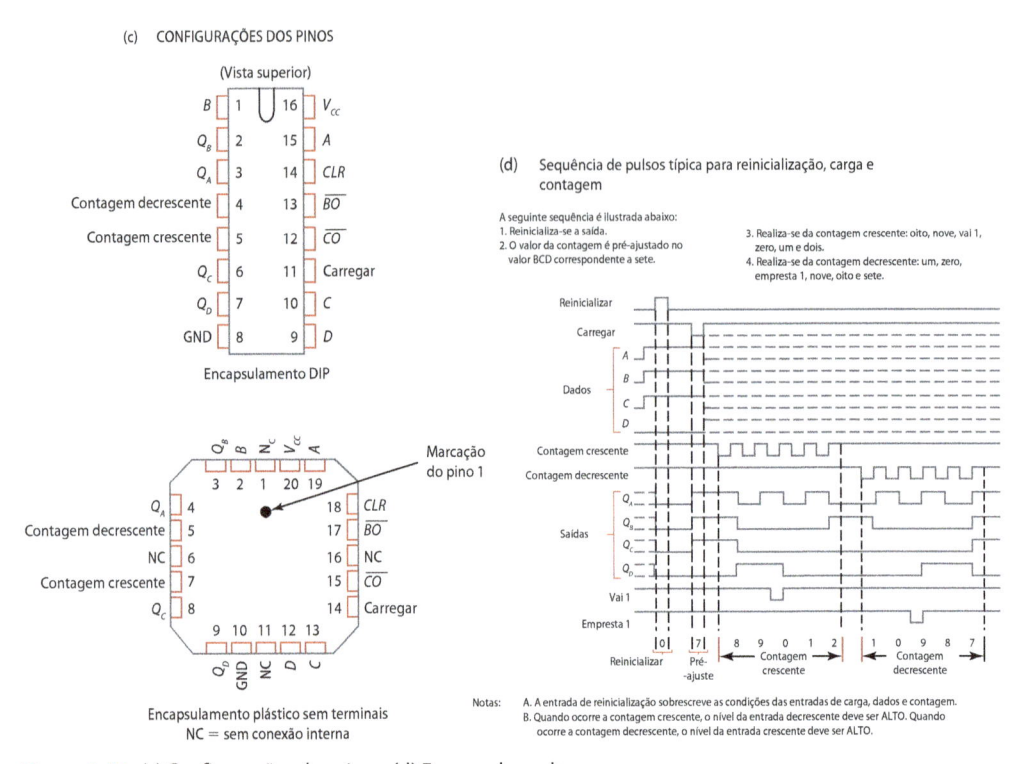

Encapsulamento DIP

Encapsulamento plástico sem terminais
NC = sem conexão interna

(d) Sequência de pulsos típica para reinicialização, carga e contagem

A seguinte sequência é ilustrada abaixo:
1. Reinicializa-se a saída.
2. O valor da contagem é pré-ajustado no valor BCD correspondente a sete.
3. Realiza-se da contagem crescente: oito, nove, vai 1, zero, um e dois.
4. Realiza-se da contagem decrescente: um, zero, empresta 1, nove, oito e sete.

Notas:
A. A entrada de reinicialização sobrescreve as condições das entradas de carga, dados e contagem.
B. Quando ocorre a contagem crescente, o nível da entrada decrescente deve ser ALTO. Quando ocorre a contagem decrescente, o nível da entrada crescente deve ser ALTO.

Figura 8-14 (c) Configurações dos pinos. (d) Formas de onda.

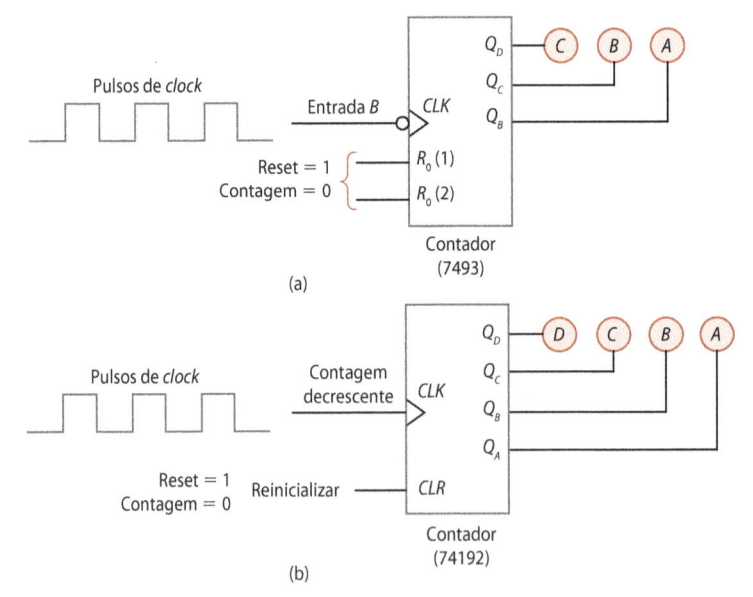

Figura 8-15 (a) CI 7493 utilizado como um contador mod-8. (b) CI 74192 utilizado como um contador de década decrescente.

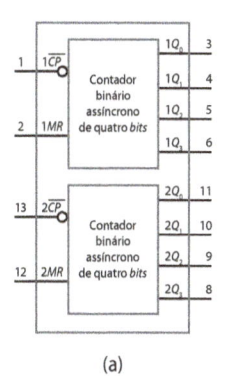

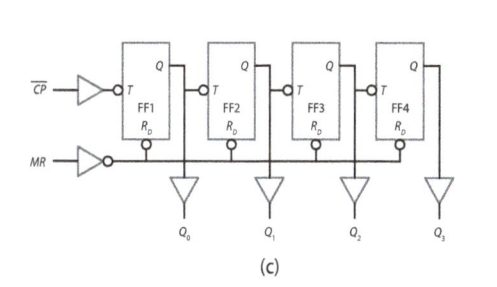

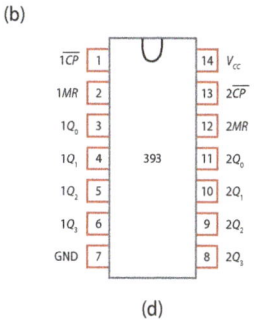

Figura 8-17 CI CMOS contador binário dual de 4 *bits* (74HC393). (a) Diagrama de funções. (b) Descrições dos pinos. (c) Diagrama lógico detalhado. (d) Diagrama de pinos.

rando em modo de mudança de estado (em inglês, *toggle*). Essa representação é dada na Figura 8-17(c). Note que a entrada *MR* é um pino de reinicialização mestre assíncrona. Os pinos *MR* correspondem a entradas ativas-ALTAS. Em outras palavras, um nível ALTO na entrada *MR* se sobreporá ao estado do *clock* e reinicializará o contador para 0000.

O diagrama de pinos do CI 74HC393 é reproduzido na Figura 8-17(d), onde é apresentada a vista superior do CI DIP. A sequência de contagem do contador 74HC393 começa no número binário 0000 e se encerra em 1111 (de 0 a 15 em números decimais).

O diagrama funcional da Figura 8-17(a) e o diagrama lógico da Figura 8-17(c) mostram que os contadores são disparados em uma transição do pulso de *clock* do nível ALTO para BAIXO. As saídas (Q_0, Q_1, Q_2, Q_3) do contador são assíncronas, isto é, não são exatamente sincronizadas com o pulso de *clock*. Como ocorre em todos os contadores assíncronos, há um pequeno atraso nas saídas porque o primeiro *flip-flop* dispara o segundo, que por sua vez dis-

para o terceiro dispositivo e assim por diante. Note que o símbolo ">" nas entradas de *clock* (entradas $\overline{CP}$) foi omitido por esse fabricante. Novamente, deve-se ressaltar que há muitas variações na nomenclatura e diagramas lógicos utilizados pelos diversos fabricantes.

» Contador binário de quatro *bits* crescente/decrescente 74HC193

O segundo CI CMOS contador que será apresentado é o CI contador síncrono binário de quatro *bits* pré-ajustável crescente/decrescente 74HC193. Esse contador possui um número maior de funções que o CI 74HC393, sendo que as informações fornecidas pelo fabricante são apresentadas na Figura 8-18.

O diagrama de funções é representado na Figura 8-18(a), sendo que a descrição dos pinos é dada na Figura 8-18(b). O CI 74HC193 possui duas en-

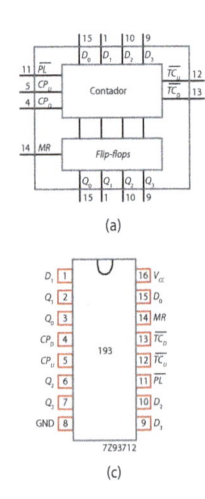

DESCRIÇÃO DOS PINOS

NÚMERO DO PINO	SÍMBOLO	NOMENCLATURA E FUNÇÃO
3, 2, 6, 7	Q_0 a Q_3	Saídas dos flip-flops
4	CP_D	Entrada de clock decrescente
5	CP_U	Entrada de clock crescente
8	GND	Terra (0 v)
11	$\overline{PL}$	Entrada de carga paralela assíncrona (ativa-BAIXA)
12	$\overline{TC_U}$	Saída de contagem crescente (vai 1) terminal (ativa-BAIXA)
13	$\overline{TC_D}$	Saída de contagem decrescente (empresta 1) terminal (ativa-BAIXA)
14	MR	Entrada de reinicialização assíncrona mestre (ativa-ALTA)
15, 1, 10, 9	D_0 a D_3	Entradas de dados
16	V_{CC}	Tensão de alimentação positiva

* BAIXO para ALTO, disparo pela borda

(b)

MODO DE OPERAÇÃO	ENTRADAS								SAÍDAS					
	MR	$\overline{PL}$	CP_U	CP_D	D_0	D_1	D_2	D_3	Q_0	Q_1	Q_2	Q_3	$\overline{TC_U}$	$\overline{TC_D}$
Reinicialização (limpeza)	H	X	X	L	X	X	X	X	L	L	L	L	H	L
	H	X	X	H	X	X	X	X	L	L	L	L	H	H
Carga paralela	L	L	X	L	L	L	L	L	L	L	L	L	H	L
	L	L	X	H	L	L	L	L	L	L	L	L	H	H
	L	L	L	X	H	H	H	H	H	H	H	H	L	H
	L	L	H	X	H	H	H	H	H	H	H	H	H	H
Contagem crescente	L	H	↑	H	X	X	X	X	Contagem crescente				H*	H
Contagem decrescente	L	H	H	↑	X	X	X	X	Contagem decrescente				H	H**

* $\overline{TC_U}$ = CP_U na contagem crescente terminal (HHHH)
** $\overline{TC_D}$ = CP_U na contagem decrescente terminal (LLLL)

H = nível lógico ALTO
L = nível lógico BAIXO
X = condição irrelevante
↑ = transição de pulso de clock de BAIXO para ALTO

(d)

(1) A entrada "limpar" sobrescreve as condições das entradas de carregamento, dados e contagem.
(2) Quando ocorre a contagem crescente, o nível da entrada decrescente (CP_D) deve ser alto. Quando ocorre a contagem decrescente, o nível da entrada crescente (CP_U) deve ser alto.

Sequência:
1. Reinicializa-se a saída.
2. O valor da contagem é pré-ajustado no valor binário correspondente a treze.
3. Realiza-se da contagem crescente: quatorze, quinze, vai 1, zero, um e dois.
4. Realiza-se da contagem decrescente: um, zero, empresta 1, quinze, quatorze e treze.

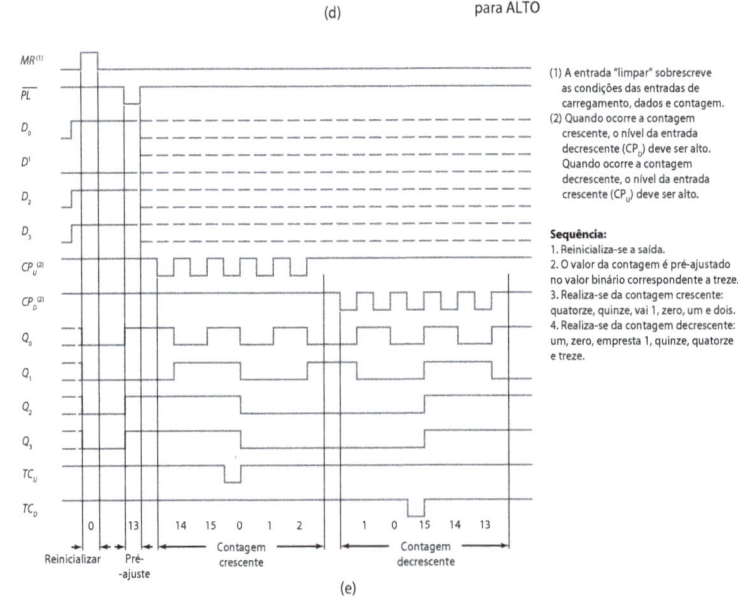

Figura 8-18 CI CMOS contador síncrono crescente/decrescente de 4 bits pré-ajustável. (a) Diagrama de funções. (b) Descrições dos pinos. (c) Diagrama de pinos. (d) Tabela verdade. (e) Sequência de pulsos típica para as entradas de reinicialização, pré-ajuste e contagem.

> **Sobre a eletrônica**
>
> **Dispositivos no campo da medicina**
> - No passado, eram necessárias grandes quantidades de sangue para a realização de testes diversos, pois os dispositivos utilizados não eram capazes de lidar com pequenas amostras. Um novo método utiliza uma ampola do tamanho de uma pequena moeda, de modo que o líquido desloca-se eletricamente no interior de um *chip* de computador entre canais que transportam o sangue em vez de fios. Ao se utilizar esse método, é necessária uma quantidade de sangue inferior a um bilionésimo de um litro.
> - Distúrbios internos ao corpo humano como problemas renais, os quais podem causar cicatrizes internas, podem ser diagnosticados quando profissionais da área de saúde utilizam técnicas de ultrassom associado ao toque. Quando os órgãos não se movem livremente, a área é cicatrizada.

tradas de *clock* (CP_U e CP_D), sendo que uma dessas é utilizada na contagem crescente (CP_U) e a outra é empregada na contagem decrescente (CP_D). A Figura 8-18(b) mostra que as entradas de *clock* são disparadas pela borda quando há a transição do pulso do nível BAIXO para ALTO.

A tabela verdade do CI 74HC193 é representada na Figura 8-18(d). Os modos de operação do contador mostrado à esquerda fornecem uma noção sobre as funções variadas do CI, cujos respectivos modos de operação são reinicialização, carga paralela, contagem crescente e contagem decrescente. A tabela verdade da Figura 8-18(d) também permite identificar claramente os pinos que correspondem às entradas e às saídas.

Sequências típicas para limpeza (reinicialização), carga paralela, contagem crescente e contagem decrescente no contador são ilustradas, sendo que as formas de onda são úteis no sentido de determinar o modo de operação do CI.

As Figuras 8-19 e 8-20 mostram duas aplicações possíveis dos CIs CMOS contadores estudados nesta seção. A Figura 8-19 representa o diagrama lógico de um CI 74HC393 utilizado como um contador binário de quatro *bits* simples. O pino *MR* (reinicialização mestre) pode possuir um nível 0 ou 1. A entrada *MR* é ativa-ALTA, de modo que um nível 1 reinicializa as saídas binárias para 0000. Quando há um nível lógico 0 em *MR*, o CI realiza a contagem crescente no sistema binário de 0000 a 1111.

O CI CMOS 74HC393 é um tipo de contador mais sofisticado. A Figura 8-20 representa um contador mod-6, cuja contagem se inicia em 001 e se encerra em 110 (de 1 a 6 no sistema decimal). Esse tipo de circuito pode ser útil em aplicações como um jogo eletrônico de dados, onde as faces de um dado são representadas pelos números de 1 a 6. A porta NAND no contador mod-6 ativa a entrada de carga paralela assíncrona ($\overline{PL}$) com

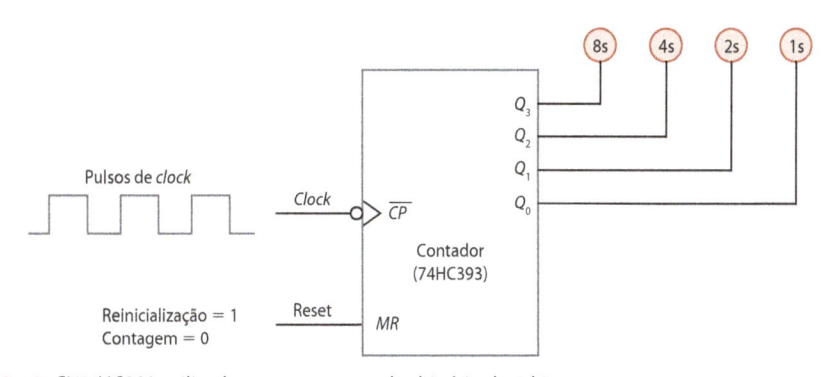

Figura 8-19 CI 74HC393 utilizado como um contador binário de 4 *bits*.

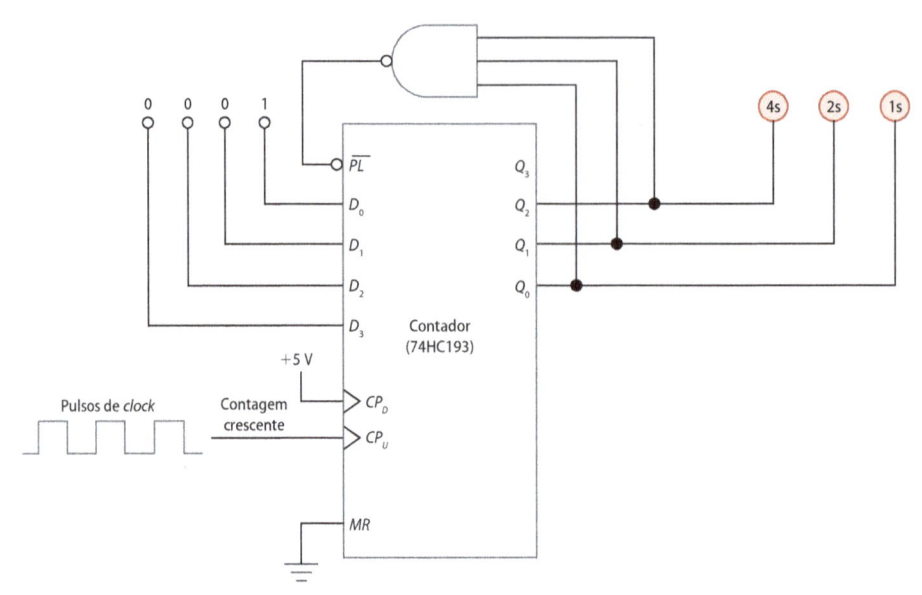

Figura 8-20 CI 74HC193 utilizado como um contador de módulo 6.

um nível lógico baixo imediatamente quando a contagem assume o valor limite 0110. O contador é então carregado com os *bits* 0001, o qual é permanentemente carregado por meio das entradas de dados (D_0 a D_3). Os pulsos de *clock* são aplicados à entrada de contagem crescente (CP_U). A entrada de contagem decrescente (CP_D) deve ser conectada a +5 V e o pino de reinicialização mestre (*MR*) deve ser aterrado para desabilitar essas entradas e permitir que o contador funcione. O circuito contador mod-6 da Figura 8-20 demonstra a flexibilidade do CI contador síncrono binário de quatro *bits* pré-ajustável crescente/decrescente 74HC193.

Teste seus conhecimentos

❯❯ Contador BCD de três dígitos

Historicamente, um número cada vez maior de funções tem sido agregado em um único CI. O CI contador BCD de três dígitos demonstra essa tendência e também utiliza alguns dos dispositivos que foram estudados anteriormente.

O CI contador BCD de três dígitos 4553 (MCI4553) será estudado nesta seção, sendo que seu respectivo diagrama de blocos é mostrado na Figura 8-21(a). Note que o CI 4553 possui três contadores de década conectados em cascata. Essa conexão em cascata indica que contador BCD que corresponde ao valor lugar 1s aciona o circuito contador 10s quando a contagem se reinicia de 1001_{BCD} para 0000_{BCD}. De forma semelhante, contador 10s dispara o contador 100s quando a contagem se reinicia de 1001_{BCD} para 0000_{BCD}. As saídas BCD dos três contadores são conectadas a três *latches* transparentes de quatro *bits*. Os dados BCD são então transferidos a um circuito *display* multiplexado, que acionará três *displays* de sete segmentos.

O CI contador BCD 4553 mostrado na Figura 8-21(a) também possui um circuito que converte pulsos de entrada em formas de onda quadradas.

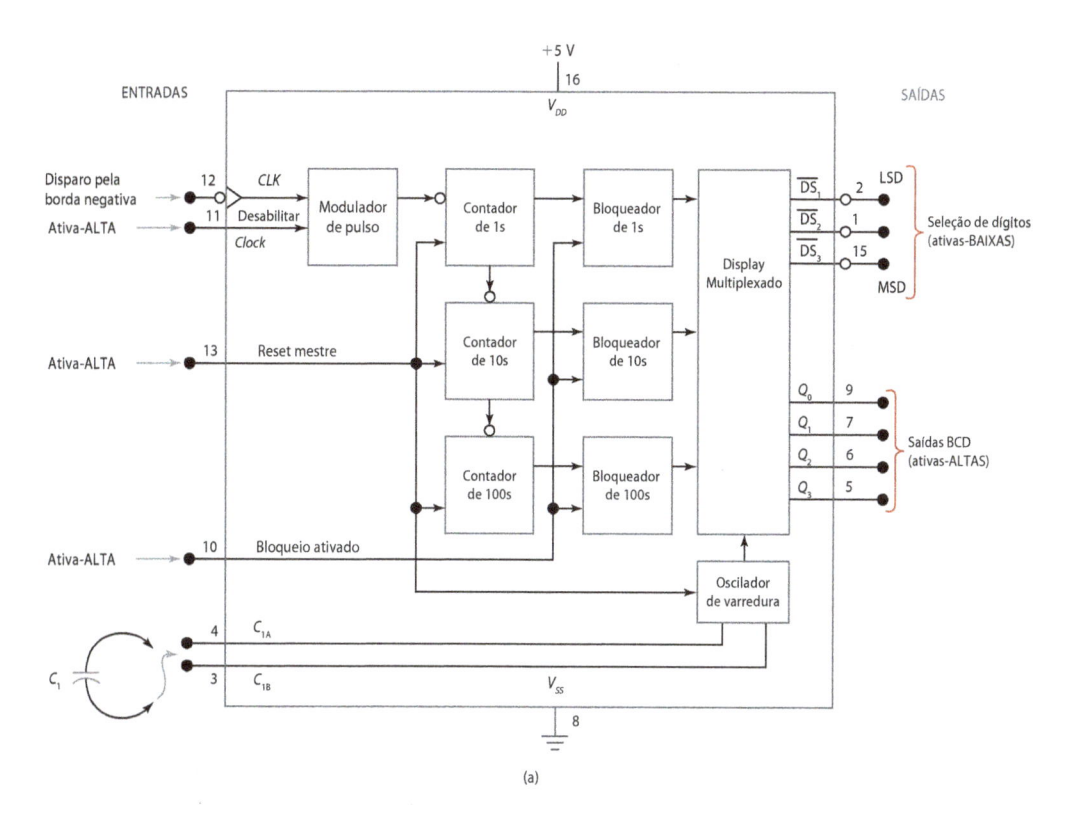

Tabela Verdade Parcial – CI Contador BCD de 3 dígitos 4553

Modo de operação	ENTRADAS				SAÍDAS
	MR	CLK	DIS	LE	
Reset mestre	1	X	X	0	0000 0000 0000$_{BCD}$
Contagem crescente	0	↓	0	0	Avançar a contagem em 1
Desabilitar *clock*	0	X	1	0	Não há mudanças
Saídas de bloqueio	0	X	X	1	Bloqueia dados BCD
	Reset mestre	Clock	Desabilitar clock	Bloqueio ativado	

0 = BAIXO
1 = ALTO
↓ = transição de pulso de clock de ALTO para BAIXO
X = Irrelevante

(b)

Figura 8-21 CI contador BCD de 3 dígitos 4553. (a) Diagrama de blocos funcional. (b) Tabela verdade parcial.

A entrada *CLK* (*clock*) do CI 4553 possui disparo pela borda negativa. O circuito *display* multiplexado liga apenas um dos três *displays* decimais por vez, aplicando a saída BCD correta ao dispositivo. A multiplexação deve ocorrer em uma taxa que varia entre 40 e 80 Hz. Um capacitor externo (C_1) pode ser conectado entre os pinos C_{1A} e C_{1B} do CI para ajustar a frequência de varredura do oscilador. Valores típicos para C_1 são da ordem de 0,001 F.

As entradas de desativação de *clock*, reinicialização e ativação do bloqueio do CI contador 4553 são todas ativas-ALTAS, da mesma forma que as saídas BCD de quatro *bits* ($Q_0 - Q_3$). Os pinos de seleção de dígito (DS_1, DS_2 e DS_3) correspondem a saídas ativas-BAIXAS.

A tabela verdade do CI contador BCD de três dígitos mostrada na Figura 8-21(b) apresenta alguns modos de operação bastante úteis, embora outras combinações sejam possíveis para as entradas. Quando o pino de entrada *MR* assume nível ALTO, as saídas são reinicializadas para 0000 0000 0000$_{BCD}$. O modo de reinicialização mestre é mostrado na linha 1 da tabela verdade da Figura 8-21(b). O modo de contagem crescente é apresentado na linha 2 da tabela verdade. Na transição do pulso de *clock* do nível ALTO para BAIXO, a contagem BCD avançará em 1. Note na Figura 8-21(a) que apenas o contador 1s é disparado pelos pulsos de *clock* de entrada. O contador 10s é disparado pela saída do contador 1s, ao passo que o contador 100s é disparado pela saída do contador 10s (operação em cascata). O modo de desativação de *clock* ocorre quando o pino de entrada DESATIVAR assume nível ALTO. Assim, os pulsos de *clock* não são aplicados ao contador 1s e a saída BCD permanece a mesma.

Os três contadores BCD são constituídos por 12 *flip-flops* T que possuem característica de memória. Existe uma segunda camada de memória no CI 4553 na forma de três *latches* transparentes de quatro *bits*. Quando a entrada *LE* (bloqueio ativado) do CI 4553 possui nível BAIXO, os três *latches* transferem dados diretamente através do multiplexador, de acordo com o diagrama da Figura 8-21(a). Nessa condição, diz-se que o *latch* é transparente. Quando a entrada *LE* (bloqueio ativado) do CI 4553 possui nível ALTO, a última contagem assumida pelos três contadores é bloqueada nas entradas do *display* multiplexado. É importante ressaltar que contadores BCD podem manter uma contagem crescente mesmo quando a entrada *LE* (bloqueio ativado) está ativada. Entretanto, a saída BCD será exibida na forma do número existente no momento do bloqueio.

Uma aplicação simples do CI contador BCD de três dígitos é apresentada na Figura 8-22. Após a ativação da entrada MR (reinicialização mestre), o CI 4553 conta o número de pulsos de entrada de forma acumulativa. O *display* multiplexado ativa um *display* de sete segmentos a LEDs por vez de forma rápida e sucessiva. Primeiramente, como o *display* a LEDs 1s é ativado por um nível BAIXO proveniente da saída $\overline{DS_1}$ do CI 4553, os dados BCD corretos são enviados do contador 1s para o decodificador 4543 e traduzidos em um código de sete segmentos que corresponde a determinados segmentos acesos. Depois, como o *display* a LEDs 10s é ativado por um nível BAIXO proveniente da saída $\overline{DS_2}$ do CI 4553, os novos dados BCD do contador 10s são decodificados pelo CI 4543 e exibidos pelo display a LEDs 10s. Em seguida, como o *display* a LEDs 100s é ativado por um nível BAIXO proveniente da saída $\overline{DS_3}$ do CI 4553, os novos dados BCD do contador 100s são decodificados pelo CI 4543 e exibidos pelo display a LEDs 100s. O bloco multiplexador no interior do CI 4553 aciona um *display* por vez de forma rápida e sucessiva. Para o olho humano, aparentemente os *displays* multiplexados de sete segmentos parecerão continuamente acesos mesmo que sejam ligados e desligados várias vezes por segundo.

Teste seus conhecimentos

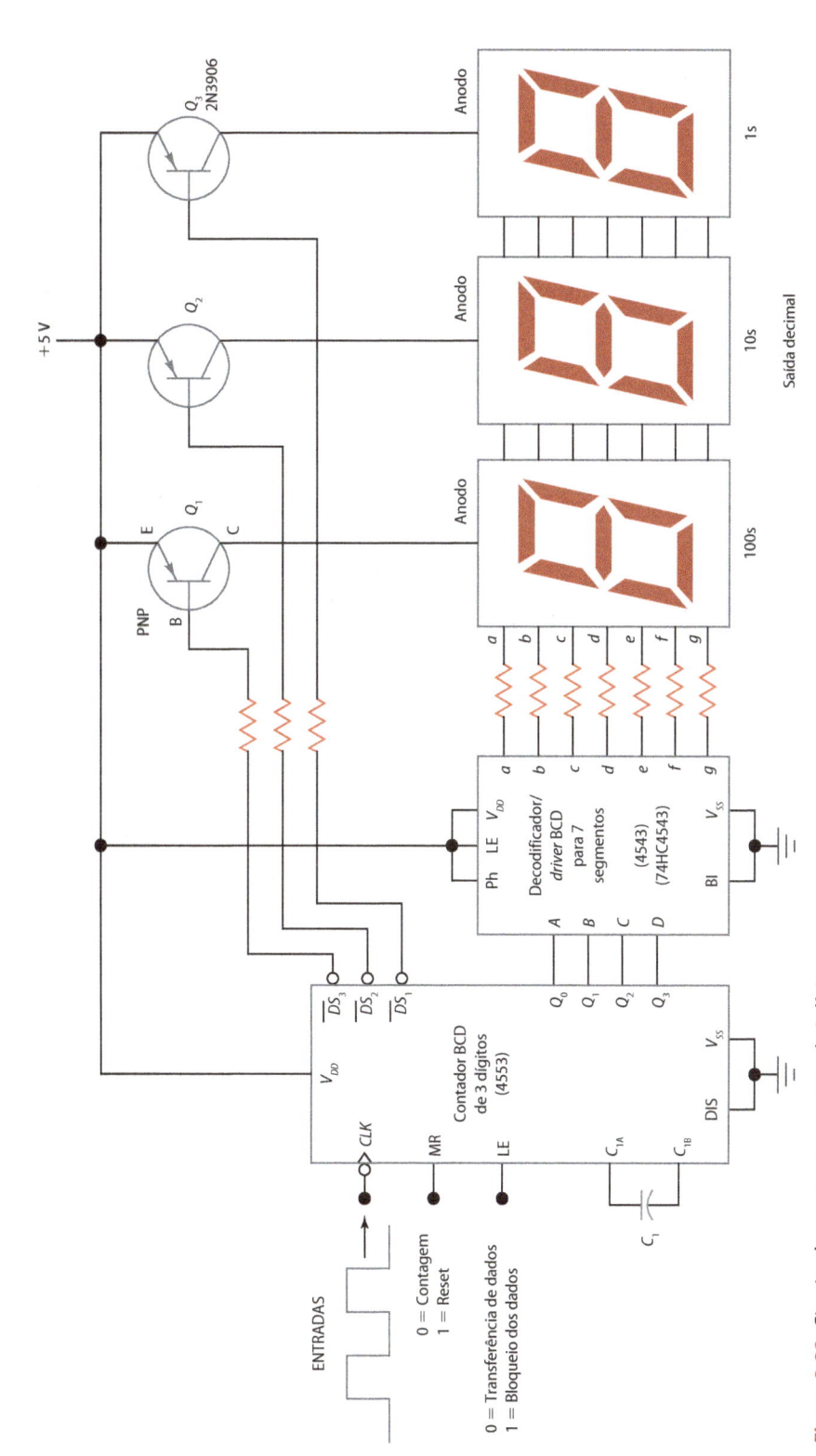

Figura 8-22 Circuito de contagem crescente de 3 dígitos.

capítulo 8 » Contadores

❯❯ Contagem em eventos do mundo real

Como foi anteriormente mencionado, o processamento de energia em sistemas digitais não é útil quando não se consegue inserir dados na entrada e obter dados na saída. O diagrama de blocos da Figura 8-23(a) representa um resumo dos sistemas estudados até o momento. Na área de processamento digital, foram estudadas as lógicas combinacional e sequencial. Diversos codificadores e decodificadores foram utilizados no interfaceamento. Muitos dispositivos de saída foram analisados, a exemplo de LEDs, *displays* de sete segmentos a LEDs, LCD e VF, lâmpadas incandescentes, campainhas, relés, motores CC, motores de passo e servomotores. Alguns dispositivos de entrada foram utilizados, como multivibradores (astáveis e monoestáveis), chaves, sensores de efeito Hall e moduladores por largura de pulso. Nesta seção, um novo dispositivo de entrada será abordado.

O diagrama de blocos que representa o sistema estudado nesta seção é mostrado na Figura 8-23(b). A *codificação ótica* será utilizada na entrada, o contador realizará a contagem e o *display* de sete segmentos exibirá o resultado na saída. O módulo interruptor optoacoplado identificará a interrupção do feixe de luz infravermelha e enviará um sinal ao dispositivo modificador de formas de onda, que será repassado para o contador/acumulador de década. Finalmente, a contagem BCD será decodificada e o número de seções que foram deslocadas no disco codificador será exibido no *display*, de acordo com a leitura efetuada pelo módulo interruptor optoacoplado estático.

O módulo interruptor optoacoplado possui um feixe emissor de luz infravermelha que atravessa o disco, sendo este apontado para um fototransistor. O símbolo esquemático do módulo é representado na Figura 8-24(a). Se a corrente circula através do diodo no terminal emissor (*E*), o fototransistor NPN é ativado no lado detector (*D*) do módulo. Se a luz proveniente do LED é bloqueada, o fototran-

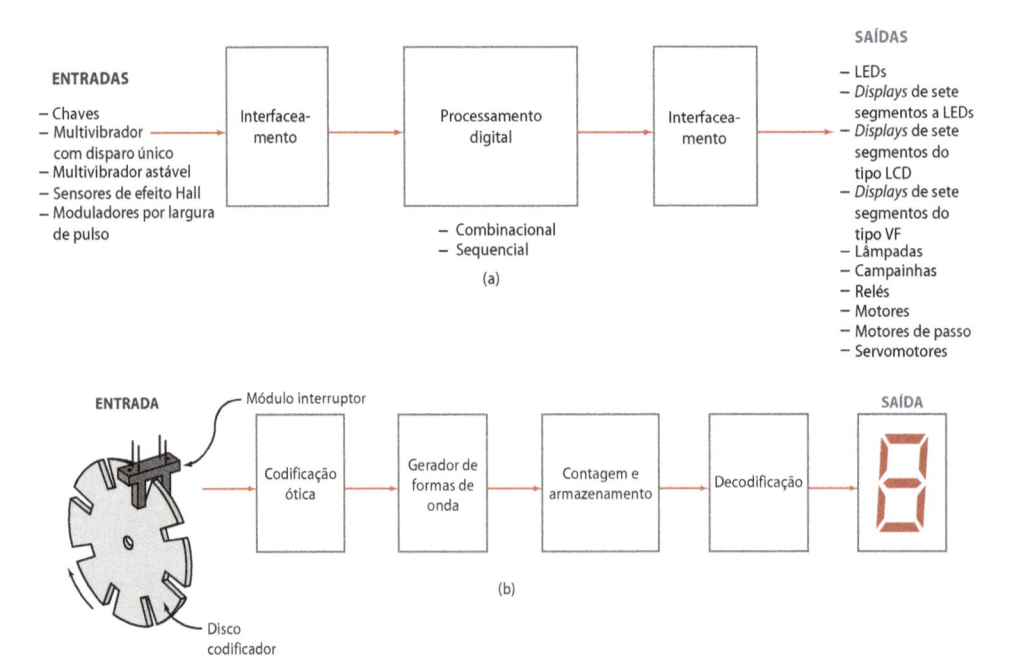

Figura 8-23 (a) Entradas, processamento e saída típicos de um sistema digital. (b) Módulo interruptor codificando oticamente o disco que aciona o contador.

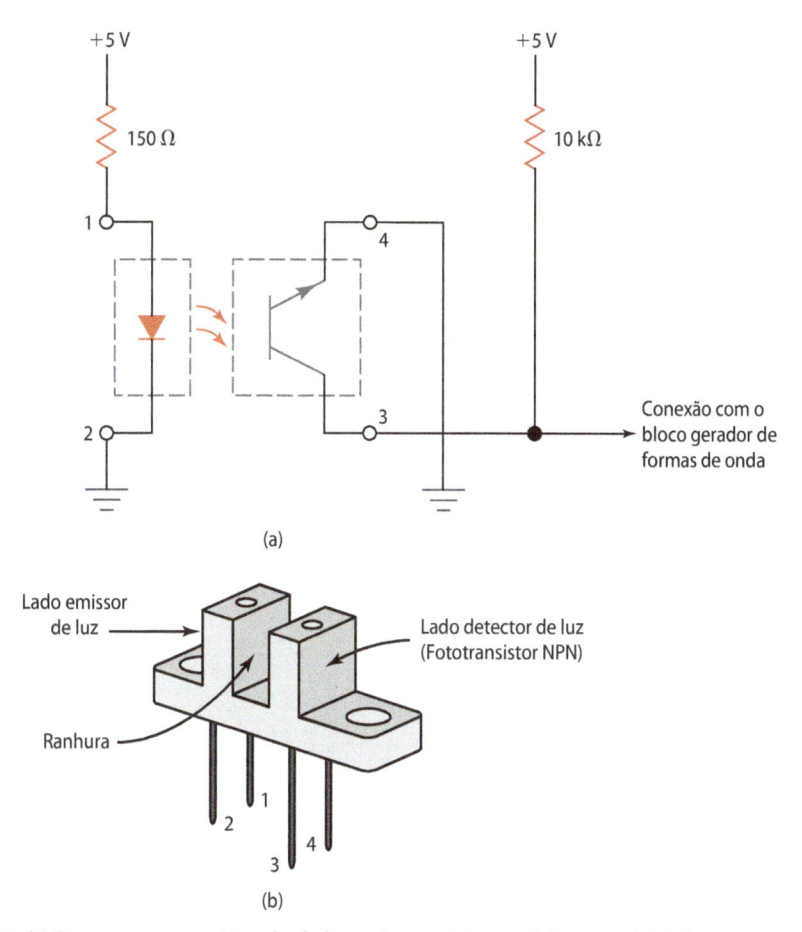

Figura 8-24 (a) Diagrama esquemático dos lados emissor e detector de luz no módulo interruptor com acoplamento ótico. (b) Representação do módulo interruptor optoacoplado H21A1 (tipo com ranhuras).

sistor no lado detector do módulo é desativado (bloqueado). O módulo interruptor optoacoplado H21A1 (ECG3100) é mostrado na Figura 8-24(b). Note que os pinos 1 e 2 do dispositivo representam o lado emissor ou são conectados ao diodo emissor de luz infravermelha. A conexão típica do lado emissor do módulo é representada na Figura 8-24(a). Os pinos 3 e 4 são utilizados no lado detector ou são conectados ao fototransistor NPN. A conexão do lado detector do módulo interruptor utilizando um resistor *pull-up* de 10 kΩ também é mostrada na Figura 8-24(a). O sinal proveniente do lado detector é então enviado ao circuito modificador de formas de onda.

O diagrama esquemático de um sistema simples que conta o número de pulsos provenientes do módulo interruptor optoacoplado é apresentado na Figura 8-25. Quando um objeto opaco interrompe o feixe de luz no módulo, o fototransistor é desativado (bloqueado) e a entrada do inversor Schmitt *trigger* torna-se ALTA em virtude do resistor *pull-up* de 10 kΩ. A saída do inversor muda do nível ALTO para BAIXO. Quando o objeto opaco é removido, o feixe de luz infravermelha passa a atravessar a ranhura chegando ao fototransistor, que é então ativado, de modo que a tensão no pino 3 do inversor muda do nível ALTO para BAIXO. Assim, a saída do circuito modificador de forma de onda muda do nível BAIXO para ALTO, acionando o CI

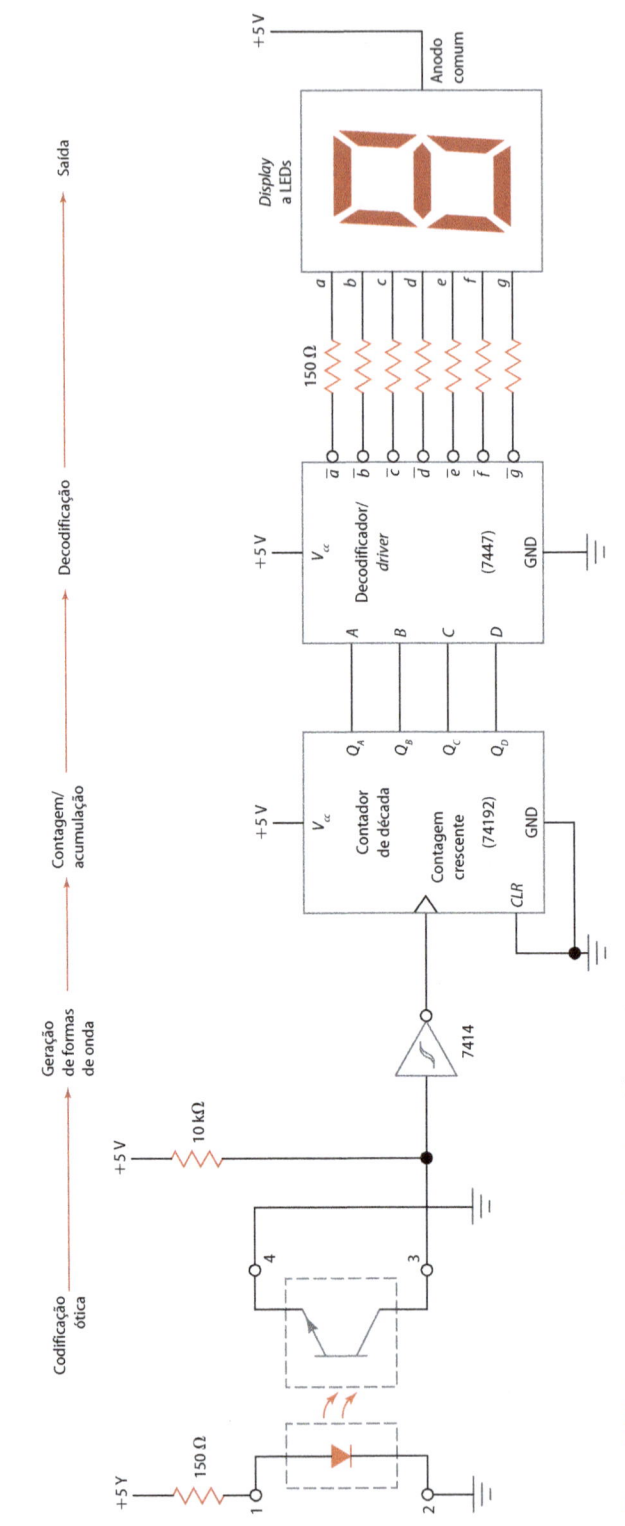

Figura 8-25 Sistema contador utilizando codificação ótica.

74192 que começa a contagem crescente em 1. O CI 7447 decodifica a entrada BCD para o código de sete segmentos, de modo que os segmentos do *display* acenderão.

Em resumo, o sistema codificador/contador ótico da Figura 8-23(b) incrementa a contagem sempre que uma abertura do disco codificador passar pelo feixe infravermelho. O módulo interruptor opto-acoplado emprega luz infravermelha de modo a evitar que a iluminação do ambiente provoque um disparo indevido do dispositivo. Deve-se ressaltar ainda que o diodo infravermelho emite uma luz com comprimento de onda que permite ao fototransistor identificá-la.

Dois exemplos comuns de sensores óticos são o módulo utilizado no sistema codificador/contador anteriormente estudado e o sensor do tipo reflexivo. A representação deste último tipo de sensor é mostrada na Figura 8-26(a), onde se verifica a existência de dois orifícios na parte frontal do dispositivo. Um desses orifícios corresponde ao diodo emissor de luz infravermelha, enquanto o outro representa o receptor do sensor ótico, isto é, o fototransistor. O sensor ótico do tipo reflexivo é cuidadosamente posicionado em direção a um alvo, a exemplo do disco mostrado na Figura 8-26(b). As áreas brancas refletem a luz e acionam o fototransistor, enquanto as listras escuras absorvem a luz e desligam o fototransistor.

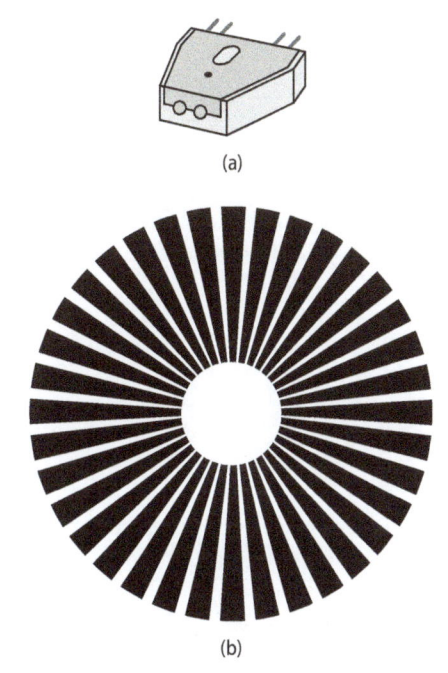

Figura 8-26 (a) Codificador ótico do tipo reflexivo. (b) Disco codificador utilizado com o codificador ótico do tipo reflexivo.

Teste seus conhecimentos

>> Utilização de um contador CMOS em um circuito eletrônico

Esta seção mostrará a aplicação de um contador CMOS em um jogo eletrônico de computador clássico denominado "adivinhe o número". Na versão utilizada em computadores, um número aleatório é gerado e o jogador tenta adivinhar o número desconhecido. O computador então responde por meio de três possibilidades: correto, muito alto ou muito baixo. Os jogadores podem tentar acertar o número novamente, sendo que aquele jogador que o fizer no menor número de tentativas é o vencedor do jogo.

O diagrama esquemático de uma versão simples desse jogo eletrônico é apresentado na Figura 8-27. Para jogar, deve-se inicialmente pressionar a chave SW_1, de modo que um sinal de aproximadamente 1 kHz seja aplicado na entrada de *clock* de contador binário. Quando o botão é liberado, um número binário aleatório (de 0000 a 1111) é armazenado pelo contador nas entradas *B* do comparador de magnitude de quatro *bits* 74HC85. O palpite do jogador é inserido nas entradas *A* para o CI comparador. Se o número aleatório (entradas *B*) e o palpite (entradas *A*) são idênticos, então a saída

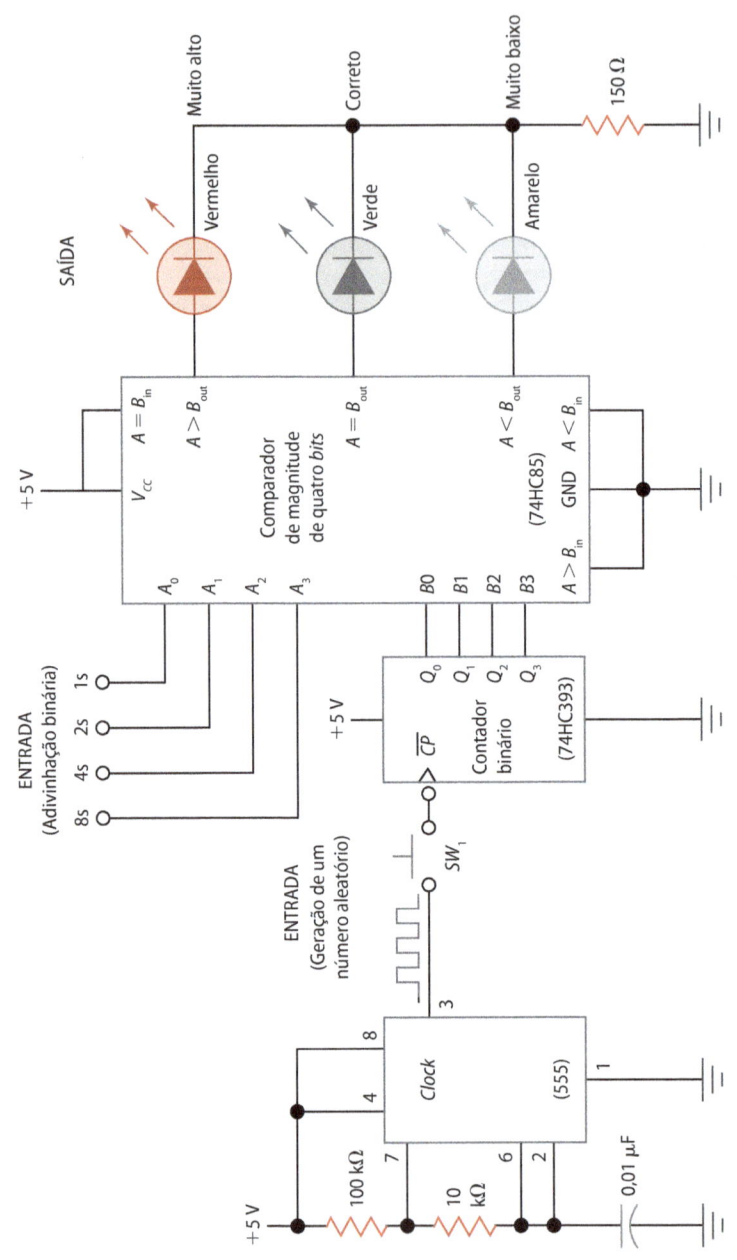

Figura 8-27 Sequência de pulsos mencionada no enunciado das Questões de revisão do capítulo.

$A=B_{OUT}$ será ativada (nível ALTO) e o LED verde acenderá. Isso representa um palpite correto, após o qual a chave SW_1 deve ser novamente pressionada para gerar outro número aleatório.

Se o palpite de um jogador (entradas A) é menor que o número aleatório (entradas B), o comparador ativará a saída $A<B_{OUT}$ e o LED amarelo acenderá. Isso significa que o número do palpite é muito baixo e o jogador deve tentar um número maior.

Finalmente, se o palpite de um jogador (entradas A) é maior que o número aleatório (entradas B), o comparador ativará a saída $A>B_{OUT}$ e o LED vermelho acenderá. Isso significa que o número do palpite é muito alto e o jogador deve tentar novamente.

A Figura 8-28 fornece maiores detalhes acerca da operação do comparador de magnitude de quatro bits 74HC85. O diagrama de pinos do CI CMOS DIP 74HC85 é mostrado na Figura 8-28(a) considerando a vista superior. A tabela verdade do dispositivo é representada na Figura 8-28(b).

O comparador 74HC85 possui três entradas adicionais para a conexão de dispositivos em cascata, o que é ilustrado na Figura 8-29. Esse circuito compara a magnitude de duas palavras binárias de oito bits $A_7 A_6 A_5 A_4 A_3 A_2 A_1 A_0$ e $B_7 B_6 B_5 B_4 B_3 B_2 B_1 B_0$. A saída do CI2 corresponde a uma das três respostas possíveis ($A>B$, $A=B$ ou $A<B$).

Teste seus conhecimentos (Figura 8-30)

❯❯ Utilização de contadores em um tacômetro experimental

Esta seção mostra como é possível integrar subsistemas na forma de um *tacômetro eletrônico experimental*. Entradas e saídas conhecidas serão conectadas juntamente com circuitos digitais para indicar a velocidade angular de um eixo medida em rpm (rotações por minuto).

A concepção inicial de um tacômetro experimental utilizando alguns dos subsistemas previamente estudados é apresentada na Figura 8-31(a). Um contador BD de quatro dígitos representa o coração do sistema. A ideia básica consiste em contar os pulsos de entrada provenientes de um sensor de efeito Hall e acumular a contagem por um dado intervalo de tempo como, por exemplo, um minuto.

Uma segunda concepção do tacômetro experimental é ilustrada na Figura 8-31(b). Nesse arranjo, um contador BCD de três *bits* torna-se o coração do sistema. A ideia básica consiste em contar o número de pulsos de entrada proveniente do sensor de

efeito Hall ao longo de um décimo de um minuto (6 segundos), o que equivale a medir as rotações em dezenas. Os *displays* de sete segmentos que correspondem aos valores lugares 1000s, 100s e 10s então exibirão o último número registrado pelo contador BCD, enquanto o valor lugar 0s sempre é considerado nulo. Portanto, se a entrada do tacômetro corresponde a 1256 rpm, os três *displays* de sete segmentos ativos exibirão 125, sendo que o valor lugar 12 pode ser entendido como 0, de modo que a leitura pode ser entendida como 1250 rpm. O segundo tacômetro experimental da Figura 8-31(b) possui um tempo de contagem crescente de apenas 6 s, enquanto para o projeto inicial este valor é de 1 minuto. Em outras palavras, o intervalo de amostragem do segundo tacômetro é de apenas 6 segundos. A velocidade que pode ser medida pelo dispositivo da Figura 8-31(b) varia entre 0 e 9990 rpm em incrementos de 10.

O circuito esquemático que representa o diagrama da Figura 8-31(b) é apresentado na Figura 8-32, de modo que esse dispositivo emprega uma série de componentes que foram previamente estudados.

Entradas de dados

	V_{CC}	A_3	B_2	A_2	A_1	B_1	A_0	B_0
pino	16	15	14	13	12	11	10	9

Pinos inferiores:

pino	1	2	3	4	5	6	7	8
	B_3	$A<B$	$A=B$	$A>B$	$A>B$	$A=B$	$A<B$	GND

B_3 Entrada de dado | Entradas em cascata | Saídas

(a)

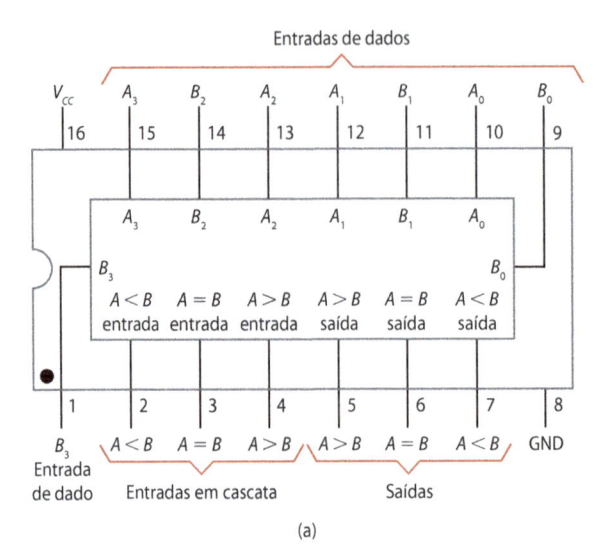

Tabela verdade – CI CMOS comparador de magnitude 74HC85

COMPARAÇÃO DE ENTRADAS				ENTRADAS EM CASCATA			SAÍDAS		
A_3, B_3	A_2, B_2	A_1, B_1	A_0, B_0	$A>B$	$A<B$	$A=B$	$A>B$	$A<B$	$A=B$
$A_3 > B_3$	X	X	X	X	X	X	H	L	L
$A_3 < B_3$	X	X	X	X	X	X	L	H	L
$A_3 = B_3$	$A_2 > B_2$	X	X	X	X	X	H	L	L
$A_3 = B_3$	$A_2 < B_2$	X	X	X	X	X	L	H	L
$A_3 = B_3$	$A_2 = B_2$	$A_1 > B_1$	X	X	X	X	H	L	L
$A_3 = B_3$	$A_2 = B_2$	$A_1 < B_1$	X	X	X	X	L	H	L
$A_3 = B_3$	$A_2 = B_2$	$A_1 = B_1$	$A_0 > B_0$	X	X	X	H	L	L
$A_3 = B_3$	$A_2 = B_2$	$A_1 = B_1$	$A_0 < B_0$	X	X	X	L	H	L
$A_3 = B_3$	$A_2 = B_2$	$A_1 = B_1$	$A_0 = B_0$	H	L	L	H	L	L
$A_3 = B_3$	$A_2 = B_2$	$A_1 = B_1$	$A_0 = B_0$	L	H	L	L	H	L
$A_3 = B_3$	$A_2 = B_2$	$A_1 = B_1$	$A_0 = B_0$	X	X	H	L	L	H
$A_3 = B_3$	$A_2 = B_2$	$A_1 = B_1$	$A_0 = B_0$	H	H	L	L	L	L
$A_3 = B_3$	$A_2 = B_2$	$A_1 = B_1$	$A_0 = B_0$	L	L	L	H	H	L

(b)

Figura 8-28 CI CMOS comparador de magnitude (74HC85). (a) Diagrama de pinos. (b) Tabela verdade.

O dispositivo de entrada do circuito da Figura 8-32, responsável por medir a velocidade de rotação do eixo, é um chave de efeito Hall (CI 3141). Um resistor *pull-up* de 33 kΩ (R_1) é utilizado na saída do CI 3141, que possui um transistor NPN com coletor aberto. Os pulsos gerados pela chave de efeito Hall são diretamente aplicados na entrada *CLK* do contador BCD de três *bits* 4553. Cada pulso é contado e esse número é registrado pelo contador BCD, que é capaz de contar de 0000 0000 0000$_{BCD}$ até 1001 1001 1001$_{BCD}$ (de 0 a 999 em números decimais).

Uma segunda entrada à esquerda da representa o pulso de disparo. Esse pulso negativo de curta duração primeiramente reinicializa os contadores para 0000 0000 0000$_{BCD}$ ativando a reinicialização mestre (MR) com um pulso positivo curto emitido

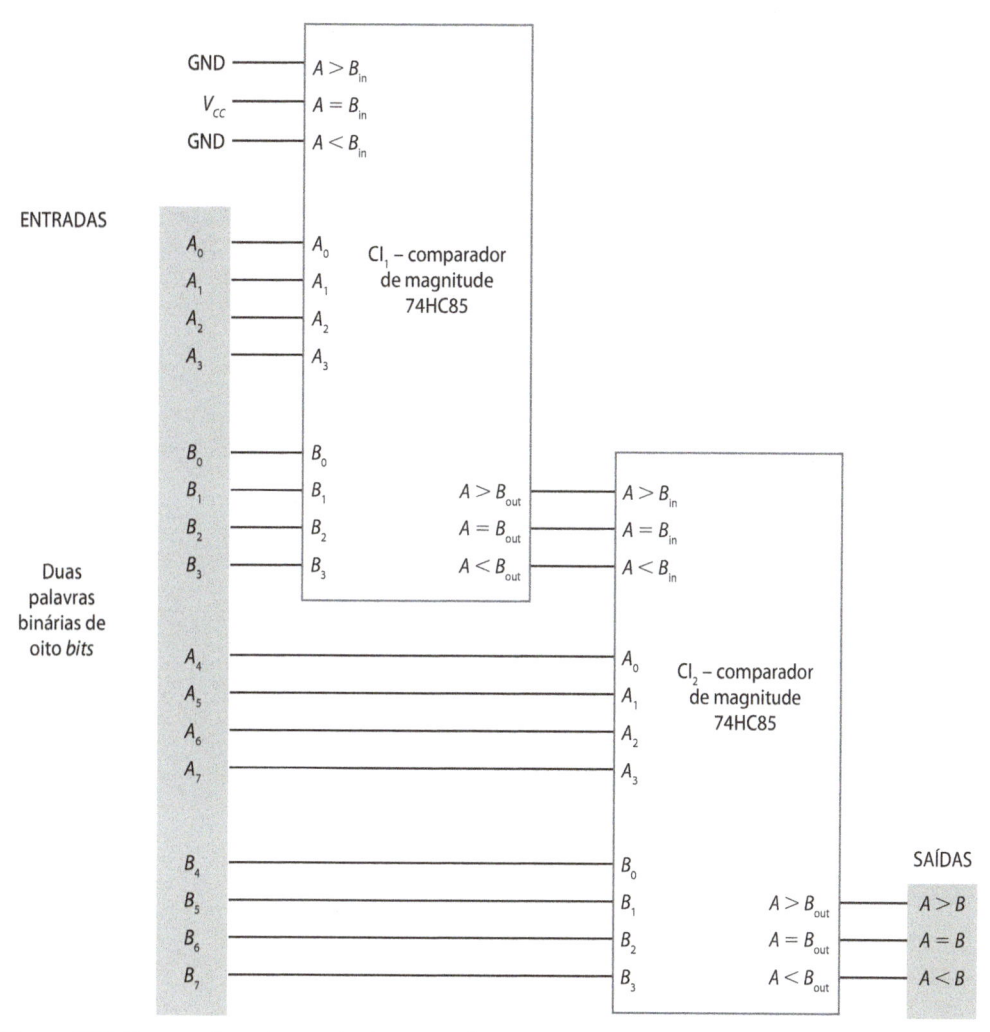

Figura 8-29 Comparadores de magnitude conectados em cascata.

pelo inversor 74HC04. Depois, o pulso de disparo ativa o CI 555 utilizado como multivibrador (MV) com disparo único. Quando é disparado, o MV emite um pulso positivo com duração de 6 segundos (um décimo de um minuto), que é invertido pelo CI 74HC04. A largura exata do pulso de contagem crescente pode ser ajustada utilizando o potenciômetro de 500 kΩ (R_2). O pulso negativo de contagem crescente de 6 s é aplicado à entrada LE (bloqueio ativado) do CI contador 4553. Este nível BAIXO torna o *latch* transparente e as saídas dos três contadores passam pelo multiplexador.

Quando o pulso de contagem crescente possui nível BAIXO, verifica-se que os *displays* mostram uma contagem crescente. Ao final do pulso de 6 s, a entrada LE é mantida ativada por um nível ALTO e os últimos dados acumulados pelos três contadores BCD são bloqueados nas entradas do *display* multiplexado.

O *display* multiplexado do CI 4553 mostrado na Figura 8-32 acende os três *displays* de sete segmentos em uma sequência rápida. Esse processo é detalhado da seguinte forma:

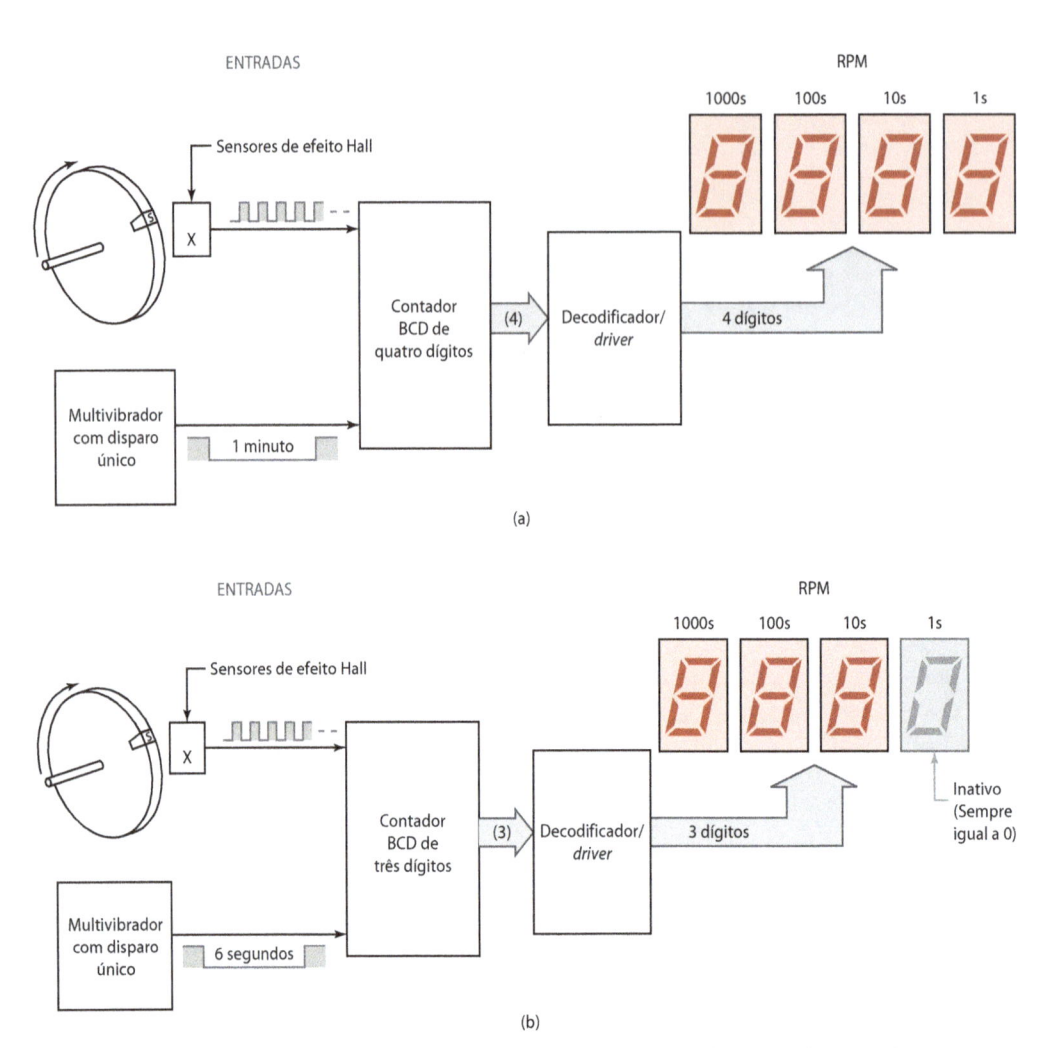

Figura 8-31 (a) Primeiro arranjo de um tacômetro experimental. (b) Segundo arranjo de um tacômetro experimental.

Display 1000s. O *display* multiplexado inicialmente ativa (liga) o transistor Q_1. Assim, uma tensão $+5$ V é aplicada ao anodo do *display* de sete segmentos 1000s. Neste momento, o *display* multiplexado envia o sinal que acende o *display* 1000s para o CI 4553, que por sua vez realiza a decodificação (de BCD para código de sete segmentos). O CI 4553 então acende os segmentos de todos os três *displays* simultaneamente a partir dos dados correspondentes ao valor lugar 1000s. Entretanto, apenas o *display* 1000s é ativado pelo transistor Q_1.

Display 100s. O *display* multiplexado inicialmente ativa (liga) o transistor Q_2. Assim, uma tensão $+5$ V é aplicada ao anodo do *display* de sete segmentos 100s. Neste momento, o *display* multiplexado envia o sinal que acende o *display* 100s para o CI 4553, que por sua vez realiza a decodificação (de BCD para código de sete segmentos). O CI 4553 então acende os segmentos de todos os três *displays* simultaneamente a partir dos dados correspondentes ao valor lugar 100s. Entretanto, apenas o *display* 100s é ativado pelo transistor Q_2.

Display 10s. O *display* multiplexado inicialmente ativa (liga) o transistor Q_3. Assim, uma tensão $+5$ V é aplicada ao anodo do *display* de sete segmentos 10s. Neste momento, o *display* multiplexado envia o sinal que acende o *display* 10s para o CI 4553, que por sua vez realiza a decodificação (de BCD para código de sete segmentos). O CI 4553 então acende os segmentos de todos os três *displays* simultaneamente a partir dos dados correspondentes ao valor lugar 10s. Entretanto, apenas o *display* 10s é ativado pelo transistor Q_3.

O *display* multiplexado da Figura 8-32 utiliza uma frequência alta, de modo que o olho humano não é capaz de perceber que os *displays* são acesos e apagados continuamente. Essa frequência pode ser ajustada pelo capacitor externo C_3, sendo que esse parâmetro é aproximadamente igual a 70 Hz neste caso. Em outras palavras, cada *display* de sete segmentos é ligado e desligado 70 vezes por segundo, embora pareçam estar permanentemente acesos.

Por exemplo, considere que a velocidade de rotação de um dado eixo seja 1250 rpm. Com um pulso de disparo externo, os contadores do tacômetro experimental da Figura 8-32 seriam reinicializados em 000_{10} e o MV com disparo único emitiria um pulso de contagem crescente de 6 s. Durante esse período de tempo, 125 pulsos são aplicados à entrada *CLK* e a contagem é acumulada nos contadores BCD como $0001\ 0010\ 0101_{BCD}$ (125 no sistema decimal). A entrada LE torna-se ALTA, bloqueando então o valor $0001\ 0010\ 0101_{BCD}$ (125 no sistema decimal) nas entradas do *display* multiplexado do CI 4553. Os *displays* de sete segmentos acenderão exibindo o número 125 nas três posições da esquerda. Esse valor é interpretado como 1250 rpm, considerando que o *display* 1s permanece inativo e corresponde a 0.

Teste seus conhecimentos

» *Encontrando problemas em um contador*

Considere o contador assíncrono de dois *bits* defeituoso representado na Figura 8-33(a), sendo que o respectivo diagrama de pinos é mostrado na Figura 8-33(b). Note que as marcações da entrada e saída nas Figuras 8-33(a) e (b) não são as mesmas. Por exemplo, as entradas de pré-ajuste assíncronas no diagrama lógico são representadas por *PS*, mas podem ser denominadas *PR* por outro fabricante. Portanto, a nomenclatura dos pinos pode variar nos diversos tipos de CIs comerciais existentes. Entretanto, as funções dos pinos em um CI 74HC76 são estritamente as mesmas, ainda que a nomenclatura seja diferente.

O contador de dois *bits* defeituoso pode ser reinicializado para 00 pela chave de reinicialização mostrada na Figura 8-33(a). A temperatura de operação do CI parece adequada e, aparentemente, não há sinais de problemas.

Um gerador de pulsos digital é utilizado para acionar a entrada *CLK* do FF 1. De acordo com o diagrama de pinos, a ponta do gerador de pulsos deve tocar o pino 1 do CI 74HC76. Após a aplicação de pulsos únicos repetidos, a sequência de contagem é 00 (reinicialização), 01, 10, 11, 10, 11 e assim por diante. A saída Q de FF 2 parece assumir nível ALTO permanentemente. Entretanto, a chave de reinicialização ou a entrada de reinicialização assíncrona (CLR) pode tornar este nível BAIXO.

A alimentação do circuito da Figura 8-33(a) é desconectada. Uma garra (*clip*) lógica é conectada nos pinos do CI 74HC06 e a fonte de alimentação é reconectada. A chave de reinicialização é ativada, sendo que os resultados exibidos no monitor lógico após a reinicialização são apresentados na Figura 8-33(c). Compare os níveis lógicos exibidos no monitor ló-

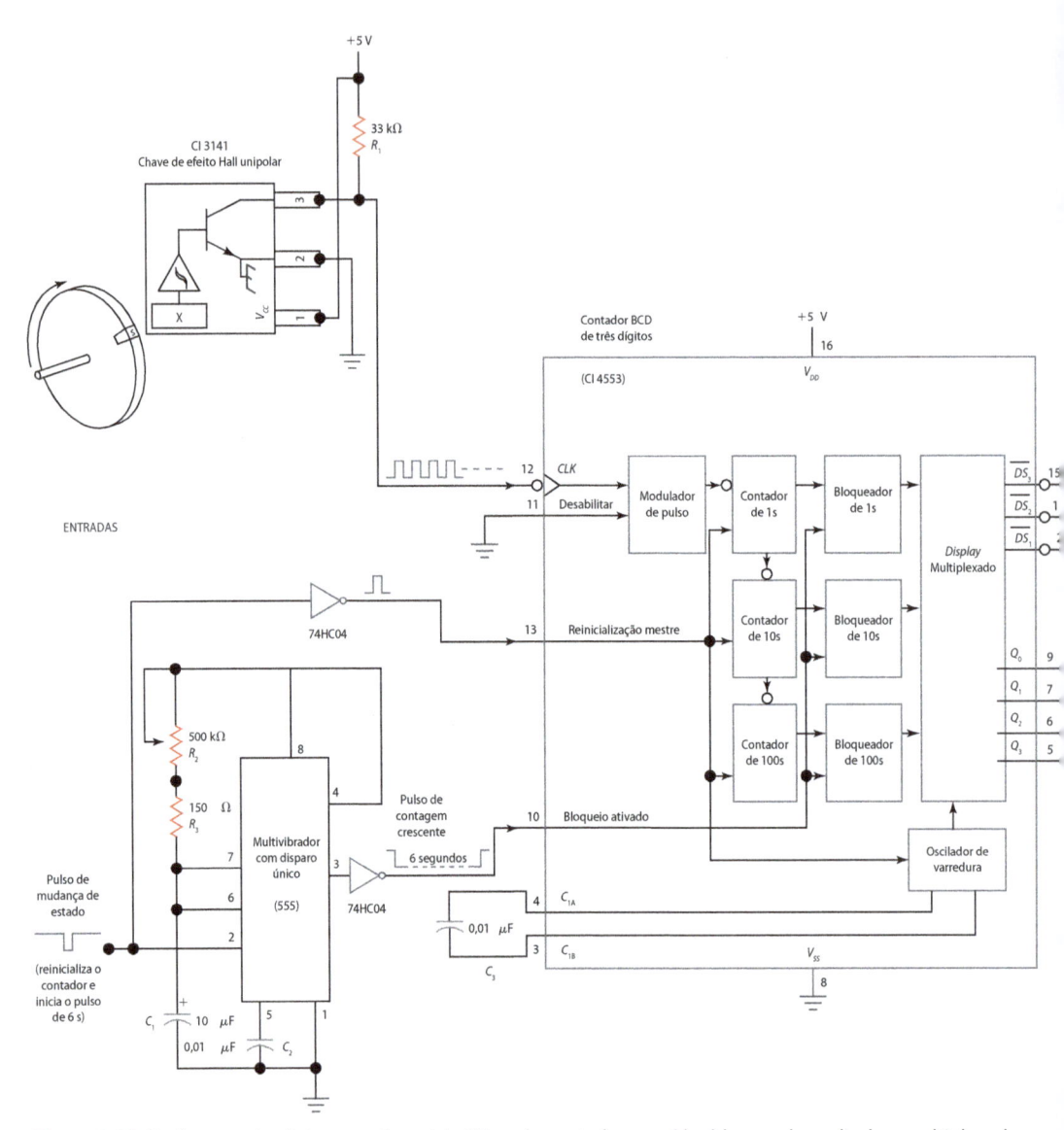

Figura 8-32 Tacômetro eletrônico experimental utilizando contadores, saídas bloqueadas e *displays* multiplexados.

+5 V

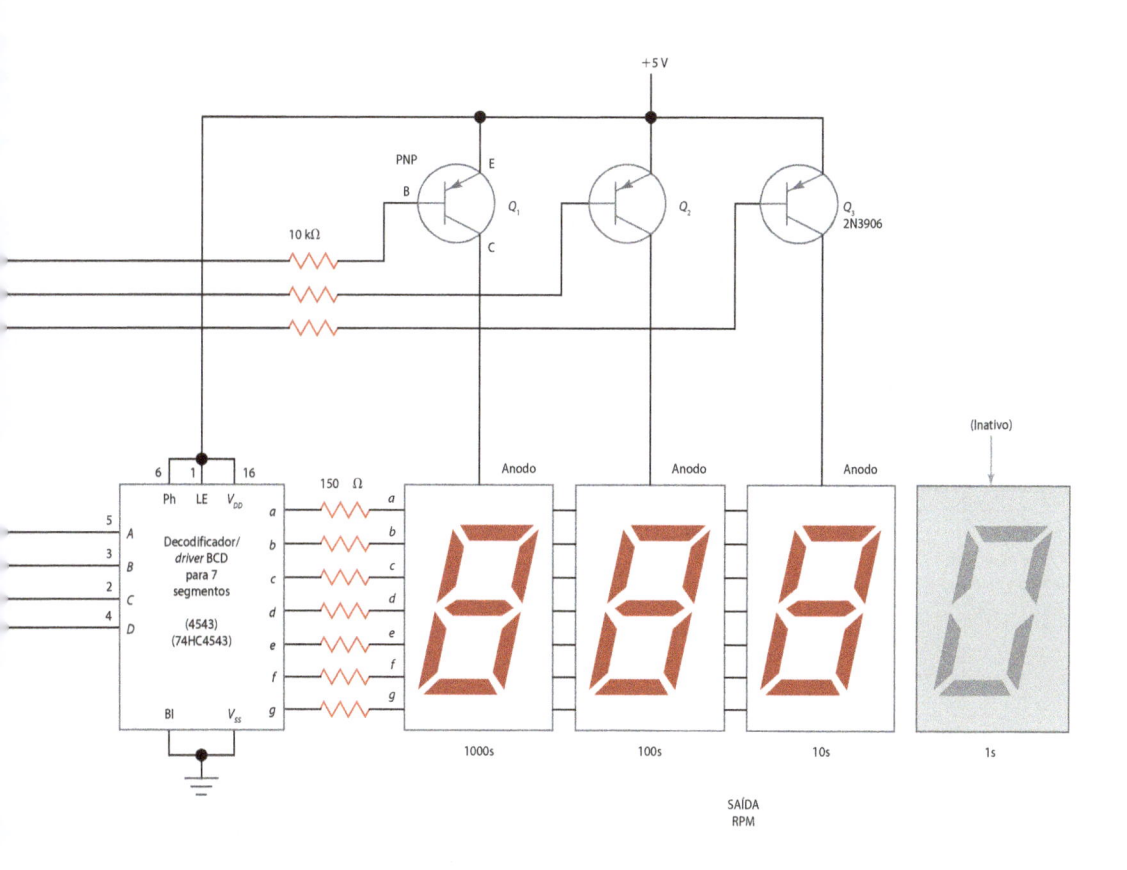

PNP

Q_1 Q_2 Q_3 2N3906

10 kΩ

(Inativo)

6 1 16
Ph LE V_{DD}

Decodificador/
driver BCD
para 7
segmentos

(4543)
(74HC4543)

5 A
3 B
2 C
4 D

BI V_{SS}

150 Ω

Anodo Anodo Anodo

a b c d e f g

1000s 100s 10s 1s

SAÍDA
RPM

capítulo 8 » Contadores

263

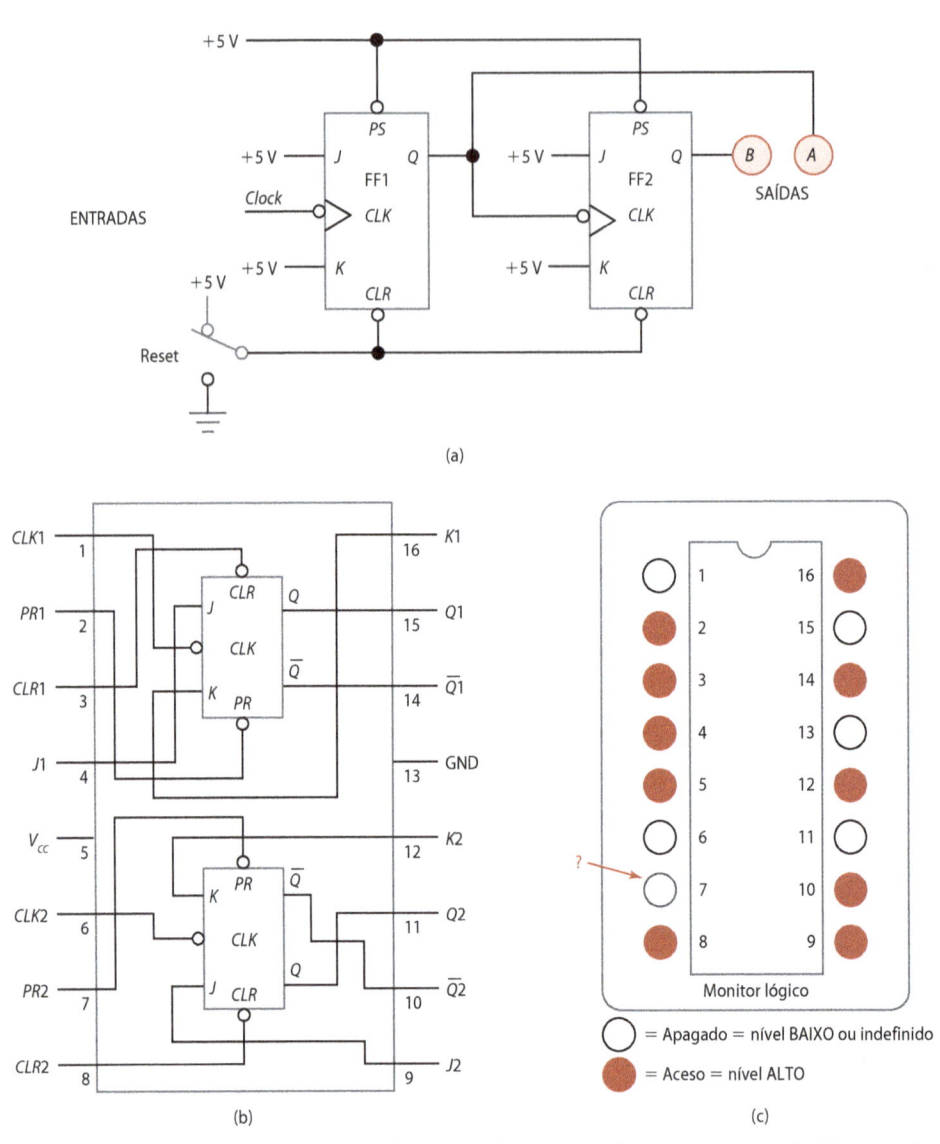

Figura 8-33 (a) Circuito contador assíncrono de dois *bits* defeituoso utilizado no exemplo. (b) Diagrama de pinos para o CI *flip-flop* J-K 7476. (c) Leitura obtida após reinicialização momentânea do contador de dois *bits* defeituoso.

gico com aqueles que deveriam ser esperados caso o dispositivo funcionasse corretamente. Para isso, deve-se empregar o diagrama de pinos da Figura 8-33(b) fornecido pelo fabricante. Após a verificação dos níveis lógicos em cada um dos pinos, constata-se que o nível BAIXO ou indefinido existente no pino 7 deve ser analisado cuidadosamente. Esse pino corresponde à entrada de pré-ajuste síncrono (*PS* ou *PR*), que deveria possuir nível ALTO de acordo com o diagrama lógico da Figura 8-33(a). Por outro lado, se esse nível é BAIXO, isso pode gerar um nível ALTO permanente na saída Q de FF 2.

Uma ponteira lógica é utilizada para verificar o pino 7 do CI 74HC76. Como ambos os LEDs no dispositivo permanecem apagados nesse caso, isso significa que não há a presença de um nível lógico ALTO nem BAIXO. Portanto, aparentemente o pino 7 possui um nível que se encontra na região indefinida entre ALTO e BAIXO. Dessa forma, o CI interpreta esse nível como BAIXO algumas vezes ou ALTO em outras.

O CI é removido do soquete DIP de 16 pinos, onde se constata que o terminal correspondente ao pino 7 está torto e não foi encaixado devidamente. Dessa forma, o pino não está conectado ao circuito e permanece flutuante. Esse problema é ilustrado na Figura 8-34, o que é dificilmente constatado quando o CI está acomodado no soquete.

Nesse exemplo, diversas ferramentas foram utilizadas para localizar o problema. Inicialmente, o diagrama lógico e o conhecimento sobre o funcionamento do CI são os aspectos mais importantes. Em seguida, o diagrama de pinos do fabricante foi empregado. Então, um gerador de pulsos digital foi conectado para aplicar pulsos únicos. Posteriormente, uma garra lógica permitiu a verificação dos níveis lógicos de todos os pinos do CI 74HC76, de forma que então uma ponteira lógica foi empregada para verificar o comportamento de um pino suspeito. Finalmente, o conhecimento sobre o circuito e a observação visual levaram à solução do problema. Lembre-se que seus conhecimentos básicos e sua capacidade de observação serão as ferramentas mais eficazes para a solução de problemas dessa natureza. Geradores de pulsos, ponteiras lógicas, MDs, analisadores lógicos, testadores de CIs e osciloscópios são apenas ferramentas auxiliares.

O exemplo da entrada flutuante que surge em virtude do pino torto é muito comum em experimentos didáticos de laboratório. Para evitar problemas dessa natureza, pode-se verificar se todas as entradas possuem níveis lógicos adequados, sendo essa prática válida para circuitos TTL e também CMOS.

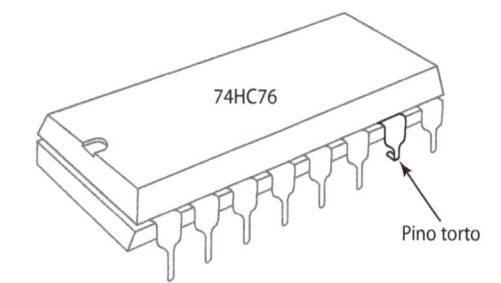

Figura 8-34 Pino torto causando uma entrada flutuante.

Teste seus conhecimentos

RESUMO E REVISÃO DO CAPÍTULO

Resumo

1. *Flip-flops* são conectados entre si formando contadores binários.
2. Contadores podem operar de forma assíncrona ou síncrona. Contadores assíncronos são denominados contadores por ondulação e são de construção mais simples que suas contrapartes síncronas.
3. O módulo de um contador representa o número de estados existentes durante o ciclo de contagem. Um contador mod-5 pode apresentar os valores 000, 001, 010, 011, 100 (0, 1, 2, 3, 4 no sistema decimal).
4. Um contador binário de quatro *bits* possui quatro valores lugares binários e conta de 0000 a 1111 (de 0 a 15 no sistema decimal).
5. Portas lógicas podem ser utilizadas em conjunto com os *flip-flops* básicos nos contadores para se obter determinadas características. Contadores podem interromper a contagem em um dado número desejado. O módulo de um contador pode ser alterado.
6. Contadores são projetados para realizar contagens crescentes e decrescentes. Alguns dispositivos são capazes de desempenhar ambas as funções.
7. Contadores podem ser utilizados como divisores de frequência. Contadores também são utilizados para contar ou enumerar eventos e armazenar dados temporariamente.
8. Fabricantes disponibilizam uma ampla variedade de CIs contadores. Diversos CIs contadores TTL e CMOS foram estudados neste capítulo.
9. Há muitas variações na nomenclatura dos pinos e símbolos lógicos entre os diversos fabricantes existentes.
10. Um transdutor como um sensor ótico pode ser utilizado para realizar contagens em eventos do mundo real, a exemplo da codificação em disco. Codificadores óticos em ranhuras ou do tipo reflexivo utilizam um diodo emissor de luz infravermelha que dispara um fototransistor de saída.
11. Um comparador de magnitude compara dois números binários e determina se $A=B$, $A>B$ ou $A<B$. CIs comparadores de magnitude podem ser conectados em cascata de modo a comparar números maiores.
12. Um contador de década conta de 0 a 9 (de 0000 a 1001 no sistema binário). Contadores de década são normalmente denominados contadores BCD (binário codificado em decimal).
13. Uma tendência da fabricação de CIs reside na inclusão de um número cada vez maior de funções em um único dispositivo. Como exemplo, pode-se citar o CI contador BCD de três dígitos 4553, que contém três contadores BCD, dispositivo modificador de forma de onda, 12 *latches* transparentes e *display* multiplexado.
14. Um transdutor como uma chave de efeito Hall pode ser empregado para medir a rotação de um eixo que pode ser contada ao longo de um dado intervalo de tempo, de modo que isso resulta em uma medida expressa em rotações por minuto. Um instrumento que mede a velocidade de rotação de um eixo é denominado tacômetro.
15. O conhecimento técnico de um circuito aliado à capacidade de observação é a ferramenta mais importante utilizada na localização de falhas. A ponteira lógica, o voltímetro, MD, a garra lógica, o gerador de pulsos digital, o analisador lógico, o testador de CIs e osciloscópio juntamente com as observações técnicas auxiliam na localização de falhas em circuitos lógicos sequenciais.

Questões de revisão do capítulo (Figuras 8-35 à 8-37)

Questões de pensamento crítico

8-1 Que tipos de *flip-flop* são utilizados em contadores porque são capazes de operar em modo de mudança de estado?

8-2 Desenhe o diagrama lógico de um contador assíncrono crescente mod-5. Utilize três *flip-flops* e uma porta NAND de duas entradas. Mostre os pulsos de entrada *CLK* e três indicadores de saída *C*, *B* e *A* (sendo que o indicador *C* representa MSB).

8-3 Desenhe o diagrama lógico de um contador mod-10 utilizando o CI 7493.

8-4 Desenhe o diagrama lógico de um contador divisor por 8 utilizando o CI 7493. Mostre qual saída do CI corresponde a saída que realiza a divisão por 8.

8-5 Observe a Figura 8-35 que está no *site*. Determine o modo de operação durante cada um dos pulsos de entrada de t_1 a t_8.

8-6 Observe a Figura 8-17. Por que as entrada de reinicialização mestre (*1MR* e *2MR*) são denominadas assíncronas?

8-7 Observe a Figura 8-18. O CI contador 74HC193 é definido como pré-ajustável em virtude de qual modo de operação?

8-8 Observe a Figura 8-36 que está no *site*. Determine o módulo e a sequência de contagem para esse contador.

8-9 Projete um contador de década crescente (contagem de 0 a 9 no sistema decimal) utilizando o CI 74HC193 e uma porta AND de duas entradas.

8-10 Em um contador, todas as saídas mudam de estado no mesmo instante. Que tipo de contador é esse?

8-11 Qual é o outro nome dado ao contador assíncrono?

8-12 Qual seria uma aplicação importante para um contador divisor por 6?

8-13 Observe a Figura 8-25. O contador e o *display* incrementarão a contagem em um dígito quando a saída do inversor sofrer uma transição de que nível? (ALTO para BAIXO, BAIXO para ALTO).

8-14 Observe a Figura 8-25. O contador e o *display* incrementarão a contagem quando o feixe de luz infravermelha for interrompido ou exibido?

8-15 Compare os discos codificadores das Figuras 8-23(b) e 8-26(b). Qual disco fornece a maior resolução?

8-16 Observe a Figura 8-21(a). Quantos *flip-flops* T são necessários para implementar os três contadores BCD existentes no CI 4553?

8-17 Observe a Figura 8-21(a). Quantos *latches* transparentes são utilizado no CI 4553 para bloquear os dados nos três contadores BCD?

8-18 Observe a Figura 8-32. Como se ajusta a largura de cada pulso de contagem crescente emitido pelo multivibrador com disparo único?

8-19 Observe a Figura 8-32. Quantos pulsos são emitidos pela chave de efeito Hall a cada rotação do eixo?

8-20 Observe a Figura 8-32. Explique por que o *display* 1s não é ativado e é considerado igual a zero (0).

Respostas dos testes

apêndice A

Solda e processo de soldagem

De uma simples tarefa a uma fina arte

A soldagem é o processo de junção de dois metais através do uso de uma liga metálica utilizada na fusão em baixa temperatura. A soldagem é um dos processos de junção mais antigos conhecidos pelo homem, inicialmente desenvolvidos pelos egípcios para a fabricação de armas como lanças e espadas. Desde então, a prática evoluiu até se tornar o processo atualmente conhecido e utilizado na fabricação de dispositivos eletrônicos. A soldagem não é mais a tarefa simples de antes; hoje, consiste em uma fina arte que requer cuidado, experiência e amplo conhecimento sobre os fundamentos envolvidos.

A importância do elevado padrão de qualidade na manufatura não pode ser desprezada. Junções de solda defeituosas têm sido a causa de diversos problemas em equipamentos e, portanto, a soldagem é um processo crítico.

O material incluído neste apêndice foi elaborado para fornecer ao estudante os conhecimentos fundamentais e habilidades básicas necessárias para realizar a soldagem com alta confiabilidade, de forma semelhante ao que ocorre nos produtos eletrônicos modernos.

Os tópicos abordados incluem o processo de soldagem, a seleção adequada e utilização de uma estação de solda.

O conceito chave presente neste apêndice é a soldagem com alta confiabilidade. Grande parte de nossa tecnologia depende de incontáveis junções de solda individuais que existem nos equipamentos. A soldagem com alta confiabilidade foi desenvolvida em resposta às falhas iniciais que ocorrem nos equipamentos espaciais. Desde então, o conceito passou a ser muito aplicado, a exemplo de equipamentos médicos e militares. Atualmente, está presente nos diversos produtos eletrônicos utilizados no dia a dia.

A vantagem da solda

A soldagem é o processo de junção de duas peças metálicas para formar um caminho elétrico confiável. Inicialmente, por que se deve soldá-los? Os dois pedaços de metal podem ser unidos com porcas e parafusos ou outro tipo de peça mecânica. Esse método apresenta duas desvantagens. Primeiro, a confiabilidade da conexão não pode ser garantida devido a eventuais vibrações e choques mecânicos. Segundo, como a oxidação e a corrosão ocorrem continuamente em peças metálicas, a condutividade elétrica entre as duas superfícies é progressivamente reduzida.

Uma conexão soldada não apresenta esses inconvenientes. Não há movimentação na junta e não há interfaces metálicas que podem oxidar. Um caminho condutor contínuo é formado em virtude das próprias características da solda.

❯❯ A natureza da solda

A solda utilizada em eletrônica consiste em uma liga metálica com baixa temperatura de fusão constituída por diversos metais em várias proporções. Os tipos mais comuns de solda consistem em uma mistura de estanho e chumbo. Quando as proporções são idênticas, a solda é denominada 50/50 – 50% de estanho e 50% de chumbo. De forma semelhante, a solda 60/40 consiste em 60% de estanho e 40% de chumbo. As porcentagens normalmente são identificadas nos diversos tipos de solda, embora às vezes apenas a porcentagem de estanho seja apresentada. O símbolo químico do estanho é Sn; assim, o símbolo Sn 63 indica que a solda contém 63% de estanho.

O chumbo puro (Pb) possui um ponto de fusão de 327 °C (621 °F); o estanho puro apresenta um ponto de fusão de 232 °C (450 °F). Quando esses metais são combinados na proporção 60/40, o ponto de fusão é reduzido para 190 °C (374 °F) – menos que ambos os pontos de fusão dos metais individuais.

A fusão em geral não ocorre totalmente de uma vez. De acordo com a Figura A-1, a solda começa a derreter a 183 °C (361 °F), mas o processo só se torna completo a 190 °C (374 °F). Entre esses valores de temperatura, a solda encontra-se no estado plástico (semilíquido), indicando que apenas parte do material foi derretida.

A faixa plástica da solda variará de acordo com a proporção de estanho e chumbo, como mostra a Figura A-2. Diversas proporções de estanho e chumbo são mostradas ao longo da parte superior da figura. Existe uma proporção de mistura desses metais para a qual não há estado plástico, conhecido como *solda eutética*. Essa proporção equivale a 63/37 (Sn 63), e o material se derrete e se solidifica completamente a 183 °C (361 °F).

O tipo de solda mais utilizado na soldagem manual em eletrônica é do tipo 60/40 porque, durante o estado plástico, deve-se tomar cuidado para não movimentar os elementos da junção durante o período de resfriamento, pois isso pode provocar a soldagem incorreta de um determinado componente. Normalmente, esse tipo de solda possui aspecto irregular e opaco em vez de brilhante. Assim, tem-se uma soldagem não confiável, que não é característica de processos com alta confiabilidade.

Algumas vezes, é difícil manter a junção estável durante o resfriamento como, por exemplo, quando a soldagem é utilizada nas placas de circuito impresso em esteiras em movimento existentes nas linhas de montagem. Em outros casos, pode ser necessário empregar aquecimento mínimo para evitar a danificação de componentes sensíveis ao calor. Em ambas as situações, a solda eutética torna-se a melhor escolha, pois a solda muda do estado líquido para sólido sem se tornar plástica no resfriamento.

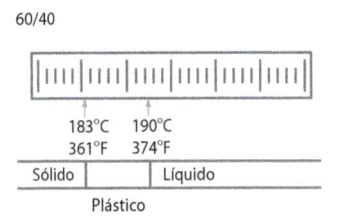

Figura A-1 Faixa plástica da solda 60/40. A fusão se inicia em 183 °C (361 °F) e se torna completa em 190 °C (374 °F).

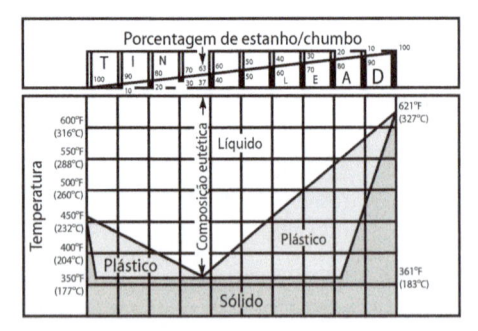

Figura A-2 Características de fusão de soldas de estanho-chumbo.

≫ A ação de molhagem

Para uma pessoa que observa um processo de soldagem à primeira vista, aparentemente a solda une os metais como uma cola quente, mas o que acontece é bem diferente.

Uma reação química ocorre quando a solda quente entra em contato com a superfície de cobre. A solda se dissolve e penetra na superfície. As moléculas da solda e do cobre se unem para formar uma nova liga metálica, parcialmente constituída de cobre e solda e com características próprias. Essa reação é denominada molhagem e forma uma camada metálica intermediária entre a solda e o cobre (Figura A-3).

A molhagem adequada ocorre apenas se a superfície do cobre encontra-se livre de contaminações e películas de óxidos que se formam quando o metal é exposto ao ar. Além disso, as superfícies da solda e do cobre precisam alcançar uma temperatura adequada.

Mesmo que a superfície esteja aparentemente limpa antes da soldagem, pode ainda haver uma fina camada de óxido sobre a mesma. Quando a solda é aplicada, a substância age como uma gota d'água sobre uma superfície do óleo porque a camada de óxido evita que a solda entre em contato com o cobre. Assim, não ocorre a reação química e a solda pode ser facilmente removida da superfície. Para uma boa aderência da solda, as camadas de óxido devem ser removidas antes do início do processo.

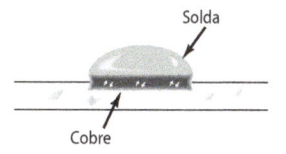

Figura A-3 Ação da molhagem. A solda fundida é dissolvida e penetra na superfície de cobre limpa, formando uma camada intermediária.

≫ O papel do fluxo

Conexões de solda confiáveis podem ser obtidas apenas em superfícies limpas. Processos de limpeza adequados são essenciais para obter sucesso na soldagem, embora isso por si só seja insuficiente em alguns casos. Isso ocorre porque os óxidos são formados muito rapidamente nas superfícies dos metais aquecidos, o que impede a soldagem adequada. Para resolver esse problema, deve-se utilizar materiais denominados fluxos, constituídos de rosinas naturais ou sintéticas e às vezes contêm aditivos chamados de ativadores.

A função do fluxo é remover óxidos na superfície, mantendo-a limpa durante a soldagem. Isso ocorre porque a ação do fluxo é muito corrosiva em valores de temperatura próximos ou iguais ao ponto de fusão. Além disso, a substância atua rapidamente na remoção dos óxidos, prevenindo sua formação posterior e permitindo que a solda forme a camada intermediária desejada.

O fluxo deve ser utilizado em uma temperatura inferior à da solda para que desempenhe seu papel antes que o processo de soldagem efetivamente seja iniciado. A substância é muito volátil e, portanto, é necessário que seja aplicada na superfície de trabalho, e não apenas na ponta do ferro de solda aquecido. Assim, obtém-se a remoção dos óxidos e o processo de solda torna-se eficiente.

Há vários tipos de fluxos disponíveis para aplicações diversas. Por exemplo, fluxos ácidos são empregados na soldagem de chapas metálicas. Na brasagem de prata (que utiliza temperaturas de fusão muito superiores àquelas existentes nas ligas de estanho), uma pasta bórax é utilizada. Cada um desses tipos de fluxo remove óxidos e, em diversos casos, apresenta outras finalidades. Os fluxos empregados na soldagem manual em eletrônica são rosinas puras, rosina misturada com ativadores suaves que aceleram a capacidade de fluxo da rosina, fluxos com baixo resíduo/impuros e fluxos solúveis em água. Fluxos ácidos ou fluxos altamente ativados nunca devem ser utilizados em eletrônica. Vários tipos de solda com núcleo são normalmente empregados, de modo que é possível controlar a quantidade de fluxo utilizado na junção (Figura A-4).

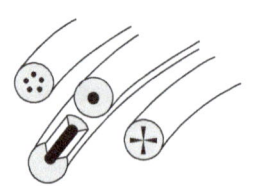

Figura A-4 Tipos de solda com núcleo com porcentagens variáveis de solda/fluxo.

❯❯ Ferros de solda

Em qualquer tipo de soldagem, o primeiro requisito necessário além da própria solda é o calor. O calor pode ser utilizado em várias formas: por condução (por exemplo, através de ferros de solda, ondas térmicas, na fase de vapor), convecção (ar quente) ou irradiação (IR). Vamos abordar apenas o método por condução por meio da utilização de um ferro de solda.

Existem estações de solda com diversos tamanhos e formas, mas esses dispositivos são basicamente constituídos por três elementos: uma resistência de aquecimento; um bloco aquecedor, que age como um reservatório de calor; e uma ponta ou bico que transfere calor para a realização da tarefa. A estação de produção padrão consiste em um sistema com operação em malha fechada com temperatura variável, em que as pontas podem ser trocadas, sendo fabricado a partir de plásticos à prova de descarga eletrostática.

❯❯ Controle do aquecimento da junção

O controle da temperatura da ponta não é o verdadeiro desafio na soldagem, mas sim controlar o ciclo de aquecimento do trabalho – o que envolve a velocidade do aquecimento, a temperatura e o tempo que permanece aquecido. Esse ciclo é afetado de várias formas, de modo que a temperatura da ponta do ferro de solda não é um fator crítico.

O primeiro fator que deve ser considerado é a massa térmica relativa da área que será soldada. Essa massa pode variar muito.

Considere uma placa de circuito impresso com face única ou simples. Existe uma quantidade relativamente pequena de massa, de modo que a superfície se aquece rapidamente. Em uma placa de face dupla com furos metalizados, a massa então se torna o dobro. Placas com múltiplas camadas possuem uma massa ainda maior, ainda sem considerar a massa dos terminais dos componentes. A massa dos terminais pode variar bastante, pois alguns pinos são mais longos que outros.

Além disso, pode haver componentes montados sobre a placa. Novamente, a massa térmica torna-se maior, a qual tende a aumentar com a inclusão de fios de conexão.

Portanto, cada conexão possui uma massa térmica. A comparação dessa massa combinada com a massa da ponta do ferro de solda é denominada massa térmica relativa, determinando o tempo de duração e o acréscimo de temperatura do trabalho.

Como uma pequena massa de trabalho e um ferro com ponta pequena, o aumento da temperatura é lento. Quando o oposto ocorre, isto é, um ferro de solda com ponta grande é utilizado em uma pequena massa de trabalho, a temperatura aumentará rapidamente, ainda que a temperatura da ponta do ferro de solda seja a mesma.

Agora, considere a capacidade do ferro de solda em manter um determinado fluxo de calor. Essencialmente, esses dispositivos são instrumentos utilizados na geração e armazenamento de calor, sendo que o reservatório é constituído do bloco aquecedor e da ponta. Existem pontas com tamanhos e formatos variados e este é o caminho de circulação do fluxo térmico. Para pequenos trabalhos, uma ponta cônica é empregada, de modo que uma quantidade pequena de calor é transferida. Para trabalhos maiores, pontas grandes semelhantes a formões grandes são empregadas, de modo que o fluxo de calor é maior.

O reservatório térmico é preenchido pelo elemento aquecedor, mas quando um ferro de solda para grandes trabalhos é utilizado, o reservatório deve ser capaz de fornecer calor a uma taxa mais rápida do que é gerado. Assim, o tamanho do reservatório é importante, ou seja, um bloco aquecedor maior pode manter um fluxo maior que um reservatório menor.

A capacidade de um ferro de solda pode ser aumentada utilizando um elemento aquecedor maior, aumentando desta forma a potência elétrica do dispositivo. O tamanho do bloco e a potência definem a taxa de recuperação de um ferro de solda.

Se uma grande quantidade de calor é necessária para uma determinada conexão, a temperatura correta é obtida com uma ponta de tamanho adequado. Assim, um ferro de solda com maior capacidade e taxa de recuperação deve ser empregado. Portanto, a massa térmica relativa é um parâmetro importante que deve ser considerado no controle do ciclo térmico de trabalho.

Um segundo fator importante é a condição da superfície da área que será soldada. Se existirem óxidos ou outros elementos contaminantes cobrindo a superfície ou os terminais, haverá uma barreira para o fluxo de calor. Então, mesmo que o ferro de solda possua tamanho e temperatura adequados, não será fornecida uma quantidade de calor suficiente para derreter a solda. Em soldagem, uma regra básica consiste no fato de que não é possível realizar uma boa conexão de solda em uma superfície suja. Antes do processo de soldagem, deve-se utilizar um solvente para limpar a superfície e remover a eventual camada de gordura ou sujeira. Em alguns casos, deve-se aplicar uma fina camada de solda nos terminais dos componentes antes do processo de soldagem propriamente dito para remover a oxidação intensa.

Um terceiro fator que deve ser considerado é a conexão térmica, isto é, a área de contato entre o ferro de solda e a superfície de trabalho.

A Figura A-5 mostra a vista da seção transversal da ponta de um ferro de solda tocando um terminal

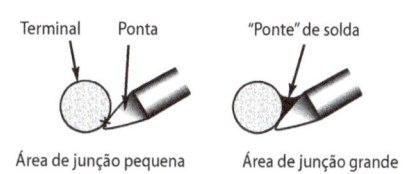

Figura A-5 Visão da seção transversal (à esquerda) da ponta do ferro de solda encostada em um terminal redondo. O sinal "X" mostra o ponto de contato. O uso de uma ponte de solda (à direita) aumenta a área de junção e a velocidade de transferência do calor.

arredondado. O contato ocorre apenas no ponto indicado pelo símbolo "X", de forma que a área de conexão é muito pequena, como se houvesse uma reta tangente interceptando o terminal em um único ponto.

A área de contato pode ser significativamente ampliada aplicando-se uma pequena quantidade de solda na ponta do contato entre a ponta e a área de trabalho. Essa ponte de solda cria um contato térmico e garante uma rápida transferência de calor.

Diante do que foi dito, é evidente que há muitos fatores que tornam a transferência de calor mais rápida em uma dada conexão além da temperatura do ferro de solda. Na verdade, a soldagem é um problema de controle muito complexo, o qual envolve muitas variáveis que possuem influências entre si. Além disso, deve-se considerar que o tempo é uma variável crítica. A regra geral da soldagem com alta confiabilidade consiste no fato de que não se deve transferir calor por mais de 2 segundos após o início do derretimento da solda (molhagem). Se essa regra for descumprida, isso pode causar a danificação do componente ou da placa.

Considerando todos esses aspectos, aparentemente a soldagem é um processo muito complexo para ser controlado em um intervalo de tempo tão curto, mas há uma solução simples – o fator indicador de reação da peça. Este fator é definido como a reação da peça às ações do trabalho desenvolvido, que são percebidas pelos sentidos humanos como visão, tato, olfato, audição e paladar.

De maneira simples, os fatores indicadores se traduzem na forma como o trabalho responde a suas ações envolvendo causa e efeito.

Em qualquer tipo de trabalho, suas ações fazem parte de um sistema em malha fechada, cuja operação se inicia quando alguma ação é executada na peça. Assim, a peça reage aos estímulos e uma reação é percebida, de modo que se deve modificar a ação inicial até que se obtenha o efeito desejado. Os fatores indicadores da peça surgem a partir de mudanças percebidas pelos sentidos da visão, tato, olfato, audição e paladar (Figura A-6).

Para a soldagem e desoldagem, um indicador primário consiste na determinação da taxa do fluxo térmico – observando-se a velocidade do fluxo de calor que circula na conexão. Na prática, isso representa a taxa de derretimento da solda, que deve ser igual a 1 ou 2 s.

O indicador inclui todas as variáveis envolvidas na obtenção de uma conexão de solda satisfatória com efeitos térmicos mínimos, incluindo a capacidade do ferro de solda e a temperatura de sua ponta, as condições da superfície, a conexão térmica entre a ponta e a peça e as massas térmicas relativas existentes.

Se a ponta do ferro de solda é muito grande, a taxa de aquecimento pode ser muito elevada para ser controlada. Se a ponta é muito pequena, pode ser produzido um tipo de solda que se assemelha a um "mingau"; a taxa de aquecimento será muito pequena, ainda que a temperatura da ponta seja a mesma.

Uma regra geral que permite evitar o sobreaquecimento consiste em uma ação de trabalho rápida. Isto é, deve-se usar um ferro de solda aquecido que seja capaz de derreter a solda em 1 ou 2 s para uma determinada conexão de solda.

» Seleção do ferro de solda e da ponta

Uma boa estação de solda para trabalhos relacionados à eletrônica deve possuir temperatura variável e ferro de solda do tipo lápis constituído por plástico à prova de descarga eletrostática, cujas pontas podem ser trocadas mesmo que o ferro esteja aquecido (Figura A-7).

A ponta do ferro de solda deve ser completamente inserida no elemento aquecedor e devidamente fixada. Assim, tem-se a máxima transferência de calor do aquecedor para a ponta.

A ponta deve ser removida diariamente para evitar a oxidação resultante do contato entre o elemento aquecedor e a ponta. Uma superfície brilhante com uma leve camada de estanho pode ser mantida na superfície de trabalho da ponta para garantir a transferência de calor adequada e evitar a contaminação da conexão de solda.

A ponta revestida de estanho é inicialmente preparada segurando-se um pedaço de solda com núcleo na face da placa, assim, o estanho se espalhará pela superfície quando atingir a temperatura de fusão. Uma vez que a ponta possua a temperatura de operação adequada, o processo de deposição de estanho ocorrerá de forma eficiente porque a oxidação ocorre rapidamente em altas temperaturas. A ponta com estanho aquecida deve ser limpa

Figura A-6 O trabalho pode ser entendido como uma operação em malha fechada. A realimentação surge a partir da reação da peça e é utilizada para modificar a ação. Os indicadores de reação (à direita), que são mudanças perceptíveis pelos sentidos humanos, consistem na forma de verificação da qualidade da soldagem.

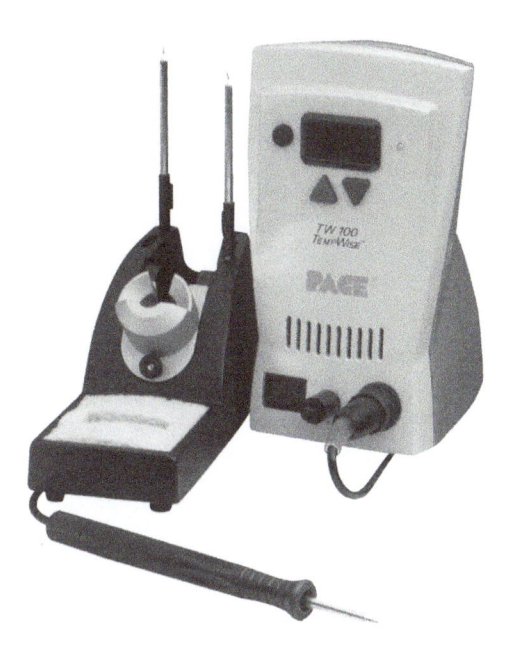

Figura A-7 Ferro de solda do tipo lápis com pontas que podem ser trocadas.

em uma esponja molhada para limpar os óxidos existentes. Quando o ferro de solda não for utilizado, a ponta deve ser revestida com uma camada de solda.

» Realizando a conexão de solda

A ponta do ferro de solda deve ser aplicada à área de massa térmica máxima na conexão que deve ser feita. Isso permitirá que a temperatura dos terminais soldados aumente rapidamente, tornando o processo de solda mais eficiente. A solda fundida flui adequadamente em direção à parte da conexão que está sob preparação.

Quando a conexão de solda é aquecida, uma pequena quantidade de material é aplicada na ponta para aumentar a conexão térmica com a área aquecida. A solda é então aplicada no lado oposto da conexão de forma que a superfície de trabalho seja capaz de derretê-la, e não o ferro de solda. Nunca derreta a solda encostando-a na ponta do ferro, permitindo que ela escorra sobre uma superfície cuja temperatura seja inferior ao ponto de fusão.

A solda com fluxo aplicada em uma superfície limpa e devidamente aquecida derreterá e escorrerá sem contato direto com a fonte de calor, formando uma camada fina sobre a superfície (Figura A-8). A soldagem inadequada apresentará um aspecto irregular, de forma que um filete côncavo não existirá. Os componentes soldados devem ser mantidos de forma estática até que a temperatura seja reduzida, permitindo a solidificação da solda. Isso evitará que a conexão de solda torne-se inadequada ou sofra rupturas.

A seleção de solda com núcleo com diâmetro adequado auxiliará no controle da quantidade de solda que é aplicada na conexão (por exemplo, utilização de diâmetros menores ou maiores para conexões de menor ou maior porte, respectivamente).

» Remoção do fluxo

A limpeza pode ser necessária para remover determinados tipos de fluxo após a soldagem. Se a limpeza for necessária, o resíduo do fluxo deve ser removido assim que possível, preferivelmente dentro de até uma hora após o término do processo de soldagem.

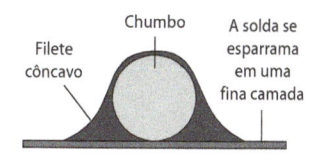

Figura A-8 Seção transversal de um terminal redondo soldado sobre uma superfície plana.

apêndice B

Fórmulas e conversões

Tabela de conversão de números na forma de complemento de 2

Complemento de 2	Decimal	Complemento de 2	Decimal	Complemento de 2	Decimal	Complemento de 2	Decimal
11111111	−1	11011111	−33	10111111	−65	10011111	−97
11111110	−2	11011110	−34	10111110	−66	10011110	−98
11111101	−3	11011101	−35	10111101	−67	10011101	−99
11111100	−4	11011100	−36	10111100	−68	10011100	−100
11111011	−5	11011011	−37	10111011	−69	10011011	−101
11111010	−6	11011010	−38	10111010	−70	10011010	−102
11111001	−7	11011001	−39	10111001	−71	10011001	−103
11111000	−8	11011000	−40	10111000	−72	10011000	−104
11110111	−9	11010111	−41	10110111	−73	10010111	−105
11110110	−10	11010110	−42	10110110	−74	10010110	−106
11110101	−11	11010101	−43	10110101	−75	10010101	−107
11110100	−12	11010100	−44	10110100	−76	10010100	−108
11110011	−13	11010011	−45	10110011	−77	10010011	−109
11110010	−14	11010010	−46	10110010	−78	10010010	−110
11110001	−15	11010001	−47	10110001	−79	10010001	−111
11110000	−16	11010000	−48	10110000	−80	10010000	−112
11101111	−17	11001111	−49	10101111	−81	10001111	−113
11101110	−18	11001110	−50	10101110	−82	10001110	−114
11101101	−19	11001101	−51	10101101	−83	10001101	−115
11101100	−20	11001100	−52	10101100	−84	10001100	−116
11101011	−21	11001011	−53	10101011	−85	10001011	−117
11101010	−22	11001010	−54	10101010	−86	10001010	−118
11101001	−23	11001001	−55	10101001	−87	10001001	−119
11101000	−24	11001000	−56	10101000	−88	10001000	−120
11100111	−25	11000111	−57	10100111	−89	10000111	−121
11100110	−26	11000110	−58	10100110	−90	10000110	−122
11100101	−27	11000101	−59	10100101	−91	10000101	−123
11100100	−28	11000100	−60	10100100	−92	10000100	−124
11100011	−29	11000011	−61	10100011	−93	10000011	−125
11100010	−30	11000010	−62	10100010	−94	10000010	−126
11100001	−31	11000001	−63	10100001	−95	10000001	−127
11100000	−32	11000000	−64	10100000	−96	10000000	−128

Glossário

Termo	Definição	Símbolo ou abreviatura
Álgebra booleana	Sistema matemático utilizado na representação de uma expressão lógica, muito útil em eletrônica digital.	
Amostragem	Medição de um sinal digital em instantes de tempo discretos. É muito utilizada em DSPs quando se digitaliza uma entrada analógica em instantes de tempo discretos.	
Ampère	Unidade utilizada na medição da corrente elétrica.	A
Amplificador operacional	Amplificador adaptável que possui entradas inversora e não inversora e característica de impedância de entrada elevada e impedância de saída reduzida com ganho elevado. O ganho pode ser ajustado através de componentes externos.	
Analisador lógico	Instrumento de teste de alto custo que pode amostrar e armazenar dados digitais em vários canais.	
Anodo	Terminal positivo de um dispositivo como um diodo ou LED.	
Aproximações sucessivas	Em conversores A/D e D/A, representa uma técnica utilizada na redução do tempo de conversão.	
Arranjo de portas programáveis	Dispositivo lógico programável específico (PLD) com um conjunto de portas AND que podem ser reprogramadas ou um conjunto fixo de portas OR. A sigla representa *gate array logic*.	GAL
Arranjo lógico programável	Dispositivo PLD específico que contém um conjunto de portas AND que podem ser programadas com um conjunto fixo de portas OR.	PAL
Atraso de propagação	Corresponde ao intervalo de tempo necessário para que uma saída mude de estado depois que a entrada é ativada. Normalmente é medido em nanossegundos.	
Barramento	Em sistemas de computadores, condutores paralelos são empregados na comunicação entre CPU, memórias e dispositivos periféricos. A maioria dos sistemas possui barramentos de endereço, dados e controle.	
Base	Parte central de um transistor bipolar utilizada no controle da corrente que flui do coletor para o emissor.	B

Termo	Definição	Símbolo ou abreviatura
BASIC	Linguagem de programação de alto nível de fácil aprendizado, normalmente utilizado no ensino de programação para iniciantes. Corresponde ao termo "código de instruções simbólico de uso geral para iniciantes" (*beginners all-purpose symbolic instruction code*).	BASIC
Baud	Unidade da velocidade de transmissão do sinal em telecomunicações que corresponde ao número de eventos discretos por segundo.	Bd
Bit	Dígito binário único (0 ou 1). É útil para representar os estados desligado-ligado em circuitos com chaveamento. Também corresponde à sigla que representa o termo dígito binário (*binary digit*).	
Bit de paridade	*Bit* adicional enviado juntamente com os *bits* de dados para verificar a existência de erros na transmissão.	
Bit mais significativo	Posição de um dado *bit* em um número binário que corresponde ao maior peso. A sigla representa *most significant bit*.	MSB
Bit menos significativo	Posição de um dado *bit* em um número binário que corresponde ao menor peso. A sigla representa *least significant bit*.	LSB
Buffer	Dispositivo de estado sólido especial utilizado no aumento da capacidade de fornecimento de corrente na saída. *Buffers* não inversores não possuem funções lógicas.	▷
Byte	Grupo de oito *bits* normalmente utilizado na representação de um número ou código em computadores e eletrônica digital.	
Cartão de memória	Método de encapsulamento utilizado em conjuntos de dispositivos de memória. Os cartões normalmente possuem o tamanho de um cartão de crédito com espessura maior e apresentam conectores existentes nas extremidades. Consulte o termo PCMCIA.	
Catodo	Terminal negativo de um dispositivo como um diodo ou LED.	▷|─ K
CD-R (compact disc-recordable)	Disco compacto onde a gravação pode ser realizada uma única vez utilizando uma gravadora de CD existente em um microcomputador convencional. CD-R é a sigla que representa o termo disco compacto gravável.	CD-R
CD-ROM (compact disc-read-only memory)	Dispositivo de leitura capaz de promover o acesso a dados armazenados em um disco compacto.	CD-ROM
CD-RW (compact disc-rewritable)	Disco compacto onde a gravação pode ser realizada diversas vezes utilizando uma gravadora de CD existente em um microcomputador convencional. CD-RW é a sigla que representa o termo disco compacto regravável.	CD-RW
Célula	Em memórias, representa um único elemento de armazenamento.	

Termo	Definição	Símbolo ou abreviatura
Célula fotoresistiva	Resistor fotosensível cuja resistência diminui à medida que a quantidade de luz incidente aumenta. As fotocélulas ou os fotoresistores são constituídos de sulfeto de cádmio.	Cds
Chip	Sinônimo de circuito integrado.	
Cilindro	Em um disco rígido de computador, representa uma série de várias trilhas idênticas em vários discos empilhados.	
Circuito integrado	Combinação de diversos componentes eletrônicos em um encapsulamento compacto que opera como um circuito analógico, digital ou híbrido. É classificado de acordo com o nível de complexidade (SSI, MSI, LSI, VLSI ou ULSI).	CI
Circuitos multivibradores	São classificados como biestáveis (*flip-flops*), monoestáveis (com disparo único) e astáveis.	MV
Círculo	Em símbolos lógicos, representa uma entrada ou saída ativa-BAIXA.	
Clock	Sinal gerado por um oscilador utilizado na temporização de um sistema digital como um computador.	
Codificador	Dispositivo lógico que converte código decimal em binário. Geralmente, converte informações de entrada em um código útil para circuitos digitais.	
Código alfanumérico	Consiste em números, letras e outros caracteres, sendo que o código ASCII é um exemplo típico desta forma de código.	
Código BCD 8421	Código BCD de quatro *bits* cujos pesos são 8, 4, 2 e 1.	
Código decimal codificado em binário (binary coded decimal)	Código comum onde cada dígito decimal (0-9) é representado por um número de quatro *bits*.	BCD
Código estendido de intercâmbio decimal codificado em binário	Código alfanumérico de oito *bits* utilizado principalmente em computadores *mainframe*. A sigla representa *extended binary coded decimal interchange code*.	EBCDIC
Código Padrão Americano para Intercâmbio de Informações (American Standard Code for Information Interchange)	Representa um dos códigos alfanuméricos mais utilizados.	ASCII
Coletor	Região de um transistor bipolar que recebe o fluxo de portadores de corrente.	
Comparador de magnitude	Bloco lógico combinacional que compara duas entradas binárias A e B e ativa uma das três saídas ($A>B$, $A=B$ ou $A<B$).	

Termo	Definição	Símbolo ou abreviatura
Comparador de tensão	Circuito à base de amplificador operacional que compara uma entrada de tensão positiva (*A*) com uma entrada de tensão negativa (*B*), indicando na saída qual dessas entradas possui maior nível.	
Complemento de 1	Para converter um número na forma de complemento de 1 para o sistema binário, deve-se inverter cada *bit*.	
Complemento de 2	Representação normalmente utilizada para indicar o sinal e a magnitude de um número utilizando apenas dígitos 0 e 1. É muito útil quando dispositivos somadores binários são empregados em subtração binária.	
Condição de inicialização	Em um *flip-flop*, isto quer dizer que a saída normal (*Q*) passa a assumir nível 1.	
Condição de reinicialização	Em um *flip-flop*, isto quer dizer que a saída normal (*Q*) passa a assumir nível 0 ou foi limpa.	
Conector DIN	Conectores empregados em computadores que seguem as normas da associação alemã DIN (*Deutsche Industrie Norm*).	DIN
Conexão em cascata	Geralmente, consiste na conexão série de dispositivos eletrônicos, onde a saída do primeiro é conectada à entrada do segundo. O termo é empregado nas eletrônicas analógica e digital.	
Conjunto de instruções	Conjunto de comandos completo existente em um microprocessador, microcontrolador ou PLC.	
Contador BCD	Contador de quatro *bits* que conta do número binário 0000 a 1001 e reinicia a contagem em 0000.	
Contador em anel	Registrador de deslocamento recirculante que é carregado com um dado padrão de dígitos 1 (como um único valor 1), o qual continua a circular de acordo com pulsos de *clock* repetidos.	
Contador por ondulação	Contador binário simples onde a mudança de estado do *flip-flop* LSB dispara a entrada de *clock* do dispositivo seguinte, e assim por diante. Há um atraso de tempo entre a contagem dos *bits* LSB a MSB.	
Controlador lógico programável	Sistema de computador especializado de alto desempenho utilizado em controle de processos em fábricas, plantas químicas e armazéns. É semelhante à lógica tradicional que utiliza relés. Também é chamado de controlador programável (*programmable controller* – PC).	PLC
Conversão analógica-digital	Conversão de um sinal analógico em uma grandeza digital, como um sinal binário.	A/D
Conversão digital-analógica	Conversão de um sinal digital em um sinal analógico equivalente, a exemplo de uma tensão.	D/A
Conversor A/D	Dispositivo que converte uma tensão analógica em uma grandeza digital proporcional. Exemplos incluem dispositivos compatíveis com microprocessadores com saídas binárias ou com saídas decimais.	A/D

Termo	Definição	Símbolo ou abreviatura
Conversor D/A	Dispositivo que converte uma grandeza digital um sinal analógico de tensão proporcional.	D/A
Corrente elétrica	Movimento de cargas elétricas em um sentido específico. A unidade de medida é ampère.	
CPLD (complex programmable logic device)	Dispositivo lógico programável específico semelhante ao GAL, mais adequado para problemas lógicos de grande escala. A sigla corresponde a dispositivo lógico programável complexo.	CPLD
Dados paralelos	Transmissão de dados em grupos de forma simultânea por meio de diversas conexões.	
Dados seriais	Transmissão de dados onde um *bit* é enviado de cada vez.	
Decodificador	Dispositivo lógico que converte código binário em decimal. Geralmente, converte dados processados em um sistema digital em outro formato compreensível como alfanumérico.	
Decremento	Redução da contagem em 1.	
Demultiplexador	Bloco lógico combinacional que distribui os dados de uma única entrada para uma entre várias saídas. Também é denominado distribuidor e pode converter dados seriais em paralelos.	DEMUX
Diagrama de blocos	Desenho que possui blocos designados por nomes e funções específicas representando um circuito eletrônico.	
Diagrama lógico	Diagrama esquemático que mostra a interconexão de dispositivos como portas lógica, *flip-flops*, entre outros.	
Digitalizar	Conversão de um sinal analógico em unidades ou pulsos digitais. Consulte o termo conversor A/D.	
Diodo	Dispositivo semicondutor com dois terminais que faz a corrente circular em um sentido único.	
Diodo emissor de luz	Junção PN especial que fornece luz quando há circulação de corrente através da mesma. Possui uma lente para focar a luz. A sigla representa *light emitter diode*.	LED
Disco de estado sólido	Dispositivo de memória de leitura/gravação não volátil semelhante ao disco rígido de um computador, mas que utiliza memórias semicondutoras (como cartões de memória *flash*). Podem ser utilizados em aplicações onde há necessidade de compactação e redução de peso.	
Disco de gravação única e leitura múltipla	Disco ótico gravável do tipo CD que pode ser gravado uma única vez no computador, cujo armazenamento de dados é semelhante como um CD-ROM. A sigla representa *write once, read-many*.	WORM
Disco Digital Versátil	Disco ótico com elevada capacidade muito popular que se assemelha ao CD convencional. Pode armazenar de cerca de 4,7 GB a 17 GB incluindo dados como vídeo, áudio ou arquivos de computador de forma geral. Também é denominado disco de vídeo digital. A sigla significa *digital versatile disc*.	DVD

Termo	Definição	Símbolo ou abreviatura
Disco ótico regravável	Disco ótico de grande capacidade que pode ser regravado muitas vezes. Algumas versões são denominadas discos óticos regraváveis PD ou CD-E (*compact disc erasable* – disco compacto apagável).	CD-E
Disco Winchester	Nomenclatura antiga utilizada na representação de um disco rígido.	
Disparo pela borda	Em dispositivos síncronos como *flip-flops*, corresponde ao instante de tempo exato no qual o dispositivo é ativado, como na borda crescente (positiva) ou decrescente (negativa) do pulso de *clock*.	
Display *de cristal líquido*	Tecnologia de construção de *displays* com potência muito baixa utilizada em muitos dispositivos alimentados por baterias e pilhas. O líquido nemático muda o tipo de cor exibida no *display* de prateada para preta quando é energizado. Há também modelos de *display* LCD coloridos. A sigla representa *liquid crystal display*.	LCD
Display *de matriz ativa*	*Display* LCD colorido com alta qualidade e elevado custo que emprega tecnologia de matriz ativa, a qual envolve a utilização de transistores de filme fino. Para estabelecer uma comparação, consulte o termo <u>*display* de matriz passiva</u>.	
Display *de matriz passiva*	*Display* LCD de baixa resolução que possui baixo custo e é adequado para aplicações que requerem *displays* monocromáticos. Entretanto, não possui qualidade tão alta quanto os *displays* LCD coloridos de matriz ativa. Consulte também o termo <u>*display* de matriz ativa</u>.	
Display *de sete segmentos*	*Display* numérico que possui sete segmentos. Pode ser implementado com as tecnologias a LEDs, LCD e VF. Algumas letras também podem ser exibidas para representar números hexadecimais.	*a* *f* *b* *e g c* *d*
Display *fluorescente a vácuo*	*Display* à base de válvula triodo a vácuo que exibe cor verde (sem o uso de filtros). A sigla representa *vacuum fluorescent*.	VF
Dispositivo de carga acoplado	Sensor de imagem que utiliza um conjunto de fotocélulas sensível à luz baseado em dispositivos semicondutores semelhantes a capacitores. Consulte o termo <u>sensor de imagem CMOS</u> para obter maiores informações sobre uma tecnologia diferente.	CCD
Dispositivo lógico programável	Termo genérico utilizado para designar um grupo de dispositivos programáveis específicos que incluem PALs, GALs, CPLDs e FPLDs.	PLD
Divisor de frequência	Bloco lógico que divide a frequência da forma de onda de entrada por um dado número (como o circuito divisor por 10). Contadores normalmente desempenham esta função.	
Drenagem de corrente	Fluxo de corrente convencional que entra na saída BAIXA de um dispositivo digital. Diz-se que a corrente é "drenada" para o terminal de terra.	

Termo	Definição	Símbolo ou abreviatura
Eletrônica analógica	Consiste em um ramo da eletrônica que abrange diversos tipos de dispositivos e grandezas. Também é chamada de eletrônica linear.	
Eletrônica digital	Ramo da eletrônica que trabalha com níveis de tensão discretos em sinais. Os sinais normalmente possuem níveis ALTOS ou BAIXOS, sendo representados por números binários.	
Emissor	Região de um transistor bipolar que envia os portadores de corrente para o coletor.	
Encapsulamento em linha dupla	Método popular de encapsulamento de CIs. A sigla representa *dual-in-line package*.	DIP
Encapsulamento plástico PLCC	Tipo de encapsulamento de CI para montagem sobre superfície cujos terminais encontram-se na parte inferior do encapsulamento.	PLCC
Encapsulamento SOIC	Tipo de encapsulamento de CIs menor que o tipo DIP. É utilizado em montagens sobre superfície. A sigla representa *small-outline integrated circuit* (circuito integrado com tamanho reduzido).	
Endereço	Em sistemas de computadores, corresponde a um número que representa uma localização de armazenamento única.	
Entrada ativa-ALTA	Entrada digital que desempenha sua função quando há um nível ALTO presente.	
Entrada ativa-BAIXA	Entrada digital que desempenha sua função quando há um nível BAIXO presente.	
Entrada flutuante	Corresponde a uma entrada que não mantém nível ALTO nem BAIXO, cujo estado pode variar entre ALTO, BAIXO ou a região intermediária. Este tipo de entrada pode ocasionar problemas indesejáveis.	
Entrada/Saída	Conexão com um dispositivo digital que pode ser programado como uma entrada ou uma saída. Este tipo de conexão é muito comum em muitos dispositivos complexos como microcontroladores.	E/S
Expressão booleana	Representação matemática de uma função lógica. A função também pode ser descrita na forma de uma tabela verdade ou circuito lógico.	$AB+C'D=Y$
Expressão booleana em termos máximos	Consulte o termo produto das somas.	
Expressão booleana em termos mínimos	Veja o termo soma de produtos.	
Família lógica	Grupo de CIs digitais totalmente compatíveis entre si que podem ser interconectados sem que haja problemas de interfaceamento. Exemplos típicos são a série TTL 7400, a série CMOS 74HC00 e a série CMOS 4000.	

Termo	Definição	Símbolo ou abreviatura
Fan-out	Característica de acionamento na saída de um dispositivo lógico. Representa o número de entradas de uma família lógica que pode ser acionada por uma única saída.	
Firmware	O termo representa programas de computador e dados armazenados permanentemente em dispositivos de memória não volátil como ROM. Consulte também os termos *hardware* e *software*.	
Flip-flop	Dispositivo lógico sequencial básico que possui dois estados estáveis. Também é chamado de multivibrador biestável.	
Flip-flop *D*	*Flip-flop* que possui pelo menos os modos de inicialização e reinicialização. Também é chamado de *flip-flop* de dados ou com atraso.	D — FF — Q / CLK — $\overline{Q}$
Flip-flop *J-K*	*Flip-flop* adaptável que possui pelo menos os modos de operação de inicialização, reinicialização, mudança de estado e manutenção.	J, CLK, K — FF — Q, $\overline{Q}$
Flip-flop *R-S*	*Flip-flop* que possui pelo menos os modos de operação de inicialização, reinicialização e manutenção. É um circuito básico usado no bloqueio de dados (memória).	S / R — FF — Q / $\overline{Q}$
Flip-flop *T*	*Flip-flop* com mudança de estado (*toggle*). A saída muda para o estado lógico oposto, de acordo com pulsos de *clock* repetidos. É muito útil em circuitos contadores digitais.	T
Fonte	Terminal de um transistor de efeito de campo que envia portadores de corrente para o terminal dreno.	S
Formas de onda	Representação gráfica de um sinal de tensão em função do tempo que pode ser visualizado em um osciloscópio.	V / tempo
Fornecimento de corrente	Fluxo de corrente convencional que sai da saída ALTA de um dispositivo digital para a carga. Diz-se que a saída "fornece" corrente.	
FPLD	Dispositivo lógico programável específico semelhante ao CPLD, mas que contém células mais simples permitindo maior flexibilidade de projeto. A sigla representa *field programmable logic device* (dispositivo lógico programável em campo).	FPLD
Função lógica	Tarefa lógica que deve ser desempenhada por um determinado dispositivo. Pode ser representada por um termo (como AND), um símbolo lógico, uma expressão booleana (como AB=Y) e/ou uma tabela verdade.	
Ganho	Relação ou taxa entre saída e entrada. Pode ser medido em termos de tensão, corrente ou potência. Também é conhecido por amplificação.	
Glitch	Oscilação (pico) de tensão ou corrente indesejada que ocorre esporádica, mas não regularmente.	

Termo	Definição	Símbolo ou abreviatura
GND	Representação do terminal negativo da fonte de alimentação de CIs TTL e alguns dispositivos CMOS. Também é chamado de terminal comum de terra.	
Gravação	Processo de inserção de dados em células de memória ou outros dispositivos.	
Habilitar	Ativar a função ou entrada de um circuito digital. Antônimo de desabilitar.	
Hardware	Em tecnologia de computadores, representa a parte física de um computador. Consulte também os termos *firmware* e *software*.	
Hertz	Unidade de medida da frequência. Corresponde a um ciclo por segundo.	Hz
Histerese	Limites de chaveamento distintos que existem em alguns circuitos lógicos, tornando sua ação instantânea. Dispositivos lógicos Schmitt *trigger* possuem tal característica.	
IEEE	Instituto de Engenheiros Eletricistas e Eletrônicos (*Institute of Electrical and Electronics Engineers*).	
Imunidade a ruído	Insensibilidade de um circuito digital a tensões indesejadas ou ruído. É também denominada margem de ruído em circuitos digitais.	
Incremento	Aumento da contagem em 1.	
Integração em escala muito grande	Termo utilizado por alguns fabricantes para indicar a complexidade de um circuito integrado. VLSI (*very large scale integration*) indica que a complexidade em termos da existência de 10.000 a 99.999 portas lógicas no interior do CI.	VLSI
Integração em escala ultragrande	Termo utilizado por alguns fabricantes para indicar a complexidade de um circuito integrado. ULSI (*ultra large scale integration*) indica que a complexidade em termos da existência de mais de 100.000 portas lógicas no interior do CI.	ULSI
Integração em grande escala	Termo utilizado por alguns fabricantes para indicar a complexidade de um circuito integrado. LSI (*large scale integration*) indica que a complexidade em termos da existência de 100 a 999 portas lógicas no interior do CI.	LSI
Integração em média escala	Termo utilizado por alguns fabricantes para indicar a complexidade de um circuito integrado. MSI (*médium scale integration*) indica que a complexidade em termos da existência de 12 a 99 portas lógicas no interior do CI.	MSI
Integração em pequena escala	Termo utilizado por alguns fabricantes para indicar a complexidade de um circuito integrado. SSI (*small scale integration*) indica a complexidade em termos da existência de menos de 12 portas lógicas no interior do CI.	SSI
Interfaceamento	Projeto de interconexões entre circuitos onde os níveis de tensão e corrente são modificados de modo a tornar os dispositivos compatíveis entre si.	

Termo	Definição	Símbolo ou abreviatura
Inversor	Dispositivo lógico básico onde a saída sempre possui estado oposto ao da entrada. Também é chamada de função NOT.	—▷o—
JEDEC	Conselho Conjunto para Engenharia de Dispositivos de Elétrons (*Joint Electron Device Engineering Council*).	
JTAG	De forma geral, o termo JTAG refere-se ao uso da tecnologia *boundary scan* para inserir pontos de teste no silício durante a etapa de projeto para realização de testes automáticos. A sigla representa *Joint Test Action Group* (Grupo Conjunto de Ação de Teste), sendo que esta entidade foi responsável pelo desenvolvimento da norma IEEE STD 1149.1, que aborda o teste de acesso de portas e da tecnologia *boundary scan*. Consulte também o termo tecnologia *boundary scan*.	JTAG
Latch	Dispositivo binário de armazenamento básico, também é chamado de *flip-flop*.	
Leitor (drive)	Em computadores, geralmente o termo se refere a um dispositivo de armazenamento de dados como leitor de disquetes, disco rígido, leitor ótico ou leitor de estado sólido. Normalmente, consiste em um dispositivo eletromagnético ou ótico que agrega a capacidade de leitura/gravação de dados em mídias de armazenamento.	
Leitor de disco ótico	Dispositivo de armazenamento de dados com alta capacidade que normalmente utiliza sulcos na superfície do disco para esta finalidade. A leitura dos dados ocorre quando um feixe laser varre a superfície do disco. Há outros métodos de gravação ótica existentes.	
Leitura	Processo de sensoreamento e obtenção de dados a partir de memórias ou células de memória.	
Lógica combinacional	Utilização de portas lógicas para gerar a saída desejada de forma imediata. Não possui características de memória ou armazenamento.	
Lógica sequencial	Circuito lógico cujos estados lógicos dependem de entradas síncronas e assíncronas. Possuem características de memória.	
Lógica transistor-transistor	Tipo de CI digital fabricado a partir de transistores bipolares de junção. A sigla representa *transistor-transistor logic*.	TTL
Mapa de Karnaugh	Método gráfico simples utilizado na simplificação de expressões booleanas.	Mapas K
Meio somador	Circuito digital que soma dois *bits* e fornece o resultado e o transporte na saída. Não possui entradas de transporte.	A —[HA]— E, B —[HA]— C_o

Termo	Definição	Símbolo ou abreviatura
Memória cache	Em computadores, trata-se de uma memória extremamente rápida e cara empregada em armazenamento de dados frequente ou recentemente utilizados. A memória cache é a ponte entre o processador ultrarrápido e a memória principal, do disco rígido ou do CD-ROM, que por sua vez é muito mais lenta. A memória cache é normalmente designada por L1 (primária) ou L2 (secundária).	
Memória com núcleo magnético	Sistema de leitura/gravação de memória não volátil mais antigo que emprega núcleos de ferrite como células de memória.	
Memória de acesso randômico	Tipo de memória que permite o acesso simplificado a cada *bit*, *byte* ou palavra. O termo RAM normalmente indica que a memória é utilizada para leitura/gravação. A sigla representa *random access memory*.	RAM
Memória de apenas leitura	Memória não volátil que normalmente não pode ser modificada após ser programada. O termo ROM normalmente se refere a uma memória de apenas leitura (*read only memory*) programável por máscara.	ROM
Memória DIMM	Em tecnologia de computadores, trata-se de um tipo moderno de placa de memória RAM que armazena diversos pentes de memória SDRAM em computadores de última geração. A sigla corresponde a módulo de memória em linha dupla (*dual-in-line memory module*). Consulte também o termo Memória SIMM, que é um tipo mais antigo de memória.	DIMM
Memória DIMM com tamanho reduzido	Módulo de memória encapsulado compacto utilizado em computadores do tipo *laptop*. Como exemplo, tem-se a memória DDR SDRAM SO DIMM com 200 pinos. A sigla representa *small-outline DIMM*.	SO DIMM
Memória flash	Novo tipo de memória não volátil semelhante à EEPROM. Suas características superiores são representadas pela alta densidade (tamanho reduzido das células de memória), baixo consumo de energia e natureza não volátil, mas regravável.	
Memória não volátil	Memória que mantém dados armazenados ainda que não seja alimentada por uma fonte de tensão e esteja desligada.	
Memória programável apagável somente de leitura	Memória não volátil que pode ser programada, eletricamente apagada e reprogramada. Memórias *flash* são do tipo EEPROM. A sigla representa *erasable programmable read-only memory*.	EEPROM
Memória programável de apenas leitura	Memória não volátil que é programada uma única vez pelo usuário ou fabricante.	PROM
Memória RAM dinâmica	Dispositivo de memória de acesso dinâmico (leitura/gravação) extremamente comum cujas células de memória requerem muitas atualizações por segundo. Consulte também os termos SDRAM e RDRAM a título de comparação. A sigla representa *dynamic random access memory*.	DRAM

Termo	Definição	Símbolo ou abreviatura
Memória RAM estática	Tipo de memória de acesso randômico (leitura/gravação) que armazena dados em um *flip-flop* utilizado como célula. Trata-se de uma memória volátil. A sigla representa *static random access memory* (memória de acesso randômico estática).	SRAM
Memória RAM ferroelétrica	Memória semicondutora RAM não volátil que possui ótima velocidade de acesso e permite a programação do circuito. As células da memória FeRAM (*ferroelectric random access memory*) são baseadas em capacitores ferroelétricos e transistores MOS.	FeRAM ou FRAM
Memória RAM magnetoresistiva	Tipo de memória RAM semicondutora não volátil com ótima velocidade de acesso que permite a programação de circuitos internos e consome baixa potência. Células de memória MRAM utilizam transistores e uma junção magnética em túnel (MTJ – *magnetic tunnel junction*).	MRAM
Memória RDRAM	Em informática, representa um tipo de memória RAM dinâmica extremamente rápida. A sigla representa *Rambus dynamic random access memory*.	RDRAM
Memória RIMM	Pacotes de memória Rambus DRAM utilizados em computadores de forma semelhante à memória DIMM (*Dual Inline Memory Module* – Módulo de Memória em Linha Dupla). Memórias RIMM não podem ser substituídas por DIMM. A sigla representa *Rambus Inline Memory Mode*.	
Memória SDRAM	Em informática, trata-se de um tipo de memória RAM dinâmica síncrona com alta velocidade. A sigla representa *synchronous dynamic random access memory*. Consulte também os termos DRAM e RDRAM.	SDRAM
Memória SDRAM com dupla taxa de transferência de dados	Memória RAM dinâmica síncrona que é mais rápida que a memória SDRAM convencional. A sigla representa *double data rate synchronous random access memory*.	DDR SDRAM
Memória SIMM	Em informática, trata-se de uma placa de memória RAM que possui muitos *chips* de memória utilizada em PCs modernos. A sigla representa *single in-line memory module* (módulo de memória em linha simples). Consulte também o termo DIMM.	SIMM
Memória volátil	Tipo de memória capaz de armazenar dados apenas quando estiver conectada a uma fonte de alimentação.	
Microcontrolador	CI com baixo custo que contém um pequeno microprocessador, memória RAM limitada, memória RAM e portas E/S. Resume-se a um pequeno computador existente em um *chip*. Normalmente, este tipo de dispositivo existe no interior de determinados produtos.	
Microprocessador	CI que constitui a CPU da maioria dos microcomputadores.	MPU

Termo	Definição	Símbolo ou abreviatura
Minuendo	Termo inicial da subtração. Corresponde ao número de onde se subtrai a quantidade que é indicada pelo subtraendo.	
Modulação por largura de pulso	A informação é incluída em um sinal digital aumentando-se ou reduzindo-se a largura (duração) dos pulsos. Utilizada no acionamento de servomotores. Também é chamada modulação por duração de pulsos.	PWM
Motor de passo	Motor CC cujo eixo apresenta movimento angular em dado sentido de acordo com sinais digitais adequados. Os ângulos de passo possuem valores típicos de 1,8°, 3,6°, 7,5° e 15°. Existem dois tipos: com ímã permanente e relutância variável.	motor de passo
Mudança de estado	Alteração do estado lógico para um nível oposto. De outra forma, corresponde a um pulso que modifica o estado de circuitos lógicos para o nível oposto. Pode ainda representar o modo de operação de um *flip-flop* onde a saída muda de estado a cada pulso de *clock*.	
Multiplexação	No acionamento de *displays*, corresponde a ligar/desligar um entre vários *displays* por um curto intervalo de tempo com uma frequência alta o suficiente, de modo que os dispositivos pareçam estar continuamente acesos. De forma geral, consiste em transmitir diversos sinais através de linhas comuns.	
Multiplexação de displays	Consiste em acender múltiplos *displays* alfanuméricos sequencialmente um de cada vez, sendo a velocidade alta o suficiente de modo que aparentam estar sempre ligados. A multiplexação de *displays* representa redução de custo e número de componentes utilizados.	
Multiplexador	Bloco lógico combinacional que seleciona uma entre várias entradas e envia a respectiva informação para uma única saída. Também é denominado seletor de dados. É capaz de converter dados seriais em paralelos.	MUX
Multivibrador astável	Dispositivo que oscila entre dois estados estáveis. É normalmente chamado de *clock* ou apenas multivibrador.	
Multivibrador biestável	Dispositivo que possui dois estados estáveis, mas requer um disparo para mudar de um estado para outro. Também é denominado *flip-flop*.	

Termo	Definição	Símbolo ou abreviatura
Mutivibrador monoestável	Dispositivo que emite um pulso único quando é disparado. Também é denominado multivibrador com disparo único.	
Nibble	Metade de um *byte*. Corresponde a uma palavra binária de quatro *bits*.	
Níveis lógicos	Em eletrônica digital, corresponde à faixa de tensão que as entradas dos dispositivos lógicos interpretam como sendo ALTA, BAIXA ou indefinida. Os limites de tensão podem ser diferentes para as diversas famílias lógicas.	
Ohm	Unidade de medida da resistência elétrica.	Ω
Operação assíncrona	Em circuitos digitais, significa que as operações não são executadas em conjunto com o sinal de *clock*.	
Operação síncrona	Em circuitos digitais, isto significa que as operações são executadas em conjunto com o sinal de *clock*.	
Optoisolador	Dispositivo de interfaceamento utilizado para isolar a entrada da saída eletricamente utilizando um feixe luminoso para transferir dados.	
Oscilador	Circuito eletrônico que gera formas de onda CA a partir de uma fonte CC.	
Osciloscópio	Instrumento de teste que plota sinais de tensão em função do tempo na forma de gráficos ou formas de onda na tela. Existem diversos modelos de osciloscópios analógicos e digitais.	
Palavra	Em informática, corresponde a um grupo de *bits* que é processado de forma única. A definição exata de palavra depende do sistema. Tamanhos de palavras de 16 e 32 *bits* são comuns.	
Paridade	Sistema utilizado para a detecção de erros na transmissão de dados binários.	
Paridade ímpar	Em transmissão de dados, corresponde ao envio de um *bit* de paridade que torna ímpar o número de dígitos 1 em um dado grupo.	
Paridade par	Em transmissão de dados, corresponde ao envio de um *bit* de paridade que torna par o número de dígitos 1 em um dado grupo.	
PC	Sigla normalmente utilizada para representar um computador pessoal (*personal computer*), mas também pode ser empregada para se referir a um controlador programável (*programmable controller*) ou um controlador lógico programável (*programmable logic controller*).	

Termo	Definição	Símbolo ou abreviatura
PCMCIA	Associação de empresas de informática que define normas para cartões de memória. A sigla representa *Personal Computer Memory Card International Association*.	
Pipelining	Em informática, consiste em uma forma de aumentar a velocidade de processamento ao se acessar e decodificar instruções que estão além da próxima instrução que será executada. Desta forma, a instrução seguinte será inserida em uma fila e esperará a execução imediata. Este processo também é chamado de *prefetching*.	
Ponteira lógica	Ferramenta de teste simples que indica níveis lógicos 0 e 1 ou pulsos em circuitos digitais.	
Porta	Em computadores e microcontroladores, trata-se de circuitos responsáveis pela entrada e saída de dados no sistema.	I/O
Porta AND	Dispositivo lógico combinacional básico onde todas as entradas devem ser ALTAS para que a saída seja ALTA.	A B — Y
Porta lógica	Circuito lógico combinacional básico que desempenha uma dada função lógica (AND, OR, NOT, NAND, NOR).	
Porta NAND	Dispositivo lógico combinacional básico onde todas as entradas devem ser ALTAS para que a saída seja BAIXA. Corresponde a uma porta NOT AND.	
Porta NOR	Dispositivo lógico combinacional básico onde todas as entradas devem ser BAIXAS para que a saída seja ALTA. Corresponde a uma porta NOT OR.	
Porta NOT	Dispositivo lógico combinacional básico onde o estado da saída sempre é oposto à entrada. Também é chamada de inversor.	
Porta OR	Dispositivo lógico combinacional básico onde a saída se torna ALTA quando qualquer uma das entradas for ALTA.	
Porta USB	USB significa barramento serial universal (*universal serial bus*). Consiste em um tipo de porta serial moderna utilizada de forma genérica para transmitir dados de um computador para dispositivos periféricos externos como impressoras, *modems*, *mouses*, teclados, dispositivos de armazenamento portáteis (óticos, magnéticos) ou módulos de memória *flash*. A porta USB alimenta o dispositivo e pode ser conectada ou desconectada quando o computador é ligado.	Conector USB da série A / Soquete USB da série A

Termo	Definição	Símbolo ou abreviatura
Porta XNOR	Dispositivo lógico combinacional básico onde um número par de entradas ALTAS gera uma saída ALTA. Corresponde a uma porta NOT XOR.	
Porta XOR	Dispositivo lógico combinacional básico onde um número ímpar de entradas ALTAS gera uma saída ALTA. Corresponde a uma porta NOT XOR.	
Potenciômetro digital	Dispositivo eletrônico semelhante ao potenciômetro tradicional, cuja resistência na saída varia em degraus discretos. A posição do contato pode ser armazenada em uma memória EEPROM quando o circuito é desligado. Pulsos de entrada digitais controlam o movimento do contato. Também é chamado de potenciômetro de estado sólido ou não volátil (NV).	
Prato	Representa um único disco rígido. Por sua vez, o disco pode incluir diversos pratos para aumentar a capacidade de armazenamento.	
Processador digital de sinal	Dispositivo semelhante a um microprocessador especializado que pode ser programado para condicionar e melhorar a qualidade de sinais (eliminação de ruídos, aumento da resposta em frequência, etc.). É normalmente utilizando em conjunto com conversores A/D e D/A. A sigla significa *digital signal processor*.	DSP
Produto das somas	Forma de uma expressão booleana do tipo (*A+B*)(*C+D*)=*Y*. É implementada utilizando diagramas lógicos OR/AND. Também é chamado de expressão booleana em termos máximos.	
Programa	Lista de instruções executadas por um computador. Pode ser escrito na forma de várias linguagens de programação distintas.	
Pulso de disparo	Pulso que ativa um dispositivo digital ou provoca mudanças de estado.	
Radical	Base de um número.	
Registrador	Grupo de células de memória temporária (como *flip-flops*) utilizadas no armazenamento temporário com um determinado propósito comum. Por exemplo, um registrador pode possuir um nome específico (como DIRS em um microcontrolador popular) e possuir uma dada largura (como oito ou 16 *bits*).	

Termo	Definição	Símbolo ou abreviatura
Registrador de deslocamento	Bloco lógico sequencial constituído de *flip-flops* que permitem a carga serial ou paralelo de dados, juntamente com saídas seriais ou paralelas e deslocamento *bit* por *bit*.	
Registrador de deslocamento universal	Registrador que possui diversas características incluindo entrada/saída serial, entrada/saída paralela, manutenção e deslocamento para a direita e/ou esquerda.	
Relé	Dispositivo elétrico que emprega um eletroímã na abertura e fechamento dos contatos. Utilizado no chaveamento de circuitos de grande porte e isolação.	
Resistência	Oposição à passagem da corrente. É medida em ohms.	R
Resistor pull-up	Resistor conectado ao terminal positivo da fonte de alimentação para manter o nível ALTO em um dado ponto do circuito quando este se encontra inativo.	
Ruído	Em eletrônica digital, isto representa tensões indesejáveis induzidas em fios de conexão e trilhas de placas de circuito impresso que podem afetar os níveis lógicos de entrada e, consequentemente, as saídas.	
Saída com três estados	Condição da saída em determinados CIs que inclui três estados possíveis incluindo ALTO, BAIXO e alta impedância. Também é chamado de Tristate (marca registrada do fabricante National Semiconductor).	
Saída em coletor aberto	Saída de um circuito digital que não possui conexão com o terminal positivo da fonte de alimentação. Normalmente, é utilizada em conjunto com um resistor *pull-up*.	
Schmitt-trigger	Circuito que possui a característica de histerese e é útil no condicionamento de sinais em eletrônica digital. Pode ser utilizado na digitalização de uma entrada analógica.	
Seletor de dados	Bloco lógico combinacional que seleciona uma entre várias entradas de dados e interliga esta informação com a saída. Também é denominado multiplexador.	
Semicondutor	Elemento que possui quatro elétrons na camada de valência e características elétricas intermediárias entre condutores e isolantes.	

Termo	Definição	Símbolo ou abreviatura
Semicondutor Óxido Metálico	Tecnologia utilizada na fabricação de circuitos integrados que emprega metal e um óxido (dióxido de silício) como parte importante da estrutura do dispositivo.	
Semicondutor óxido metálico complementar (complementary metal-oxide-semiconductor)	Tecnologia popular utilizada na fabricação de CIs com consumo reduzido de energia. Utiliza transistores de efeito de campo com polaridade oposta nos projetos.	CMOS
Sensor de efeito Hall	Transdutor que converte um campo magnético crescente ou decrescente em um sinal de tensão variável proporcional. Estes sensores são normalmente encapsulados na forma de chaves de efeito Hall com característica de saída digital (nível ALTO ou BAIXO).	X
Sensor de imagem CMOS	Sensor de imagem que utiliza um conjunto de fotocélulas sensível à luz semelhante ao CCD, mas com menor custo de fabricação. Utilizado em câmeras digitais e celulares com custo reduzido. Consulte também o termo dispositivo de carga acoplado.	
Servomecanismos	Termo geral que representa um motor cuja posição angular ou velocidade pode ser controlada de forma precisa. Utilizam uma malha do tipo servo que realimenta o sinal da saída na entrada para controlar as variáveis supracitadas.	
Silício	Elemento semicondutor empregado na fabricação da maioria dos dispositivos de estado sólido como diodos, transistores e circuitos integrados.	
Símbolos lógicos	Dois sistemas são utilizados nos Estados Unidos: a representação tradicional, que utiliza os símbolos convencionais para cada porta lógica; e a nova representação do IEEE, que emprega caixas retangulares.	⟶⟩ ⟦&⟧
Sinal	Informação transmitida de, para ou no interior de um circuito digital.	
Sinal de tempo discreto	Consiste em outro termo que representa sinais digitais empregados especificamente em aplicações de DSPs, onde as entradas digitais são simples amostras de uma entrada analógica.	
Sistema binário	Sistema numérico de base 2 que utiliza apenas os dígitos 0 e 1.	

Termo	Definição	Símbolo ou abreviatura
Sistema hexadecimal	Sistema numérico de base 16 que utiliza os caracteres de 0 a 9, A, B, C, D, E e F. É utilizado na representação de números binários de 0000 a 1111.	Hex
Sistema octal	Sistema numérico de base 8 que utiliza os dígitos de 0 a 7.	
Software	Programas de computador que coordenam o funcionamento do *hardware*. Duas principais classificações de *software* incluem aplicativos (como processadores de texto ou jogos) e sistemas operacionais. Outras categorias podem incluir *software* para redes e programação. Consulte também os termos *firmware* e *hardware*.	
Solenoide	Atuador que converte energia elétrica em movimento linear. É construído como uma bobina oca com núcleo deslizante de ferro. O núcleo é inserido no interior da bobina quando a corrente circula na mesma.	
Soma de produtos	Forma de uma expressão booleana do tipo *AB+CD=Y*. É implementada utilizando diagramas lógicos AND/OR. Também é chamada de expressão booleana em termos mínimos.	
Somador	Circuito lógico combinacional que gera as saídas de soma e transporte a partir de um determinado conjunto de entradas binárias. Meios somadores e somadores completos são exemplos básicos destes circuitos.	
Somador completo	Circuito digital com três terminais para as entradas incluindo o transporte e dois *bits* para as saídas de soma e transporte.	C_{in}, A, B → FA → E, C_o
Subfamílias lógicas	Grupos de CIs digitais correlatos que possuem características semelhantes, mas que podem possuir velocidade, dissipação de potência e capacidade de fornecimento de corrente diferentes. Exemplos típicos consistem nas séries de CIs TTL 7400, 74LS00, 74F00, 74ALS00 e 74AS00. Em algumas aplicações, é possível substituir CIs por modelos de outras subfamílias.	
Subtração na forma de complemento de 2	Método de subtração onde o subtraendo representado na forma de complemento de 2 é somado ao minuendo. É utilizada para que dispositivos somadores consigam realizar a subtração.	

Termo	Definição	Símbolo ou abreviatura
Subtraendo	Parcela que é subtraída do minuendo.	
Tabela verdade	Representação tabular das condições de todas as entradas e saídas resultantes de uma função ou circuito lógico.	A B | Y 0 0 | 0 0 1 | 0 1 0 | 0 1 1 | 1
Tecnologia boundary scan	Sistema para injeção de pontos de teste em silício durante o projeto para facilitar a realização de testes de controle de qualidade e de campo. Consulte o termo JTAG.	JTAG.
Tecnologia de montagem em superfície	A montagem SMT (*surface-mount technology*) aborda todos os aspectos das técnicas de fabricação, equipamentos e componentes (dispositivos para montagem sobre superfície ou SMD – *surface-mount devices*) utilizadas na soldagem de componentes eletrônicos na superfície de placas de circuito impresso.	Encapsulamento PLCC, Encapsulamento SOT, Componente do tipo chip, Solda, Componente do CI
Tecnologia de mudança de fase	É utilizada em discos óticos DVD-RW e DVD+RW. Uma liga metálica com mudança de fase é empregada para ler, gravar e apagar informações. As áreas onde há a presença e ausência de sulcos são escuras/não reflexivas quando a liga encontra-se no estado amorfo, ou reflexivas caso a liga esteja no estado cristalino, respectivamente. Os discos são regraváveis.	
Tempo de acesso	Em memórias, corresponde ao intervalo de tempo necessário para acessar uma pequena quantidade de dados armazenada.	
Tensão	Corresponde à pressão elétrica.	V
Termistor	Resistor termicamente sensível utilizado como sensor de calor.	
Transdutor	Em eletrônica, corresponde a um dispositivo que converte uma forma de energia em outra. Como exemplo, pode-se citar uma fotocélula que converte luz em eletricidade, ou um alto-falante que converte energia elétrica em mecânica/acústica (sonora).	
Transistor	Dispositivo de amplificação ou controle de estado sólido que normalmente possui três terminais.	
Transistor de efeito de campo	Tipo de transistor onde o terminal de gatilho controla a resistência do canal semicondutor.	

Termo	Definição	Símbolo ou abreviatura
Tubo de raios catódicos	Tubo a vácuo utilizado em televisores, monitores de vídeo e muitos osciloscópios para exibir imagens.	CRT
Unidade de processamento central	Em sistemas de computadores, corresponde à unidade lógica responsável pela lógica aritmética e funções de controle, sendo o centro da maioria das transferências de dados.	CPU
Unidade lógica aritmética	Parte da unidade de processamento central de um computador que processa os dados utilizando operações lógicas e aritméticas.	ALU
V_{cc}	Representação da tensão de alimentação positiva nos CIs TTL e em alguns CIs CMOS (normalmente igual a +5 V).	
V_{DD}	Representação da tensão de alimentação positiva em diversos, mas não todos os tipos de CIs CMOS (de +3 a +18 V).	
Velocidade angular	Representa outro método para se determinar a velocidade de rotação de um eixo ou outro objeto.	
Volt	Unidade de medida da tensão elétrica.	V
V_{SS}	Representação da tensão de alimentação negativa em diversos, mas não todos os tipos de CIs CMOS.	

Créditos

Pág. **x** (à esquerda) Cindy Lewis; (à direita) Lou Jones/Getty Images; Pág. **3** (à esquerda) Cortesia de Simpson Electric Co; (à direita) Cortesia de Fluke Corporation. Reproduzida com permissão da empresa; Pág. **4** (canto superior esquerdo) arquivo de fotografias; (canto superior direito) © Fred Wilson/Getty Images; (canto inferior esquerdo) Cortesia de Apple Computers; (canto inferior direito) Cortesia de Apple Computers; Pág. **5** © Laurent Gillieron/Keystone/epa/Corbis; Pág. **11** Cortesia de Dynalogic l.800.246.4907; Pág. **54** © Biblioteca de Imagens Mary Evans; Pág. **64** International Telecommunication Union & Inmarsat; Pág. **87** Cortesia de Braun; Pág. **105** Cortesia de Intel Corp & Sandia National Laboratories. Fotografia registrada por Randy Montoya; Pág. **119** © Corbis; Pág. **120** © Corbis; Pág. **204** © AP/Wide World Photos; Pág. **207** Cortesia de Fluke Corporation; Pág. **232** Fotomicrografia registrada por Leo Deriak/Lucent Technologies; Pág. **240** Cortesia de Alpine Electronics; Pág. **260**.

Índice

A
ACT, 56-57
Álgebra booleana, 39, 88
Allen, Paul, 5-6
Alpine Electronics, 220
ALS, 56-57
AMLCD, 193-194
Aplicações médicas, 245, 247
Aplicativo EWB, 83-86
Aplicativo para simulação computacional, 83-86, 96-99
Aplicativo para simulação de circuitos, 81-86, 96-99
Aplicativos ABEL, 106-107
Aplicativos CUPL, 106-107
Apple IIe, 4-5
Arranjo de memória RAM estática programável em campo (SRAM FPGA), 105-106
Arranjo de portas, 105-106
Arranjo de portas programáveis (GAL), 105-106
Arranjo lógico programável (PLA), 105-106
Arranjo lógico programável em campo (FPLA), 105-106, 110
Arranjos de portas programáveis pelo usuário, 105-106
Arsenieto de gálio (GaAs), 183-184
AS, 56-57
Atraso de propagação, 130-131

B
Baudot, 179
BI, 186-187
BiCMOS/MiMOS, 134-135
Biografias. *Veja* História da Eletrônica
Bit, 32
Bit mais significativo (MSB), 231-232
Bit menos significativo (LSB), 231-232
Boole, George, 88, 114-116
Buffer, 41-43
Buffer CMOS, 145-146
Buffer de três estados, 41-43
Buffer/driver não inversor, 41-43
Byte, 32

C
C, 56-57
CA, 56-57
Calculadora, 31-32
Calculadora científica, 31-32
Campainha piezoelétrica, 147-148
Capacidade de acionamento, 128-130
Característica de memória, 212-213
Carro inteligente, 201, 203
Chave de efeito Hall, 161-162
Chave de efeito Hall bipolar 3132, 161-163
Chave de efeito Hall bipolar 3144, 165
Chave lógica sem trepidação de contatos, 7-8
Chave sem trepidação, 135-139
Chaves bilaterais, 133-134
Chaves lógicas, 8-9
CI CMOS, 132-135
CI CMOS 74HC4543, 295-197
CI CMOS *latch*/decodificador/*driver* BCD para sete segmentos, 295-197, 200-202
CI CMOS *latch*/decodificador/*driver* BCD para sete segmentos 4511, 200-202
CI *latch* S-R quádruplo 74LS279, 210-211
CI motor de passo unipolar EDE1200, 160
CI para acionamento de motores de passo MC3479, 157-159
CI Schmitt *trigger* TTL 7414, 224-227
Decodificador/driver BCD para sete segmentos 7447A, 186-190
CI TTL contador, 238, 240-244
Circuito antitrepidação, 11, 136-138
Circuito codificador decimal para binário, 35
Circuito contador de três dígitos, 251
Circuito de acionamento do transistor, 141-142
Circuito de alarme, 66-68
Circuito decodificador binário em decimal, 36
Circuito decodificador com *display* a LEDs, 190
Circuito divisor por 60, 238, 240
Circuito lógico NAND-NAND, 95
Circuito NOT, 41-43
Circuitos de interfaceamento com chaves, 134-139
Circuitos lógicos com combinação, 209-210
Circuitos lógicos combinais, 79-80, 185-186
Circuitos lógicos sequenciais, 79-80, 209-210
Circuitos/sinais digitais
    características, 1-2
    definição, 2-3
    limitações, 6-7
    por que utilizar, 4-6
    vantagens, 1-2, 6-7
    geração de um sinal, 6-9
    testes, 13-16
CIs CMOS, 132-135
CIs CMOS contadores, 242, 245-248
CIs MOS, 132
CMOS, 15-16
Codificação e decodificação envolvendo *displays* de sete segmentos, 175-207
    código 8421 BCD, 176-177
    código ASCII, 178, 179
    código excesso 3, 177, 178
    código Gray, 178
    codificador, 181
    decodificador, 185-186
    decodificador/driver BCD para sete segmentos, 186-188
    display de sete segmentos a LEDs, 182-185
    display fluorescente a vácuo (VF), 198-201
    encontrando problemas em um circuito decodificador, 201, 203-204
    LCD. *Veja Display* de cristal líquido (LCD)
Codificação ótica, 178, 252-254
Codificador, 27-29, 181

Codificador 74147, 182-183
Codificador de prioridade de l0 linhas para quatro linhas, 181
Codificar, 27-29
Código. *Veja* Módulo BASIC Stamp
Código alfanumérico, 179
Código ASCII, 178, 179
Código BCD, 176-177
Código BCD 8421, 176-177
Código excesso 3, 177, 178
Código Gray, 178
Combinação de portas lógicas, 79-122
    conversão de expressão booleana em tabela verdade, 82-86
    conversão de tabela verdade em expressão booleana, 82-86
    conversor lógico, 96-99
Comparador de magnitude, 255-259
Comparador de magnitude de quatro *bits* 74HC85 *4-bit*, 255-258
Comparadores em cascata, 257-259
Complemento, 41
Computador *laptop*, 4-5
Computador *mainframe*, 4-5
Computador pessoal, 4-5
Condição de inicialização 210-211
Condição de manutenção, 210-211
Condição de reinicialização, 210-211
Condicionamento de sinal, 224-225
Contador, 231-267
    assíncrono, 233-234
    assíncrono mod-10, 233-234
    BCD 4553, 248, 250-251
    BCD de três dígitos, 248, 250-251
    biquinário, 240, 242
    CI CMOS, 242, 245-248
    CI TTL, 238, 240-244
    com característica de parada automática, 237-238
    com ondulação, 231-234
    conexão em cascata, 248, 250
    contador binário crescente/decrescente de quatro *bits* 74HC193, 245, 247-248
    contador binário de quatro *bits* 74HC393, 242, 245, 247
    de década, 233-234
    de década 74192, 240, 242-253
    de quatro *bits* 7493, 238, 240, 242
    decrescente, 236, 237
    divisão de frequência, 237-238, 240
    encontrando problemas, 261, 264-265
    eventos do mundo real, 252-254
    jogo eletrônico "adivinhe o número", 255-258
    sensor ótico, 252-253
    síncrono, 234-236
    tacômetro experimental, 257-263

Contador assíncrono de dois *bits*, 261, 264
Contador assíncrono decrescente mod-8, 236
Contador binário crescente/decrescente de quatro *bits* 74HC193, 245, 247-248
Contador binário de quatro *bits*, 247-248
Contador binário de quatro *bits* TTL 7493, 238, 240-244
Contador de década crescente/decrescente 74192, 240, 242-244
Contador de década decrescente, 244
Contador de frequência, 65
Contador de quatro *bits*, 233-234
Contador decrescente assíncrono de três *bits*, 237
Contador decrescente de três *bits* com parada automático, 237-238
Contador divisor por 10, 239, 240
Contador mod-16, 231-234
Contador mod-6, 247-248
Contador mod-8, 244
Contador recirculante, 237-238
Contador síncrono de três *bits*, 235
Contadores assíncronos mod-10, 233-234
Contadores com parada automática, 237-238
Contadores em cascata, 248, 250
Conversão
    aplicativo de simulação de circuitos, 83-86
    conversões de portas lógicas usando inversores, 51, 53-54
    de binário para decimal, 26
    de binário para hexadecimal, 29-30
    de binário para octal, 31-32
    de decimal para binário, 26-28
    de decimal para hexadecimal, 29-30
    de decimal para octal, 31-32
    de expressão booleana em tabela verdade, 82-86
    de hexadecimal para binário, 29-30
    de hexadecimal para decimal, 29-30
    de octal para binário, 30-31
    de octal para decimal, 31-32
    de tabela verdade para expressão booleana, 82-83-86
    de termos máximos para termos mínimos, 114-116
    de termos mínimos para termos máximos, 114-116
Conversões de portas usando inversores, 51, 53-54
Conversor lógico, 83-85, 96-99
CPLD, 105-106

CPU, 5-6
Criptografar, 175-176

D

De Morgan, Augustus, 114-116
Decodificação. *Veja* codificação e decodificação envolvendo *displays* de sete segmentos
Decodificador, 27-29, 185-186
Decodificador/driver BCD para sete segmentos, 186-188
Decodificador/driver BCD para sete segmentos TTL 7447A, 186-190
Decodificar, 27-29, 175-176
Detector de limite Schmitt-*trigger*, 161-163
Diagrama de blocos de um decodificador, 186-187
Diagrama de pinos, 54-55
Diagrama funcional, 242, 245
Diagramas de temporização, 210-211
Diodo de grampeamento, 147-149
Diodo junção PN, 183-184
DIP, 54-55
Disparo pela borda, 214-216
Disparo pela borda negativa, 217-218
Display a LEDs, 182-186
Display de cristal líquido (LCD), 190-197
    acionamento de *displays* LCD, 191-192
    acionamento de *displays* LCD com dispositivos CMOS, 295-197
    displays LCD coloridos, 192, 194-196
    displays LCD comerciais, 192, 194
    displays LCD de efeito de campo, 190-192
    displays LCD monocromáticos, 190
Display de sete segmentos a LEDs com encapsulamento DIP, 183-184
Display de sete segmentos a LEDs na configuração anodo comum, 183-184
Display fluorescente a vácuo (VF), 198-201
Display incandescente, 182-183
Display LCD de matriz ativa (AMLCD), 193-194
Display LCD de matriz passiva, 193-194
Display LCD de sete segmentos com dois dígitos, 192, 194
Display VF, 198-201
Display VF de quatro dígitos comercial, 199
    implementação de circuitos a partir de expressões booleanas, 79-83
    lógica NAND, 95-96

problema exemplo (trava eletrônica), 86-87
programa PBASIC (resolvendo um problema lógico), 118-119
seletor de dados, 100-106
simplificação de expressões booleanas, 88. *Veja também* Mapeamento de Karnaugh
simulação computacional, 83-86, 96-99
técnica do dobramento, 102-106
teoremas de De Morgan, 114-116
Displays de sete segmentos. *Veja* Codificação e decodificação envolvendo *displays* de sete segmentos
Displays de sete segmentos a LEDs, 182-185
Dispositivo lógico programável (PAL), 105-106
Dispositivo lógico programável a fusíveis (FPL), 105-106
Dispositivo lógico programável apagável eletricamente (PEEL), 105-106
Dispositivo lógico programável complexo (CPLD),105-106
Dispositivos eletricamente programáveis (ELPD), 105-106
Dispositivos lógicos programáveis (PLDs), 105-114
 definição, 105-106
 PLDs usados na prática, 112-114
 programação, 106-111
 tipos, 105-106, 110
Dissipação de potência, 131-132
Divisão de frequência, 237-238, 240
DMM, 3-4, 191-192
Dobramento, 89
Dobramento do mapa como um cilindro, 94
Drenagem de corrente, 139, 141
Driver do *display*, 184-185

E

E^{2}CMOS,113-114
EBCDIC, 179
ECL, 131
Electronics Workbench, 81-86
Elemento lógico universal, 103, 105
Eletrônica automotiva embarcada, 220
ELPD, 105-106
Encapsulamento em linha dupla (DIP), 54-55
Encontrando problemas
 em circuitos lógicos, 166-168, 170
 em contadores, 261, 264-265
 em portas lógicas, 59-62
 em um circuito decodificador, 201, 203-204
Endereços eletrônicos. *Veja* Internet
Engelbart, Douglas, 187, 189
Eniac, 4-5
Entrada ativa-ALTA, 65
Entrada ativa-BAIXA, 65, 66
Entrada de supressão de zeros (RBI), 186-187
Especificações de CIs e interfaceamento simples, 123-173
 interfaceamento com campainha, 147-148
 interfaceamento entre dispositivos CMOS e TTL, 141, 143-146
Estado proibido, 210-211
Expressão booleana
 AND, 39
 conversão para/a partir de uma tabela verdade, 82-86
 definição, 39
 formas, 80-81
 inversor, 41-43
 NAND, 44
 NOR, 45
 OR, 41
 porta AND de três entradas, 49-51
 porta NOR de quatro entradas, 50-51
 simplificação, 88. *Veja* Mapeamento de Karnaugh
 termos mínimos para termos máximos, 114-116
 XNOR, 48
 XOR,46-47

F

F, 56-57
Família CMOS, 54-55
Família comercial, 56-57
Família lógica, 123-124, 128-129
Família lógica CMOS, 15-16, 128-129
Famílias lógicas, 123-124
Fan-in, 128-129
Fan-out, 128
Fator indicador de reação da peça, A5-6
FCT, 56-57
Flip-flop (FF), 209-230
 CIs *latches*, 219-221
 D, 214-215
 disparo, 221-224
 J-K, 216-221
 mestre-escravo, 221-224
 R-S, 209-212
 R-S com *clock*, 211-214
 Schmitt *trigger*, 224-227
 símbolos lógicos, 226-227
 símbolos lógicos IEEE, 226-227
 símbolos lógicos tradicionais, 226
 síncrono, 221-223
 T, 219
Flip-flop com atraso, 214-216
Flip-flop D TTL 7474, 214-216
Flip-flop disparado pela borda negativa, 221-223
Flip-flop disparado pela borda positiva, 221-223
Flip-flop J-K 74LS112, 217-219
Flip-flop mestre/escravo J-K, 221-224
Flip-flop R-S, 209-212
Flip-flop T, 219
Flip-flop TTL J-K 7476, 216-218
Flip-flops de dados, 214-216
Fluxo, A2-5
Fluxos ácidos, A2-3
Forma de onda de um sinal analógico, 2-3
Forma de onda de um sinal digital, 2-3
Forma de onda digital, 6-7
Forma de termos máximos, 81-82
Forma de termos mínimos, 81-82
Formas de onda, 210-211
Fornecimento de corrente, 139, 141
FPGA, 105-106
FPL, 105-106
FPLA, 105-106, 110
Função AND, 38-39
Função lógica, 37-38
Função lógica NAND, 44
Função OR inclusiva, 40
Função XNOR, 47
Função XOR, 46-47

G

GaAs,183-184
GAL, 105-106
GAL16V8, 113-114
Gates, William (Bill) H., III, 5-6
Gerador de funções, 17-18
Gravador de PLD, 107-108
Gray, Frank, 178

H

H, 56-57
Hall, E. F., 160-161
HC, 56-57
HCT, 56-57
Histerese, 226-227
História (fotográfica) do computador, 4-5
História da Eletrônica
 Boole, George, 114-116
 De Morgan, Augustus, 114-116
 Engelbart, Douglas, 187, 189
 Gates, Bill, 5-6
 Onnes, H. K., 50-51
Hollerith, 179

I

IFL, 105-106
Imunidade a ruído, 125, 127
Indicador de saída, 13-14
Indicador de saída a LEDs acionado por transistor, 13-14
Indicadores de saída a LEDs, 13-14, 141-142
Integração em escala muito grande (VLSI), 132
Integração em grande escala (LSI), 132
Intel, 100-101
Interface entre CMOS e LEDs, 137, 140-141
Interfaceamento, 123-124. *Veja também* Especificações de Cls e interfaceamento simples.
Interfaceamento com campainha, 147-148
Interfaceamento com lâmpada incandescente, 142-143
Interfaceamento com LEDs, 137, 140-141, 143
Interfaceamento com motor, 147-150
Interfaceamento com relé, 147-150
Interfaceamento com solenoides, 147-150
Interfaceamento de dispositivos CMOS e TTL, 141, 143-146
Internet
    BiCMOS/MiMOS, 134-135
    CEA, 34
    circuitos digitais, 12-13
    displays, 198-199
    displays de estado sólido, 198-200
    DLP, 201, 203
    Folhas de dados, 55-56, 124-125, 248, 250
    inversão, 41
    inversor, 41-43
    IVHS, 53
    latch, 211-212
    LCDs, 194-195
    LEDs, 183-184
    módulo BASIC e servomotores, 157-158
    motores de passo, 156-158, 160
    NIST, 152-153
    servomotor, 157-158, 160
    simulador lógico, 38-39
    soldagem, A6-7
Interfaceamento entre chaves e dispositivos CMOS, 134-136
Interfaceamento entre chaves e dispositivos TTL, 134-136
Interfaceamento entre dispositivos CMOS e LEDs, 137, 140-141

atraso de propagação, 130-131
capacidade de acionamento, 128-130
circuitos de interfaceamento com chaves, 134-139
CIs MOS, 132
dissipação de potência, 131-132
drenagem de corrente, 139, 141
encontrando falhas em circuitos lógicos, 166-168
fan-in, 128-129
fan-out, 128
fornecimento de corrente, 139, 141
interfaceamento com lâmpada incandescente, 142-143
interfaceamento com LEDs, 137, 140-141, 143
interfaceamento com motor, 147-150
interfaceamento com relé, 147-150
interfaceamento com solenoide, 147-150
interfaceamento entre TTL e LEDs, 139, 141
margem de ruído, 125, 127-128
motor de passo, 155-160
níveis lógicos de tensão, 123-126
optoisolador, 148-153
programa PBASIC (interface entre servomotor e o módulo BASIC Stamp 2), 168, 170
relé de estado sólido, 148-153
sensor de efeito Hall, 160-166
sensoreamento de dentes de engrenagens, 165
servomotor, 152-157
Interfaceamento entre TTL e CMOS, 141, 143-146
Inversão dupla, 41-43
Inversor Schmitt *trigger*, 136-137, 224-225

L

L, 56-57
Latch, 210-211, 221. *Veja também Flip-flop* (FF)
Latch R-S, 209-210
Latch transparente, 220
Latch transparente de quatro *bits* 7475, 219-221
Latch/decodificador/driver BCD para sete segmentos para *displays* LCD, 295
Latches tipo D, 214-216
LCD. *Veja display* de cristal líquido (LCD)
LCD com efeito de campo, 190-192
Lei de Ohm, 4-5
Limite de chaveamento, 128, 224-225
Líquido nemático, 190

Lógica combinacional, 79-80
Lógica emissor acoplado (ECL), 131
Lógica fusível integrada (IFL), 105-106
Lógica NAND, 95-96
Lógica positiva, 38-39
Lógica transistor-transistor, 6-7
LS, 56-57
LSB, 231-232
LSI, 132

M

Manual de dados, 58-59, 63
Mapa de fusíveis, 107-108
Mapa de Karnaugh tridimensional, 94
Mapeamento de Karnaugh, 89-94
    mapa de Karnaugh com cinco variáveis, 94
    mapa de Karnaugh com quatro variáveis, 90-92
    mapa de Karnaugh com três variáveis, 90-91
    simplificação de expressões booleanas, 89
    variações do dobramento, 92-93
Margem de ruído, 125, 127-128
Medidor analógico, 3-4
Método de Quine-McCluskey, 88
Método tabular de simplificação, 88
Microcontrolador, 30-31
Microcontrolador BASIC Stamp 2 módulo, 68-69, 118-119, 168, 170
Microprocessador (MPU), 29-30
Microsoft, 5-6
Milivolt-ohmímetro (MVO), 3-4
Modo de bloqueio de dados, 220
Modo de transferência de dados, 220
Modulação por largura de pulso (PWM), 152-154
Módulo BASIC Stamp
    funções lógicas, 68-72
    interface entre servomecanismos e o módulo BASIC Stamp 2, 168, 170
    resolvendo um problema lógico, 118-119
Módulo DB-1000, 12-13
Módulo de um contador, 231-232
Módulo didático digital DT-1000, 12-13
Módulo interruptor optoacoplado, 252-253
Molhagem, A2-3
Motor CC, 152-153
Motor de passo, 155-160
Motor de passo a quatro fios, 156
Motor de passo bipolar, 155-157
Motor de passo com relutância variável, 155-157
Motor de passo unipolar, 160

Motorola, 30-31
MPU, 29-30
MRAM, 66
MSB, 48
Mudança de estado, 6-7, 216-217
Multímetro digital (MD), 3-4, 191-192
MultiSim, 81-84
Multivibrador (MV), 8-9
Multivibrador astável, 8-9
Multivibrador biestável, 8-9
Multivibrador com disparo único, 8-13
Multivibrador monoestável, 10

N

Nibble, 32
Níveis de tensão TTL, 6-7
Níveis lógicos CMOS, 15-16
Níveis lógicos de tensão, 123-126
Níveis lógicos TTL, 15-16
NMOS, 132
Notação de dependência, 63
Número de identificação principal, 56-57
Números na forma de complemento de 2, 23-24
Números/sistemas de numeração, 23-36
   conversão. *Veja* Conversão
   sistema de numeração binário, 23-24
   sistema de numeração decimal, 23-24
   sistema de numeração octal, 30-32
   sistemas de numeração hexadecimal, 27-31
   tradutor eletrônico, 27-29
   valor posicional, 24-25

O

Observando as estrelas, 238, 240
Onnes, H. K., 50-51
Operação síncrona, 212-216
Optoacoplador, 148-151
Optoisolador, 148-153
Optoisolador 4N25, 148-151
Órbita baixa da Terra (LEO), 60-61
Órbita média da Terra (MEO), 60-61
Osciloscópio 18-19

P

PAL, 105-106
PAL10H8, 112-113
PAL14H4, 113-114
Palavra, 32
Palavra dupla, 32
Palavra quádrupla, 32
PEEL, 105-106
Perfil CMOS da série "T", 126

Perfil de tensão TTL, 124-125
Pioneiros. *Veja* História da Eletrônica
PLA, 105-106
Placa de circuito impresso (PCI), 60-62
Placa de um PC, 60-62
PLD. *Veja* Dispositivo lógico programável
PMOS, 132
Ponteira lógica, 15-19, 59-60
Ponto binário, 26
Porta AND, 37-39
Porta AND de duas entradas quádrupla, 54-55
Porta AND de duas entradas quádrupla 7408, 64
Porta AND de quatro entradas, 49-51
Porta AND de três entradas, 49-51
Porta lógica, 37-77
   aplicações, 64-68
   buffer, 41-43
   circuito de alarme, 66-68
   circuito NOT, 41-43
   conversões de portas lógicas utilizando inversores, 51, 53-54
   encontrando problemas, 59-62
   inversor, 41-43
   porta AND, 37-39
   porta de controle, 65
   porta NAND, 44
   porta NAND utilizada como porta universal, 48-49
   porta NOR, 45-45
   porta NOR exclusiva, 47-48
   porta OR, 40, 41
   porta OR exclusiva, 46-47
   porta universal, 48-49
   porta XNOR, 47-48
   porta XOR, 46-47
   portas com múltiplas entradas, 49-51
   portas lógicas CMOS práticas, 58-60
   portas lógicas TTL práticas, 54-59
   programa PBASIC (funções lógicas), 68-72
   símbolos lógicos padrão IEEE, 63-64
Porta NAND quatro entradas, 50-51
Porta OR quatro entradas, 50-51
Portas lógicas de transmissão, 133-134
Portas lógicas programáveis, 105-106
Potência de 2, 25
Pré-forma, 212-213
Processo das divisões sucessivas por 16, 29-30
Processo das divisões sucessivas por 2, 26
Processo das divisões sucessivas por 8, 31-32

Produto das somas, 80-82
Programação. *Veja* Módulo BASIC Stamp
Programas de *software*. *Veja* módulo BASIC Stamp
Programas PBASIC. *Veja* Módulo BASIC Stamp
Pulso de *clock* único, 8-9
PWM, 152-154

R

RBI, 186-187
RBO, 186-187
Registrador de deslocamento, 214-216
Registradores de armazenamento, 214-216
Relé de estado sólido, 148-153
Representação de símbolos lógicos de *flip-flops*,
   Padrão IEEE, 226-227
   tradicional, 226
Representação hexadecimal, 27-30
Resistor *pull-down*, 134-135
Resistor *pull-up*, 134-135
Rodovias eletrônicas, 53
Ruído, 125, 127

S

S, 56-57
Saída ativa-ALTA, 66
Saída ativa-BAIXA, 66
Saída de supressão de zeros (RBO), 186-187
Satélite LEO, 60-61
Satélite MEO, 60-61
Satélite na órbita geoestacionária da Terra (GEO), 60-61
Schmitt *trigger*, 224-227
Schottky de baixa potência, 128-129
Schottky de baixa potência avançado, 128-129
Segurança, 133-134
Seletor de dados, 100-106
Seletor de dados 1 de 16, 101-102
Seletor de dados 1 de 8, 100-101
Semáforos, 185-186
Semicondutor óxido metálico complementar (CMOS), 15-16
Sensor de dentes de engrenagens do tipo efeito Hall, 165
Sensor de efeito Hall, 160-166
Sensor de efeito Hall básico, 160-162
Sensor ótico, 252-253
Sensor ótico do tipo reflexivo, 252-253, 255-256
Sensoreamento de dentes de engrenagens, 165

Série 4000, 58-60, 124-126, 128-129, 133-134
Série 74AC00, 124-126
Série 74ACQ00, 124-126
Série 74ACT00, 124-126
Série 74ACTQ00, 124-126
Série 74C00, 133-134
Série 74FCTA00, 124-126
Série 74FCT00, 124-126
Série 74HC00, 58-60, 124-126, 128-129, 133-134
Série 74HCT00, 124-126, 143-144
Série FACT, 58-60, 128-129, 131, 134-135, 143-144
Serie FAST Schottky avançada TTL da Fairchild, 128-129
Série TTL7400, 54-55
Servomotor, 152-157
Símbolo lógico da porta NAND, 44
Símbolo lógico da porta NOR, 45
Símbolo lógico da porta OR, 40
Símbolo lógico da porta XNOR, 47
Símbolo lógico da porta XOR, 46-47
Símbolo lógico de uma porta AND, 37-39
Símbolo NOT, 41-43
Símbolos de portas lógicas
   padrão IEEE, 63-64
   tradicionais, 63
Símbolos lógicos padrão IEEE, 63
   flip-flops, 226-227
   portas lógicas, 63-64
Simplificação de expressões booleanas, 88. *Veja também* Mapeamento de Karnaugh
Simulador lógico, 38-39
Sinal, 2-3
Sinal analógico, 2-3
Sinal negado, 41-43
Sistema base 11, 23-24
Sistema base 16, 27-29
Sistema base 2, 23-24
Sistema base 8, 30-31
Sistema codificador/decodificador eletrônico, 220
Sistema de numeração binário, 23-24
Sistema de numeração decimal, 23-24
Sistema de numeração hexadecimal, 27-31
Sistema de numeração octal, 30-32
Sistema eletrônico analógico, 4-5

Sistema holográfico de armazenamento de dados, 221-223
Sistema temporizador de 1 segundo, 237-238
Sistemas de navegação automotivos, 220
Sistemas inteligentes em estradas veiculares, 53
SMT (tecnologia de montagem sobre superfície), 54-55
Solda 50/50, A1-2
Solda/processo de soldagem, A1-2, A6-7
   condição da superfície, A4-5
   conexão térmica, A4-5
   controle do aquecimento da junção, A4-7
   escolha do ferro de solda e ponta, A5-7
   fator indicador de reação da peça, A5-6
   ferros de solda, A4-5
   fluxo, A2-5
   massa térmica relativa, A4-5
   molhagem, A2-3
   natureza da solda, A1-2
   realizando a conexão de solda, A6-7
   remoção do fluxo, A6-7
   soldas normalmente utilizadas, A1-3
   taxa de recuperação de um ferro de solda, A5-6
   vantagens da soldagem, A1-2
Solenoide, 147-149
Soma de produtos, 80-82
SOP, 80-82
SRAM FPGA, 105-106
Subíndices, 29-30
Supressão de zeros à esquerda, 187, 189

T

Tabela verdade, 38-39
   4511, 202
   74HC4543, 197
   AND, 38-39
   buffer de três estados, 43
   comparador 74HC85, 257-258
   contador 74HC193, 246
   conversão a partir de/para uma expressão booleana, 82-86

flip-flop D, 214-216
flip-flop D 7474, 215
flip-flop J-K 7476, 217-218
flip-flop J-K 74LS112, 219
flip-flop R-S, 210-211
flip-flop R-S com *clock*, 214
inversor, 41-43
latch D 7475, 21
NAND, 44
NOR, 45, 45
OR, 39, 40
porta AND de três entradas, 49-51
porta NOR de quatro entradas, 50-51
XNOR, 47, 48
XOR, 46-47
Tacômetro experimental, 257-263
Tamanho da palavra, 32
Técnica do dobramento, 102-106
Tecnologia de efeito de campo twisted nemaic, 192, 194
Tecnologia de montagem sobre superfície (SMT), 54-55
Tecnologia de satélite, 60-61
Tecnologia MOS, 54-55
Tecnologia semicondutor óxido metálico (MOS), 54-55
Tempo de descida, 224-225
Tempo de subida, 224-225
Tensão ALTA, 2-3
Tensão BAIXA, 2-3
Teoremas de De Morgan, 114-116
Teraflops, 100-101
Termômetro, 83-84
Termômetro auricular Braun ThermaScan, 83-84
Testes sanguíneos, 245, 247
TFT, 193-195
Tradutor eletrônico, 27-29
Transistor de filme fino (TFT), 193-195
Trava eletrônica, 86
Treinador digital, 12-13
Trepidação de contatos, 6-7
Trepidação de contatos na chave, 8-11
Tubo de descarga a gás, 182-183

U

Unidade de processamento central (CPU), 5-6

V

Valor posicional, 24-25